“十四五”职业教育国家规划教材

中国轻工业“十三五”规划教材

高 等 职 业 教 育 专 业 教 材

检测实验室管理

（第二版）

主 编
杨 剑

中国轻工业出版社

U0812772

图书在版编目(CIP)数据

检测实验室管理/杨剑主编．—2版．—北京：中国轻工业出版社，2025.1

ISBN 978-7-5184-2628-7

Ⅰ.①检…　Ⅱ.①杨…　Ⅲ.①实验室管理—高等职业教育—教材　Ⅳ.①G311

中国版本图书馆CIP数据核字(2019)第185640号

责任编辑：江　娟　贺　娜
策划编辑：江　娟　　　责任终审：劳国强　　　封面设计：锋尚设计
版式设计：砚祥志远　　责任校对：朱燕春　　　责任监印：张京华

出版发行：中国轻工业出版社(北京鲁谷东街5号，邮编：100040)
印　　刷：北京君升印刷有限公司
经　　销：各地新华书店
版　　次：2025年1月第2版第9次印刷
开　　本：720×1000　1/16　印张：23
字　　数：360千字
书　　号：ISBN 978-7-5184-2628-7　定价：48.00元
邮购电话：010-85119873
发行电话：010-85119832　010-85119912
网　　址：http://www.chlip.com.cn
Email：club@chlip.com.cn
版权所有　侵权必究
如发现图书残缺请与我社邮购联系调换
250165J2C209ZBQ

本书编写人员

主　编	杨　剑	深圳职业技术学院
参　编	乐春雷	百川实验科学技术研究院（广州）有限公司
	张　婷	深圳市中鼎检测技术有限公司
	刘莉萍	深圳职业技术学院
	岳振峰	深圳职业技术学院
	张春艳	华测检测认证集团股份有限公司
	范明志	深圳信测标准技术服务有限公司
	周　煌	吉安职业技术学院
	曹维强	广东省中鼎检测技术有限公司

第二版前言

随着人们对环境污染、食品药品安全问题的日益关注，国际、国内贸易的快速发展，分析检测行业广泛兴起，许多职业院校开设了分析检测类专业。对分析检测类专业而言，学生不仅要掌握分析测试的方法和技术，还要掌握检测实验室管理方面的知识。《检测实验室管理》第一版于2012年出版以来，深受各职业院校乃至普通本科院校师生的欢迎，先后印刷了7次。2017年以来，由于检测检验机构资格评定的两个最基本的标准——实验室认可准则和实验室资质认定标准相继改版，加之高职院校的教育理念和教学方法不断更新，故对本教材进行了较大幅度的修订，如下所示。

1. 立德树人，注重培养学生的职业素养和道德情操。每个项目增设素质培养目标和1~3个《读与思》栏目，精选契合知识点的人文素材，并进行解析，培养学生诚信、守法、安全和环保意识，养成严谨和精益求精的精神。

2. 与时俱进，及时吸纳行业新标准和新动态。本教材按照最新版的实验室认可准则和资质认定来编写教材内容，即CNAS—CL01：2018《检测和校准实验室认可准则》（等同采纳ISO/IEC 17025：2017《检测和校准实验室能力的通用要求》），《检验检测机构资质认定能力评价 检验检测机构通用要求》RB/T 214—2017。对检测实验室近年来备受关注的测量不确定、实验室信息管理系统、实验室质量控制等内容予以重点讲解。

3. 产教融合，教材内容与检测企业“同频共振”。利用校内校企共建并具备CNAS认可和实验室资质认定（CMA）的分析检测中心的优势，与检测企业技术与质量管理人员一同设计教材的体系及内容，并共同编写教材；在扩展阅读中，精选检测机构一线技术与管理人员近几年发表的对教材项目知识点的体会、总结和应用方面的论文。从而使教材内容贴近检测企业实际。

4. 科教融汇，数字赋能教材提质与创新。本教材配套了丰富的授课视频、案例、练习题，建立了数字化网站，使得课程学习更加便捷，互动性和实效性大大增强。

本教材由深圳职业技术学院、深圳市中鼎检测技术有限公司、百川实验科学技术研究院（广州）有限公司，吉安职业技术学院等单位共同编写，深圳职业技术学院杨剑任主编。全书分十个项目，项目一、三、四、七、九、十由杨剑编写，项目五、六由乐春雷编写，项目二由周煌编写，项目八由刘莉萍编写，张婷和曹维强提供部分案例并参与讨论。

本教材可作为食品、医药卫生、化工、环境和生物技术等高等职业相关检测类专业的教材，也可作为分析检测技术人员的参考资料。

由于编写时间仓促，编者水平有限，书中难免存在疏漏和错误，恳请专家和读者批评指正。

编者

第一版前言

随着人们对环境污染、食品安全问题的日益关注，国际、国内贸易的快速发展，分析检测行业广泛兴起，许多职业院校开设了诸如食品营养与检测、环境治理与检测、商品检验及工业分析等检测类专业。对分析检测类专业而言，学生不仅要掌握分析测试的方法和技术，还要掌握检测实验室的管理规范，如安全管理、质量控制及实验室计量认证与认可等方面的内容。本书根据教育部《关于加强高职高专教育人才培养工作的意见》和《关于加强高职高专教育教材建设的若干意见》的精神，在总结多年的课堂教学经验和充分吸纳检测机构一线管理与技术人员意见的基础上，结合高等职业教育检测类专业技术人才培养目标要求而编写，在内容体系上具有以下特色：

1. 教材内容贴近检测企业一线质量管理要求，实用性强。在本教材的编写过程中，编写人员多次深入企业调研，征求企业技术及管理人员对教材内容的意见，并邀请检测企业质量管理人员参与教材体系及内容的设计和教材的编写。国内检测企业的质量体系是按照ISO/IEC 17025：2005《检测和校准实验室能力的通用要求》建立和运作的，因此，本教材的重点是实验室认可与质量管理。因而教材内容针对性更强，重点突出。

2. 内容简洁易懂，实际案例丰富。在内容文字上力求简洁易懂，注意理论联系实际，在实验室认可章节中，对条文进行释义，并配有企业实际操作的案例。

3. 注重知识的前沿性和新颖性。在实验室安全管理章节增加了生物安全的内容，实验室认可章节采用了中国合格评定国家认可委员会发布的CNAS—CL01：2006《检测和校准实验室能力认可准则》，该法规等同采纳ISO/IEC 17025：2005《检测和校准实验室能力的通用要求》。

本书共分为七章。内容包括检测实验室的安全管理；检测实验室规划设计与环境条件管理；检测实验室设备与耗材管理；检测实验室质量控制与质量保证；检测实验室计量认证与认可概述；实验室认可准则及理解与应用（一）：管理要求，实验室认可准则及理解与应用（二）：技术要求。

本书由深圳职业技术学院、深圳市华测检测技术股份有限公司等单位共同编写，深圳职业技术学院杨剑担任主编，深圳职业技术学院刘莉萍及深市华测检测技术股份有限公司张春艳、荆春波担任副主编。

本书可作为食品、医药卫生、环境和生物技术等高职院校相关专业的教材，也可作为分析检测技术人员的参考资料。

由于编写时间仓促，编者水平有限，书中难免存在疏漏和错误，恳请专家和读者批评指正。

编者

目 录 CONTENTS

项目一

检测实验室管理标准认知

检测实验室管理标准认知（视频）

学习目标

知识目标

1. 了解实验室认可与实验室资质认定的内涵与发展历程。
2. 熟悉实验室认可流程。
3. 熟悉检测实验室管理相关的术语与定义。

能力目标

1. 能够区分实验室认可与实验室资质认定。
2. 能够正确使用 CNAS、CMA 和 CATL 标志。
3. 能正确策划实验室申请认可的方案。

素质目标

1. 通过学习检测实验室资质要求，树立合规意识。
2. 通过学习实验室认可和检验检测机构资质认定的区别，树立守法意识。
3. 通过学习实验室认可流程，树立规范意识。

问题导入

1. 如果你要创办一家检测公司，需要申请哪些基本资格评定，如何申请？

2. 作为实验室负责人，如何规范实验室行为，提高工作效率和市场竞争力？

任务一 认识实验室资质认定与实验室认可

目前，我国的检验检测机构有近4万家，获得检验检测行业资格评定主要有实验室认可和检验检测机构资质认定两种方式。认识二者的内涵、区别及作用，对认识检测公司的运行规范有着重要意义。

一、实验室资质认定及其发展

实验室资质认定是国家认证认可监督管理委员会和省级质量技术监督部门依据有关法律法规和标准、技术规范的规定，对检验检测机构的基本条件和技术能力是否符合法定要求实施的评价许可。我国资质认定制度最早始于1985年，经过多年的发展，这项针对我国检验检测市场的准入制度由最初的产品质量检验机构实验室资质认定制度演变为检验检测机构资质认定制度，并成为我国检验检测机构进入检验检测市场的基本准入制度。

（一）产品质量检验机构计量认证（CMA）的起源和发展

为了规范产商品质量监督检验机构和其他依照法律法规设立的专业检验机构的行为，提高检验工作质量，1985年9月全国人大批准的《中华人民共和国计量法》中，规定了为社会提供公正数据的产品质量检验机构的考核要求。1987年2月，国务院发布的《中华人民共和国计量法实施细则》中，将对产品质量检验机构的考核称为“计量认证”。为规范产品质量检验机构的计量认证工作，1985—1987年，国家计量局先后印发了《质量检验机构的计量认证评审内容及考核办法（暂行）》《产品质量检验机构计量认证工作手册》《计量认证标志和标志的使用说明》《产品质量检验机构计量认证管理办法》等计量认证的配套文件，明确了计量认证的内容、计量认证管理、计量认证程序、计量认证监督等方面的内容。

1990年7月，国家技术监督局（由原国家计量局、国家标准局、国家经济委员会质量局合并而成）批准了JJG 1021—1990《产品质量检验机构计量认证技术考核规范》。该规范规定了计量认证考核对于产品质量检验机构“人、机、料、法、环、测”6方面50条考核，同时结合中国国情并融汇了国际标准ISO/IEC导则25：1982《检测实验室基本技术要求》的要求。

（二）产品质量监督检验机构审查认可（验收）（CAL）的起源和发展

20世纪80年代中期，作为政府产品质量监督管理部门的国家标准局，为监督产品质量，建立并实施了国家产品质量抽查制度。在全国范围内设立各类产品质量监督检验中心，同时国务院各部门、各省市、各地市县区也相继成立了涉及国民经济各个领域、各类产品的质量监督检验机构，对生产和流通领域的产品进行质量监督检验。

产品质量监督检验机构审查认可（验收）是依据1988年12月29日公布的《中华人民共和国标准化法》和1993年2月22日公布的《中华人民共和国产品质量法》，针对各级质量技术监督部门设立或授权的产品质量监督检验机构实施的一项授权考核和监管制度。

1986年4月，国家标准局印发了《国家级产品质量监督检验测试中心基本条件》（国标发【84】208号），规定了国家级产品质量检验检测中心验收认可的主要依据。1986年10月，国家经济委员会印发了《国家产品质量监督检验测试中心管理试行办法》（经质【1986】664号），确定了审查认可制度。1987年10月19日，国家经济委员会向公安部沈阳消防科学研究所的"国家消防电子产品质量监督检验测试中心"颁发了首张国家产品质量监督检验测试中心审查认可证书。1990年11月，国家技术监督局印发了《国家产品质量监督检验中心审查认可细则》《产品质量监督检验机构验收细则》《产品质量监督检验站审查认可细则》等配套文件。

（三）评审准则的统一

为了避免对产品质量检验机构的重复考核，并推进与国际接轨，同时兼顾我国国情及法律要求，2000年10月，国家质量技术监督局（由原国家技术监督局更名）发布了《产品质量检验机构计量认证/审查认可（验收）评审准则（试行）》，并废止了JJG 1021—1990《产品质量检验机构计量认证技术考核规范》和《审查认可（验收）细则》。

《产品质量检验机构计量认证/审查认可（验收）评审准则（试行）》不仅涵盖了国际标准ISO/IEC导则25：1990《校准和检测实验室能力的通用要求》的要求，同时参照了GB/T 15481—2000《检测和校准实验室能力的通用要求》（等同采用国际标准ISO/IEC 17025：1999）的要求，也满足了《中华人民共和国计量法》和《中华人民共和国标准化法》的特殊要求。该评审准则的发布，减轻了检验检测机构的评审负担，规范了评审行为，提高了检验检测机构的管理水平。

（四）资质认定管理办法和准则的发布

2006年，为贯彻落实《实验室和检查机构资质认定管理办法》，国家认证认可监督管理委员会（下文简称"认监委"）印发了《实验室资质认定评审准则》，自2007年1月1日开始实施，同时国家质量技术监督局2000年发布的《产品质量检验机构计量认证/审查认可（验收）评审准则（试行）》废止。

《实验室资质认定评审准则》吸纳了ISO/IEC 17025：2005《检测和校准实验

室能力的通用要求》的精髓，兼顾我国政府对检验检测市场强制管理的要求，是将产品质量检验机构计量认证和审查认可的评审要求统一为资质认定的准则，推进了产品质量检验机构计量认证和审查认可的技术评审活动与国际接轨。

（五）《检验检测机构资质认定能力评价　检验检测机构通用要求》发布

2016 年 5 月 31 日，国家认监委印发《检验检测机构资质认定评审准则》及释义，2017 年 10 月国家认监委发布 RB/T 214—2017《检验检测机构资质认定能力评价　检验检测机构通用要求》，与 2016 版《检验检测机构资质认定评审准则》相比，主要内容保持稳定，条款序号没有变化，部分条款增加了标题。新的标准实际上是吸收了 ISO/IEC 17025：2017《检测和校准实验室能力通用要求》的要求和变化，结合国内检验检测机构的实际情况，做出了适当的调整。调整后，更加科学，实用性更强，操作更方便。

二、实验室认可及其发展

实验室认可这一概念的产生可以追溯到 70 多年前。1947 年，澳大利亚建立了世界上第一个国家实验室认可体系，并成立了国家检测机构协会（NATA）。20 世纪 60 年代，英国也建立了实验室认可机构，从而带动了欧洲各国实验室认可机构的建立；20 世纪 70 年代，美国、新西兰和法国等国家也开展了实验室认可活动；20 世纪 80 年代，实验室认可发展到东南亚，新加坡、马来西亚等国也建立了实验室认可机构；20 世纪 90 年代，我国也加入了建立实验室认可体系行列。

随着各国实验室认可机构的建立，20 世纪 70 年代初在欧洲出现了区域性的实验室认可合作组织，经过不断发展，目前国际上已成立了亚太实验室认可合作组织（APLAC）、欧洲认可合作组织（EA）、中美洲认可合作组织（IAAC）和南部非洲认可发展合作组织（SADCA）等与实验室认可有关的区域组织。同时，为了推进国际范围内实验室认可活动的合作与互认，1977 年在丹麦哥本哈根成立了国际实验室认可论坛（International Laboratory Accreditation Conference），简称 ILAC，并于 1996 年由一个松散的论坛形式转变成一个实体，即国际实验室认可合作组织（International Laboratory Accreditation Cooperation），简称仍为 ILAC。

我国的实验室认可活动可以追溯到 1980 年。当时国家标准局和国家进出口商品检验局共同派员组团参加了国际实验室认可合作会议（ILAC），并分别研讨并逐步组建了实验室认可体系。1983 年，中国国家进出口商品检验局会同机械部实施机床工具出口产品质量许可制度，对承担该类产品检测任务的 5 个检测实验室进行了能力评定。

1986 年，通过国家经济管理委员会授权，国家标准局开展对检测实验室的审查认可工作，同时国家计量局依据《中华人民共和国计量法》对全国的产品质检机构开展计量认证工作。计量认证和审查认可是我国政府对实验室的两套考核制度，经过20多年的发展，现由国家认证认可监督管理委员会统一管理，并形成了实验室和检查机构的资质认定制度。

1989年，中国国家进出口商品检验局成立了“中国进出口商品检验实验室认证管理委员会”，形成了以中国国家进出口商品检验局为核心，由东北、华北、华东、中南、西南和西北6个行政大区实验室考核领导小组组成了进出口领域实验室认可工作体系。1996年，依据ISO/IEC导则58，改组成立了“中国国家进出口商品检验实验室认可委员会”。2000年8月变更为“中国国家出入境检验检疫实验室认可委员会”（CCIBLAC）。

1994年，国家技术监督局成立了“中国实验室国家认可委员会”（CNACL），并依据ISO/IEC导则58进行运作。1999年和2001年，CNACL和CCIBLAC分别顺利通过了APLAC国际同行评审，签署了APLAC国际相互承认协议，标志着我国的实验室认可工作从起初的行政管理为主导，逐步走向了市场经济下的自愿、开放的认可体系。

2002年7月4日，CNACL和CCIBLAC合并成立了“中国实验室国家认可委员会”（CNAL），实现了我国统一的实验室认可体系；2006年3月31日，中国实验室国家认可委员会（CNAL）和中国认证机构国家认可委员会（CNAB）合并成立了中国合格评定国家认可委员会（CNAS）。CNAS是国际认可论坛（IAF）、国际实验室认可合作组织（ILAC）、亚太实验室认可合作组织（APLAC）和太平洋认可合作组织（PAC）的正式成员，也是代表我国的唯一成员。目前我国已与74个其他国家和地区的81个实验室认可机构签署了互认协议。至此，ISO 17025认可实验室统一由CNAS进行受理申请、评审、评定、颁发认可证书等工作。截至2019年3月31日，CNAS累计认可实验室10129家，其中检测实验室8428家、校准实验室1175家、医学实验室351家、生物安全实验室85家、标准物质生产者18家、能力验证提供者68家、实验动物机构4家，为ISO 17025及实验室认可的历史发展不断书写着新的篇章。

三、 ISO/IEC 17025标准的发展历程

ISO/IEC 17025是实验室认可服务的国际标准，我国实验室认可准则等同采纳ISO/IEC 17025，实验室资质认定也主要采纳了ISO 17025的内容，因此了解ISO/IEC 17025对学习实验室认可和资质认定有重要的意义。要想详尽地了解ISO/IEC 17025，就要了解其发展历程。ISO/IEC 17025最初被称为ISO导则25，于1978年由国际实验室认可合作组织（ILAC）编写后推荐给ISO，并被ISO接受，随之被命名为《实验室技术能力评审指南》，所以ISO 17025可以说是对技术能力的评审。1982年，国际电工委员会（IEC）参与了ISO 17025的修订，文件名称改为《检测实验室基本技术要求》；1990年，ISO/IEC导则25：1990《检测和校准实验室能力的通用要求》面世。以上三版都称为导则，直至1999年被正式命名为17025，第

四版的名称为ISO/IEC 17025：1999《检测和校准实验室能力的通用要求》；之后一版为2005年发布并一直沿用至2017年的ISO/IEC 17025：2005《检测和校准实验室能力的通用要求》。ISO 17025标准及其前身导则25从1978年诞生之日起至今已有40余年的历程。40年来，其间经历有六个版本的修订、换版、改版等演变过程，至2017年发布的现行有效版ISO/IEC 17025：2017《检测和校准实验室能力的通用要求》（在我国等同采用为CNAS-CL01：2018《检测和校准实验室能力认可准则》），已为全球认可机构及实验室所接受并使用。

四、 CMA资质认定标准和认可准则的新变化

RB/T 214—2017《检验检测机构资质认定能力评价　检验检测机构通用要求》（参见附录八）与2016版《检验检测机构资质认定评审准则》相比，主要内容保持稳定，条款序号没有变化，部分条款增加了标题。新的标准实际上是吸收了ISO/IEC 17025：2017《检测和校准实验室能力的通用要求》的要求和变化，结合国内检验检测机构的实际情况，做出了适当的调整。调整后，更加科学，实用性更强，操作更方便。

CNAS-CL01：2018《检测和校准实验室能力认可准则》（等同采纳ISO/IEC 17025：2017）修订在结构框架和公共要素上与国际标准化组织/合格评定委员会（CASCO）的要求相统一，管理要求上与ISO 9001：2015相协调，删除了大量的注和解释性内容，采用新版的术语标准，引入了风险管理、判定规则、免责声明和信息管理系统等内容，在人员、设备、计量溯源性、结果报告、内部审核和管理评审等方面都有重要变化。较上一版，新版文件要求可操作性和实用性加强，更便于实验室实际运用。表1-1比较了CNAS-CL01：2018、CNAS-CL01：2006和RB/T 214—2017的条款内容。

表1-1　CNAS-CL01：2018、CNAS-CL01：2006和RB/T 214—2017准则条款对照表

CNAS-CL01：2018	CNAS-CL01：2006	RB/T 214—2017
前言	前言	前言
1 范围	1 范围	1 总则
2 规范性引用文件	2 引用标准	
3 术语和定义	3 术语和定义	3 术语和定义
4 通用要求	4 管理要求	
4.1 公正性	4.1 组织 - 4.1.4、4.1.5.b）、4.1.5.d）	4.1.4　公正性
4.2 保密性	4.1 组织-4.1.5.c） 4.13.1.3、5.4.7b）、5.4.10	4.1.5 保密性

续表

CNAS-CL01：2018	CNAS-CL01：2006	RB/T 214—2017
5 结构要求	4.1 组织	4.1 组织
6 资源要求		
6.1 总则		
6.2 人员	5.2 人员	4.2 人员
6.3 设施和环境条件	5.3 设施和环境条件	4.3 场所环境
6.4 设备	5.5 设备	4.4 设备设施
6.5 计量溯源性	5.6 测量溯源性	4.4 设备设施-4.4.3 和 4.4.6
6.6 外部提供的产品和服务	4.5 检测和校准的分包 4.6 服务和供应品的采购	4.5.5 分包 4.5.6 采购
7 过程要求		
7.1 要求、标书和合同的评审	4.4 要求、标书和合同评审 4.7 服务客户-4.7.1	4.5.4 合同的评审 4.5.7 服务客户
7.2 方法的选择、验证和确认	5.4 检测和校准方法及方法的确认	4.5.14 方法的选择、验证和确认
7.3 抽样	5.7 抽样	4.5.17 抽样
7.4 检测和校准物品的处置	5.8 检测和校准物品的处置	4.5.18 样品处置
7.5 技术记录	4.13.2 技术记录	
7.6 测量不确定度的评定	5.4.6 测量不确定度的评定	4.5.15 测量不确定度
7.7 确保结果的有效性	5.9 检测和校准结果质量的保证	4.5.19 质量控制
7.8 报告结果	5.10 结果报告	4.5.20 结果报告 4.5.21 结果说明 4.5.22 抽样结果 4.5.23 意见和解释 4.5.24 分包结果 4.5.25 结果传送和格式 4.5.26 修改 4.5.27 记录和保存
7.9 投诉	4.8 投诉	4.5.8 投诉
7.10 不符合工作	4.9 不符合检测和/或校准工作的控制	4.5.9 不符合工作的控制
7.11 数据控制和信息管理	5.4.7 数据控制	4.5.16 数据控制

续表

CNAS-CL01：2018	CNAS-CL01：2006	RB/T 214—2017
8 管理体系要求		
8. 1 方式		
8. 2 管理体系文件（方式 A）	4. 2 管理体系	4. 5. 1 总则 4. 5. 2 质量方针和质量目标
8. 3 管理体系文件的控制	4. 3 文件控制	4. 5. 3 文件控制
8. 4 记录控制	4. 13 记录的控制	4. 5. 11 记录
8. 5 应对风险和机遇的措施		
8. 6 改进	4. 10 改进 4. 7 服务客户-4. 7. 2	4. 5. 10 纠正措施、应对风险和机遇的措施和改进
8. 7 纠正措施	4. 11 纠正措施	
	4. 12 预防措施	
8. 8 内部审核	4. 14 内部审核	4. 5. 12 内部审核
8. 9 管理评审	4. 15 管理评审	4. 5. 13 管理评审
附录 A（资料性）计量溯源性		
A. 1 总则		
A. 2 建立计量溯源性		
A. 3 计量溯源性的证明		
附录 B（资料性附录）管理体系方式		
	附录 ISO/IEC 17025 与 ISO 9001：2000 的条款对照	
参考文献	参考文献	参考文献

五、实验室资质认定与实验室认可的区别

目前，获得检验检测行业资格评定主要有实验室认可和检验检测机构资质认定两种方式。两者都源自 ISO/IEC 17025《检测和校准实验室能力的通用要求》，实施模式（程序）也大体相同，都是基于评审员去现场评审之后发证，本质上都是对实验室的检测能力和管理体系满不满足标准要求的一项资质评价制度。但两者在性质、审核依据、实施对象及作用上有所不同。

（1）两者基本性质不同　实验室认可为自愿申请；检验检测机构资质认定属于我国行政许可制度，具有强制性。

（2）两者审核依据不同　检验检测机构资质认定的审核依据是 RB/T 214—2017《检验检测机构资质认定能力评价　检验检测机构通用要求》；实验室认可的审核依据包括 CNAS-CL01：2018《检测和校准实验室能力认可准则》（等同采用 ISO/IEC 17025：2017）及相关领域的应用说明。

（3）两者实施对象范围不同　检验检测机构资质认定的对象是第三方检测实验室，且不包括校准实验室；实验室认可包括第一、二、三方实验室，即所有实验室。

（4）两者的地位和作用不同　获得实验室资质认定，可使用 CMA 标志，在国内确保了检测和校准数据的法律效力。通过实验室认可，列入《国家认可实验室名录》，提高实验室的市场竞争力、信誉度和知名度，获得 CNAS 签署互认协议的国家与地区的承认，在认可业务范围内使用“中国实验室国家认可”标志。

六、实验室认可的作用和意义

由于实验室资质认定与实验室认可都源于 ISO/IEC 17025：2017《检测和校准实验室能力的通用要求》，实验室认可的依据为 CNAS—CL01：2018《检测和校准实验室能力认可准则》。这个准则等同采用 ISO/IEC 17025：2017《检测和校准实验室能力的通用要求》，与国际标准要求相同。因此，本教材是以实验室认可准则及应用要求为主体来编写的。通过实验室国家认可有如下几方面的益处。

（1）表明实验室具备了按有关国际认可准则开展校准和检测服务的技术能力。

（2）增强实验室的市场竞争能力，赢得政府部门、社会各界的信任。

（3）获得与中国合格评定国家认可委员会（CNAS）签署互认协议方国家和地区实验室认可机构的承认。

（4）参与国际间实验室认可双边、多边合作，得到更广泛的承认。

（5）通过实验室认证可以规范实验室内部管理。

实验室认可是国际通行做法，在国际贸易中“一次检测、全球互认”的设想很快就会实现。实验室认可在国内和国际上已被高度视为技术能力的可靠表征。在很多行业，检测任务须交由通过认可实验室来完成已成为普遍要求。

一线传真：冯克然，项新华，宋钰，等. 实验室认可对食品检测实验室能力要求的框架分析［J］. 食品安全质量检测学报，2018，9（7）：1711-1717.
（本内容为期刊论文，请自行查阅，余同）

检测实验室管理标准认知（视频）

【读与思】

CNAS 认可助力冬奥医疗保障

2022 年北京冬奥会召开，位于张家口赛区的河北北方学院附属第一医院作为 2022 年冬奥会和冬残奥会医疗卫生保障工作定点医疗机构，将负责张家口奥林匹克颁奖广场全部医疗保障任务和多项医疗保障工作。

为增强冬奥会赛时医疗保障能力、更好地完成冬奥会医疗卫生保障检验任务，河北北方学院附属第一医院检验科于 2021 年 10 月申请了中国合格评定国家认可委员会（CNAS）医学实验室认可。CNAS 秘书处严格按照认可相关要求，立即着手召集评审专家对实验室资料进行审查，并克服困难，及时安排现场和远程评审。在实验室、评审组及 CNAS 秘书处相关部门的共同努力下，2022 年 1 月，河北北方学院附属第一医院检验科获得 CNAS 认可资格，成为张家口地区唯一符合国际标准 ISO 15189：2012《医学实验室 质量和能力的通用要求》的医学实验室。

获得 CNAS 认可，标志着河北北方学院附属第一医院检验科的质量和能力达到了国际标准要求，可以为冬奥会和冬残奥会提供标准化、规范化和国际化的医学检验服务，为奥运人员提供准确可靠、高效便捷的医学检验服务。

据悉，在北京赛区 18 家冬奥会定点医院中，有 13 家已通过 CNAS 认可。获得 CNAS 认可的医学实验室能够使用国际标准规范质量管理，有利于不断提高管理水平和技术能力，提高服务质量和竞争能力。截至目前，全国共有 541 家医学实验室获得 CNAS 认可，绝大部分是医院的检验科，同时还有独立医学实验室、血液中心、医院病理科等。

（原文链接：https://www.cnas.org.cn/tpxw/907433.shtml）

【启示】河北北方学院附属第一医院获得 CNAS 认可，表明实验室具备了按有关国际认可准则开展校准和检测服务的技术能力，体现了检测工作的规范化、标准化、合规化，赢得了国际信任。

任务二 学习检测实验室认可流程

CNAS-RL01：2018《实验室认可规则》规定了 CNAS 实验室认可体系运作的程序和要求，包括认可条件、认可流程、申请受理要求、评审要求、对多检测/校准/鉴定场所实验室认可的特殊要求、变更要求、暂停、恢复、撤销、注销认可以及 CNAS 和实验室的权利和义务。CNAS-GL001《实验室认可指南》介绍和解释

CNAS 有关实验室认可工作的基本程序和要求，以便于 CNAS 工作人员、申请和获准认可实验室在从事或参与相关认可活动时参考。本文整理和总结了 CNAS-RL01：2018《实验室认可规则》的主要内容，便于读者理解和学习。

一、认可条件

申请人应在遵守国家的法律法规，诚实守信的前提下，自愿地申请认可。CNAS 将对申请人申请的认可范围，依据有关认可准则等要求，实施评审并做出认可决定。申请人必须满足下列条件方可获得认可：①具有明确的法律地位，具备承担法律责任的能力；②符合 CNAS 颁布的认可准则和相关要求；③遵守 CNAS 认可规范文件的有关规定，履行相关义务。

二、初次认可流程

1. 意向申请

申请人可以用任何方式向 CNAS 秘书处表示认可意向，如来访、电话、传真以及其他电子通信方式等。申请人需要时，CNAS 秘书处应确保其能够得到最新版本的认可规范和其他有关文件。

2. 正式申请和受理

申请人在自我评估满足认可条件后，按 CNAS 秘书处的要求提供申请资料，并交纳申请费用。CNAS 秘书处审查申请人提交的申请资料，做出是否受理的决定并通知申请人。一般情况下，CNAS 秘书处在受理申请后，应在 3 个月内安排评审。

3. 文件评审

秘书处受理申请后，将安排评审组长审查申请资料，只有当文件评审结果基本符合要求时，才可安排现场评审。

4. 组建评审组

CNAS 秘书处以公正性为原则，根据申请人的申请范围（如检测/校准/鉴定专业领域、实验室检测/校准/鉴定场所与检测/校准/鉴定规模等）组建具备相应技术能力的评审组，并征得申请人同意。除非有证据表明某评审员有影响公正性的可能，否则申请人不得拒绝指定的评审员。

5. 现场评审

评审组依据 CNAS 的认可准则、规则和要求及有关技术标准对申请人申请范围内的技术能力和质量管理活动进行现场评审。现场评审应覆盖申请范围所涉及的所有活动及相关场所。现场评审时间和人员数量根据申请范围内检测/校准/鉴定场所、项目/参数、方法、标准/规范等的数量确定。

一般情况下，现场评审的过程：①首次会议；②现场参观（需要时）；③现场取证；④评审组与申请人沟通评审情况；⑤末次会议。评审组长在现场评审末次会议上，将现场评审结果提交给被评审实验室。对于评审中发现的不符合，被评审实验室应及时实施纠正，需要时采取纠正措施，纠正/纠正措施通常应在 2 个月内完成。评审组应对纠正/纠正措施的有效性进行验证，纠正/纠正措施验证完毕后，评审组长将最终评审报告和推荐意见报 CNAS 秘书处。

6. 认可评定

CNAS 秘书处将对评审报告、相关信息及评审组的推荐意见进行符合性审查，必要时要求实验室提供补充证据，向评定专门委员会提出是否推荐认可的建议。CNAS 秘书处负责将评审报告、相关信息及推荐意见提交给评定专门委员会，评定专门委员会对申请人与认可要求的符合性进行评价并做出评定结论。评定结论可以是以下四种情况之一：①予以认可；②部分认可；③不予认可；④补充证据或信息，再行评定。CNAS 秘书长或授权人根据评定结论做出认可决定。

7. 发证与公布

认可周期通常为 2 年，即每 2 年实施一次复评审，做出认可决定。CNAS 秘书处向获准认可实验室颁发认可证书，认可证书有效期一般为 6 年。

此外，获准认可实验室在认可有效期内可以向 CNAS 秘书处提出扩大或缩小认可范围的申请。获准认可实验室均须接受 CNAS 的监督评审和复评审，认可流程图见图 1-1。

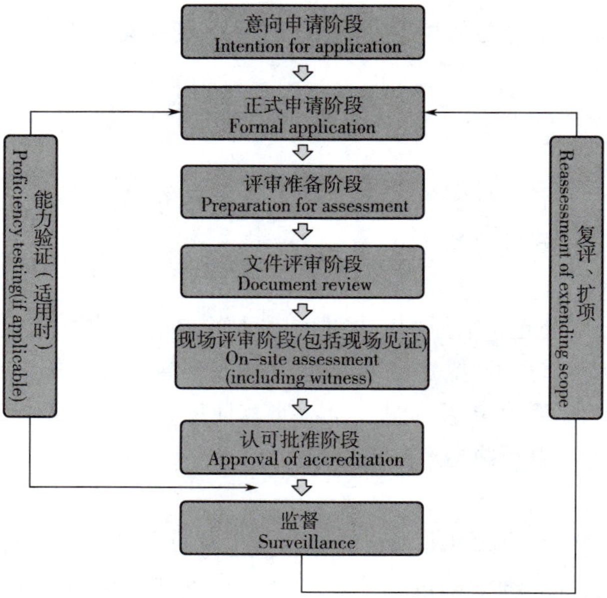

图 1-1　检测实验室认可流程图

三、认可受理的要求

CNAS 对检测实验申请认可的要求提出了具体的要求（参见 CNAS-RL01：

2018《实验室认可规则》条款 6)，主要包括：申请资料的真实性；是否符合认可要求的管理体系，且正式、有效运行 6 个月以上；是否进行过完整的内审和管理评审，并能达到预期目的；申请认可的技术能力有相应的检测经历；使用的仪器设备的量值溯源应能满足 CNAS 相关要求；申请人具有开展申请范围内的检测/校准/鉴定活动所需的足够的资源，例如主要人员，包括授权签字人应能满足相关资格要求等。

一线传真：陈延青，周婕，武维伟．实验室认可申请受理中的常见问题分析［J］．质量与认证，2020（12）：87-89.

检测实验室认可流程（视频）

【读与思】

CNAS 专项监督和投诉调查实验室整改及提升工作典型案例通报（摘录）

1. 问题概况

2018 年 12 月，CNAS 对某纺织品检测实验室专项监督，发现其标准溶液和关键试剂配制、稀释的量的记录与实际检测工作用量不匹配（工作用量多于配制量）。

2. 整改措施

实验室分析了原因，采取了以下纠正和预防措施。

（1）对实验员进行专题培训，树立严谨的工作作风　实验员深刻认识到及时、客观、准确、完整的记录，不仅能够保证检测信息的可追溯性，而且能够证明自身工作的质量，以免产生不必要的问题和嫌疑。

（2）确保技术文件和记录模板有效　实验室针对原始记录这个关键问题，专门成立了技术质量小组，对各科室编制设计的作业指导书、记录表格模板进行技术上的审核，对照标准、设备操作说明书等逐项进行研究，技术内容上达标之后，再对照认可文件、资质认定文件、质量手册、程序文件的规定，从合规性方面对作业指导书和记录模板进行完善。保证试验工作高质量和高效率地实施。

（3）充分发挥各部门监督员的作用　为切实提高制度的执行力，公司由技术部主导，选拔部分工作经验丰富、专业扎实的科室主管、副主管担任监督员。

3. 机构的变化和发展

通过此次专项监督，实验室深刻意识到自身质量管理存在的不足，提高了全体员工的质量意识和风险意识，也有力地推动了各项管理措施的具体落实。实验室根据自身场所多、人员多、能力广的特点，由管理层带领各个部门按照制订的纠正和预防措施，扎实推进，逐步改进，经过近3年的努力，在技术和质量方面得到了提高。

（原文链接：https：//www. cnas. org. cn/sy/images/2022/04/19/1650330535781074200. pdf）

【启示】检测工作重在树立合规意识、质量意识和风险意识。

任务三 理解检测实验室管理的常用术语与定义

一、管理术语

1. 公正性（Impartiality）

客观性的存在。

注：①客观性意味着利益冲突不存在或已解决，不会对后续的实验室活动产生不利影响。

②其他可用于表示公正性要素的术语有：无利益冲突、没有成见、没有偏见、中立、公平、思想开明、不偏不倚、不受他人影响、平衡。

[资料来源：GB/T 27021. 1—2017（ISO/IEC 17021-1：2005，IDT），3. 2，修改：在注（1）中以“实验室”代替“认证机构”，注（2）中删除了“独立性”。]

2. 投诉（Complaint）

任何人员或组织向实验室就其活动或结果表达不满意，并期望得到回复的行为。

[资料来源：GB/T 27000—2006（ISO/IEC 17000：2004，IDT），6. 5，修改：删除了“除申诉外”，以“实验室就其活动或结果”代替“合格评定机构或认可机构就其活动”。]

3. 实验室间比对（Interlaboratory comparison）

按照预先规定的条件，由两个或多个实验室对相同或类似的物品进行测量或检测的组织、实施和评价。

4. 实验室内比对（Intralaboratory comparison）

按照预先规定的条件，在同一实验室内部对相同或类似的物品进行测量或检测的组织、实施和评价。

5. 能力验证（Proficiency testing）

利用实验室间比对，按照预先制定的准则评价参加者的能力。

（资料来源：GB/T 27043—2012，3. 7，修改：删除了注。）

6. 实验室（Laboratory）

从事下列一种或多种活动的机构：

（1）检测；

（2）校准；

（3）与后续检测或校准相关的抽样。

注：在本准则中，“实验室活动”指上述三种活动。

7. 判定规则（Decision rule）

当声明与规定要求的符合性时，描述如何考虑测量不确定度的规则。

8. 验证（Verification）

提供客观证据，证明给定项目满足规定要求。

例（1）证实在测量取样质量小至10mg时，对于相关量值和测量程序，给定标准物质的均匀性与其声称的一致。

例（2）证实已达到测量系统的性能特性或法定要求。

例（3）证实可满足目标测量不确定度。

注：①适用时，宜考虑测量不确定度。

②项目可以是，例如一个过程、测量程序、物质、化合物或测量系统。

③满足规定要求，如制造商的规范。

④在国际法制计量术语（VIML）中定义的验证，以及通常在合格评定中的验证是指对测量系统的检查并加标记和（或）出具验证证书。在我国的法制计量领域，“验证”也称为“检定”。

⑤验证不宜与校准混淆。不是每个验证都是确认。

⑥在化学中，验证实体身份或活性时，需要描述该实体或活性的结构或特性。

[资料来源：ISO/IEC 指南 99：2007，2.44。]

9. 确认（Validation）

对规定要求满足预期用途的验证。

例：一个通常用于测量水中氮的质量浓度的测量程序，也可被确认为可用于测量人体血清中氮的质量浓度。

[资料来源：ISO/IEC 指南 99：2007，2.45。]

10. 检验检测机构（Inspection body and laboratory）

依法成立，依据相关标准或者技术规范，利用仪器设备、环境设施等技术条件和专业技能，对产品或者法律法规规定的特定对象进行检验检测的专业技术组织。

11. 资质认定（Mandatory approval）

国家认证认可监督管理委员会和省级质量技术监督部门依据有关法律法规和标准、技术规范的规定，对检验检测机构的基本条件和技术能力是否符合法定要求实施的评价许可。

12. 资质认定评审（Assessment of mandatory approval）

国家认证认可监督管理委员会和省级质量技术监督部门依据《中华人民共和

国行政许可法》的有关规定，自行或者委托专业技术评价机构，组织评审人员，对检验检测机构的基本条件和技术能力是否符合《检验检测机构资质认定评审准则》和评审补充要求所进行的审查和考核。

13. 认证（Certification）

第三方对产品/服务、过程或质量管理体系符合规定要求做出书面保证的程序。

14. 认可（Accreditation）

权威机构对某一机构或人员有能力完成特定任务做出正式承认的程序。

15. 校准（Calibration）

在规定条件下，为确定测量仪器（或测量系统）所指示的量值，或实物量具（或参考物质）所代表的值，与对应的由测量标准所复现的值之间关系的一组操作。

注：①校准结果既可赋予被测量以示值，又可确定示值的修正值。

②校准也可确定其他计量特性，如影响量的作用。

③校准结果可以记录在校准证书或校准报告中。

16. 检测（测试、试验）（Test）

对给定的产品，按照规定程序确定某一种或多种特性、进行处理或提供服务所组成的技术操作。

17. 质量方针（Quality policy）

由组织的最高管理者正式发布的该组织总的质量宗旨和方向。

18. 质量管理（Quality management）

在质量方面指挥和控制组织的协调的活动。

（1）在质量方面的指挥的控制活动，通常包括制定质量方针和质量目标以及质量策划、质量控制、质量保证和质量改进。

（2）质量管理是各级管理者的职责，但必须由最高管理者领导。质量管理的实施涉及组织中的所有成员。

（3）在质量管理中要考虑到经济性因素。

19. 质量控制（Quality control）

质量管理的一部分，致力于满足质量要求。

（1）质量控制包括作业技术和活动，其目的在于监视过程并排除质量环的所有阶段中导致不满意的原因，以取得经济效益。

（2）质量控制和质量保证的某些活动是相互关联的。

20. 质量保证（Quality assurance）

质量管理的一部分，致力于提供质量要求会得到满足的信任。

（1）质量保证有内部和外部两种目的。

①内部质量保证：在组织内部，质量保证向管理者提供信任。

②外部质量保证：在合同或其他情况下，质量保证向顾客或他方提供信任。

（2）质量控制和质量保证的某些活动是相互关联的。

（3）只有质量要求全面反映了用户的要求．质量保证才能提供足够的信任。

21. 体系（System）

相互关联或相互作用的一组要素。

22. 管理体系（Management system）

建立方针和目标并实现这些目标的体系。

一个组织的管理体系可包括若干个不同的管理体系，包括质量管理体系、财务管理体系或环境管理体系。在实验室中指控制其运作的质量、管理和技术体系。

23. 质量管理体系（Quality management system）

在质量方面指挥和控制组织的管理体系。

24. 管理评审（Management review）

由最高管理者就质量方针和目标，对质量体系的现状的适应性、充分性和有效性进行的评价活动。

注：①管理评审可以包括质量方针评审。

②质量审核的结果可作为管理评审的一种输入。

③“最高管理者”指的是其质量体系受到评审的组织的管理者。

25. 质量手册（Quality manual）

规定组织质量管理体系的文件。为适应组织的规模和复杂程度，质量手册在其详略程度和编排格式方面可以不同。

26. 质量计划（Quality plan）

对特定的项目、产品、过程或合同，规定由谁及何时应使用哪些程序和相关资源的文件。

注：（1）这些程序通常包括所涉及的那些质量管理过程和产品实现过程。

（2）通常，质量计划引用质量手册的部分内容或程序文件。

（3）质量计划通常是质量策划的结果之一。

27. 内部质量控制（Internal quality control）

实验室为持续监控测量过程和测量结果以确定结果是否足够可靠达到可以发布的程度而采取的一组操作。

28. 组织结构（Organization structure）

人员的职责、权限和相互关系的安排。

29. 程序（Procedure）

为进行某项活动所规定的途径。

30. 过程（Process）

将输入转化为输出的一组彼此相关的资源和活动。

31. 规范（Specification）

阐明要求的文件。

注：①应使用限定词以表明规范的类型，如“产品规范”“试验规范”。

②“规范”应涉及或包括图样、模样或其他有关文件，并指明用以检查合格与否的方法与

准则。

32. 技术规范（Technical specification）

规定产品或服务特性的文体。例如，质量水平、性能、安全或尺寸。它可以包括或只涉及术语、符合、检测或试验方法、包装、标志或标签的要求。

33. 标准（Standards）

为促进最佳的共同利益，在科学、技术、经验成果的基础上，由各有关方面合作起草并协商一致或基本同意而制定的适于公用并经标准化机构批准的技术规范和其他文件。

注：①满足定义中所有条件的文件，有时可能称为其他名称，例如“建议”。

②在某些语言中，“标准”一词经常具有其他含义，它可以指不符合本定义全部条件的技术规范，例如“公司标准”。

34. 预防措施（Preventive action）

为消除潜在不合格或其他潜在不期望情况的原因所采取的措施。

35. 纠正措施（Corrective action）

为消除已发现的不合格或其他不期望情况的原因所采取的措施。

注：①一个不合格可以有若干个原因。

②采取纠正措施是为了防止再发生，而采取预防措施是为了防止发生。

③纠正和纠正措施是有区别的。

“纠正”是指：为消除已发现的不合格所采取的行动。它可以与纠正措施一起实施。

36. （计量器具的）检定（Verification of measuring instrument）

查明和确认计量器具是否符合法定要求的程序，它包括检查、加标记和（或）出具检定证书。

37. 控制图（Control chart）

内部质量控制的一种主要工具。将控制值按特定顺序绘制在图中并与控制限比较，以判断过程和结果是否处于控制状态。

38. 控制限（Control limits）

控制图上用于判断过程和结果是否处于控制状态的界限。控制限有两类，即统计控制限（Statistical control limits）和目标控制限（Target control limits）。每一类控制限有行动限（Action limit，AL）和警告限（Warning limit，WL）两个控制限值。

39. 控制样品（Control sample）

分析结果用于构建控制图的样品，如标准溶液、待测样品、空白样品。

二、技术术语

1. 量值（Value of a quantity）

一般由一个数乘以测量单位所表示的特定量的大小。例：5.34m 或 534cm，

15kg，10s，-40℃。

注：对于不能由一个数乘以测量单位所表示的量，可参照约定参考标尺，或参照测量程序，或两者都参照的方式表示。

2.（量的）真值（True value of a quantity）

与给定的特定量的定义一致的值。

注：（1）量的真值只有通过完善的测量才有可能获得。

（2）真值按其本性是不确定的。

（3）与给定的特定量定义一致的值不一定只有一个。

3. 计量（Metrology）

实现单位统一、量值准确可靠的活动。

（1）（测量仪器的）示值（Indication of a measuring instrument） 测量仪器所给出的量值。

注：①由显示器读出的值可称为直接示值，将它乘以仪器常数即为示值。

②这个量可以是被测量、测量信号或用于计算授测量之值的其他量。

③对于实物量具，示值就是它所标出的值。

（2）（测量结果的）复现性（Reproducibility of results measurements） 在改变了的测量条件下，同一被测量的测量结果之间的一致性。

注：①在给出复现性时，应有效地说明改变条件的详细情况。

②改变条件可包括：测量原理；测量方法；观测者；测量仪器；参考测量标准；地点；使用条件；时间。

③复现性可用测量结果的分散性定量地表示。

④测量结果在这里通常理解为已修正结果。

（3）测量不确定度（Uncertainty of measurement） 表征合理地赋予被测量之值的分散性，与测量结果相联系的参数。

注：①此参数可以是诸如标准［偏］差或其倍数，或说明了置信水准的区间的半宽度。

②测量不确定度由多个分量组成。其中一些分量可用测量列结果的统计分布估算，并用实验标准（偏）差表征。另一些分量则可用基于经验或其他信息的假定概率分布估算，也可用标准（偏）差表征。

③测量结果应理解为被测量之值的最佳估计，而所有的不确定度分量均贡献给了分散性，包括那些由系统效应引起的（如与修正值和参考测量标准有关的）分量。

（4）标准不确定度（Standard uncertainty） 以标准（偏）差表示的测量不确定度。

（5）不确定度的A类评定（Type A evaluation of uncertainty） 用对观测列进行统计分析的方法，来评定标准不确定度。

注：不确定度的A类评定，有时也称A类不确定度评定。

（6）不确定度的B类评定（Type B evaluation of uncertainty） 用不同于对观测列进行统计分析的方法，来评定标准不确定度。

注：不确定度的B类评定，有时也称B类不确定度评定。

（7）合成标准不确定度（Combined standard uncertainty） 当测量结果是由若

干个其他量的值求得时，按其他各量的方差和协方差算得的标准不确定度。

（8）扩展不确定度（Expanded uncertainty） 确定测量结果区间的量，合理赋予被测量之值分布的大部分可望含于此区间。

注：扩展不确定度有时也称展伸不确定度或范围不确定度。

（9）包含因子（Coverage factor） 为求得扩展不确定度，对合成不确定度所乘的数字因子。

注：①包含因子等于扩展不确定度与合成标准不确定度之比。

②包含因子有时也称覆盖因子。

（10）（测量）误差（Error of measurement） 测量结果减去被测量的真值。

注：①由于真值不能确定，实际上用的是约定值。

②当有必要与相对误差相区别时，此术语有时称为测量的绝对误差。注意不要与误差的绝对值相混淆，后者为误差的模。

（11）偏差（Deviation） 一个值减去其参考值。

（12）修正值（Correction） 用代数方法与未修正测量结果相加，以补偿其系统误差的值。

注：①修正值等于负的系统误差。

②由于系统误差不能完全获知，因此这种补偿并不完全。

（13）修正因子（Correction factor） 为补偿系统误差而与未修正测量结果相乘的数字因子。

注：由于系统误差不能完全获知，因此这种补偿并不完全。

（14）灵敏度（Sensitivity） 测量仪器响应的变化除以对应的激励变化。

注：灵敏度可能与激励值有关。

（15）（测量）标准（Measurement standard） （计量）基准、标准。为了定义、实现、保存或复现量的单位或一个或多个量值，用作参考的实物量具、测量仪器、参考物质或测量系统。

例如，1kg 质量标准；100Ω 标准电阻；标准电流表；铯频率标准；标准氢电极；有证的血浆中可的松浓度的参考溶液。

注：①一组相似的实物量具或测量仪器，通过它们的组合使用所构成的标准称为集合标准。

②一组其值经过选择的标准，它们可单个使用或组合使用，从而提供一系列同种量的值，称为标准组。

（16）国际（测量）标准［International（-measurement-）standard］ 国际（计量）基准。经国际协议承认的测量标准，在国际上作为对有关量的其他测量标准定值的依据。

（17）国家（测量）标准［National（measurement）standard］ 国家（计量）基准。经国家决定承认的测量标准，在一个国家内作为对有关量的其他测量标准定值的依据。

（18）基准（Primary standard） 原级标准。具有最高的计量学特性，其值不必参考相同量的其他标准，被指定的或普遍承认的测量标准。

注：基准的概念同等地适用于基本量和导出量。

（19）参考标准（Reference standard） 在给定地区或在给定组织内，通常具有最高计量学特性的测量标准，在该处所做的测量均从它导出。

（20）工作标准（Working standard） 用于日常校准或核查实物量具、测量仪器或参考物质的测量标准。

注：①工作标准通常用参考标准进行校准。

②用于确保日常测量工作正确进行的工作标准称为核查标准。

（21）传递标准（Transfer standard） 在测量标准相互比较中用作媒介的测量标准。

注：当媒介不是测量标准时，应该用术语传递装置。

（22）溯源性（Traceability） 通过一条具有规定不确定度的不间断的比较链，使测量结果或测量标准的值能够与规定的参考标准（通常是与国家测量标准或国际测量标准）联系起来的特性。

注：①此概念常用形容词可溯源的表述。

②这条不间断的比较链称为溯源链。

（23）参考物质［Reference material（RM）］ 标准物质。具有一种或多种足够均匀和很好地确定了的特性，用以校准测量装置、评价测量方法或给材料赋值的一种材料或物质。

注：参考物质可以是纯的或混合的气体、流体或固体。例如，校准黏度计用的水，量热计法中作为热容量校准物的蓝宝石，化学分析校准用的溶液。

（24）有证参考物质［Certified reference material（CRM）］ 有证标准物质。附有证书的参考物质，某一种或多种特性值用建立了溯源性程序确定，使之可溯源到准确复现的表示该特性值的测量单位，每一种出证的特性值都附有给定置信水平的不确定度。

①有证参考物质一般成批制备，其特性值是通过对代表整批物质的样品进行测量而确定，并具有规定的不确定度。

②当标准物质与特制器件相结合时，例如已知三相点的物质装入三相点瓶、已知光密度的玻璃组装成透射滤光片、尺寸均匀的球状颗粒安放在显微镜载片上，有证参考物质的特性有时可方便和可靠地确定。
上述这些器件也可以认为是有证参考物质。

③所有有证参考物质均应符合测量标准的定义。

④有参考物质和有证参考物质，由于不能和已确定的化学结构相关联，或出于其他原因，其特性不能按严格规定的物理和化学测量方法确定。这类物质包括某生物物质，如疫苗，世界卫生组织已经规定了它的国际单位。

> 一线传真：李丹丹，宋庆军，孙秋香，等．浅谈检测实验室如何开展能力验证工作［J］．中国检验检测，2020（1）：92-93.

【读与思】

践行社会主义核心价值体系典型人物——质检卫士何仁洋

他——就是中国特种设备检测研究院压力管道部主任何仁洋。

何仁洋带领部门员工攻坚克难，圆满完成一批国家重点科技攻关项战略性课题研究，被誉为“引领中国埋地管道安全检测评价科技创新者”。

在国家原劳动部和质检总局科技计划的长期支持下，何仁洋历经 10 年一步一个脚印的积累，攻克了 42 项关键技术，积累了 170 多万个试验、验证、材料数据，克服了工程验证在技术和条件上的艰难困苦，建立了具有自主知识产权的集检验检测、监测诊断、绿色维修、信息化管理于一体的压力管道安全技术体系等 22 项科研成果。

作为科研带头人，他先后主持完成国家和省部级科研项目 118 项，企业科研项目 8 项、其他项目 3 项，组成了一支优势互补、团结协作、产学研政广泛参与的联合科研团队。他始终坚持科技兴检、人才强检战略，通过近十年的技术沉淀和经验积累，创造性地提出了管道安全完整性 6 大核心技术体系，取得 30 多项科研成果，其中 4 项达到国际先进水平。已完成的科研项目中 12 项成果经鉴定为“达到国际先进水平、部分国际领先”，其中“在用埋地管道缺陷漏磁内检测关键技术试验研究”打破了国外对该技术的垄断，获部级科研成果一等奖 4 项、二等奖 3 项、三等奖 1 项，有力地解决了政府安全监察和企业安全生产的瓶颈性技术难题。

（原文链接：https：//www. cnas. org. cn/rdzt/mfpx/images/csei_ hry. jpg）

【启示】何仁洋主任深入艰苦地区，扎根检验一线，搞检验、攻克检验难题、制定检验标准，他的吃苦耐劳，敬业奉献精神是检测人的楷模。

【思考与练习】

项目一、检测实验室管理标准认知（测试题）

一、名词解释

检测；认可；实验室资质认定；质量管理；能力验证；实验室比对；测量不确定度；溯源性；参考物质；检定。

二、简答题

1. 简述实验室认可的意义。
2. 比较实验室认可与实验室资质认定的异同点。

项目二

检测实验室设计与建设

学习目标

知识目标

1. 了解检测实验室设计相关规范与标准。
2. 熟悉实验室设计的内容及设计流程。
3. 掌握检测实验室的规划与设计的基本要求。

能力目标

1. 能读懂检测实验室设计图纸。
2. 能根据要求设计相关的检测实验室。

素质目标

1. 通过学习检测实验室设计标准，培养学生标准意识。

2. 通过学习检测实验室规划设计内容、流程及要求，培养学生、以人为本绿色可持续发展理念。

3. 通过学习检测实验室环境条件的建立与健康，培养学生环保意识。

问题导入

1. 设计一个检测实验室，应该参考哪些标准？考虑哪些因素？

2. 如果要设计一个500m^2的第三方食品检测实验室，你该如何设计？

任务一 检测实验室设计标准及相关概念

一、国内有关检测实验室相关的规范与标准

GB/T 32146.1—2015《检验检测实验室设计与建设技术要求　第1部分：通用要求》

GB/T 32146.2—2015《检验检测实验室设计与建设技术要求　第2部分：电气实验室》

GB/T 32146.3—2015《检验检测实验室设计与建设技术要求　第3部分：食品实验室》

二、ISO/IEC 17025：2017及其有益补充

ISO/IEC 17025：2017《检测和校准实验室能力的通用要求》标准是由ISO/CASCO（国际标准化组织/合格评定委员会）制定的实验室管理标准，该标准的前身是ISO/IEC导则25：1990《校准和检测实验室能力的要求》，国内对应标准为GB/T 27025—2008《检测和校准实验室能力的通用要求》。实验室获得ISO/IEC 17025标准认证与认可是对其能力的肯定，是实验室能力与结果得到保证的必要条件。

ISO/IEC 17025：2017《检测和校准实验室能力的通用要求》主要分为结构要求、资源要求、过程要求和管理体系要求。其中资源要求包括总则、人员、设施和环境条件、设备、计量溯源性、外部提供的产品和服务6个方面。其中设施和环境条件的主要内容如下：

（1）设施和环境条件应适合实验室活动，不应对结果有效性产生不利影响。

注：对结果有效性有不利隐形的因素可能包括但不限于：微生物污染、灰尘、电磁干扰、辐射、湿度、供电、温度、声音和振动。

（2）实验室应将从事实验室活动所必需的设施及环境条件的要求形成文件。

（3）当相关规范、方法或程序对环境条件有要求时，或环境条件影响结果的有效性时，实验室应检测、控制和记录环境条件。

（4）实验室应实施、监控并定期评审控制设施的措施，这些措施应包括但不限于：

①进入和使用影响实验室活动区域的控制；

②预防对实验室活动的污染、干扰或不利影响；

③有效隔离不相容的实验室活动区域。

（5）当实验室在永久控制之外的地点或设施中实施实验活动时，应确保满足

本准则中有关设施和环境条件的要求。

三、相关概念

1. 检验检测实验室（Inspection and testing laboratory）

从事检验检测工作的实验室。

注：检验是通过观察和判断，适当时结合测量、试验所进行的符合性评价。检测是按照程序确定合格评定对象的一个或多个活动。

2. 灵活性（Flexibility）

实验室要便于改扩建，能够迅速适应重新组合和其他变化，允许多种用途的能力。

3. （绿色）可持续性［（Green）Sustainability］

通过降低实验室对外部生态环境的影响，特别是建筑本身在整个生命周期内（即从材料开采、加工运输、建造、使用维修、更新改造直到最后拆除）各个阶段对生态环境的影响，使实验室达到保护外部生态环境，降低对自然环境的干扰，同时提高室内环境质量，促进人员的健康状态。

4. 实验室信息管理系统（Laboratory information management system）

由计算机硬件和应用软件组成，能够完成实验室数据和信息的收集、分析、报告和管理的系统。

5. 实验室安全预警系统（Laboratory safety pre-warning system）

以实验室被防护对象的防护等级及安全防范管理工作的要求为依据，综合运用安全防范技术、电子信息技术和信息网络技术等，构成的具有安全预警作用的系统。

四、检测实验室的分类

根据实验室服务对象所在的具体行业，并考虑检验检测领域约定的分类原则，可以分为电气、食品、纺织、石油、化工、机械、检疫等。

一线传真：秦丽．实验室建筑创新设计理念与方法［J］．建筑技术开发，2019，46（16）：23-25.

检测实验室规划设计（视频）

【读与思】

“遵从标准、以人为本”设计检测实验室

在我国检测实验室设计标准有3个，相关的标准与规范多达31个，规划设计过程中严格按照标准与规范是基本要求。安全、健康、环保、节能、智能等的绿色实验室已成为21世纪的主流，以下介绍其中几项。

①安全：确保实验室人员工作的安全性，确保设备、样品、工作环境，有毒药品的储藏和使用安全。确保消防安全。

②环保：优化人流、物流传递通道，选用绿色环保材料，避免实验室产生的“三废”对环境可能造成的污染。

③舒适：设计中充分考虑操作人员的舒适性，合理的功能布局，可靠的操作环境，完美的人体工程学的应用。

④可参观性：越来越多的实验室除需要满足使用要求外，还需要满足参观要求，系统设计中需要规范人流、物流动线，布局中要在人流动线上充分展现实验室实验功能

【启示】检测实验室设计过程中树立标准意识、绿色可持续发展理念、以人为本的价值观。

任务二 检测实验室规划的内容、设计流程及要求

一、检测实验室规划设计的内容

实验室规划设计首先需要进行目标需求分析，确定实验室建设的性质，结合国家政策、法律法规及相关资料，编制规划设计任务书，以提升实验室内部环境质量，降低实验室外部环境污染与可能引起的风险。主要内容如下。

目标需求分析：掌握实验室功能相关需求。

建设性质：新建、扩建或改建。

建设的目的依据及规模：根据检验检测任务，确定实验室功能及其发展规模。

建筑物要求及内容：如结构形式、层数、建筑标准以及各种工程管网的类型。

参考资料：参考同类型实验室建设方案和国内外文献资料，以及当地公用设施和环境状况等资料。

抗震、防空措施：按照国家相关规定。

公害预防：对废气、废液、固废、噪声、辐射、振动等的预防和处理。

建筑面积：新建实验室的总建筑面积；单项工程的建筑面积。

二、检测实验室设计的流程

实验室设计流程包括规划设计、系统设计及深化设计，如图2-1所示：

规划设计是实验室设计的首要环节，其内容涵盖：实验室设计建设的目的任务、建设性质（如：新建、改建、扩建）、法律依据、规模、工艺条件、环境适应性。

系统设计是实验室设计中的重要环节。包括：选址、平面布局、建筑布局、

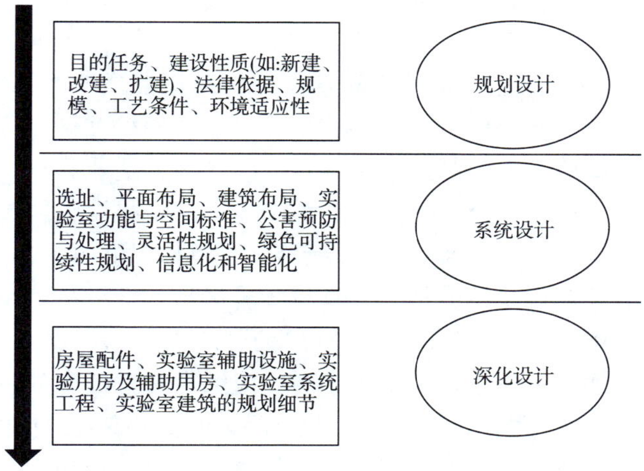

图 2-1　实验室设计流程示意图

实验室功能与空间标准、公害预防与处理、灵活性规划、绿色可持续性规划、信息化和智能化。

深化设计主要针对实验室设计中的布局，包括：房屋配件、实验室辅助设施、实验用房及辅助用房、实验室系统工程、实验室建筑的规划细节。

三、检测实验室的规划与设计要求

为保证检测/校准结果准确、可靠、一致、可比，检测实验室的基础设施和环境条件应符合标准/规范所规定的要求，所用仪器设备规定的工作条件以及实验人员必需的生理环境条件。

（一）系统设计

1. 选址

在符合国家法律法规的前提下，实验室选址宜优先考虑基础设施完善、交通便利、通信良好的地区，并满足发展用地的需求。同时根据实验室的功能，避开化学、生物、噪声、振动、强电磁场等易对检测结果造成影响的污染源及易燃易爆场所。对于在检验检测过程中，易对外界环境造成影响的实验室，在选址时考虑减少公害，如布置在下风方向及下游地段，并采取绿化隔离、远离人群等措施。

2. 平面布局

（1）实验室用房　对于实验室用房的总体布局形式如下。

①独立式：整个建筑配置集中在一栋楼内独立设置，适用于较小的分析实验室。

②主楼式：以一栋实验楼为主，配以附属建筑，建筑规划较为规则。

③单元式：又称细胞式。用一个简单的单元或细胞组成多样的形式，形成各种不同的空间，有利于推行建筑模数和标准化，便于施工。

④分散式：由不同功能的多栋实验楼、研究楼及辅助建筑灵活组合而成，采用较多。

（2）实验室区域　实验室的总体布局主要包括实验室核心区域、辅助区域、公共设施区域，其中：核心区域包括实验工作区、实验缓冲区、样品制备区、危险品贮存区、样品接收室、样品贮存室等；辅助区域包括业务接待室、资料档案室、数据处理区、设备配件室、办公室、会议室等；公共设施区域包括暖通、空调、给排水、特殊气体、特种水、供配电等用房，具体要求如下。

①如实验室总体布局采用分散式，宜将实验区域与业务接待室、办公室、会议室等分开，设备配件室和公共设施区域可置于二者之间。

②不同类型的实验室集中在一个楼宇时，应综合考虑楼宁的垂直布局，如将振动实验室安排在楼宇底层，将可能产生气体污染的实验室安排在楼宇的高层。

③辅助区域中业务接待室的位置，应当设置在明显的位置，空间舒适，光照充足。设备室及材料室，宜设置在整座建筑或每层的中央位置以节省时间。

④工艺性及性能实验室等宜采用大空间，或由 2~3 个标准单元所组成的大房间；实验室可根据不同功能的仪器，按中、小空间形式相结合的原则布置。

3. 平面规划

实验建筑平面设计除了遵循一般建筑物平面设计原则外，还需遵循组合规划、建筑物底层规划、建筑物顶层规划及其他规划原则。

（1）组合规划　组合规划宜遵循如下原则。

同类型实验室宜组合在一起；

工程管网较多的实验室宜组合在一起；

有隔振要求的实验室宜组合在一起，宜设于底层；

有洁净要求的实验室宜组合在一起；

有防辐射要求的实验室宜组合在一起；

有毒性物质产生的实验室宜组合在一起；

有相同层高要求的特殊设备宜组合在同一层。

（2）建筑物底层规划　建筑物底层规划宜遵循如下原则。

大型或重型设备宜布置在建筑物的底层；

较大振动的设备宜布置在建筑物的底层；

噪声较大的设备宜布置在建筑物的底层；

对振动很敏感的精密测量仪器宜布置在建筑物的底层；

待测试件较重或较大的，或重复性检测项目频繁的实验室宜布置在建筑物的底层；

检测过程需大量酸碱液的实验室宜布置在建筑物的底层；

需做设备基础或防振基础的实验室宜布置在建筑物的底层；

需设置建筑防护设备的实验室宜布置在建筑物的底层。

（3）建筑物顶层规划　建筑物顶层规划宜遵循如下原则。

产生有害气体的实验室宜布置在建筑物的顶层，宜处于下风向位置；

产生粉尘物质的实验室宜布置在建筑物的顶层，宜处于下风向位置；

易燃或易爆物质的实验室宜布置在建筑物的顶层，宜处于下风向位置；

排风装置较多的实验室宜布置在建筑物的顶层，宜处于下风向位置。

（4）其他规划　其他规划宜遵循如下原则。

有温湿度要求的实验室宜布置在建筑物的背阴侧；

需避免日光直射的实验室宜布置在建筑物的背阴侧；

器皿药品贮存间、空调机房、配电间、精密仪器存放间宜布置在建筑物的背阴侧。

注：平面规划的原则主要是满足实验室工作流程的优化及日常管理等方面的需要，还应考虑实验室的工艺流程、特殊实验室和功能间的位置选择。如：在符合工作流程的情况下，将进行样品处理、容量分析、离心、沉淀、过滤等，常规实验而需配备给排水的实验室安排在通风良好的位置；易爆实验间以及易爆物品贮存间宜远离机械振源及热发生源；当 X 射线、Y 射线探伤室设在实验楼里时，宜布置在原地下室的底层一端，但不宜靠近人流多的地段或工作人员多的办公室；当外部电磁干扰强度影响到电子仪器设备的正常工作时，宜做好屏蔽措施等。

4. 建筑布局

建筑布局通常可以分为单通道设计、双通道设计、单元组合平面设计等（图 2-2）。

(1)主实验室和辅助实验室
分别设置通道两旁

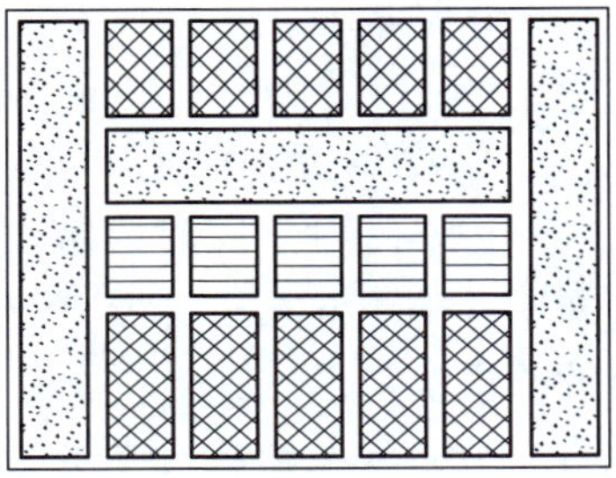

(2)通道一边只有主实验室，
一边设置了主要实验室和辅助实验室

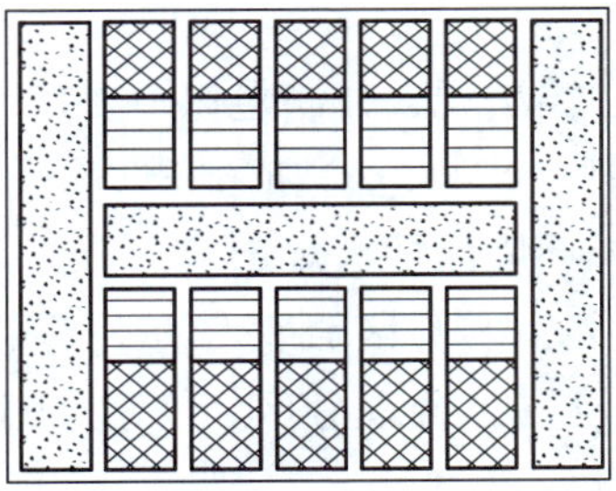

(3)通道两旁分别设置了主实验室
和辅助实验室，并将其连在一起

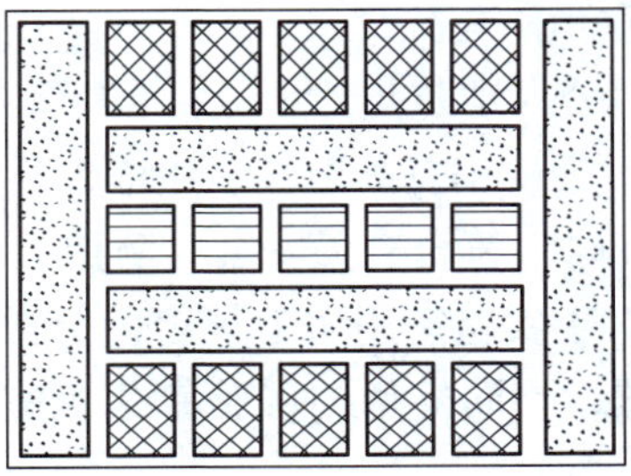

(4)两边通道分别设置在辅助实验室两侧，
在两边通道外侧再分别设置主实验室

图 2-2　实验室建筑布局

（1）单通道设计　单通道设计为实验室建筑中最常见的平面形式，该形式体型简洁，便于施工，造价较低，易于布置管网，特别适宜于用自然通风、采光的普通实验室。但通道过长时，通行噪声会有一定的影响。因外墙较多，故不宜做空气调节、洁净要求较高的实验室。

（2）双通道设计　在主要实验室与辅助实验室之间设置了两条通道，辅助实验室设置在两条通道之间，主要实验室设置在两条通道的外侧，辅助实验室的深度比主要实验室的深度浅。其特点有利于空调面积较多的实验室，可以节约能源，室内温度波动小。同时由于建筑物加大了进深，可以节约用地，建筑物内管网也易于集中，各实验室间交通相对缩短。它的特殊形式是环形通道，适宜于洁净要求高的高纯度实验室，同时也有利于事故发生时人员疏散。

（3）单元组合平面设计　单元组合平面设计是为了适应实验室扩展需要，有利于提高实验室建筑灵活性所采用的另一种布置形式，它有利于实验室及其管网的相对集中。实验室扩建时，可以根据实际需要增加若干单元，既可以单向扩展，也可以多向扩展，而不影响建筑的完整体形。

5. 实验室功能与空间标准

（1）净高　当不设置空气调节时，常规实验室的室内净高不宜低于 2.8m；设置空气调节时，不宜低于 2.4m。走道净高不宜低于 2.2m。特殊功能的实验室室内净高按照实验室仪器设备尺寸、安装及检修的要求确定，超高设备宜统筹规划在同一楼层。

（2）开间　常规实验室标准开间由实验台宽度、布置方式及间距决定，具体应符合 JGJ 91—1993《科学实验建筑设计规范》的规定。实验台平行布置的标准单元，其开间不宜小于 6.6m，特殊功能的实验室开间按照实验室仪器设备尺寸、安装及检修的要求确定。

（3）进深　常规实验室标准单元进深由实验台长度、通风柜及实验仪器设备布置决定，且不宜小于 6.6m。无通风柜时，不宜小于 5.7m，具体应符合 JGJ 91 的规定。

6. 公害预防与处理

实验室公害预防与处理应符合国家相关法律法规，并满足以下要求。

（1）对于使用有放射性、爆炸性、毒害性、生物危险和污染性物质的实验室，在系统设计时应符合有关安全、防护、疏散、环境保护等规定。

（2）对于实验室用房中规定的分散式布局，实验区域宜与办公等其他功能用房分开设置，不同类型的实验室建筑宜独立设置，合理分区。实验室建筑宜处于最小风频上风向。

（3）公用设施区域在总平面中的位置应符合节能和环境保护等要求。如，变配电室、冷冻站等宜设置在对周围环境干扰最少且靠近使用负荷中心处。当实验室工作有防振要求时，可根据其防振距离要求进行布置，在无法保证防振距离时，采取必要的防振措施。

(4) 环境设计应符合当地主管部门的绿化要求，且宜适当提高绿化率。绿化植物品种的选用应有利于净化空气、防止污染。

7. 实验室灵活性规划

灵活性最大化一直是实验室建筑设计或改造的重点，灵活性可以保证实验室具有良好的实用功能，还可以在重大改造或新建中，保证建筑设施的重组使用率高，减少人力物力的浪费。

(1) 设施的灵活性　在设计与建设完成之后，实验室还会根据实际检测的需求进行重组和改造，按照工程量的划分，主要方式如下。

①保留工作台面，调整人员和设备。

②保留墙面，更换工作台，重新布置设备设施。

③重建墙面和系统工程。

④实验室整体新建或重建。

在设计时，应采用模块化设计方法，充分考虑各实验室墙体和工作台的通用性，减少墙面及工作台更换产生的费用。

(2) 系统工程的灵活性　实验室的系统工程灵活性包括：

①能在墙和顶棚上进行方便的连接或断开，宜考虑快速、便利的连接。

②宜采用能够调整的通风柜，选用尺寸能够适应实验室变化的管道系统，以及独立的专用通风管道。

③功能通道，顶棚和竖井的设计，应考虑未来采暖、通风、空调和电力的需要。

④公用设施区域的管网应综合布置，并与室外环境设计相结合，做到安全可靠、经济合理、方便使用和维护，并留有发展余地。

⑤在总体设计阶段，实验室系统工程的设计，在满足初始需求的前提下，宜设置足够的余量以适应预计的未来规划。

(3) 实验室内部的灵活性

①在实验室内部，应配备有设备、可移动辅助设施、固定工作台或其中任意组合的活动设备区，能够快速应对实验室功能的变化。同类型实验室宜安装同样的系统工程和实验室辅助设施。

②充分利用实验室内的空间，或采用灵活隔断进行布置。

8. 实验室可持续性

在保证实验室工作正常进行的前提下，宜采用相应的措施保证检测实验室环境、建筑、工程及其他方面的可持续性。

9. 实验室智能化

实验室智能化包括实验室信息管理系统、安全预警系统等，实现对各智能化子系统的协同控制和对设施资源的综合管理。实验室应根据建筑物的规模和功能需求等实际情况，选择配置相关的系统，同时还应配备远程通信设施或预留接口。

实验室智能化系统的功能应符合下列要求。

（1）满足检验检测要求的能源供应和实验室环境的控制及管理。

（2）提供检验检测工作和实验室管理所需的信息通信的基础条件。

（3）符合节能和降低成本的要求。

（4）提供建筑物所需的信息化管理。

（二）深化设计

1. 房屋配件、实验室辅助设施

（1）窗　实验室窗包括：固定窗、可开关的窗、双层窗、密闭窗、屏蔽窗、隔声窗。

可根据不同的需求选用。如实验室要求水平遮阳或垂直遮阳，需选用有遮阳功能的窗，如百叶窗。

（2）门　由1/2个标准单元组成的实验室的门洞宽度不宜小于1m，高度不宜小于2.1m。由一个及以上标准单元组成的实验室的门洞宽度不宜小于1.2m，高度不宜小于2.1m。

实验室的门扇应设观察窗。有特殊要求的房间的门洞尺寸应按具体情况确定，如经常进出大型试件或设备的房间，可设置无门槛的卷帘门。在爆炸危险的房间内应设置外开门，在有隔声、保温、屏蔽需求的实验室可选用具备相应功能的门，还可视需求选用弹簧门、推拉门或自动门。

（3）墙面要求　实验室墙面总体要求为方便清洁，不得采用带有强反光性质的饰面材料，对于冷藏室墙面要求隔热；有些实验室在实验时有酸碱气体逸出，要求设计耐酸碱的涂层墙面；对于会产生噪声的实验室，墙面应布置吸声材料；有抗电磁波干扰要求的房间，墙面需做屏蔽处理。

实验室墙裙高度应离地面1.2~1.5m，便于清洁，如瓷砖墙裙、油漆墙裙等。

（4）地面要求　实验室地面应坚实耐磨、不起尘、不积尘，并能够防水、防滑、防放射性污染、防静电。实验室防振应考虑实验本身或精密仪器本身所提出的防振要求，以及实验所产生的振动。使用强酸强碱实验室所布置地面应具有耐腐蚀性。用水量较多的实验室地面应设地漏。

（5）顶棚　除了有严格防尘需求的实验室以外，实验室不宜设置吊顶，对于某些具有吊顶需求且无严格密封要求的空间，可采用活动板块式吊顶。

（6）走道　走道应直接通向出口的方向，以便危险发生时人员的撤离，因此应避免设计成无规则的形状。

走道地面有高差时，当高差不足二级踏步时，不得设置台阶，应设坡道，其坡度不宜大于1∶8。实验室宜设置缓坡坡道供货运车辆通行。

应根据使用过程中具体情况来确定走道的宽度和高度设计，同时应特别注意

回转余量，双面布房的走道宽度不宜小于 1.8m，单面布房的走道宽度不宜小于 1.5m。

（7）实验室辅助设施　实验室中央台、书桌等实验室辅助设施的设置和设计应保证出口的通畅和实验室内活动的方便，设计人员应根据中央台功能和主要固定设备的位置将实验室分区。

（8）实验台

①实验台分类：实验台可以按照形式、布局结构进行分类。

按结构形式分：固定实验台、悬挂实验台、分体实验台与移动实验台。

按布局结构分：一字形、L 形、半岛形、岛形（图 2-3）。

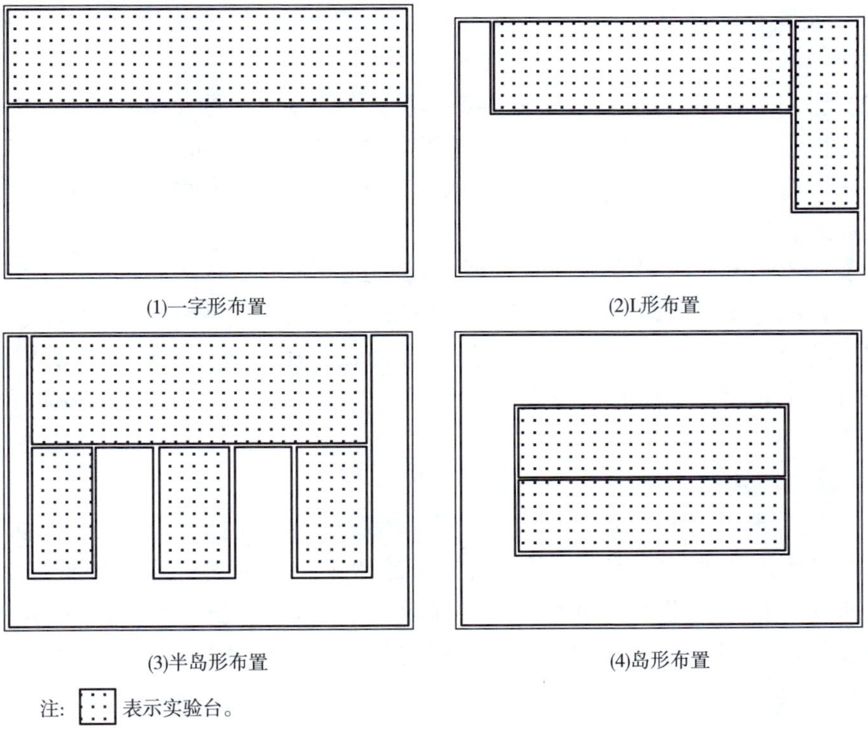

图 2-3　实验台布局

②实验台尺寸：实验台尺寸应根据使用要求设计，实验台的台面高度宜为 0.8~0.9m，单面实验台宽度宜为 0.65~0.8m，双面实验台宽度宜为 1.5m，长度应按实验的具体要求确定。

（9）物品柜（架）　通用实验室的内墙上宜设置嵌墙式或挂墙式物品柜（架）。物品柜（架）底距地面不应小于 1.2m。物品柜（架）应具有足够的承载能力，并应与墙体牢固连接，物品柜（架）横隔板的位置应上下可移动。

（10）安全站　实验室应根据需要设置安全和应急装置，如洗眼器、沐浴器、灭火器、保护手套、防护衣服、吸附材料等。安全站设置的最佳位置是在实验室的主入口，方便工作人员的使用和维护保养。有需要时，应考虑设置多个安全站以便工作人员使用。

（11）楼梯与电梯　楼梯设计应符合国家现行法律法规的规定，并合理设计楼梯宽度。

科研实验人员经常通行的楼梯，其踏步宽度不应小于0.28m，高度不应大于0.17m。

四层及以上的实验室建筑宜设电梯。有条件的实验室可根据自身工作需要设货梯和客梯。

2. 实验用房及辅助用房

（1）实验室仪器设备室　根据实验室常用仪器设备对环境及安装的需求，采用先进成熟的设计方案，以适应实验室运行的需要。

（2）业务受理室　业务受理室应综合考虑业务流程，方便接收确认样品。宜布局在首层，采用开放式柜台办公，柜台高度不应高于0.8m。业务受理室宜设置受理、检验报告收发、检验样品收发、收费区域。业务受理室宜设置供客户咨询、查询的设施。

（3）样品仓库　样品仓库应根据样品特点进行布局，环境条件应符合样品存储规定；样品仓库应通风、防潮、防雨、防鼠、防虫，对于特殊要求的样品仓库，如低温、防爆，建筑设计应采取相应的技术措施。样品仓库宜设立在货梯附近，并便于样品出入库，必要时可设立装卸货平台。样品仓库应配置相关安防和消防设施。

3. 实验室系统工程

（1）给排水　给水系统的选择，应根据检验检测、生活、消防各项用水对水质、水温、水压和水量的要求，并结合室外给水系统等因素，经技术经济比较后确定。水龙头及其他卫生器具给水的额定流量、当量、支管管径等，应符合GB 50015—2003《建筑给水排水设计规范》规定。实验仪器的循环冷却水水质应满足各类仪器对水质的不同要求。

下行上给式的给水横干管宜敷设在底层走道上方或地下室顶板下；上行下给式的给水横干管宜敷设在顶层管道技术层内或顶层走道上方。不结冻地区可敷设在屋顶上。恒温、恒湿实验室的给水管道穿墙和楼板时应采取密封措施。

进行强酸、强碱、剧毒液体的实验并有飞溅爆炸可能的实验室，应就近设置应急喷淋设施，当应急洗眼器水压大于1MPa时，应采取减压措施。

室外排水应符合GB 50014—2006（2016年版）《室外排水设计规范》规定。含菌污水应经高温高压消毒或化学消毒后才可排放至市政污水排放公用系统。

酸、碱污水应进行中和处理。中和后达不到中性时，应采用反应池加药处理。

实验室污、废液应和生活污水分质排放。腐蚀性污水的排水系统应采取防腐措施。

（2）空调　实验室空调系统应符合 GB 50019—2015《工业建筑供暖通风与空气调节设计规范》及国家其他相关规定。

实验室空调房间无特殊要求时，室内计算温度宜冬季 18 ~ 20℃、夏季 26 ~ 28℃；室内相对湿度小于 80%。专用实验室的空气调节室内计算参数应按工艺要求确定。

（3）通风和净化　实验室通风应符合 GB 50019—2015《工业建筑供暖通风与空气调节设计规范》及国家其他相关规定。实验室净化应符合 GB 50073—2013《洁净厂房设计规范》、GB 50991—2014《埋地钢质管道直流干扰防护技术标准》及国家其他相关规定。对于具有生物安全要求的实验室，还应符合 GB 50346—2011《生物安全实验室建筑技术规范》的规定；对于实验动物设施，还应符合 GB 50447—2008《实验动物设施建筑技术规范》的规定。

实验室环境要求允许开窗通风换气时，应优先利用自然通风。

当自然通风不能满足实验室室内的卫生要求、工艺要求或在技术经济上不合理时，宜设置机械通风系统。

实验室通风系统宜满足实验室功能使用、工艺使用时间频率要求条件，设置有工作模式和值班模式的切换控制方式。

产生有毒有害物质的工艺操作宜在通风柜内进行或在工艺操作点根据工艺要求宜设置局部排风设备，如万向排气罩、原子吸收罩、排气罩等。实验室排风系统应优先采用局部排风；当局部排风不能满足要求时，宜采用全面排风。

（4）采光　实验室宜利用天然采光，房间窗地面积比不应小于 1∶6。

利用天然采光的实验室窗地面积比不应小于 1∶5。

（5）隔声　通用实验室允许噪声级不宜大于 55dB（A 计权声压级）；阅览室允许噪声级不应大于 50dB（A 计权声压级）。

产生噪声的公用设施等用房不宜与实验室贴邻，否则应采取隔声及消声措施。

（6）隔振　产生振动的公用设施等用房不宜与有隔振要求的试验区域贴邻，且宜设在底层或地下室内，其设备基础等应采取隔振措施。

设在楼层或顶层的空调机房、排风机房等，其设备基础等应采取隔振措施。

（7）通风柜　实验室内危险的操作通常在通风柜内进行，出于安全考虑，通风柜的位置应远离主实验室出口，可以减少工作人员经过它的机会，以及人员对设备的不利影响。

通风柜应符合 JB/T 6412—1999《排风柜》，JG/T 222—2007《实验室变风量排风柜》及国家其他相关规定。

实验室通风柜操作口处的面风速，可按表 2-1 进行选取，对于特殊的有害气体应根据相关的使用数据要求确定。

表 2-1　　实验室通风柜操作口处的面风速

空气有害程度	面风速	
	一般情况下/（m/s）	靠近门窗或风口处/（m/s）
对人体无害仅污染空气	0.30~0.40	0.35~0.45
有害蒸气或气体浓度≤0.01mg/L	0.50~0.60	0.60~0.70
有害蒸气或气体浓度>0.01mg/L	0.70~0.90	0.90~1.00

对变风量通风柜，当通风柜前无人操作且无有毒有害物质时，通风柜平均面风速宜为0.3m/s；当通风柜前有操作人员工作时，通风柜平均面风速宜为0.5m/s。

通风柜的同时使用系数应根据实验室的功能要求、使用条件、节能运行等综合因素确定。

（8）气体管道　实验室用气主要有燃气和设备用气两类。燃气主要有天然气、煤气、液化石油气等，分析实验使用燃气用于试样熔融分解和小型玻璃器皿制造。实验室不同种类和等级的气体装在钢瓶中放置在专用区域。设备气体汇流排的区域最好是单独的房间，要严禁明火、远离火源、防暴晒，如使用易燃易爆气体要有特殊的防护和报警装置。

输送干燥气体的管道宜水平安装，输送潮湿气体的管道应有不小于0.3%的坡度，坡向冷凝液体收集器。氧气管道与其他气体管道可同架敷设，其间距不得小于0.25m，氧气管道应处于除氢气管道外的其他气体管道之上。气体管道不得和电缆、导电线路同架敷设。

（9）管道空间　管道空间分为管道井、管道走廊和管道技术层3种，其尺寸及位置应按国内相关标准的要求确定。

建筑物内管道不多时，宜采用管道井。集中式管道井应设检修门；分散式管道井设检修门有困难时，应在管道阀门部位设检修口。建筑物内管道多且管道井无法满足要求时，应设管道走廊或管道技术层，并设置检修门。

（10）电气

①供电：实验室供电设计应满足JGJ 91—93《科学实验室建筑设计规范》的相关规定。其中实验室家具配电设计应满足GB 16895.29—2008《建筑物电气装置　第7-713部分：特殊装置或场所的要求》的相关规定，实验室布线应符合GB 16895.6—2014《低压电气装置　第5-52部分：电气设备的选择和安装　布线系统》的相关规定。

实验室供电常见电压分为220V和380V，每个实验房间宜设有独立的电控柜。电控柜应设置总电源控制开关，能够切断房间内的电源，同时还应设置多个空气开关，保证使用过程中如有漏电现象立刻自动切断电源。对于需要进行长时间连续试验的设备，以及重要的仪器设备或数据工作站，应设置辅助电力系统（不间断电源或双路供电），避免因切断实验室的总电源而影响其工作。

②接地：实验室可设置实验室工作接地、供电电源工作接地、保护接地、实

验室特殊防护接地及防雷接地。实验室工作接地的接地电阻值，应按实验仪器、设备的具体要求确定。无特殊要求时，不宜大于4Ω。供电电源工作接地及保护接地的接地电阻值不应大于4Ω。各种接地宜共用一组接地装置。实验室特殊防护接地电阻值按具体要求确定，如防雷接地需单独设置，防雷接地电阻值应符合GB 50057—2010《建筑物防雷设计规范》的规定。

（11）承重　实验室的楼面均布活荷载不应低于2.0kN/m^2。应考虑重型设备的承重要求。除考虑设备本身重量外，还应考虑试验最大样品质量、缓冲块质量、试验力等因素；防水试验区宜设有若干水箱、贮水罐，建筑承重应考虑容器装满水时的质量因素。

（12）采暖　位于供暖地区的实验室建筑宜设置采暖系统。实验室冬季室内计算温度宜采用18～20℃。

采暖系统宜按南北朝向分开环路设置。采暖系统的散热器宜按每个自然开间的采暖热负荷进行设置。散热器宜设置于靠近外墙的窗台下。

不允许采用热水采暖的实验室宜采用电采暖或其他采暖措施。穿过实验室的采暖管道宜用钢管焊接，且不应有法兰、螺纹接头和阀门等。

有腐蚀性气体的实验室其采暖系统的散热器、管道及附件应有防腐措施。

采暖系统的散热器其散热量宜可调节，但布置在更衣间、淋浴间以及热媒有冻结危险场所的散热器除外。采暖系统应在每个环路回水干管末端和每根立管上设带短管的阀门。立管的阀门和泄水用的带短管阀门不宜安装在地沟内。

（13）照明　照明负荷宜由单独配电装置或单独回路供电，应设单独开关和保护电器。照明配电箱宜分层或分区设置。大面积照明场所宜分段、分区设置灯控开关。管道技术层内应设照明并由单独支路或专用配电箱（盘）供电。实验室在满足试验需求的前提下，应尽可能选择节能照明灯具，重要实验场所应设置应急照明。具体应符合GB 50034—2013《建筑照明设计标准》、GB 50016—2018《建筑设计防火规范》的规定。

（14）信息化设施　实验室的信息化设施包括综合布线系统、计算机网络系统、视频监控系统等。有条件时还可包含一卡通系统（门禁、消费、停车场、巡更等子系统）、入侵报警系统、广播系统、会议室系统、机房系统等。

应考虑根据实验室业务需求进行信息化设施的综合布线，计算机网络系统应根据网络运行的业务信息流量、服务质量要求和网络结构等配置网络的交换设备、服务器和信息端口。同时，应配置相应的信息安全保障设备和网络管理系统。信息化安防系统应以结构化、模块化和集成化的方式实现组合，采用先进、成熟的技术和可靠、适用的设备，应适应技术发展的需要。

4. 实验室建筑的其他规划要求

（1）设备放置　应了解每个实验区域所需主要仪器设备的数量、尺寸、质量、安装方式（桌上型、落地型等）和设备移动性（固定式、移动式等），并考虑这些仪器设备所需的配套设施，如水（纯净水、冷水、热水、循环用水）、电、气、通风及其他特殊要求。可能造成危险的设备应远离主入口。

注：可能造成危险的设备指贮存时存在危险的设备、运行时存在危险的设备和操作时存在危险的设备。

（2）室内装修　需要定期清洗、消毒或防尘要求高的实验室，其地面、墙面和顶棚应做整体式防水饰面。墙面与墙面之间，墙面与地面之间、墙面与顶棚之间宜做成半径不小于 0.05m 的半圆角。室内应减少突出的建筑构配件及明露管道。室内装修材料应满足国家相关标准要求。

（3）标志　实验室标志是保证实验人员安全的重要措施，起到安全防范警示等作用，实验室设计与建设时，应根据实验室实际情况布置实验室标志。应符合 GB 190—2009《危险货物包装标志》、GB/T 23809—2009《应急导向系统　设置原则与要求》的规定。

（4）安全和防护　实验室建筑设计应执行国家现行有关安全、卫生、辐射防护、环境保护法规和规定，建筑底层的门、窗宜采取安全防盗措施。对限制人员进入的实验区或实验室应在其明显部位或门上设置警告装置或标志。

实验室应设置安防措施，避免无授权人员进入，如门禁系统。安防系统设计应优先考虑消防、应急要求。实验室的关键部位（如有人值守和无人值守需长期试验的实验室、试验人员无法接近观察测试过程的部位）应设置监视器，需要时，可实时监视并录制实验室活动情况和实验室周围情况。监视设备应有足够的分辨力，影像存储介质应有足够的数据存储容量。

实验室应根据活动类型设置相应安全标志，包括：通用安全标志、消防标志、化学品作业场所安全警示标志、工业管道标志、气瓶标志、设备标志等。紧急通道和出入口应设置醒目标志。应在建筑物内部以及外墙上放置适当的安全警示牌，列出应急方法，并强调所有的特殊危险。

（5）消防　实验室建筑的防火设计除应符合 GB 50016—2018《建筑设计防火规范》外，还应符合以下规定：由一个以上标准单元组成的通用实验室的安全出口不宜少于两个。易发生火灾、爆炸、化学品伤害等事故的实验室的门宜向疏散方向开启。

易燃液体储存间宜配置自动监测报警装置、自动灭火系统，必要时还应有防爆装置。大型电子机房、重要资料、记录储存区域宜采用气体灭火装置，需要火灾早期探测的重要场所，宜选择吸气式感烟火灾探测器。

一线传真：金晖，童艳．浅谈检测实验室的规划与设计［J］．中国质量技术监督，2009（9）：58-59.

任务三 检测实验室设计和建设范例——食品实验室

一般来说，实验室设计分为功能设计和布局设计。与一般办公、民用建筑不同的是，实验室功能设计和布局设计是在建筑设计之前结合检测技术要求提出并确定的，是建筑设计的依据之一。它体现了实验室使用、管理者的意图，应与建筑设计单位讨论、沟通，达成一致意见。

一、系统设计

食品实验室的系统设计除需考虑 GB/T 32146.1—2015《检验检测实验室设计与建设技术要求》中关于检测实验室系统设计部分相关的内容外，还应需考虑以下几方面。

1. 一般要求

食品实验室的系统设计还应满足以下要求。

(1) 若实验用房包含不同性质的实验室且条件允许，在实验楼中自上而下宜按毒理、理化、微生物、分子生物学实验室依次布置。

(2) 对于容易造成交叉污染又难以有效隔离的实验室，不宜设置在同一区域或邻近区域。

(3) 大型仪器室应避免阳光直射，需要供气的仪器在满足工作流程的情况下，宜集中摆放。用于滴定、比色等操作的化学分析室要求应光线良好。

(4) 气瓶室宜设在少人走动的阴凉角落位置，可燃气体和不可燃气体应分开放置。

(5) 洗涤功能区应安排在有上下水的角落位置，但不宜与高温室或较强电磁干扰的房间相邻。

(6) 易爆实验室以及易爆物品贮存室应远离机械振源及热发生源。

(7) 在无技术夹层的实验室、大型精密仪器的实验室和恒温恒湿房间的正上方，不应布置涉及化学腐蚀性物质的房间。

(8) 安装特殊仪器的实验室，应按照特殊仪器要求进行单独设计。

(9) 化学分析室应安装紧急洗眼器、紧急淋浴器等安全设施。

(10) 对于具有洁净要求的实验室，还应符合 GB 50073—2013《洁净厂房设计规范》中 4.1 的规定；对于具有生物安全要求的实验室，还应符合 GB 50346—2011《生物安全实验室建筑技术规范》中 4.1.1 的规定；对于实验动物设施，还应符合 GB 50447—2008《实验动物设施建筑技术规范》中 4.1 的规定。

2. 特殊要求

食品感官分析实验室的设计与建设的特殊要求应符合 GB/T 13868—2009《感官分析　建立感官分析实验室的一般导则》的规定。食品微生物实验室、食品分子生物学实验室和食品毒理学实验室设计与建设的特殊要求参见附录一~附录三。

3. 实验室功能区划分

实验室应合理划分出相对独立的区域，以便于实现总体功能，达到安全、合理、科学、方便和节能的要求。

实验室宜采用标准单元组合设计，单元可设计成室或区。在同一室设分区时应对相互影响的相邻区域采取有效的隔离措施，防止实验交叉污染以及分析仪器之间、人员之间相互干扰。建设技术要求相似的实验室宜集中设置；办公室、会议室、阅览室、资料室和更衣室等辅助区域宜集中设置。实验室宜以室规划功能区域，一般应包括以下全部或部分单元：业务受理室、样品室、前处理室、仪器室、药品室、气瓶室等。

食品理化实验室食品微生物实验室、食品分子生物学实验室、食品毒理学实验室的典型布局图见附录四。

由标准单元组成的具有特殊要求的实验室，其空间尺寸应按实验室功能、仪器设备规格、安装及维护检修的要求确定。

4. 实验室前台后台设计

实验室应进行前台后台设计。实验室前台是指实验室工作人员与服务对象接触的场所，一般为检测任务受理和样品接收区域。实验室后台是指实验室技术实施的场所，即为检测活动实施区域，应从实验室管理和技术要求的角度考虑，与前台隔离，设置门禁系统，与实验无关人员不可随意进入。

5. 给排水和废气、废液、固废处理

实验室废水按废水性质、成分及污染的程度应进行不同的处理，污水排入地面水体或城市排水系统时，应符合 GB 50015—2016《建筑给水排水设计规范》第 4 章、GB 8978—1996《污水综合排放标准》、GB 20425—2006《皂素工业水污染排放标准》中的规定。含有放射性核素的废水处理，应符合 GB 18871—2002《电离辐射防护与辐射源安全基本标准》的有关规定。对地表有腐蚀性影响的废水防渗处理应执行国家相关规范。

实验室有机废气排放宜设置炭吸附系统，无机废气的处理宜设置水喷淋系统。处理后的实验室废气应符合 GB 16297—2017《大气污染物综合排放标准》及 GB 14554—1993《恶臭污染物排放标准》中的规定。

对于具有洁净要求的实验室，还应符合 GB 50591—2010《洁净室施工及验收规范》中 7.2、7.3 及 GB 50073—2013《洁净厂房设计规范》中第 7 章的规定。对于具有生物安全要求的实验室，还应符合 GB 50346—2011《生物安全实验室建筑技术规范》中 6.1、6.2 和 6.3 的规定。对于实验动物设施，还应符合 GB 50447—2008《实验动物设施建筑技术规范》中第 6 章的规定。

二、深化设计

食品实验室的深化设计除需考虑 GB/T 32146.1—2015《检验检测实验室设计

与建设技术要求》中关于检测实验室深化设计部分相关的内容外，还需考虑以下几方面。

1. 房屋配件、实验室辅助设施

（1）门窗　有空气洁净要求的房间设置外窗时，宜为双层密闭窗。各房间的门应保证人员、设备进出方便。

（2）地面　实验室要求防尘、防腐蚀，地面材料应平整、耐磨、易清洁，并按需要采取防静电措施，可用陶瓷板地面、聚氯乙烯（PVC）地面等。仪器分析实验室若采用一般的固定地板，管线可通过服务性柱从天花板往下走线；对于大型精密仪器分析实验室，也可采用架空地板。

（3）隔断、天花板　实验室应选用易清洁、不起尘的难燃材料，墙壁和天花板表面应平整，减少积尘面，要有保温、隔声和吸声效果，除固定隔断外，最好采用灵活隔断，以适应仪器更新及改扩建的需要。

室内各种管线宜暗敷，当管线穿楼板时宜设技术竖井。室内色彩宜淡雅柔和，不宜用大面积强烈色彩。视觉作业处的家具和房间内宜用无光泽或亚光表面。室内天花板上安装的风口、灯具、火灾探测器以及墙上的各种箱盒等应协调布置，做到整齐美观。

（4）其他要求　对于具有洁净要求的实验室，应符合 GB 50591—2010《洁净室施工及验收规范》中第 4 章、GB 50687—2011《食品工业洁净用房建筑技术规范》中第 5 章及 GB 50073—2013《洁净厂房设计规范》中 5.3 的规定，对于具有生物安全要求的实验室，还应符合 GB 50346—2011《生物安全实验室建筑技术规范》中 4.2 的规定；对于实验动物设施，还应符合 GB 50447—2008《实验动物设施建筑技术规范》中 4.3 和 9.2 的规定。

（5）实验室家具　实验室家具除符合 GB 24820—2009《实验室家具通用技术条件》的要求外，还应符合以下要求。

①实验台可采用钢木结构即金属框架与木制柜体组成。实验台台面按使用性质不同应具有相应的绝缘、耐磨、耐腐、耐火、耐高温、防水及易清洗等性能，一般实验台宜采用环氧树脂板，洁净实验室和无菌生物实验室宜采用不产生二次污染的台面。

②标准实验台的宽度为 750mm，精密仪器台的深度宜为 800~1000mm；高度一般为 760mm 和 840mm 两种，760mm 高的实验台适合坐姿操作，840mm 高的实验台适合站立操作；实验台的长度宜为 750mm 的倍数。

③安全储存柜可分为毒品柜、防爆柜、酸柜、挥发性试剂柜等。毒品柜用于储存有毒物品，需配双锁，能调节温湿度；防爆柜用于储存易燃易爆的物品，配自动闭门器、防爆门；酸柜用于储存酸性试剂，宜用聚丙烯材料；挥发性试剂柜用于储存挥发性试剂，宜在试剂柜上部配备过滤器与小型风机。

④药品柜主要放置化学试剂，化学试剂需按固体、液体、有机、无机、酸、

碱、盐等分类放置，便于查找和确保安全。药品柜可设置玻璃门，柜体也应具有一定的承重能力和防腐蚀性。药品柜分为抽屉式、阶梯层板式或可升降层板式。

⑤样品柜用于放置各类实验样品，可有分格且可贴标签的隔板，便于存放样品和查找样品。

⑥器皿柜用于存放洗净后的玻璃器皿，一般设有层板，层板宜采用抗倍特层板，层板用导轨与柜体固定，层板上开孔，可根据器皿尺寸大小调节位置。器皿柜应通风良好，易于清洁干燥。

⑦气瓶柜用于放置气瓶，气瓶柜一般采用钢制产品，配备报警器，根据气体不同分为可燃性报警器与非可燃性报警器，最好具备防爆功能，并在柜子上方设泄爆口。

⑧通风柜与墙壁的距离为300mm，通风柜侧对门建议最小开间为1000mm，通风柜正对门摆放最小距离为1800mm，人背对门操作通风柜最小距离为1500mm。两台通风柜对放时建议空间不小于3000mm，通风柜与中央台间距宜不小于1800mm，通风柜与对墙时的空间不小于1800mm，通风柜应留有1000mm的非干扰区及建议1000mm的走道。

2. 实验用房及辅助用房

（1）一般要求　由标准单元组成的具有特殊要求的实验室，其空间尺寸应按实验室功能、仪器设备规格、安装及维护检修的要求确定。

（2）业务受理室　业务受理室应综合考虑业务流程，方便接收确认样品。宜布局在首层，采用开放式柜台办公，柜台高度宜不高于800mm，宜设置信息登记、检验样品收发、检验报告收发和收费区域。宜设置供客户咨询、查询的设施。宜放置样品短期储存装置。

（3）样品室　样品室分为样品制备室和样品储藏室（区），样品制备室应包含样品制备所用的设备、操作台及洗涤池，样品储藏室（区）包括单独设置的样品储藏室以及未单独设室的样品储藏区。

样品制备室的操作台应紧邻洗涤池，宽度宜为500~800mm，高度宜为760~840mm。样品储藏环境分为常温和低温两种条件。常温环境宜采用储物架存放；低温环境宜采用冰箱或冰柜保存样品。如条件许可，宜设置整体式的冷库。样品储藏室（区）要求通风、避光、一定的温湿度，能防虫、防蝇、防鼠。易燃、易爆和有毒的危险品宜设置单独放置区域。

（4）前处理室　样品前处理室分为无机前处理室和有机前处理室，两室应单独设计并分开设置。无机前处理室消化过程需在通风柜中进行，通风柜应耐强酸腐蚀。

有机前处理室应配备通风柜或桌面通风罩，通风柜设在远离出口且靠近管井的位置。前处理室应设有通风换气装置。前处理用设备如旋转蒸发器、氮吹仪、微波消解仪、离心机、浓缩仪等有挥发溶剂或刺激性气体的装置应放在通风柜中。

实验台面应耐强酸强碱腐蚀，耐高温及耐有机溶剂，宜采用环氧树脂台面及环氧树脂水槽。试剂柜、器皿柜等功能高柜设在靠墙位置，器皿柜应尽量靠近水槽，试剂柜宜设置抽风装置。试剂架可采用磨砂玻璃或实心理化板等防腐蚀层板的钢制试剂架，高度可调节，也可在试剂架配吊柜。烘箱台设置应远离使用或储存有机溶剂的位置。

（5）仪器分析室

①一般要求：仪器分析室一般分为大型精密仪器室和小型仪器室。一般要求防震、防尘、温湿度相对稳定。

同类仪器尽量集中，需要供气的仪器靠近气瓶间。对于放置不需要用水的大型精密仪器的房间，可不安装供水设施，仪器摆放尽量远离水源。

②小型仪器室：食品实验室可能用到的小型分析仪器主要包括红外分光光度计、紫外分光光度计、电位滴定仪、阿贝折光仪、浊度计、旋光仪、黏度计、pH计、生物培养箱、显微镜、基因扩增仪、酶标仪等。小型仪器宜沿墙放置，环境条件应满足仪器的要求，如红外光谱仪、旋光仪要求恒温恒湿。小型仪器室的仪器台可按普通实验边台或中央台设计并提供足够电源插座即可；仪器台应稳固，可采用全钢结构或钢木结构台面等。

③大型精密仪器室：大型精密仪器室按仪器的类型，一般分为光谱室、气相色谱室和液相色谱室。安装大型仪器的实验室应安装专门的制冷设备，以保证室温的控制。色谱室室内要有良好的通风，宜配备万向排气罩。管路由气瓶间进入室内，室内总管线通过稳压阀分向每一台仪器。在管路设计时应充分考虑所用的气体，宜预留适当的管路。

食品实验室可能用到的大型精密分析仪器主要包括原子吸收光谱仪、原子荧光光谱仪、测汞仪、电感耦合等离子体发射光谱仪、电感耦合等离子体质谱仪、高效液相色谱仪、气相色谱仪、液相色谱质谱仪、气相色谱质谱仪、定氮仪、基质辅助激光解析飞行时间质谱仪等。

光谱室一般放置原子吸收光谱仪、原子荧光光谱仪、等离子体发射光谱仪、等离子质谱仪等光谱仪器，不宜和液相色谱、气相色谱放在同一个房间。此类仪器可能用到的气体包括乙炔气、空气、氩气、氧气、一氧化二氮等，应充分考虑所需气路的设计。

等离子体发射光谱仪和等离子体质谱仪宜隔间单独放置。

气相色谱室主要放置气相色谱仪和气相色谱质谱仪，该类仪器可能用到的气体有氢气、氮气、氦气、氩气、空气等，氢气可由氢气发生器提供。

液相色谱室一般放置液相色谱和液相色谱质谱仪，该类仪器可能用到的气体有氮气、氦气、氩气、空气等。放置液相色谱质谱仪的房间室温宜低于25℃，宜设单间，空调控温。

大型精密仪器室的仪器台一般宽度宜为800~1000mm，高度宜为760~840mm。

仪器台离墙宜留出500~800mm的通道，根据需要设置电源插座、网络接口、气体管路接口等。

（6）高温设备室　高温室一般放置烘箱、马弗炉等设备。室内应配备高温仪器台，其深度以750mm为宜，长度根据场地尺寸而定，高度以500mm为宜。高温台要求承重、耐高温，以用钢制框架配大理台面为宜。

高温室供电系统应满足安全及使用要求。

（7）天平室　天平室应远离振动源，要求防震、防尘、防腐蚀、防潮，温湿度应满足使用要求。天平室应避开风或气流的干扰，设在人流少且方便工作的地方。外窗宜密闭并设遮光窗帘。

放置分度值为0.001mg天平的天平室，应设缓冲间。

天平室内一般设有天平台、周转台、物品架或边台；天平台具三级防振及调水平功能，周转台方便称量时临时放置物品与记录，物品或边台用于存放干燥皿。

（8）试剂室　根据试剂的品种不同，可采用不同品种的试剂储存柜，一般需要设置抽风系统，对于存放易燃易爆药品的房间，应设置防爆电器。

宜单独设计标准样品储存室，并对标准品、标准溶液的存放装置上锁并配有温度检测记录系统。

（9）洗涤室　洗涤室应配备洗涤台、器皿柜、器皿架、器皿车、高温台等，洗涤台的水槽可选用多个大型水槽；洗涤台上宜设置滴水架；高温台上放置烘箱。洗涤过程中若产生挥发性有害成分，应在洗涤台上设抽风罩。

（10）纯水制备室　实验室宜设纯水制备系统。规模较大，用水较多的食品实验室宜设立中央纯水系统，系统一般分为纯水制备系统、纯水存储系统、纯水分配系统、纯水终端纯化系统。实验室纯水也可采用分散供水模式，即在实验室各用水点设置纯水机或成品水。

（11）气瓶室　当实验室需求的气体种类大于3种，或需储存3瓶以上的气体时，宜设立气瓶室，采用集中供气系统。气瓶室应保持阴凉、干燥、严禁明火、远离热源。气瓶室应有每小时不小于3次换气的通风措施，宜把气瓶室建在实验楼旁侧，气瓶室应配备防爆灯、防爆开关和防气体渗漏报警装置，墙壁需专门设计、施工，具有一定防爆级别。

集中供气管路的组成一般包括气源系统、切换系统、管道系统、调压系统、泄漏报警及紧急切断系统。对于一些易燃易爆的气体，如氢气、乙炔等，在设计之初和施工过程中会和其他惰性气体不同，应加入气体回火防止器和泄漏报警等安全装置。集中供气系统说明参见附录五。

3. 实验室系统工程

（1）生物实验室特殊要求　具有洁净要求的实验室，应配备超净工作台等能够实现洁净要求的净化设备。净化设备的安装，应符合GB 50591—2010《洁净室施工及验收规范》中11.2的规定。

对于具有生物安全要求的实验室，应配备生物安全柜。生物安全柜应安装于排风口附近，不应安装在气流激烈变化和人走动多的地方，不应安装于门口，应处于空气气流方向的下游，其背面、侧面与墙体的距离宜不小于300mm，顶部与吊顶的距离不应小于300mm。

根据不同生物安全级别的实验室还应符合GB 50346—2011《生物安全实验室建筑技术规范》中4.1.14、4.1.15和4.1.16的规定，其安装应符合GB 50346—2011《生物安全实验室建筑技术规范》中9.4的规定。涉及实验动物的毒理学实验室，宜配备动物尸体无害化处理设备。

（2）采暖、通风、空气调节和制冷　对于某些产生废气的仪器设备，如气相色谱质谱仪和液相色谱质谱仪，仪器运行时排出的废气应通过管道排放。

对于具有不同温度要求的实验室宜分区控制，并防止不同实验区域的环境交叉污染。

对于具有洁净要求的实验室，还应符合GB 50591—2010《洁净室施工及验收规范》中第5章、GB 50687—2011《食品工业洁净用房建筑技术规范》中第5章的规定，以及GB 50073—2013《洁净厂房设计规范》中6.5的规定。对于具有生物安全要求的实验室，还应符合GB 50346—2011《生物安全实验室建筑技术规范》中第5章的规定。对于实验动物设施，还应符合GB 50447—2008《实验动物设施建筑技术规范》中第5章的规定。

（3）气路系统　对于具有洁净要求的实验室，还应符合GB 50591—2010《洁净室施工及验收规范》中第6章的规定。对于具有生物安全要求的实验室，还应符合GB 50346—2011《生物安全实验室建筑技术规范》中6.1和6.4的要求。

（4）数据与通信设备　食品实验室宜使用数字化实验室管理系统。实验室设计时应考虑在实验用房内设置足够的网络通信设施及网络交换设备，并连接成独立的实验室局域网。

对于具有生物安全要求和洁净要求的实验室，还应配备用于实验室内外联系的语音通信设备，如安装对讲系统。

（5）电气　对于连续工作的仪器设备宜采用固定性安装。

对于具有洁净要求的实验室还应符合GB 50591—2010《洁净室施工及验收规范》中9.1、9.2和9.3及GB 50073—2013《洁净厂房设计规范》中9.1的规定。对于具有生物安全要求的实验室，还应符合GB 50346—2011《生物安全实验室建筑技术规范》中7.1的规定。对于实验动物设施，还应符合GB 50447—2008《实验动物设施建筑技术规范》中7.1的规定。

（6）照明　对于具有洁净要求的实验室，照明还应符合GB 50073—2013《洁净厂房设计规范》中9.2的规定。对于具有生物安全要求的实验室，照明还应符合GB 50346—2011《生物安全实验室建筑技术规范》中7.2的规定。对于实验动物设施，照明还应符合 GB 50447—2008《实验动物设施建筑技术规范》。

4. 实验室建筑的其他规划要求

（1）安全和防护　实验室应防火，对于有易燃易爆物品的实验室，电线、照明、插座等都要按防爆设计，设计应符合消防规范。

检测实验室各功能室的设计和装修要求（视频）

对于存放或使用剧毒及危险化学品的实验室和贮存间，应采用危险品储存柜，并设置出入口控制装置或视频控制装置。

在涉及致病菌检测活动时，还应符合 GB 19489—2008《实验室生物安全通用要求》中第 6 章的规定。

（2）消防　食品实验室消防还应符合 JGJ 91—1993《科学实验室建筑设计规范》中 5.2 和 GB 50016—2018《建筑设计防火规范》的规定。

对于使用可能导致火灾或爆炸危险的物质的实验室，应根据 GB 3836.14—2014《爆炸性环境　第 14 部分　场所分类爆炸性气体环境》来划分危险区域，并选择合适的电气安装。

对于具有洁净度要求的实验室消防，应符合 GB 50591—2010《洁净室施工及验收规范》中第 12 章的规定；对于具有生物安全要求的实验室消防，应符合 GB 50346—2011《生物安全实验室建筑技术规范》中第 8 章的规定。

一线传真：刘友华．对现代食品检测实验室设计的一些思考［J］．质量技术监督研究，2012（5）：47－51.

任务四　检测实验室环境条件的建立与监控

一、建立实验室环境条件控制标准

实验室的环境条件不应影响检测结果的有效性或所要求的准确度，环境条件要求和控制的依据是检测/校准方法及所配置的仪器设备使用要求。

1. 实验室应根据检测/校准方法及所配置的仪器设备使用要求，针对如温度、湿度、尘埃、噪声、照度、振动、室内气压、换气率、电压稳定度、谐波失真度、电磁干扰、接地电阻等各项环境因素，建立如表 2-2 所示的实验室环境条件要求。

表 2-2　　美国仪表学会 RP-52 中对次级校准实验室环境条件的建议

环境参数	美国仪表学会建议的值	适用测量区域	备注
温度	(20±1)℃	长度、光学	
	(23±2)℃	电量及其物理量	
相对湿度	<45% 20%~55%	长度、光学、电量及其他物理量	

续表

环境参数	美国仪表学会建议的值	适用测量区域	备注
含尘量	粒径>1.0μm，浓度<$7\times10^6/m^3$	长度、光学	
	粒径>0.5μm，浓度<$4\times10^7/m^3$	电量及其他物理量	
噪声	≤67dB（A）	全部	
照度	≥800Lx	全部	
振动	5~6μm（0.1~30Hz） 0.001g（3~200Hz）	长度、质量	
室内气压	>10Pa	全部	
换气率	≥10 次/时	全部	
电压稳压率	±1%	全部	空载至满载
谐波失真率	±5%	全部	
电磁杂讯	≤100μV/m	电量、温度	
接地电阻	系统接地电阻≤5Ω 设备接地电阻≤2Ω	全部	

注：美国采用英制计量单位。

2. 根据检测/校准方法的规定，确定样品室的环境条件要求。例如，某些疾病控制和微生物检验样品需要在低温条件下保存。

3. 当需要在实验室外部现场进行检测/校准时，特别要注意需满足的环境条件。例如，进行环境空气采样时要符合大气压力和空气温度的要求，微生物检验样品采样要进行无菌操作等。

二、实验室环境条件的监控

不同的检测/校准项目对环境条件的要求有很大差异，根据认可准则的规定，“相关的规范、方法和程序有要求，或对结果的质量有影响时，实验室应监测、控制和记录环境条件”。对环境条件比较敏感的检测/校准项目，实验室必须满足相关要求并进行监测、控制和记录。例如在纺织品检测实验室中，物理指标（如强力、伸长、捻度、细度、纺织材料静电性能静电压半衰区的测定等）检测时环境条件必须符合标准规定，检测区域内必须配置温湿度自动记录仪（或温湿度自动监控装置），并且保留工作期间的连续监控记录。

对环境条件无特殊要求的检测项目，实验室无须进行监测、控制和记录。例如在黄金珠宝检测实验室中，有的仪器和方法对环境无特殊要求。

由于校准项目对环境温湿度的准确度、均匀度和波动度要求较高，为保证符合要求，许多校准实验室安装了可自动监控和记录房间温湿度的智能型中央空调系统。此时，如果对中央空调系统实施了定期校准，并可确保其显示的信息及时传达到校准人员，则手工记录有时就可能被计算机自动记录所取代。

其次，应确定如表2-3所示的监控周期并定期由责任部门检测并做记录和分析统计。

表2-3　实验室监控周期

项　目	检测项目	检测周期	备　　注
1	温度	全天24h检测	装设温湿度记录器
2	相对湿度	全天24h检测	装设温湿度记录器
3	噪声	每半年一次	
4	尘粒	每一年一次	
5	电磁干扰	每一年一次	
6	气压差	每季一次	
7	照度	每季一次	
8	振动	每两年一次	
9	电源状况	每年一次	
10	接地电阻	每半年一次	

三、检测/校准区域的控制

为获得正确的检测/校准结果，实验室必须对检测/校准区域的进入和使用实施有效控制。具体措施和办法有以下三个方面。

1. 按功能对实验室区域进行划分

不同工作对环境要求不同，因此要对实验室区域进行划分和标识。实验室可按功能划分为办公区、检测/校准区、维修区、科研区和接待区。按试验要求，检测/校准涉及的特殊工作区域有：无菌室、超净室、屏蔽室、放射性室、实验动物房、计算中心机房、恒温恒湿房、高电压作业区等。对试验室应进行测试和验收，确认其符合相关标准要求。

2. 对人员进入的控制

对进入实验室的外来人员应经批准。为避免不正常的干扰，对实验室内部人员也应予以控制，以限制非授权人员的进入。实验室可采用自动识别的门禁系统。对于因人员进出造成温湿度波动而影响检测/校准结果的房间，应设立诸如“正在工作，请勿干扰”的警示标识。对有卫生要求的，进入实验室的人员应进行消毒或采取相应净化措施。

3. 对实验室使用的控制

例如，在校准/检测实验室中不得从事与检测/校准无关的工作。在某些校准实验室（例如天平、量块、砝码），由于相对湿度要求小于60%，不允许用水；在磁测校准实验室，不得带手机入内。

四、实验室的5S管理

5S管理为有效利用实验室空间、降低资源消耗、减少寻找时间、提升设备性能、提高工作效率，进而增加顾客信心提供了标准。5S管理源于日本，指的是在生产现场，对材料、设备、人员等生产要素开展相应的整理、整顿、清扫、清洁、教养等活动，为其他管理活动奠定良好的基础。整理、整顿、清扫、清洁、教养的罗马文拼写的第一个字母都为S，所以称之为5S。

1. 整理（Seiri）

区分需要和不需要的东西，去除不必要的东西。即在检测/校准区内不得放置、储存非必需的测量设备、零配件、工具等物品，而仅放置目前或近期使用的物品。

2. 整顿（Seiton）

将整理后需要的物品，安排成有序的状态。每件都有固定的存放处，以便随时取用。检测/校准完毕，仪器设备及时放回原处。

3. 清扫（Seiso）

清洁仪器设备和打扫地面，以便随时检查和发现任何异常之处。

4. 清洁（Seiketsu）

将干净的观念延伸到个人，关注是否正确穿着工作服，是否正确操作仪器设备，是否持续地进行整理、整顿和清扫工作，并视为每日例行工作的一部分。

5. 教养（Shitsuke）

明确规定每一个人的5S职责，建立自律以及养成从事5S的习惯。

5S之间的关系和5S活动推进层次如图2-4、图2-5所示。

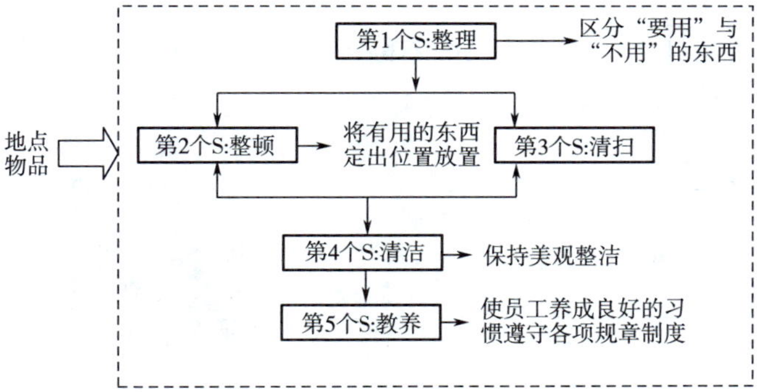

图2-4 5S之间的关系

从图2-5的推进层次中可以看出，整理、整顿、清扫、清洁的对象是“场地”“物品”。教养的对象则是“人”，而人是最重要的资源，实验室应不厌其烦地教育员工做好整理、整顿、清扫工作，其目的不只是希望他们将东西摆好，设备擦干净，更主要的是通过这些活动，潜移默化，改变他们的思想，养成良好的习惯，进而能依照规定的事项（程序文件、作业指导书）等行动，成为情操高尚的优秀员工。

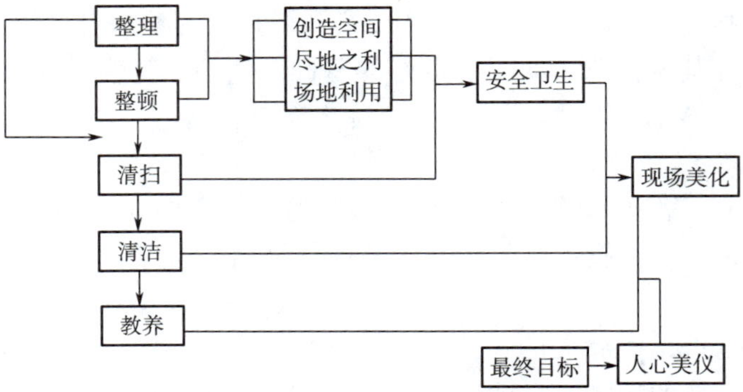

图 2-5　5S 活动推进层次

实验室应区分样品区、作业区和仪器区以及待检测/校准区、在检测/校准区和已检测/校准区，通过整顿，达到分类摆放、整齐有序、规范统一、标识清晰。

实验室可利用各种台、架、柜来放置在用设备、物品和顾客物品。小型的零配件存放在带格子的抽屉中。资料柜配双开玻璃门，实验室的作业指导书可放置在操作台上开放式的文件架中。常用的电缆电线应悬挂在随手可及之处。

在用设备、物品区分为随时使用、经常使用、不常使用几种情况，分别存放。随时使用的置于操作台上；需要和不同仪器联机使用的，可配小推车便于在室内移动；经常使用的仪器可放置在开放式的架子上；不常使用的物品可放在带门的橱子里。

近年来，随着对这一活动认识的不断深入，有些日本人又添加了“坚持、习惯”两项内容，分别称为 6S 或 7S 活动。

一线传真：缪娟，李丹，杜亚琼，等 .5S 管理在检验检测实验室的应用［J］. 中国质量，2022（4）：97-100.

项目二、检测实验室规划设计（测试题）

【思考与练习】

一、填空题

1. 在符合国家法律法规的前提下，实验室选址宜优先考虑______、______、______的地区，并满足发展用地的需求。同时根据实验室的功能，避开______、______、______、______、______等易对检测结果造成影响的污染源及易燃易爆场所。

2. 实验室的总体布局主要包括______、______、______，其中：核心区域包括______、______、______、______、______、______等；辅助区域包括______、______、______、______、______等；公共设施区域包括______、______、______、______、______、______等用房。

3. 实验建筑平面设计除了遵循一般建筑物平面设计原则外，还需遵循______、______、______及______原则。

4. 当不设置空气调节时，常规实验室的室内净高不宜低于______m；设置空气调节时，不宜低于______m。走道净高不宜低于______m。

5. 常规实验室标准开间由实验台宽度、布置方式及间距决定，具体应符合的______规定。实验台平行布置的标准单元，其开间不宜小于______m，特殊功能的实验室开间按照______、______的要求确定。

6. 对于使用有______、______、______、______和______物质的实验室，在系统设计时应符合有关安全、防护、疏散、环境保护等规定。

7. 在保证实验室工作正常进行的前提下，宜采用相应的措施保证检测实验室______、______、______及______的可持续性。

8. 实验室智能化包括______、______等，实现对各智能化子系统的协同控制和对设施资源的综合管理。

9. 实验室窗包括：______、______、______、______、______、______。可根据不同的需求选用。

10. 由1/2个标准单元组成的实验室的门洞宽度不宜小于______m，高度不宜小于______m。由一个及以上标准单元组成的实验室的门洞宽度不宜小于______m，高度不宜小于______m。

11. 实验室墙裙高度应离地面______m左右，便于清洁，如______、______等。

12. 实验台按结构形式分为______、______、______与______。按布局结构为______、______、______、______。

13. 实验台尺寸应根据使用要求设计，实验台的台面高宜为______m，单面实验台宽度宜为______m，双面实验台宽度宜为______m，长度应按实验的具体要求确定。

14. 实验室应根据需要设施安全和应急装置，如________、______、______、________、__________、________等。

15. 实验室空调房间无特殊要求时，室内计算温度宜冬季________℃、夏季________℃；室内相对湿度小于______。专用实验室的空气调节室内计算参数应按工艺要求确定。

16. 实验室宜利用天然采光，房间窗地面积比不应小于______。利用天然采光的实验室窗地面积比不应小于______。

17. 实验室可设置______________、______________、____________及__________。实验室工作接地的接地电阻值，应按实验仪器、设备的具体要求确定。无特殊要求时，不宜大于______。供电电源工作接地及保护接地的接地电阻值不应大于________。

18. 应了解每个实验区域所需主要仪器设备的______、______、____和______________________________，并考虑这些仪器设备所需的配套设施，如________________________________、____、____、______及__________要求。可能造成危险的设备应远离主入口。

二、简答题

1. 简述检测实验室规划设计的内容。
2. 请画出实验室设计的流程示意图。
3. 实验室建筑布局分为哪几种，各有何特点？
4. 实验室智能化包括哪些内容？实验室智能化系统的功能应符合哪些要求？
5. 简述实验设计的房屋配件、实验室辅助设施包括哪些内容？
6. 简述实验室电气设计包括的内容。
7. 如何有效控制实验室的环境？
8. 简述实验室5S管理的作用及内涵。

三、用所学过的实验室设计知识，简单设计一个检测实验室

项目三

检测实验室建立

学习目标

知识目标

1. 熟悉检测实验室建立过程中的通用要求、结构要求及资源要求相关准则条文（CNAS-CL01：2018《检测实验室能力认可准则》）。

2. 理解检测实验室管理的通用要求、结构要求及资源要求的含义。

能力目标

1. 能够将认可准则条文应用检测实验室建立过程之中。
2. 能够树立检测实验室公正性、保密性意识及法律责任。
3. 能够掌握组建一家检测公司的基本要求和基本资源。

素质目标

1. 通过学习公正性要求，培养学生诚信意识。
2. 通过学习设施与环境条件要求，培养学生安全与环保意识。
3. 通过学习校准、检定与计量溯源性要求，培养学生严谨求实的态度。

问题导入

如果你拟成立一家检测公司，你知道检测公司有哪些通用要求？你如何设计检测公司的组织结构，该检测公司应具备哪些资源？

任务一 学习检测实验室通用要求

一、准则条文

4 通用要求

4.1 公正性

4.1.1 实验室应公正地实施实验室活动，并从组织结构和管理上保证公正性。

4.1.2 实验室管理层应作出公正性承诺。

4.1.3 实验室应对实验室活动的公正性负责，不允许商业、财务或其他方面的压力损害公正性。

4.1.4 实验室应持续识别影响公正性的风险 这些风险应包括其活动、实验室的各种关系，或者实验室人员的关系而引发的风险。然而，这些关系并非一定会对实验室的公正性产生风险。

注：危及实验室公正性的关系可能基于所有权、控制权、管理、人员、共享资源、财务、合同、市场营销（包括品牌）、支付销售佣金或其他引荐新客户的奖酬等。

4.1.5 如果识别出公正性风险，实验室应能够证明如何消除或最大程度降低这种风险。

4.2 保密性

4.2.1 实验室应通过作出具有法律效力的承诺，对在实验室活动中获得或产生的所有信息承担管理责任。实验室应将其准备公开的信息事先通知客户。除客户公开的信息，或实验室与客户有约定（例如：为回应投诉的目的），其他所有信息都被视为专有信息，应予保密。

4.2.2 实验室依据法律要求或合同授权透露保密信息时，应将所提供的信息通知到相关客户或个人，除非法律禁止。

4.2.3 实验室从客户以外渠道（如投诉人、监管机构）获取有关客户的信息时，应在客户和实验室间保密。除非信息的提供方同意，实验室应为信息提供方（来源）保密，且不应告知客户。

4.2.4 人员，包括委员会委员、合同方、外部机构人员或代表实验室的个人，应对在实施实验室活动过程中获得或产生的所有信息保密，法律要求除外。

二、条文理解与应用说明

1. 公正性是检测实验室开展业务的前提

公正性的含义是客观性的存在。意味着利益冲突不存在或已解决，不会对后续的实验室活动产生不利的影响，没有成见、没有偏见、中立、公平、思想开明、不偏不倚、不受他人影响、平衡，公正地开展实验室活动，并从组织结构和管理上保证公正性。例如检测实验室如果是某公司的一部分，该公司应确保有利益冲突的部门，例如公司的生产部、销售部门或财务部会对实验室产生不利的影响，检测实验室应独立于其他部门，由管理层直接领导。实验室管理层应在质量手册中作出公正性承诺。检测实验室可能影响公正性的关系包括：可能基于所有权、控制权、管理、人员、共享资源、财务、合同、市场营销（包括品牌）、支付销售佣金或其他引荐新客户的奖酬等。

实验室确保实验室及其成员能够抵御任何可能影响实验室技术判断的、不正当的商业、财务的和其他方面（如来自行政方面）的不正当压力或利诱。实验室应持续识别影响公正性的风险，分析影响公正性的各种关系，并说明如何消除或最大程度减少其对公正性的影响，对此实验室应提供相关记录。

2. 检测实验室对在实验室活动中获得或产生的所有信息承担管理责任

检测实验室应确保客户的合法权益不受损失，防止泄密，实验室有义务和责任保护客户在本实验室活动中获得或产生的信息保密，实验室应将其准备公开的信息事先通知客户。除客户公开的信息，或实验室与客户有约定（例如：为回应投诉的目的），其他所有信息都被视为专有信息，应予保密。

检测实验室依据法律要求或合同授权透露保密信息时，应将所提供的信息通知到相关客户或个人，除非法律禁止。例如《食品安全法》第 15 条：承担食品安全监测工作的技术机构应当根据食品安全监测计划和监测方案开展监测工作，保证监测数据真实、准确，并按食品安全风险监测计划和监测方案的要求报送监测数据和分析结果。

实验室不应将从监管机构、投诉人或竞争对手等客户以外的渠道获得的客户信息告诉客户，除法律禁止外，委员会委员、合同方、外部机构人员或代表实验室的个人等应对在实施实验室活动过程中获得或产生的所有信息保密。

三、应用案例

1. 公正性声明

案例：某实验室在其质量手册中实验室管理层作出的公正性承诺如表 3-1 所示。

表 3-1　　某实验室质量手册中的公正性承诺

<table>
<tr><td colspan="2">×××检测技术有限公司</td></tr>
<tr><td rowspan="4">质量手册</td><td>文件编号：×××-QM-001</td></tr>
<tr><td>第 61 页共 69 页</td></tr>
<tr><td>第 E 版第 2 次修订</td></tr>
<tr><td>颁布日期：2018-12-19</td></tr>
</table>

本公司是具有独立法人地位的专业检测机构。为保证本公司检测工作质量和服务水平，向社会提供优质高效的检测服务，特作出以下承诺及声明，并愿意承担因执行不利而引发的法律（或连带）责任：

1.1　本公司及公司全体人员，独立于其出具的检测结果所涉及的利益相关各方，严格遵守国家相关法律法规、技术标准和公司管理体系文件的规定，规范开展检测工作，遵循客观独立、公平公正、诚实信用原则，恪守职业道德，承担社会责任。

1.2　本公司管理层承诺不对检测工作进行不恰当干预，不妨碍管理体系运作的正常开展，对于识别的有效风险，给予充分的支持。

1.3　本公司全体人员，严格遵守良好职业道德和职业行为规范，不参与一切有损检测活动公正性的商业或技术活动；不准接受与职务工作有关的礼品、请吃或馈赠，并不得进行一切有碍检测公正性的交往活动；咨询部人员不参与、不干涉检测实验室检测工作内容，不得进行一切有碍检测公正性的活动；不允许任何商务、财务或其他方面等可能干扰技术判断等因素的行为；不得同时在两个及以上检测机构从业，确保检测工作的客观公正，并对此负责。

1.4　定期审查和完善质量管理体系，实施严谨的质量保证措施，保证基本条件和技术能力能够持续符合有关机构、相关方的认可或认定要求，确保体系有效运行。

1.5　严格按照批准的检测能力范围，依据认可规范文件、资质认定文件、特定领域文件、相关标准或者技术规定的程序和要求，规范用语表述、正确使用标识和检测专用章等，确保检测报告的合规性。

1.6　本公司技术能力的变更、关键岗位人员的变更、地址变更等均会及时向有关机构、相关部门申请办理变更手续，采用各种方式通知社会各界与相关方。

1.7　本公司严格遵循 GB/T 31880—2015《检验检测机构诚信基本要求》内容，对行业诚信，提供准确的检测数据；对客户诚信，提供最优质的服务；对员工诚信，提供最满意的职业发展空间；对社会诚信，积极履行社会责任。

1.8　本声明已在公司官网公布，请有关各方予以监督。

总经理：×××

批准日期：2018 年 12 月 19 日

2. 保密性承诺

案例：某检测技术公司在其质量手册中实验室管理层作出的保密性承诺如表 3-2 所示。

表 3-2　某检测技术公司质量手册中的保密性承诺

×××检测技术有限公司	
质量手册	文件编号：×××-QM-001
	第 62 页共 69 页
	第 E 版第 2 次修订
	颁布日期：2018-12-19

本公司对其在实验室活动中获得或产生的所有信息承担管理责任，特作出以下承诺，并愿意承担因执行不利而引发的法律（或连带）责任：

1.1　本公司及其人员应对其在检验检测活动中所知悉的国家秘密、商业秘密和技术秘密负有保密义务。

1.2　对客户提供的技术资料严格保密，不得将客户的技术秘密用于技术开发工作，对客户提供的检验检测样品相关信息及检验检测结果进行保密，严格遵守检验检测结果发布的相关规定，未得到许可或授权不得将客户的样品信息公开，保护客户的所有权。

1.3　对检测活动中获得或产生的所有样品、技术资料、图纸、数据、投诉、检查、客户等信息保密，未经允许，不私自透露和公开，除非法律有特定要求。

总经理：×××

批准日期：2018 年 12 月 19 日

一线传真：张瑞，李政军，白庆华，等．浅谈 ISO/IEC 17025：2017 中风险管理在检测实验室中的建设与应用［J］．中国检验检测，2020（2）：77-80.

检测实验室通用要求（视频）

【读与思】

认可委（秘）〔2018〕45 号

CNAS 关于实验室和检验机构不诚信问题的典型案例通报

各有关实验室和检验机构：

为提高获认可实验室和检验机构的风险意识和质量意识，自 2009 年以来，中国合格评定国家认可委员会（CNAS）秘书处对部分机构开展了专项监督评审，同时加强了投诉调查和处理。通过专项监督和投诉调查等工作发现，个别获认可的机构在检测、校准和检验活动中，存在不诚信行为，造成了严重的社会影响。根据CNAS认可规则相关规定，CNAS秘书处对违规机构进行了严肃处理。

诚信是获认可实验室和检验机构应该履行的基本义务，是认可的基础要求，也是专项监督和投诉调查的重点。为使相关机构进一步了解认可要求，规避自身工作风险，CNAS将近几年专项监督和投诉调查发现的不诚信问题的典型案例进行了梳理，主要包括编造申请资料、编造检测数据、未检测出报告、虚假宣传认可项目等13个方面问题。

（原文链接：https：//www.cnas.org.cn/images/fjwz/2018/04/17/4DE84B19947B3C237C7C58DAE5E4E425.pdf）

【启示】诚信是检测实验室的基石，公正性是检测工作的首要要求。

任务二　学习检测实验室结构要求

一、准则条文

5　结构要求

5.1　实验室应为法律实体，或法律实体中被明确界定的一部分，该实体对实验室活动承担法律责任。

注：在本准则中，政府实验室基于其政府地位被视为法律实体。

5.2　实验室应确定对实验室全权负责的管理层。

5.3　实验室应规定符合本准则的实验室活动范围，并制定成文件。实验室应仅声明符合本准则的实验室活动范围，不应包括持续从外部获得的实验室活动。

5.4　实验室应以满足本准则、实验室客户、法定管理机构和提供承认的组织要求的方式开展实验室活动，这包括实验室在固定设施、固定设施以外的地点、临时或移动设施、客户的设施中实施的实验室活动。

5.5　实验室应：

a）确定实验室的组织和管理结构、其在母体组织中的位置，以及管理、技术运作和支持服务间的关系；

b）规定对实验室活动结果有影响的所有管理、操作或验证人员的职责、权力和相互关系；

c）将程序形成文件的程度，以确保实验室活动实施的一致性和结果有效性为原则。

5.6 实验室应有人员（不论其他职责）具有履行职责所需的权力和资源，这些职责包括：

a）实施、保持和改进管理体系；

b）识别与管理体系或实验室活动程序的偏离；

c）采取措施以预防或最大程度减少这类偏离；

d）向实验室管理层报告管理体系运行状况和改进需求；

e）确保实验室活动的有效性。

5.7 实验室管理层应确保：

a）针对管理体系有效性、满足客户和其他要求的重要性进行沟通；

b）当策划和实施管理体系变更时，保持管理体系的完整性。

二、条文理解与应用说明

1. 实验室应该是有法律地位、能承担法律责任的实体

实验室或其母体机构应是法定机构登记注册的法人机构，一般为企业法人、机关法人、事业单位法人或社会团体法人。

（1）实验室名称的要求　实验室为独立注册法人机构时，认可的实验室名称应为其法人注册证明文件上所载明的名称；实验室为注册法人机构的一部分时，其认可的实验室名称中应包含注册的法人机构名称。政府或其他部门授予实验室的名称如果不是法人注册名称，不能作为认可的实验室名称。

（2）实验室业务经营范围要求　实验室为独立法人机构时，检测或校准业务应为其主要业务，检测或校准活动应在法人注册核准的经营范围内开展。实验室是某个组织的一部分时，申请的检测或校准能力应与法人机构核准注册的业务范围密切相关。

（3）法律责任　实验室是独立法人实体，或者是独立法人实体的一部分，经法人批准成立，法人实体能为申请人开展的活动承担相关的法律责任。实验室要在其营业执照许可经营的范围内开展工作。实验室在提交认可申请时需同时提交法人证书（或法人营业执照），对于非独立法人实验室，还需提供法人授权书和承担实验室相关法律责任的声明。

2. 实验室应确定对实验室全权负责的管理层

实验室管理层包括最高管理者、质量负责人和技术负责人。实验室应明确对实验室活动全面负责的人员，可以是一个人，也可以是由负责不同技术领域的多名技术人员组成的团队，其技术能力应覆盖实验室所从事的检测或校准活动的全部技术领域。

对于化学领域的检测实验室，管理层中应至少包括一名在申请认可或已获认可的化学检测范围内具有丰富知识和经验的成员，应具有化学专业或与所从事检测专业范围密切相关的本科以上学历和五年以上化学检测的工作经历。

对于微生物检测领域的检测实验室，实验室技术管理者中应至少包括一名在申请认可或已获认可的微生物检测范围内具有微生物专业或与微生物密切相关的本科以上学历和三年以上微生物检测的工作经历的成员；负责指导或培训检验人员常规微生物实验。

实验室管理层职责要求如下。

（1）针对管理体系有效性、满足客户和其他要求的重要性进行沟通。

（2）当策划和实施管理体系变更时，保持管理体系的完整性。

3. 实验室行为责任的要求

这些要求的核心是确保实验室的客观可靠出具数据的“客观性”，出具公正数据和提供优质服务的“社会性”，以及满足出具数据的“科学性”。具体有如下 4 个要求。

（1）检测/校准活动要满足本《实验室认可准则》要求。

（2）满足客户需求。

（3）满足监督管理机构的需求。

（4）满足提供承认的组织的需求（如实验室认可机构）。

4. 实验室的活动场所

本准则对实验室活动场所提出了明确的要求，这些活动场所包括固定设施、固定设施以外的地点、临时或移动设施、客户的设施中实施的实验室活动。如抽样、外出流动检测时，其工作程序、作业规范和工作质量应与在固定场所内的管理体系要求完全一致。开展动物试验的检测实验室，应当取得省级以上实验动物管理部门颁发的《实验动物使用许可证》。涉及生物安全的实验室，应符合相应国家、行业、地方的标准和规定。

5. 实验室组织管理的要求

实验室应确定自己的组织和管理结构，如不是独立法人，则应清楚描述实验室在母体组织中的地位，并确定质量管理、技术工作和支持服务之间的关系。从事微生物领域检测的实验室应设置生物安全责任人和生物安全监督员，负责生物安全，实验室还应规定生物安全责任人的作用和职责。

6. 实验室人员的职责

这些职责包括以下几点。

（1）实施、保持和改进管理体系。

（2）识别与管理体系或实验室活动程序的偏离。

（3）采取措施以预防或最大程度减少这类偏离。

（4）向实验室管理层报告管理体系运行状况和改进需求。

（5）确保实验室活动的有效性。

三、应用案例

1. 案例1

（1）案例内容　某检测实验室是某大学的二级单位，有固定的场所、员工并且财务独立核算，有学校任命的实验室主任，该实验室想直接申报CNAS认可，是否可以？

（2）案例分析　尽管该实验室是一个独立部门，有学校任命的实验室主任，但该实验室不是独立法人，不能承担法律责任，如果想申请CNAS认可，必须由学校法人（校长）书面授权且对实验室开展的具体工作有承担法律责任的明确承诺。因此，该实验室不能直接申请CNAS认可，因为未满足CNAS-CL01：2017中5.1实验室应为法律实体，或法律实体中被明确界定的一部分，该实体对实验室活动承担法律责任。

2. 案例2

（1）案例内容　某检测公司组织机构图未表述其母体组织中财务处、采购处等涉及或影响实验室检测活动的关键部门对实验室的支持服务关系。

（2）案例分析　该组织机构图未满足CNAS-CL01：2018中5.5a条款“确定实验室的组织和管理结构、其在母体组织中的位置，以及管理、技术运作和支持服务间的关系”。

3. 案例3

（1）案例内容　某检测实验室在其组织和管理结构发生变化后，其组织地位、质量管理、技术运作和支持服务在质量手册中未做清晰描述。

（2）案例分析　认可准则规定，实验室应有人员实施、保持和改进管理体系；实验室管理层应确保当策划和实施管理体系变更时，保持管理体系的完整性。因此该实验室未满足CNAS-CL01：2017中5.6a和5.7b条款。

4. 案例4

某检测公司组织结构如图3-1所示。

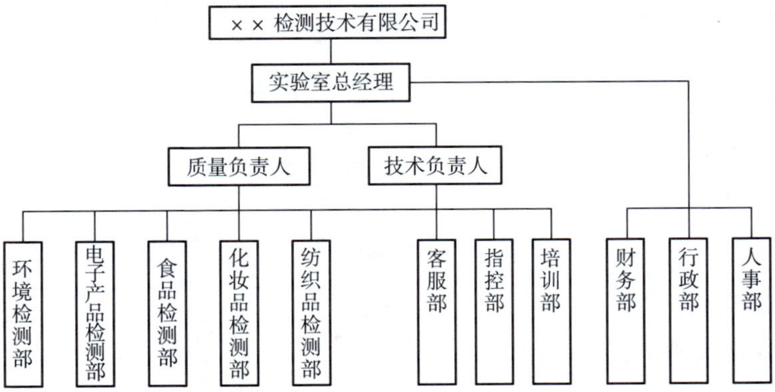

图3-1　某检测公司组织结构图

检测实验室结构要求（视频）

一线传真：刘莲．浅谈检验检测机构管理体系的建立与有效运行［J］．中国检验检测，2021（6）：85-87.

任务三 学习检测实验室资源要求——人员

一、准则条文

6 资源要求

6.1 总则

实验室应获得管理和实施实验室活动所需的人员、设施、设备、系统及支持服务。

6.2 人员

6.2.1 所有可能影响实验室活动的人员，无论是内部人员还是外部人员，应行为公正、有能力、并按照实验室管理体系要求工作。

6.2.2 实验室应将影响实验室活动结果的各职能的能力要求制定成文件，包括对教育、资格、培训、技术知识、技能和经验的要求。

6.2.3 实验室应确保人员具备其负责的实验室活动的能力，以及评估偏离影响程度的能力。

6.2.4 实验室管理层应向实验室人员传达其职责和权限。

6.2.5 实验室应有以下活动的程序，并保存相关记录。

a）确定能力要求；

b）人员选择；

c）人员培训；

d）人员监督；

e）人员授权；

……

二、条文理解与应用说明

总则明确了检测实验室实施实验室活动的资源：人员、设施、设备、系统及支持服务，这些资源也是实验室必备的基础条件。人力资源是最宝贵的一种资源。检测实验室人员的首要要求是行为公正、有能力并能按照实验室管理体系要求工作。

1. 检测实验室管理层应确保各岗位职责的能力要求并将其文件化

各岗位职责的能力包括教育、资格、培训、技术知识、技能和经验要求。实验室管理应向实验室人员传达其职责和权限。岗位、学历及关键技术岗位人员的具体要求如下。

（1）劳动关系要求　从事实验室活动的人员不得在其他同类型实验室从事同类的实验室活动。

（2）学历要求　从事检测或校准活动的人员应具备相关专业大专以上学历。如果学历或专业不满足要求，应有 10 年以上相关检测或校准经历。

（3）关键技术人员要求　进行检测或校准结果复核、检测或校准方法验证或确认、签发证书或报告的人员，除满足上述（1）和（2）的要求外，还应有 3 年以上本专业领域的检测经历。

（4）授权签字人的要求　授权签字人指被 CNAS 认可的可以签发带有认可标识证书或报告的人员，其在被授权的范围内应有相应的技术能力和工作经验。授权签字人除满足关键技术人员要求外，还应熟悉 CNAS 所有相关的认可要求，并具有本专业中级以上（含中级）技术职称或同等能力。

“同等能力”指需满足以下条件：

①大专毕业后，从事专业技术工作 8 年及以上；

②大学本科毕业，从事相关专业 5 年及以上；

③硕士学位以上（含），从事相关专业 3 年及以上；

④博士学位以上（含），从事相关专业 1 年及以上。

（5）微生物检测和化学检测领域的特殊要求　从事化学检测的人员应接受过包括检测方法、质量控制方法以及有关化学安全和防护、救护知识的培训并保留相关记录。操作复杂分析仪器如色谱、光谱、质谱等仪器或相关设备的人员应接受过涉及仪器原理、操作和维护等方面知识的专门培训，掌握相关的知识和专业技能。关键检测人员应掌握化学分析测量不确定度评定的方法，并能就所负责的检测项目进行测量不确定度评定。

从事微生物检测的人员使用的高压蒸汽灭菌器不属于简单压力容器（定义参见 TSG R0003-2007《简单压力容器安全技术监察规程》）时，操作人员需持有特种作业人员证书；实验室人员应熟悉生物检测安全操作知识和消毒灭菌知识；实验室选用检测人员时，应考虑有颜色视觉障碍的人员不能执行某些涉及辨色的试验。

2. 实验室应有以下活动的程序，并保存相关记录

（1）确定能力要求　检测实验室人员能力包括教育、资格、培训、技术知识、技能和经验要求。

（2）人员选择　检测实验室应设计和确定好各岗位的职责和能力要求，并将其文件化，管理层应确认各类人员，各岗位人员具有相应的能力并进行确认，为实验室每个岗位选择合适的人员。

（3）人员培训　实验室应制定程序对新进技术人员和现有技术人员新的技术活动进行培训。实验室应识别对实验室人员的持续培训需求，对培训活动进行适当安排，并保留培训记录。微生物检测领域的实验室应制定人员培训和继续教育计划，包括常规微生物检测、无菌操作、生物防护、生物安全柜维护等方面的专门培训，掌握相关的知识和专业技能。

（4）人员监督　实验室应关注对人员能力的监督模式，确定可以独立承担实验室活动的人员，以及需要在指导和监督下工作的人员。负责监督的人员应有相应的检测或校准能力。

（5）人员授权　实验室应授权人员从事特定的实验室活动，包括但不限于下列活动。

①开发、修改、验证和确认方法；

②分析结果，包括符合性声明或意见和解释；

③报告、审查和批准结果。

此外，化学检测领域实验室样品的保管人应被授权并能履行其工作职责。

（6）人员能力监控　实验室可以通过质量控制结果（见 CNAS-CL01 中 7.7 条款），包括盲样测试、实验室内比对、能力验证和实验室间比对结果、现场监督实际操作过程、核查记录等方式对人员能力实施监控，做好监控记录并进行评价。

三、应用案例

1. 案例 1

（1）案例内容　在进行储水式电热水器现场实验室时，检测人员对器具进行耐压测试时仅对内胆和插头 L 线和 N 线间进行测试，未按照标准对可触及金属外壳和带电部件进行测试，另外对该 I 类器具上的 II 类结构未进行测试。经提问检验员不知道 II 类结构的定义且不知道如何进行实验，因实验室管理者兼技术负责人未到现场参与评审，询问申请授权签字人的质量负责人，存在同样的情况。

（2）案例分析　检测人员对储水式电热水器的检测内容熟悉，不懂得检测标准，授权签字人对相关的检测能力也不具备。此项不符合 CNAS-CL01：2018 中 6.2.1 的要求：所有可能影响实验室活动的人员，无论是内部人员还是外部人员，应行为公正、有能力、并按照实验室管理体系要求工作。

2. 案例 2

（1）案例内容　某检测公司管理手册（第 9 版）附录 6《各岗位任职资格条

件》中规定技术负责人为大专以上学历，未考虑其专业要求。现场检查中发现，材料科技术负责人李××，专业背景为国际经济与贸易（夜大本科）。

（2）案例分析　该检测公司在该人员的授权时未考虑其专业背景。不符合CNAS-CL01：2017 中 6.2.2 的要求：实验室应将影响实验室活动结果的各职能的能力要求制定成文件，包括对教育、资格、培训、技术知识、技能和经验的要求。实验室质量负责人李××的《员工档案》中缺少其授权、能力、专业资格、培训、技能和经验的记录。

3. 案例 3

（1）案例内容　实验室质量负责人李××的《员工档案》中缺少其授权、能力、专业资格、培训、技能和经验的记录。

（2）案例分析　实验室应有确定能力要求、人员选择、人员培训、人员监督、人员授权等活动的程序，并保持相关记录。不符合 CNAS-CL01：2018 中 6.2.5 条款：实验室应有以下活动的程序，并保存相关记录：

①确定能力要求；

②人员选择；

③人员培训；

④人员监督；

⑤人员授权；

⑥人员能力监控。

人员管理（视频）

一线传真：卢检兵．实验室人员管理要点剖析［J］．质量与认证，2019（6）：78-79.

【读与思】

CNAS 专项监督和投诉调查案例通报

2011 年 1 月，CNAS 秘书处对上海某校准实验室进行投诉调查发现，2009 年 2 月监督评审现场试验校准证书中授权签字人、核验人、校准人签名均为当时已离职的人员；部分样品受理单中接收人签名、校准原始记录中校准人和复核人签名、校准证书中校准人、核验人和批准人签名，均为当时已离职人员，非本人签署。

［原文链接：检测认证监管典型案例_ 检验（www.sohu.com）］

【启示】 所有可能影响实验室活动的人员，无论是内部人员还是外部人员，应行为公正、有能力，并按照实验室管理体系要求工作。诚信、公正是检测公司对人员管理的基本要求。

任务四 学习检测实验室资源要求——设施和环境条件

一、准则条文

6.3 设施和环境条件

6.3.1 设施和环境条件应适合实验室活动，不应对结果有效性产生不利影响。

注：对结果有效性有不利影响的因素可能包括但不限于：微生物污染、灰尘、电磁干扰、辐射、湿度、供电、温度、声音和振动。

6.3.2 实验室应将从事实验室活动所必需的设施及环境条件的要求形成文件。

6.3.3 当相关规范、方法或程序对环境条件有要求时，或环境条件影响结果的有效性时，实验室应监测、控制和记录环境条件。

6.3.4 实验室应实施、监控并定期评审控制设施的措施，这些措施应包括但不限于：

a）进入和使用影响实验室活动区域的控制；

b）预防对实验室活动的污染、干扰或不利影响；

c）有效隔离不相容的实验室活动区域。

6.3.5 当实验室在永久控制之外的地点或设施中实施实验室活动时，应确保满足本准则中有关设施和环境条件的要求。

二、条文理解与应用说明

1. 设施和环境条件应适合实验室活动，不应对结果有效性产生不利影响

用于检测和/或校准的实验室设施，包括但不限于能源、照明和环境条件，构成环境条件的因素包括但不限于：微生物污染、灰尘、电磁干扰、辐射、湿度、供电、温度、声音和振动。实验室的设施与环境应满足检测方法、校准规程、所用检测/校准设备的要求，保证有利于检测工作的有效性，确保检测结果的准确性、稳定性和可靠性。在实验室固定设施以外的场所进行抽样、检测和/或校准时，对可能影响检测结果的设施和环境条件要特别注意，确保达到相关要求。

实验室的设施应为自有设施，并拥有设施的全部使用权和支配权，自有设施是指购买或长期租赁（至少2年）并拥有完全使用权和支配权的设施。应有充足的设施和场地实施检测或校准活动，包括样品储存空间；对相互干扰的设备必须进行有效的隔离。

化学检测领域从事痕量分析的实验室应特别关注并确认检测设施和环境不对检测结果的有效性产生不良的影响，例如痕量金属元素分析需要关注环境中存在的灰尘，应尽可能采用措施避免灰尘进入。从事微生物检测的实验活动应符合所开展微生物检测活动生物安全等级的要求。

2. 实验室应将从事实验室活动所必需的设施及环境条件的要求形成文件

对于检测/校准结果有影响的设施和环境条件的技术要求，须文件化，可在专门的文件中规定，也可在相关文件中加以规定、还可将相关要求贴在相关区域的墙上。这些要求要很容易取阅，以保障这些技术指标得到相关人员的监控。

3. 当相关规范、方法或程序对环境条件有要求时，或环境条件影响结果的有效性时，实验室应监测、控制和记录环境条件

监测和记录的频次，可根据实验室的相关规定执行。对于测试量很少的实验室，可在环境稳定后，在测试/校准开始前进行监测和记录，可有专门的监测记录也可在测试原始记录中加以记录，具体根据实验室的规定执行；对于测试量多的实验室，每做一个测试就记录一次，是很浪费人力的，因此可在每天不同时间段进行监测和记录，并有专门的监测记录。有效控制实验室的设施和环境，达到并满足检测工作的要求，使整个实验室处于整齐有序的工作状态。当环境条件危及采样、运输、储存、检测结果的准确性时，应停止相关工作。

根据需要，实验室应对环境条件进行监测、控制、记录，应检查有关仪器设备的监控记录。在疾病预防控制机构应监控的易受环境条件影响的特殊工作区域主要有：无菌室、大型分析仪器室、生物安全实验室、PCR、实验室、病毒实验室、天平室、样品室、档案室、计算机网络控制中心等。

4. 实验室应实施、监控并定期评审控制设施的措施

这些措施包括但不限于下面几种。

（1）进入和使用影响实验室活动区域的控制　如可采用门禁卡，需要进入的人员发门禁卡进入；没有条件的实验室可在有影响的区域门口贴醒目的提示语加以控制。

（2）预防对实验室活动的污染、干扰或不利影响。

（3）有效隔离不相容的实验室活动区域。

5. 当实验室在永久控制之外的地点或设施中实施实验室活动时，有关设施和环境条件的要求与永久控制之外的地点或设施中一致

非永久控制之外的地点或设施中实施实验室活动主要包括携带设备在非固定场所开展的检测活动、利用临时设施开展的检测活动、利用移动设施开展的检测活动等。

三、应用案例

1. 案例 1

某检测公司的设施和环境控制程序如表 3-3 所示。

表 3-3　　某检测公司的设施和环境控制程序

×××检测技术有限公司	
程序文件	文件编号：×××-QP-14
	第 37 页共 72 页
设施和环境控制程序	第 D 版第 0 次修订
	颁 布 日 期：2018-5-20

1　目的

2　为使检测工作环境符合标准要求，不会使结果无效，或对所要求的测量质量产生不良影响，确保结果准确、有效、可靠。

3　适用范围

适用于实验室内有环境控制要求的工作场所。

4　职责

4.1　技术负责人负责根据标准方法要求并结合使用设备、人员健康、环保的具体情况，制定相关工作场所的环境控制要求。

4.2　质量监督员负责监督相关工作场所环境控制情况。

4.3　检测人员负责维持本岗位的环境条件。

5　工作程序

5.1　环境条件要求的识别和确定

5.1.1　必须遵守的国家法律法规及规章的要求，包括建筑、消防、安全、环境保护、人员健康安全等；

5.1.2　所从事的检测和抽样工作所遵循的标准要求。

5.1.3　所使用仪器设备要求的环境条件或设施条件。

5.1.4　样品对环境条件的要求。

5.1.5　检测人员的监控安全需求。

5.2　对于有某些对环境有特殊要求设备，设备责任人应确保其环境条件满足。如未有特别的要求，各实验区域的环境推荐要求如下。

5.2.1　一般实验区域

5.2.1.1　应有足够的通风换气设备，如配备排风扇、抽湿机，空调设施及废气的排放管道，保持实验室内的空气新鲜洁净。

5.2.1.2　应配备冰柜用以保存需要冷藏/冷冻的标准品，剧毒物质需单独保存（参见《实验室剧毒化学品管理规定》）。

5.2.1.3　不相容活动区域应进行有效隔离，采取必要措施防止交叉污染和危险发生，并设置明显的标志加以区分。不同的功能区域应进行清楚的标识，微生物检测实验室应有与BSL-2级生物安全实验室对应的生物危害标识。

5.2.1.4　对进入不同区域的人员、设备和分析项目存在干扰的情况进行控制，如使用警示标识或门禁，以避免实验室环境发生交叉或外来干扰。

5.2.1.5　配备有《安全作业管理规范》要求的安全设施或设备。

5.2.2　对需要在洁净条件下工作的区域，实验室应能有效地监控和记录环境条件。当条件不满足检测方法要求或者可能影响到检测的结果时，应停止检测，必要时检查对以前结果的影响。

5.2.2.1　洁净条件下工作区域的设备应达到规定性能参数，并符合相关检测指标。为避免偶然发生的交叉污染，实验室的设备不应该频繁移动。

5.2.2.2　根据微生物检测种类和数量等，有效分隔不相容的检测活动，同时采取措施降低交叉污染的风险。

5.2.2.3　对需要使用的无菌工器具和器皿应能正确实施灭菌；无菌工器具和器皿应有明显标识以与非无菌工器具和器皿加以区别。

5.2.2.4　应定期使用生物指示物检查灭菌设备的效果并记录，指示物应放在不易达到灭菌的部位。日常监控可以采用物理或化学方式进行。

5.2.2.5　无菌室在使用前和使用后应进行消毒，并定期监测无菌室的消毒效果，具体可按照《微生物实验室环境监控作业指导书》实施。

5.2.3　专用实验区域的环境控制按《各实验区域环境控制要求附表》执行。

5.3　环境条件监控

5.3.1　各区域5S负责人应实时关注环境条件，应对专用实验区域环境进行监控记录。对于不是采用连续、自动记录的，应注意强化对有关仪表的监视，并记录于《环境监控记录表》。

5.3.2　当环境条件出现超差的波动，或同台设备前后检测的记忆效应可能影响检测结果时，应当立即停止工作。各区域负责人应记录有关情况并向部门负责人或质量负责人报告。经证实且有必要时，部门负责人需对此前取得的测量结果的可靠性及其影响进行评估。

5.4　内务管理

检测组工作人员应保持实验室的良好内务，保持室内、场地清洁、安静。检测完毕后应依据各设备、仪器的操作规程对设备、仪器进行清洁维护，公共区域的内务由专职人员负责。更多内务要求参见《安全作业管理规定》。

5.5　废弃物处理

实验室废弃物主要废物为废液、固废、废气。对于这类废弃物不能随意丢弃，以防对环境和他人造成伤害，其处理方式应按以下要求。

5.5.1　废液

a）酸碱性废液：实验室应将废液中和至 pH=6~9 后方可以排放至下水道。对于含有有毒有害重金属物质的废液，应予以收集至废液储存桶，不得倒入下水道。

b）有机废液应全部收集至统一的废液储存桶中，严禁倒入下水道，防止腐蚀管路。

5.5.2　固废

实验室产生的固废主要是废弃的空瓶（包括玻璃碎片），除此还有小部分实验过程中沾有药品的固体废弃物，如实验废渣、沙土、抹布等。实验室应对这些废弃物进行统一收集，并置于专门的容器中。

5.5.3　废气

实验室选用适当的废气处理设备，对实验室产生的废气进行净化处理。应每年由专业单位对排气净化系统进行检查，以确保其功能正常有效。

5.5.4　废弃物处置

对上述废液、固废等废弃物收集至一定量之后，应交由有签订合同的并有相关废弃物处理资质的专业单位回收处理。微生物检测实验室应配置灭菌设施，以处理致病菌检出阳性的样品及废弃培养物。只有经灭菌后的生物实验室固废才可交由下道进一步处理。

5.6　记录保存

5.6.1　各区域 5S 负责人应将环境监控记录应每三个月交予体系工程归档。

5.6.2　在处理废弃物后，负责人应立即将相关的记录、票据等交予体系工程归档。

6　相关文件

6.1　《安全作业管理规定》	×××-WI-450
6.2　《药品及试剂管理规定》	×××-WI-279
6.3　《气瓶气体安全操作规程》	×××-WI-451
6.4　《实验室剧毒化学药品管理规定》	×××-WI-453
6.5　《微生物实验室环境监控作业指导书》	×××-WI-899
6.6　《预防交叉污染管理规定》	×××-WI-900

7　相关记录

7.1　《环境监控记录表》	×××-QP-14-01
7.2　《各区域环境控制要求附表》	×××-QP-14-02
7.3　《冰箱温度监控记录》	×××-QP-14-03
7.4　《灭火器定期检查表》	×××-QP-14-04

2. 案例2

（1）案例内容　某检测公司作业指导书要求天平称量室的环境实施温度为20~28℃，相对湿度30%~70%，实验期间监控设备显示的温度为：22.6~26.7℃，相对湿度62%~78%。

（2）案例分析　记录的相对湿度超出作业指导书规定的要求，环境条件不满足试验要求，不符合CNAS-CL01：2018中6.3.1的要求：设施和环境条件应适合实验室活动，不应对结果有效性产生不利影响。

3. 案例3

（1）案例内容　检测中心恒温恒湿实验室面积200m^2，仅有2台环境监控记录仪，不符合GB/T 6529—2008《纺织品　调湿和试验用标准大气》标准规定的要求（监控点在50m^3不少于1个），不能提供环境的温湿度校准报告。

（2）案例分析　恒温恒湿实验室环境记录仪数量未满足相关标准，不符合CNAS-CL01：2018中6.3.3的要求：当相关规范、方法或程序对环境条件有要求时，或环境条件影响结果的有效性时，实验室应监测、控制和记录环境条件。

4. 案例4

（1）案例内容　某检测公司为精密仪器室专门制定了《实验室环境监测记录》如表3-4所示。

表3-4　实验室环境监测记录

编号：　　　　　　　　　　实验室名称：　　　　　房间号：

日期	时间	检测人	检测情况			问题处理结果
			温度	湿度	光照	
备注	根据各实验室环境控制规定进行监测，包括温度、湿度、避光性、洁净度、试剂存放情况、废液回收处理情况等或其中之一。对于实验用水有特殊要求的，必须对实验用水进行监测。					

设施和环境管理（视频）

一线传真：蔡旭平．实验室的设施和环境条件［J］．中国计量，2017（3）：51-53.

任务五 学习检测实验室资源要求——设备

一、准则条文

6.4 设备

6.4.1 实验室应获得正确开展实验室活动所需的并影响结果的设备，包括但不限于：测量仪器、软件、测量标准、标准物质、参考数据、试剂、消耗品或辅助装置。

注1：标准物质和有证标准物质有多种名称，包括标准样品、参考标准、校准标准、标准参考物质和质量控制物质。ISO 17034 给出了标准物质生产者的更多信息。满足 ISO 17034 要求的标准物质生产者被视为是有能力的。满足 ISO 17034 要求的标准物质生产者提供的标准物质会提供产品信息单/证书，除其他特性外至少包含规定特性的均匀性和稳定性，对于有证标准物质，信息中包含规定特性的标准值、相关的测量不确定度和计量溯源性。

注2：ISO 指南 33 给出了标准物质选择和使用指南。ISO 指南 80 给出了内部制备质量控制物质的指南。

6.4.2 实验室使用永久控制以外的设备时，应确保满足本准则对设备的要求。

6.4.3 实验室应有处理、运输、储存、使用和按计划维护设备的程序，以确保其功能正常并防止污染或性能退化。

6.4.4 当设备投入使用或重新投入使用前，实验室应验证其符合规定要求。

6.4.5 用于测量的设备应能达到所需的测量准确度和（或）测量不确定度，以提供有效结果。

6.4.6 在下列情况下，测量设备应进行校准。

——当测量准确度或测量不确定度影响报告结果的有效性；

——为建立报告结果的计量溯源性，要求对设备进行校准。

注：影响报告结果有效性的设备类型可包括：

——用于直接测量被测量的设备，例如使用天平测量质量；

——用于修正测量值的设备，例如温度测量；

——用于从多个量计算获得测量结果的设备。

6.4.7　实验室应制定校准方案，并应进行复核和必要的调整，以保持对校准状态的可信度。

6.4.8　所有需要校准或具有规定有效期的设备应使用标签、编码或以其他方式标识，使设备使用人方便地识别校准状态或有效期。

6.4.9　如果设备有过载或处置不当、给出可疑结果、已显示有缺陷或超出规定要求时，应停止使用。这些设备应予以隔离以防误用，或加贴标签/标记以清晰表明该设备已停用，直至经过验证表明能正常工作。实验室应检查设备缺陷或偏离规定要求的影响，并应启动不符合工作管理程序。

6.4.10　当需要利用期间核查以保持对设备性能的信心时，应按程序进行核查。

6.4.11　如果校准和标准物质数据中包含参考值或修正因子，实验室应确保该参考值和修正因子得到适当的更新和应用，以满足规定要求。

6.4.12　实验室应有切实可行的措施，防止设备被意外调整而导致结果无效。

6.4.13　实验室应保存对实验室活动有影响的设备记录。适用时，记录应包括以下内容：

a）设备的识别，包括软件和固件版本；

b）制造商名称、型号、序列号或其他唯一性标识；

c）设备符合规定要求的验证证据；

d）当前的位置；

e）校准日期、校准结果、设备调整、验收准则、下次校准的预定日期或校准周期；

f）标准物质的文件、结果、验收准则、相关日期和有效期；

g）与设备性能相关的维护计划和已进行的维护；

h）设备的损坏、故障、改装或维修的详细信息。

二、条文理解与应用说明

（一）实验室设备配备与要求

1. 基本要求

实验室应获得正确开展实验室活动所需的并影响结果的设备。实验室的活动包括检测、校准以及与后续检测或校准相关的抽样。这里的设备包括但不限于：测量仪器、软件、测量标准、标准物质、参考数据、试剂、消耗品或辅助装置。

实验室配置的设备应在其申报认可的地点内，并对其有完全的支配权和使用权。有些设备，特别是化学分析中一些常用设备，通常是用标准物质来校准，实验室应有充足的标准物质来对设备的预期使用范围进行校准。对检测结果有影响的实验室关键检测设备应为自有设备，自有设备指购买或长期租赁（租期 2 年以上）且具有完全的使用权和支配权的设备。

2. 实验室使用永久控制以外的设备的要求

实验室使用永久控制以外的设备时，应确保满足实验室认可准则对设备的要求。永久控制外的设备主要包括：外借设备、客户设备、分包方的设备。外借设备主要有三种情况：

（1）借到实验室来用　与自己的设备一样进行管理和使用。

（2）在被借用方使用　由被借用方人员进行操作测试；这样的测试 CNAS 是不会受理认可申请的。对于这类测试，借用方实验室要保留其设备校准/检定证书复印件，并对确认被借用方操作人员的相关测试能力，或对其进行简短的培训。借用方还要确保测试不会影响公正性、独立性和保护客户机密和客户所有权。

（3）在被借用方使用　由借用实验室人员操作测试。设备要纳入到借用实验室的设备台账上，并要有标识。借用实验室要有设备校准/检定证书复印件，操作人员应进行设备操作方面的培训并有培训记录，要有设备操作、维护和期间核查作业指导书，以及相关的记录。

（二）预防设备的污染或性能退化

实验室应有处理、运输、储存、使用和按计划维护设备的程序，以确保其功能正常并防止污染或性能退化。实验室在固定场所外使用测量设备进行检测、校准或抽样的相关规定，可编写在设备管理程序文件中，可单独制定程序。设备维护的频次及方式，可根据实验室具体情况加以规定和执行。在设计维护频次时，可根据设备测试量定，通常有日维护、周维护、月维护和年度维护，维护的项目也根据频次有层级的安排。维护的方式，可分操作者的维护、专家维护（内部专家和外部厂家的专家），具体要采用哪种方式，或几种方式相结合，主要是要综合考虑实验室人员能力、财力等再做规定。

（三）设备使用要求

当设备投入使用或重新投入使用前，实验室应验证其符合规定要求。验证是指提供客观证据，证明给定项目满足规定要求。此处的验证包括校准、检定、核查及校准后的确认，使用前的检查等。

（四）测量设备的校准与期间核查

实验室应指定专人负责设备的管理，包括校准、维护和期间核查等。实验室应建立机制以提示对到期设备进行校准、核查和维护。在下列情况下测量设备需要校准。

(1) 当测量准确度或测量不确定度影响报告结果的有效性；

(2) 为建立报告结果的计量溯源性，要求对设备进行校准。

影响报告结果有效性的设备类型可包括：

(1) 用于直接测量被测量的设备，例如使用天平测量质量；

(2) 用于修正测量值的设备，例如温度测量；

(3) 用于从多个量计算获得测量结果的设备。

对需要校准的设备，实验室应建立校准方案，方案中应包括该设备校准的参数、范围、不确定度和校准周期等，以便送校时提出明确的、针对性的要求。所有需要校准或具有规定有效期的设备应使用标签、编码或以其他方式标识，使设备使用人方便地识别校准状态或有效期。当实验室需要利用期间核查以保持设备校准状态的可信度时，应按照规定的程序进行。期间核查通常是在设备两次校准期间，对设备各功能及技术要求进行核查，对有明显功能变差、技术参数要求超出要求范围的设备及时进行预防措施，以确保设备功能及相关技术参数要求的可信度。期间核查与校准或检定的主要区别如下。

(1) 校准或检定是在标准条件下，通过计量标准确定测量仪器的校准状态。而期间核查是在两次校准或检定之间，在实际工作的环境条件下，对同一核查标准进行定期或不定期的测量，考察测量数据的变化情况，以确认其校准状态是否继续可信。

(2) 校准或检定必须由有资格的计量技术机构用经考核合格的计量标准按照规程或规范的方法进行。期间核查是由本实验室人员使用自己选定的核查标准按照自己制定的核查方案进行。

(3) 校准或检定是用高一级计量标准对测量仪器的计量性能进行评估，以获得该仪器量值的溯源性。而期间核查只是在使用条件下考核测量仪器的计量特性有无明显变化，由于核查标准一般不具备高一级计量标准的性能和资格，所以这种核查不具有溯源性。

(4) 期间核查不是缩短校准或检定周期后的一种校准或检定，而是用一种简便的方法对测量仪器是否依然保持校准或检定状态进行的确认。而校准或检定是要评价测量仪器的计量特性，需要控制各种因素的影响，所用的计量标准的准确度高于被检仪器的准确度。

(5) 期间核查可以为制定合理的校准间隔提供依据或参考。因校准或维修等原因又返回实验室的设备，在返回后实验室也应对其进行验证，应注意到并非实验室的每台设备都需要校准，实验室应评估该设备对结果有效性和计量溯源性的影响，合理地确定是否需要校准。对不需要校准的设备，实验室应核查其状态是否满足使用要求。实验室应根据校准证书的信息，判断设备是否满足方法要求。

并不是所有设备均需要进行期间核查，判断设备是否需要期间核查至少需考虑以下因素：

①设备校准周期；

②历次校准结果；

③质量控制结果；

④设备使用频率和性能稳定性；

⑤设备维护情况；

⑥设备操作人员及环境的变化；

⑦设备使用范围的变化等。

（五）设备状态标识

如果设备有过载或处置不当，给出可疑结果，已显示有缺陷或超出规定要求时，应停止使用。这些设备应予以隔离以防误用，或加贴标签/标记以清晰表明该设备已停用，直至经过验证表明能正常工作。实验室应检查设备缺陷或偏离规定要求的影响，并应启动不符合工作管理程序。

（六）设备管理档案

实验室应保存对实验室活动有影响的设备记录。适用时，记录应包括以下内容：

（1）设备的识别，包括软件和固件版本；

（2）制造商名称、型号、序列号或其他唯一性标识；

（3）设备符合规定要求的验证证据；

（4）当前的位置；

（5）校准日期、校准结果、设备调整、验收准则、下次校准的预定日期或校准周期；

（6）标准物质的文件、结果、验收准则、相关日期和有效期；

（7）与设备性能相关的维护计划和已进行的维护；

（8）设备的损坏、故障、改装或维修的详细信息。

三、应用案例

1. 案例 1

（1）案例内容　审核发现，某实验室没有配备满足 GB 4789. 2—2016《食品安全国家标准　食品微生物学检验　菌落总数测定》要求的菌落计数器及满足 GB 4789. 39—2013《食品安全国家标准　食品微生物学检验　粪大肠菌群计数》要求的 44. 5℃恒温水浴箱；缺少检测金属材料中钼、铋、镁等元素的标准物质；没有配备检测“砖抗压强度试验”用的制样模具；缺少检测磁性金属物的磁性金属物测定仪。

（2）案例分析　该实验室未满足 CNAS-CL01：2018 中 6.4.1 的要求：实验室应获得正确开展实验室活动所需的并影响结果的设备，包括但不限于：测量仪器、软件、测量标准、标准物质、参考数据、试剂、消耗品或辅助装置。

2. 案例 2

（1）案例内容　该实验室的设备档案管理（DF2693 型耐压绝缘电阻试验仪等），没有对设备进行独立建档，也没有保留设备的使用和维修记录，2013 年新购仪器设备也没有保留开箱和性能验收的记录。

（2）案例分析　该实验室没有维护记录、验收记录，未满足 CNAS-CL01：2018 中 6.4.3 和 6.4.4 的要求。6.4.3：实验室应有处理、运输、储存、使用和按计划维护设备的程序，以确保其功能正常并防止污染或性能退化。

3. 案例 3

（1）案例分析　编号为 BSF-SY-008 的温度测试装置部分功能失效，实验室没有在该装置上加贴限制使用标识。

（2）案例分析　设备损坏时未加贴相应标签，未满足 CNAS-CL01：2018 中 6.4.9 的要求：如果设备有过载或处置不当，给出可疑结果，已显示有缺陷或超出规定要求时，应停止使用。这些设备应予以隔离以防误用，或加贴标签/标记以清晰表明该设备已停用，直至经过验证表明能正常工作。实验室应检查设备缺陷或偏离规定要求的影响，并应启动不符合工作管理程序。

4. 案例 4

（1）案例内容　某检测公司期间核查方案如表 3-5 所示。

表 3-5　　**期间核查方案**　　ZLJL/607-02A/1
编号

根据仪器设备/标准物质的期间核查年度计划，制定此方案，对下列设备/标准物质进行期间核查： 设备/标物编号： 设备/标物名称： 设备/标物规格型号：	
核查人员的组成	组长： 组员：
核查时间	
核查地点	

续表

执行文件	
该仪器的检定周期	

编制人（设备员）： 日期：

审核人（检测室负责人）： 日期：

批准人（技术负责人）： 日期：

设备管理（视频）

一线传真：朱顺．实验室设备校准后确认的方法［J］．上海计量测试，2021（3）：36-38.

【读与思】

市场监管总局全面加强标准物质监管

近日，市场监管总局通报了2021年国家标准物质专项监督检查情况。各地市场监管部门聚焦食品安全、生产安全、生态环境、医疗卫生、贸易结算等重点领域，共对258家获得国家标准物质定级证书机构中的7712种标准物质进行了现场监督检查。通过监督检查发现，部分标准物质研制生产机构存在标准物质制备定值原始记录不完整、质量管理体系运行不到位、标准物质证书标签使用不规范、测量仪器不具备溯源性等问题，其中市场监管部门责令27种标准物质不得销售和向外单位发放，注销18种标准物质。

在监督检查工作中，各地市场监管部门积极作为，创新监管手段，架起政企沟通的“连心桥”，构建技术帮扶“直通车”，督促和引导标准物质研制生产机构落实主体责任，按照标准物质相关制度和计量技术规范要求，强化标准物质合规生产和质量内部管控，保障量值准确可靠。

［原文链接：市场监管总局全面加强标准物质监管（www. samr. gov. cn）］

【启示】标准物质是计量溯源的基石。

任务六 学习检测实验室资源要求——计量的溯源性

一、准则条文

6.5 计量溯源性

6.5.1 实验室应通过形成文件的不间断的校准链将测量结果与适当的参考对象相关联，建立并保持测量结果的计量溯源性，每次校准均会引入测量不确定度。

注 1：在 ISO/IEC 指南 99 中，计量溯源性定义为"测量结果的特性，结果可以通过形成文件的不间断的校准链与参考对象相关联，每次校准均会引入测量不确定度"。

注 2：关于计量溯源性的更多信息见附录 A。

6.5.2 实验室应通过以下方式确保测量结果溯源到国际单位制（SI）：

a）具备能力的实验室提供的校准；或

注 1：满足本准则要求的实验室被视为是有能力的。

b）具备能力的标准物质生产者提供并声明计量溯源至 SI 的有证标准物质的标准值；或

注 2：满足 ISO 17034 要求的标准物质生产者被视为是有能力的。

c）SI 单位的直接复现，并通过直接或间接与国家或国际标准比对来保证。

注 3：SI 手册给出了一些重要单位定义的实际复现的详细信息。

6.5.3 技术上不可能计量溯源到 SI 单位时，实验室应证明可计量溯源至适当的参考对象，如：

a）具备能力的标准物质生产者提供的有证标准物质的标准值；

b）描述清晰的参考测量程序、规定方法或协议标准的结果，其测量结果满足预期用途，并通过适当比对予以保证。

二、条文理解与应用说明

1. 计量溯源性的含义及其意义

计量溯源性是通过文件规定的不间断的校准链，将测量结果与参照对象联系起来的测量结果的特性，校准链中的每项校准均会引入测量不确定度。计量溯源性是国际间相互承认测量结果的前提条件，中国合格评定国家认可委员会（CNAS）将计量溯源性视为测量结果有效性的基础，并确保获认可的测量活动的计量溯源性满足国际规范。

2. 需要进行校准的测量设备

根据 CNAS-CL01 第 6.4.6 条的规定，在下列情况下，测量设备应进行校准：

（1）当测量准确度或测量不确定度影响报告结果的有效性时。

（2）为建立所报告结果的计量溯源性时。

注：影响报告结果有效性的设备类型可包括：

①用于直接测量被测量的设备，例如使用天平测量质量；

②用于修正测量值的设备，例如温度测量；

③用于从多个量计算获得测量结果的设备。

3. 溯源计划的制定与溯源机构的选择

溯源计划的制定主要包括：被校准设备名称及型号、溯源参数、校准周期、外部溯源机构、核查周期等。

溯源机构的选择主要考虑三个方面：

（1）资格　按照本准则通过认可，或通过计量指标考核的校准实验室。

（2）测量能力　测量不确定度满足校准链规定的要求。

（3）溯源性　测量结果能溯源到国际或国家标准（也可以是非所在国的国家计量院标准）。

校准周期的选择主要从以下几个方面进行考虑制定。

（1）设备制造厂家建议周期。

（2）设备稳定性和精密度。

（3）特定法规规定的校准周期。

（4）设备使用频率。

4. 其他注意事项

（1）实验室根据日常检测工作质量控制或自校准使用的参考标准，包括校准用测量设备和有证标准物质（参考物质）均作为比较难对检测设备进行校准，所以在购置、使用时，必须经过能够提供溯源机构定期进行校准，并证明其能够在使用外部校准服务时有资格、有测量能力和有溯源性的依据。计量用参考标准仅限用于校准，除非实验室能证明用于其他目的，不会造成参考标准性能的失效或下降，而影响量值溯源。

（2）实验室应储备开展检测工作项目范围内的所有能够溯源到 SI 测量单位或有证标准物质（参考物质）。这些标准物质（参考物质）通常作为对实验室测量使用、配制和标定的内部标准物质的核查。

（3）实验室应定期对参考标准、标准物质（参考物质）、传递标准或工作标准进行核查，以保证其校准状态的置信度。

三、应用案例

1. 案例 1

某检测公司的量值溯源管理程序如表 3-6 所示。

表 3-6　　某检测公司量值溯源管理程序

<table>
<tr><td colspan="2">×××检测技术有限公司</td></tr>
<tr><td rowspan="2">程序文件</td><td>文件编号：×××-QP-22</td></tr>
<tr><td>第 37 页共 85 页</td></tr>
<tr><td rowspan="2">量值溯源管理程序</td><td>第 D 版第 0 次修订</td></tr>
<tr><td>颁布日期：2018-05-20</td></tr>
</table>

1　目的

确保用于对检测和抽样结果的准确性或有效性有显著影响的所有设备，包括辅助测量设备的测量结果的计量特性可以有效溯源。

2　适用范围

本程序适用于所有对检测结果的准确性或有效性有显著影响的所有设备与设施的计量溯源管理。

3　职责

3.1　设备管理员制定仪器设备的检定/校准以及期间核查计划，组织实施检定/校准计划。

3.2　技术负责人负责审核所有仪器设备的检定/校准以及期间核查计划。

3.3　总经理批准校准计划。

3.4　检测部负责实施期间核查计划。

4　工作程序

4.1 设备溯源

4.1.1　对结果有重要影响的设备关键量值均应进行校准或检定。对于有明确检定规程和法定强制鉴定范畴的设备，应对其进行检定。检测组确定校准的关键量值，技术负责人审核，设备管理员安排校准/检定。对于关键量值主要通过以下方式确定：

a）直接用仪器设备进行的特定参数或项目检测，其直接出具数据的参数或值就属于需要校准的关键量值；

b）从检测参数或项目的原理出发，依据检测方法识别其关键量值；

c）从量值对结果总不确定的贡献来确定；

d）对于标准或检定规程，仪器说明书中没有规定偏差范围的量值，实验室在评估其对测试准确性影响的基础上制定其偏差范围，一般建议为5%～10%。

4.1.2 设备管理员应每月核查是否有仪器需要校准，并制定月度校准计划交由技术负责人审核、总经理批准。在获得审批后，联系计量服务提供方，协定校准/检定事宜。

4.1.3 校准/检定方案确定后，各检测组负责人应合理安排日常检测工作，并准备好需校准/检定的仪器设备。实验室经理应评估受校准/检定影响项目的检测周期，并告知业务及客服等可能受影响的部门。

4.1.4 校准/检定完成后，设备管理员应将校准/检定证书连同《校准/检定结果确认单》分发至各检测组负责人，并由他们对校准/检定证书结果参数与标准规范的要求进行比对验收，填写《校准/检定结果确认单》。对于需要修正使用的设备，其修正因子应经技术确认，并将技术确认记录附于《校准/检定结果确认单》后。修正因子与修正方法应在设备标识上注明。

4.1.5 对验收合格者，检测组负责人应及时安排设备责任人更新校准标签，并加贴修正因子（适用时）。对验收不合格者，应加贴停用标签，并报修或者重新采购。

4.1.6 验收完成后各检测组负责人应将校准/检定证书连同《校准/检定结果确认单》返还设备管理员，并由设备管理员将校准/检定证书信息登入《仪器设备管理表》。

4.1.7 外部校准/检定服务机构应是具有相应资质、测量能力和溯源性证明的计量检定机构或授权机构，校准实验室等。校准/检定机构的选择及评价参见《外部服务和供应品采购程序》。

4.1.8 目前尚没有外部检定/校准机构可以进行检定/校准的设备，测量结果无法溯源至国际单位制（SI）单位或与SI单位不相关时，测量结果应溯源至RM、公认的或约定的测量方法/标准，或通过实验室间比对等途径，证明其测量结果与同类实验室的一致性。当采用实验室间比对的方式来提供测量的可信度时，应保证定期与3家以上（含3家）实验室比对，可行时，应是获得CNAS认可，或APLAC、ILAC多边承认协议成员认可的实验室。

4.1.9 经过较大修理可能影响检测结果的和长期停用的检测设备重新使用，应按照《设备管理程序》执行检定/校准要求，确保有效溯源后才可使用。

4.2 标准物质溯源

4.2.1 实验室使用的标准物质，均应有标准物质证书，对于其使用管理参见《标准物质管理程序》。

4.2.2 实验室应对标准物质进行期间核查，主动及时发现标准物质的变化情况，尽早实施预防措施，规避风险，以及保证其校准状态的置信度。对于其期间核查要求参见《期间核查管理程序》。

4.3 标准菌种/菌株溯源

实验室必须保存有满足试验需要的标准菌种/菌株（标准培养物），除检测方法（如药物敏感试验、抗菌性能测试）中规定的菌种外，还应包括应用于培养基（试剂）验收/质量控制、方法确认/证实、阳性对照、阴性对照、人员培训考核和结果质量的保证等所需的菌株。对于其管理参见《标准菌种管理程序》。

4.4 内部校准

4.4.1 在满足量值溯源要求、本公司又有能力进行内部校准时，可以进行内部校准，需满足的条件如下：

a）有经过外部校准合格的参考标准物质；

b）有经过培训合格、获得该校准项目资格证书的人员；

c）有经过技术负责人批准发布的校准技术规范；

d）内部校准的过程和结果应记录；

e）可以给出校准结果的测量不确定度值。

4.4.2 内部校准使用的参考标准应满足其储存、维护、使用的要求，应仅用于校准而不用于检测，除非可以证明其作为参考标准的性能不会失效。参考标准在调整前后都应进行外部校准，证明其有效性。

4.5 期间核查

为确保在两次校准之间测量结果计量特性的准确性，应按照《期间核查管理程序》执行对设备及标准物质进行期间核查。

5 相关文件

5.1 《外部服务和供应品采购程序》 ×××-QP-06

5.2 《设备管理程序》 ×××-QP-21

5.3 《标准物质管理程序》 ×××-QP-30

5.4 《期间核查管理程序》 ×××-QP-31

5.5 《标准菌种管理程序》 ×××-QP-35

6 相关记录

6.1 《月度校准/检定计划表》 ×××-QP-22-01

6.2 《校准/检定结果确认单》 ×××-QP-22-02

---

2. 案例 2

（1）案例内容 评审发现，某检测公司的“量值溯源管理程序”中对外送校准证书进行技术确认，但未明示具体的确认内容。

（2）案例分析 校准证书内容不具体，无法建立和并保持测量结果的计量溯源性，未满足本准则 6.5.1 的要求：实验室应通过形成文件的不间断的校准链将测量结果与适当的参考对象相关联，建立并保持测量结果的计量溯源性，每次校准均会引入测量不确定度。

3. 案例 3

某检测公司校准/检定结果确认表如表 3-7 所示。

表 3-7　　×××检测技术有限公司

校准/检定结果确认表

<table>
<tr><td colspan="2">设备
名称</td><td colspan="2"></td><td>设备
编号</td><td></td><td>校准/检定
日期</td><td></td></tr>
<tr><td colspan="8">校准/检定用主要标准器信息是否在有效期内？（请在“□”内打“√”）　□YES　□NO</td></tr>
<tr><td>序号</td><td colspan="4">我方校准/检定要求参数/公差</td><td colspan="3">校准结果/实测值</td></tr>
<tr><td>1</td><td colspan="4"></td><td colspan="3"></td></tr>
<tr><td>⋮</td><td colspan="4"></td><td colspan="3"></td></tr>
</table>

检定/校准结果的不确定度是：

□符合标准要求　□不符合

<table>
<tr><td>是否符合使用要求</td><td>□是，可正常使用
□降级/修正使用，产生的修正因子已张贴在校准标识下方，修正因子为：

□否，此设备应：□标识停用　□待维修　□报废</td></tr>
</table>

确认人：

×××-QP-22-02A

检测实验计量溯源性要求（视频）

一线传真：CNAS-CL01-G002，测量结果的计量溯源性要求[S]. 2021.

【读与思】

计量溯源性评审突出问题案例

校准点位不能覆盖使用范围是现场评审中经常出现的问题，比如实验室未告知校准机构其特殊使用要求，校准机构则按常规进行选点校准，未能覆盖实验室的使用要求，导致出现不符合。如在现场评审时发现实验室编号为WGXD1101的高温拉伸试验用高温炉只校准了600℃和900℃两个点，没有校准经常使用的200~600℃。查某计量测试所出具的“高低温交变试验箱”校准证书，温度校准到95℃，而实验室申请认可的标准QC/T 468—2010的耐高温性能项目中要求试验温度为（130±5）℃。

【启示】计量溯源性是国际间相互承认测量结果的前提条件，中国合格评定国家认可委员会（CNAS）将计量溯源性视为测量结果有效性的基础，严谨细致是检测人的基本素养。

任务七 学习检测实验室资源要求——外部提供的产品和服务

一、准则条文

6.6 外部提供的产品和服务

6.6.1 实验室应确保影响实验室活动的外部提供的产品和服务的适宜性，这些产品和服务包括：

①用于实验室自身的活动；

②部分或全部直接提供给客户；

③用于支持实验室的运作。

注：产品可包括测量标准和设备、辅助设备、消耗材料和标准物质。服务可包括校准服务、抽样服务、检测服务、设施和设备维护服务、能力验证服务以及评审和审核服务。

6.6.2 实验室应有以下活动的程序，并保存相关记录：

a）确定、审查和批准实验室对外部提供的产品和服务的要求；

b）确定评价、选择、监控表现和再次评价外部供应商的准则；

c）在使用外部提供的产品和服务前，或直接提供给客户之前，应确保符合实验室规定的要求，或适用时满足本准则的相关要求；

d）根据对外部供应商的评价、监控表现和再次评价的结果采取措施。

6.6.3　实验室应与外部供应商沟通，明确以下要求：

a）需提供的产品和服务；

b）验收准则；

c）能力，包括人员需具备的资格；

d）实验室或其客户拟在外部供应商的场所进行的活动。

二、条文理解与应用说明

1. 外部提供产品和服务的主要内容

产品主要包括测量标准和设备、辅助设备、消耗材料和标准物质。服务可包括校准服务、抽样服务、检测服务、设施和设备维护服务、能力验证服务以及评审和审核服务。这些产品和服务主要用于：

①用于实验室自身的活动；

②部分或全部直接提供给客户；

③用于支持实验室的运作。

通常情况下，实验室至少采购3种类型的产品和服务。

（1）易耗品　易耗品可包括培养基、标准物质、化学试剂、试剂盒和玻璃器皿。适用时，实验室应对其品名、规格、等级、生产日期、保质期、成分、包装、贮存、数量、合格证明等进行符合性检查或验证。对商品化的试剂盒，实验室应核查该试剂盒已经过技术评价，并有相应的信息或记录予以证明。当某一品牌的物品验收的不合格比例较高时，实验室应考虑更换该产品的品牌或制造商。

（2）设备及维护　选择设备时应考虑满足检测、校准或抽样方法以及CNAS-CL01的相关要求；应单独保留主要设备的制造商记录；对于设备性能不能持续满足要求或不能提供良好售后服务和设备维护的供应商，实验室应考虑更换供应商。

（3）校准服务、标准物质和参考标准　选择校准服务、标准物质和参考标准时，应满足CNAS-CL01-G002《测量结果的计量溯源性要求》以及检测、校准或抽样方法对计量溯源性的要求。

2. 可能影响实验室活动的用于支持实验室运作的产品和服务类型

主要包括能力验证、审核或评审服务。

3. 如何选择外部提供的服务

当实验室需从外部机构获得实验室活动服务时，应尽可能选择相关项目已获认可的实验室（经CNAS认可或其他签署ILAC互认协议的认可机构认可）。对于实验室自身没有能力而需从外部获得的实验室活动，CNAS不将其纳入认可范围。

注1：CNAS仅认可通常是由实验室独立实施的实验室活动。对于实验室具备能力但自己不实施，而是长期从外部机构获得的项目不予认可。

注2：如果实验室通过租赁合同将另一家机构的全部人员、设施和设备等纳入自身体系管理，则这部分能力视为由外部机构提供，不予认可。

三、应用案例

1. 案例 1

某检测公司外部产品和服务采购程序如表 3-8 所示。

表 3-8　　某检测公司外部产品和服务采购程序

<table>
<tr><td colspan="2">×××检测技术有限公司</td></tr>
<tr><td rowspan="2">程序文件</td><td>文件编号：×××-QP-06</td></tr>
<tr><td>第 37 页共 91 页</td></tr>
<tr><td rowspan="2">外部产品和服务采购程序</td><td>第 D 版第 0 次修订</td></tr>
<tr><td>颁布日期：2018-05-20</td></tr>
</table>

1　目的

为选择合格的供应商，确保外部产品和服务的质量，特制定本程序。

2　适用范围

本程序适用于涉及与本公司检测工作质量有影响的外部产品和服务采购、验收的全过程。

3　职责

3.1　部门主管负责审核外部产品与供应品采购的申请，交由采购权限负责人批准。

3.2　各部门负责本部门产品和服务需求的申请及对其使用的评价和反馈。

3.3　综合部负责对产品供应商的评价和选择，执行采购。PMC 负责分包实施。

3.4　技术负责人组织对产品和服务的验收，审核供应商/服务商及分包方。

3.5　总经理批准合格供应商及分包方。

4　工作程序

4.1　产品可包括测量标准和设备、辅助设备、消耗材料和标准物质。服务可包括校准服务、抽样服务、检测服务、设施和设备维护服务、能力验证服务以及评审和审核服务。具体分类如下。

4.1.1　用于实验室自身的活动：

a）易耗品：包括培养基、标准物质、化学试剂、试剂盒和玻璃器皿；

b）设备及维护：设备应满足实验室检测需求；

c）选择校准服务、标准物质和参考标准。

4.1.2　部分或全部直接提供给客户：即分包。

4.1.3　用于支持实验室的运作：包括能力验证服务、审核、评审服务等。

4.2　根据产品和服务的分类具有不同的工作流程。

4.2.1　提供的产品和服务用于自身活动的工作流程：各部门根据需要填写《月度采购申请表》，对于实验室采购的物品要明确规格/型号、技术性能、质量要求或货号等资料。实验室人员将采购信息录入公司采购管理平台中，部门主管审批后，采购人员根据采购需求进行综合分析汇总，向供应商实施采购。采购品到公司后，由使用部门进行验收，并在订购单或供应商的送货单上签字确认。实验室试剂及消耗品验收应按照×××-WI-423《实验室试剂及消耗品验收细则》执行，微生物培养基及相关耗材应按照×××-WI-387《微生物培养基及相关耗材的验收管理规范》执行，设备的验收应按照×××-QP-21《设备管理程序》执行。合格的供应品由综合部在发票/收据上签收，并通知财务部付款。检测部人员使用过程中，如发现不合格，即将物品退回并通知综合部，由综合部与供应商联系进行退换货处理。

4.2.2　分包工作流程：检测部提出检测项目分包申请，由PMC在食品检测系统中注明分包方代码，并联系分包方进行分包。分包报告应交由相关人员审核，对于分包结果的使用应按照《结果报告程序》进行。

检测部可对项目申请分包的情况为：a. 由于工作量超负荷，无法按常规完成工作。b. 仪器设施设备突然出现故障或损坏。

4.2.3　能力验证及评审服务工作流程：品质工程师提交年度能力验证计划，质量负责人批准。技术负责人提交年度评审计划，总经理审批。

分包（视频）

4.3　供应商评价和选择

4.3.1　关于提供的产品和服务用于自身活动的供应商的选择和评价：综合部根据采购的要求，对检测质量有影响的重要消耗品、供应品和服务的供应商应组织评价。供应商的评价可包括以下内容：

a. 供应商的资质资料；

b. 被提名供应商的诚信能力；

c. 供应商的供货业绩；

d. 供应商的质量保证能力；

e. 价格；

f. 过往交易情况；

g. 服务情况；

h. 行业间的反馈；

i. 人员使用的反馈。

综合部对供应商评价的内容登记到《供应商/服务商评价表》中，评价过程收集的供应商资质资料作为《供应商/服务商评价表》的附件。审核人须根据资质资料等检查供应商的符合性。该表经总经理批准后列为合格供应商。

综合部根据对供应商评价的结果填写《合格供应商/服务商登记表》，对于合格的供应商还应进行定期或不定期评审，每年至少一次或当供应商发生异常时，应对供应商进行重新评审，以保证满足要求。

4.3.2　关于分包方的选择和评价：对于获得CNAS认可、CMA、CATL等资质认定的分包实验室，对在其认可/资质认定范围内的分包项目，可认为其技术和质量是可靠的。如果分包项目在其认可/资质认定范围外，评审时应对这些项目技术及资源配置进行考察。对于未获得CNAS认可、CMA、CATL等资质认定的分包实验室，不予选择分包。

PMC应将分包的评审情况记录于《分包方能力调查表》，并应每12个月对分包方的能力重新进行确认。对于评审合格的分包实验室，应将其列入《合格分包方一览表》，并将分包方的分包项目纳入报价表。

4.3.3　分包项目评审：检测部提出检测项目分包申请后，需对分包项目进行评审。a. 客户没有指定分包方时，可优先选择能满足客户需求且方便实惠的分包方。b. 客户指定分包方时，按照客户意愿直接分包，同时告知我司不承担分包结果的准确性和有效性。c. 法律法规、技术标准等文件禁止分包的项目不得分包。如政府招标的食品安全监督（除非食药监同意），否则不可以分包；产品质量监督不可进行分包等。

4.4　采购物品的管理

采购的与检测有关的试剂药品应按照相关作业指导书进行管理和储存。采购回来的物品由申请部门登记入库存管理表，需要领取采购物品的，需在库存管理表上作记录。试剂和标准物质在储存和使用过程中，应特别关注特定要求，包括其毒性、对热、空气和光的稳定性、与其他化学试剂的反应、储存环境等。

5　相关文件

5.1　《设备管理程序》　×××-QP-21

5.2　《结果报告程序》　×××-QP-26

5.3　《微生物培养基及相关产品的验收管理规范》　×××-WI-387

5.4　《实验室试剂及消耗品验收细则》　×××-WI-423

5.5　《食品安全国家标准食品微生物学检验培养基和试剂的质量要求》　GB 4789.28

5.6　《药品及试剂管理规定》　×××-WI-279

6　相关记录

6.1　《供应商/服务商评价表》　×××-QP-06-04

6.2　《合格供应商/服务商登记表》　×××-QP-06-05

6.3　《月度采购申请表》　×××-QP-06-08

6.4　《分包方能力调查表》　×××-QP-06-17

6.5　《合格分包方一览表》　×××-QP-06-18

2. 案例2

（1）案例内容　查编号A的易耗品购买申请，验收单采购高纯空气、氮气、氩气，无纯度技术要求；编号B的标准物质及试剂购买申请、验收单：山梨酸、糖精钠标准品缺少相关技术要求。

（2）案例分析　耗材的采购无技术要求，不符合CNAS-CL01：2018中6.6.2a的要求：实验室应有以下活动的程序，并保存相关记录。

确定、审查和批准实验室对外部提供的产品和服务的要求。

检测实验室外部提供的产品和服务管理（视频）

项目三、资源要求（测试题）

【思考与练习】

一、填空题

1. 实验室____应做出公正性承诺。

2. 除客户______的信息，或实验室与客户有______（例如：为回应投诉的目的），其他所有信息都被视为专有信息，应予______。

3. 实验室依据法律要求或合同授权透露保密信息时，应将所提供的信息通知到相关客户或个人，除非__________。

4. 实验室从客户以外渠道（如投诉人、监管机构）获取有关客户的信息时，应在____和实验室间保密。

5. 除非信息的提供方同意，实验室应为信息提供方（来源）保密，且不应告知________。

6. 实验室为______法人机构时，认可的实验室名称应为其法人注册证明文件上所载明的名称。

7. 实验室为注册法人机构的一部分时，其认可的实验室名称中应______注册的法人机构名称。

8. 实验室是某个组织的一部分时，申请的检测或校准能力应与法人机构核准注册的________密切相关。

9. 实验室应为法律实体，或法律实体中被明确界定的一部分，该实体对实验室活动承担______。

10. 实验室应确定对实验室全权负责的______。

11. 实验室管理层应确保当策划和实施管理体系变更时，保持管理体系的____

____。

12. 产品可包括________和设备、________、消耗材料和__________。

13. 服务可包括校准服务、________、检测服务、设施和________、能力验证服务以及评审和审核服务。

14. 实验室应通过形成文件的不间断的校准链将测量结果与适当的参考对象相关联，建立并保持测量结果的计量溯源性，每次校准均会引入____________。

15. 标准物质和有证标准物质有多种名称，包括______、参考标准、______、标准参考物质和________。

16. 实验室应与外部供应商沟通，明确以下要求：（1）______________、（2）____________、（3）__________________、（4）实验室或其客户拟在外部供应商的场所进行的活动。

二、简答题

1. 简述检测实验室公正性主要内容。
2. 实验室活动场所包括哪些？
3. 检测实验室人员管理内容是什么？
4. 检测实验室对设施的基本要求是什么？
5. 简述校准与检定区别。
6. 简述计量溯源性的概念、目的和途径。
7. 外部提供的产品和服务包括哪些内容？

项目四

检测实验室检测过程管理

学习目标

知识目标

1. 熟悉认可准则对检测过程中各环节的要求。
2. 理解检测过程中认可准则的含义。
3. 理解方法的选择、验证和确认要求。
4. 理解抽样、检测或校准物品的处置要求。
5. 理解技术记录、报告结果要求。

能力目标

1. 能够将认可准则条文应用到具体的检测过程管理之中。
2. 能正确制定检测方法验证试验方案。
3. 能正确开展抽样和检测物品的处置。
4. 能规范完成技术记录、报告结果。
5. 能够根据认可准则来管理检测全过程。

素质目标

1. 通过学习抽样要求，树立公正性意识。
2. 通过学习确保结果有效性要求，树立科学求真意识。

3. 通过学习技术记录、报告结果要求，培养严谨的工作作风。

4. 通过学习投诉、不符合工作要求，培养良好的合作精神。

问题导入

如果你是一个检测机构的新进员工或新上任的部门主管，你知道样品从招标到出具结果报告的每一个环节吗？每一个环节有何规范性要求，如何确保你的检测结果是准确的？

图 4-1 所示为检测实验室运作过程示意图，从样品评审到出结果报告有 11 个环节，每一个环节有规范性的要求。本项目对每一个检测环节列出认可准则的条文，并进行解读，导入案例将条文变为工作具体程序，最后配有练习题来进一步理解相关知识。

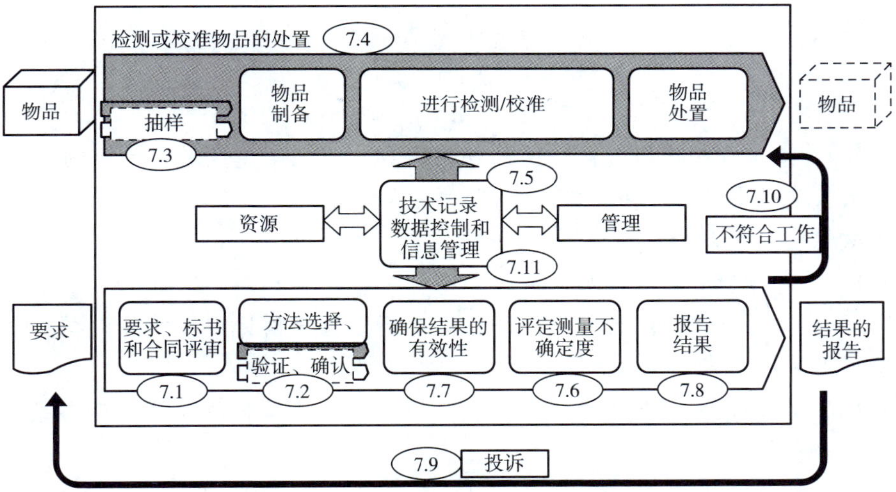

图 4-1　检测实验室运作过程的示意图

任务一　要求、标书和合同评审

一、准则条文

7　过程要求

7.1　要求、标书和合同评审

7.1.1　实验室应有要求、标书和合同评审程序。该程序应确保：

a）明确规定要求，形成文件，并被理解；

b）实验室有能力和资源满足这些要求；

c）当使用外部供应商时，应满足6.6条款的要求，实验室应告知客户由外部供应商实施的实验室活动，并获得客户同意；

注1：在下列情况下，可能使用外部提供的实验室活动：

——实验室有实施活动的资源和能力，但由于不可预见的原因不能承担部分或全部活动；

——实验室没有实施活动的资源和能力。

d）选择适当的方法或程序，并能满足客户的要求。

注2：对于内部或例行客户，要求、标书和合同评审可简化进行。

7.1.2　当客户要求的方法不合适或是过期的，实验室应通知客户。

7.1.3　当客户要求针对检测或校准作出与规范或标准符合性的声明时（如通过/未通过，在允许限内/超出允许限），应明确规定规范或标准以及判定规则。选择的判定规则应通知客户并得到同意，除非规范或标准本身已包含判定规则。

注：符合性声明的详细指南见ISO/IEC 指南 98-4。

7.1.4　要求或标书与合同之间的任何差异，应在实施实验室活动前解决。每项合同应被实验室和客户双方接受。客户要求的偏离不应影响实验室的诚信或结果的有效性。

7.1.5　与合同的任何偏离应通知客户。

7.1.6　如果工作开始后修改合同，应重新进行合同评审，并与所有受影响的人员沟通修改的内容。

7.1.7　在澄清客户要求和允许客户监控其相关工作表现方面，实验室应与客户或其代表合作。

注：这种合作可包括：

a）允许适当进入实验室相关区域，以见证与该客户相关的实验室活动；

b）客户出于验证目的所需物品的准备、包装和发送。

7.1.8　实验室应保存评审记录，包括任何重大变化的评审记录。针对客户要求或实验室活动结果与客户的讨论，也应作为记录予以保存。

二、条文理解与应用说明

1. 实验室应建立并保持对要求、标书和合同的评审程序

（1）要求、标书和合同的评审的含义　“要求”指对客户的要求，“客户要求”有明示的、隐含或必须履行的要求和期望。客户明示要求是客户明确提出或相关文件中阐明的要求；隐含要求主要是指相关方的惯例和通常做法所考虑的需求是不言而喻的（如数据准确）；标书有招标书和投标书之分。招标书是指招标承建工程项目或采购货物与服务的文件，包括投标者需了解和遵守的规定及应提供的文件等。投标书是指实验室应邀做出提供满足合同要求的监测/校准服务的报盘；而合同是指实验室和客户之间以任何方式传递的、双方同意的形成民事权利义务关系的协议。合同依法成立，就具有法律效力。合同是供方经济活动的源头和依据。为了确保供方能全面、按时履行合同，取得客户信任，供方应制定、执行并保持对客户要求、标书和合同的评审程序。

（2）要求、标书和合同评审程序要求

①明确规定要求，形成文件，并被理解；

②实验室有能力和资源满足这些要求；

③当使用外部供应商时，应满足 6.6 条款的要求，实验室应告知客户由外部供应商实施的实验室活动，并获得客户同意；

在下列情况下，可能使用外部提供的实验室活动：

a. 实验室有实施活动的资源和能力，但由于不可预见的原因不能承担部分或全部活动；

b. 实验室没有实施活动的资源和能力。

④选择适当的方法或程序，并能满足客户的要求。需要说明的是，对于内部或例行客户，要求、标书和合同评审可简化进行。

⑤实验室应保存评审记录，包括任何重大变化的评审记录。

2. 合同评审过程要求

（1）当客户要求的方法不合适或是过期的，实验室应通知客户。

（2）当客户要求针对检测或校准作出与规范或标准符合性的声明时（如通过/未通过，在允许限内/超出允许限），应明确规定规范或标准以及判定规则。选择的判定规则应通知客户并得到同意，除非规范或标准本身已包含判定规则。

注：符合性声明的详细指南见 ISO/IEC 指南 98-4。

（3）要求或标书与合同之间的任何差异，应在实施实验室活动前解决。每项合同应被实验室和客户双方接受。客户要求的偏离不应影响实验室的诚信或结果的有效性。

3. 合同偏离与修改要求

（1）与合同的任何偏离应通知客户。

（2）工作开始后如果需要修改合同，应重新进行合同评审，并将变更情况通知所有受到影响的人员，防止工作差错造成损失。

合同评审这个要素，本是 ISO 9000 质量管理体系中一个重要因素，现被实验室质量管理体系完全采纳。以前实验室不注重“检测/校准合同”，只有“检测/校准委托书”，但它具有检测/校准合同（或协议书）的性质，因此今后实验室应适当地完善“检测/校准委托书”的格式设计及其内容。

4. 与客户及其代表合作

在澄清客户要求和允许客户监控其相关工作表现方面，实验室应与客户或其代表合作。这种合作可包括以下几点。

（1）允许适当进入实验室相关区域，以见证与该客户相关的实验室活动。

（2）客户出于验证目的所需物品的准备、包装和发送。

必要时，实验室应给客户提供充分说明，以便客户在申请检测或校准项目时能更加适合自身的需求与用途。

三、应用案例

1. 案例1

某检测公司的《要求、标书和合同评审程序》如表4-1所示。

表4-1　　×××检测技术有限公司《要求、标书和合同评审程序》

<table>
<tr><td colspan="2">×××检测技术有限公司</td></tr>
<tr><td rowspan="2">程序文件</td><td>文件编号：×××-QP-04</td></tr>
<tr><td>第3页共100页</td></tr>
<tr><td rowspan="2">要求、标书和合同的评审程序</td><td>第D版第0次修订</td></tr>
<tr><td>颁布日期：2018-05-20</td></tr>
</table>

1　目的

通过对每份合同的评审，理解客户要求并使其文件化，确认实验室技术能力满足需求、确认需求的差异在工作前得到解决。

2　适用范围

适用于对所有客户检测工作的标书或合同（协议）的评审。

3　职责

3.1　业务部负责识别和接受客户的需求与期望，协调实验室对客户的需求进行评审，并负责与客户沟通。

3.2　技术负责人组织对重大的、新的或曾经发生检测质量事故的检测合同的评审。

3.3　客服组负责日常例行任务的评审。

4　工作程序

4.1　评审的控制

4.1.1　评审应以实际和有效的方式运行，在外部因素发生变化时，能够适当地运行，并考虑到财务，法律和时间等方面变化的影响。

4.1.2　常规检测可以使用检测/测试委托合同的方式表达检测的要求。检测/

测试委托合同由业务人员提供给客户（电子档或文本档），或由客户从公司的网站上下载使用。业务应确保其是最新有效版本。

4.1.3　客户的每一检测申请均须以“检测/测试委托合同”的形式提出。当客户没有填写检测/测试委托合同时，业务或客服人员应在与客户充分沟通的基础上，为客户填写检测/测试委托合同，并明确对样品处理的方式。

4.1.4　针对重大的、新的或曾经发生检测质量事故的检测合同，技术负责人依据实验室所拥有的能力和资源，包括人员技能、仪器设备装备水平、检测方法的选择、实验室现有工作量等情况组织进行评审，以便：

4.1.4.1　明确并理解客户检测要求或服务要求；

4.1.4.2　审核要求与有关法律及本公司的方针有无矛盾；

4.1.4.3　选择满足客户要求的检测标准或方法；

4.1.4.4　确认本公司有实现客户测试要求的能力和资源；

4.1.4.5　解决合同与现实的差异。

并形成完整的合同评审记录。

4.1.5　对于常规的重复性工作，如果客户的要求不变，则只需在检测/测试委托合同上由客服与样品接收人员签字确认即可。

样品接收人员负责常规申请的检查、受理、登记、负责申请单完整性评审，并将其传递给相关人员。样品接收人员对申请单中的任何与实验室常规检测要求不同之处，都应与送样人员协商达到一致，在申请单上标注出协商的内容，并请送样人员在申请单上签名为证。合同中其他内容的评审由客服完成。

4.1.6　客户要求的方法不合适或是过期的，实验室将及时通知客户。如客户有特殊要求，如客户要求符合性声明时，需明确规定规范或标准及判定规则。

4.1.7　所有的差异都应在开始工作之前与客户协商以达到一致，这些协商的内容应记录。

4.1.7.1　当客户要求针对检测作出与规范或标准符合性的声明时（如通过/未通过，在允许限内/超出允许限），应明确规定规范或标准以及判定规则。选择的判定规则应通知客户并得到同意，除非规范或标准本身已包含判定规则。

4.1.7.2　针对客户要求或实验室活动结果与客户的讨论，应作为记录予以保存。

4.1.8　合同的偏离与修改

4.1.8.1　若检测过程中出现对合同的偏离，应由业务或客服人员及时通知客户，并讨论达成一致。

4.1.8.2　涉及合同中检测项目、检测方法、检测完成时间、限值、判定的偏离应经检测组主管的审核，应重新进行评审，并将变更情况通知所有受影响的人员，包括实验室人员和客户等。关于检测样品信息的修改，应通知客服人员。

4.1.8.3　对合同的偏离以《测试修改申请通知单》的形式执行。

4.1.9　当客户要求监控其相关工作时，实验室应报总经理审批同意后，允许适当进入实验室相关区域，以见证与该客户相关的实验室活动，同时注意其他客户的保密性。或按照客户要求提供其所需的其他证据。

4.2 分包项目的合同评审

4.2.1 对于分包的项目，实验室在明确并理解客户检测要求或服务要求的同时，合同评审时还需考虑分包方的能力和资源。

4.2.2 分包项目的合同（测试申请表）需经技术负责人审批，确认分包方满足客户的要求或服务、检测方法、测试周期，方可进行分包。

5 相关文件

《检测分包程序》 ×××-QP-05

6 相关记录

6.1 《测试修改申请通知单》 ×××-QP-04-02

6.2 《食品、日化检测/测试委托合同》 ×××-QP-04-09

2. 案例 2

（1）案例内容 监督评审中发现，某检测实验室未提供 2014 年铝型材公司关于《铝型材公司产品质量检验计划》委托检验项目评审记录。

（2）案例分析 该检测实验室没有保留委托检测项目的评审记录，不符合 CNAS-CL01：2018 中 7.1.8 的要求：实验室应保存评审记录，包括任何重大变化的评审记录。针对客户要求或实验室活动结果与客户的讨论，也应作为记录予以保存。

3. 案例 3

（1）案例内容 查某检测公司编号为 A 委托检测协议书，缺少检验依据（标准方法）。

（2）案例分析 该实验室缺少检测的标准方法，不符合 CNAS-CL01：2018 中 7.1.1d 的要求：实验室应有要求、标书和合同评审程序，该程序应确保：选择适当的方法或程序，并能满足客户的要求。

要求，标书和合同评审（视频）

一线传真：林景星．要求、标书和合同评审［J］．中国计量，2016（4）：51-53.

【读与思】

第三方检测机构的作用是什么？

第三方检测是什么？

第三方检测又称为公正检验，是指两个相互联系的主体之外的某个客体，是处于买卖利益者之外的第三方，如专职监督检验机构，以公正、权威的非当事人身份，根据有关法律、标准或合同所进行的商品检验活动。

第三方检测机构的作用是什么？

第三方检测机构一般代表着公正、公平、公开，并且有一定的独立性，以公正的非当事人身份，根据有关法律、标准或合同所进行的商品检验活动。独立第三方检测企业的存在有着其特别的意义，既是政府监管的有效补充，帮助政府摆脱“信任危机”，又能为产业转型升级提供支持，为产业的发展提供强有力的服务平台等。

第三方检测机构通常拥有中国计量认证（CMA）和实验室认可证书（CNAS，由中国合格评定国家认可委员会颁发）这两个认证。CNAS属于第三方认证，证明你的检测能力达到了较高的水准，可以得到国际组织的高度认可，CNAS认可是自愿的。有CNAS资质的实验室都有CMA资质，CMA是实验室必过资质，相当于基础。

【启示】第三方检测机构进行的检验应该是公证检验，应根据有关法律、标准或合同进行商品检验，第三方检测机构应具有资质、技术支持和先进的仪器设备。

任务二 方法的选择、验证和确认

一、准则条文

7.2 方法的选择、验证和确认

7.2.1 方法的选择和验证

7.2.1.1 实验室应使用适当的方法和程序开展所有实验室活动，适当时，包括测量不确定度的评定以及使用统计技术进行数据分析。

注：本准则所用“方法”可视为是ISO/IEC指南99定义的“测量程序”的同义词。

7.2.1.2 所有方法、程序和支持文件，例如与实验室活动相关的指导书、标准、手册和参考数据，应保持现行有效并易于人员取阅。

7.2.1.3　实验室应确保使用最新有效版本的方法，除非不合适或不可能做到。必要时，应补充方法使用的细则以确保应用的一致性。

注：如果国际、区域或国家标准或其他公认的规范文本包含了实施实验室活动充分且简明的信息，并便于实验室操作人员使用时，则不需再进行补充或改写为内部程序。对方法中的可选择步骤，可能有必要制定补充文件或细则。

7.2.1.4　当客户未指定所用的方法时，实验室应选择适当的方法并通知客户。推荐使用以国际标准、区域标准或国家标准发布的方法，或由知名技术组织或有关科技文献或期刊中公布的方法，或设备制造商规定的方法。实验室制定或修改的方法也可使用。

7.2.1.5　实验室在引入方法前，应验证能够正确地运用该方法，以确保实现所需的方法性能。应保存验证记录。如果发布机构修订了方法，应在所需的程度上重新进行验证。

7.2.1.6　当需要开发方法时，应予以策划，指定具备能力的人员，并为其配备足够的资源。在方法开发的过程中，应进行定期评审，以确定持续满足客户需求。

开发计划的任何变更应得到批准和授权。

7.2.1.7　对实验室活动方法的偏离，应事先将该偏离形成文件，做技术判断，获得授权并被客户接受。

注：客户接受偏离可以事先在合同中约定。

7.2.2　方法确认

7.2.2.1　实验室应对非标准方法、实验室制定的方法、超出预定范围使用的标准方法或其他修改的标准方法进行确认。确认应尽可能全面，以满足预期用途或应用领域的需要。

注1：确认可包括检测或校准物品的抽样、处置和运输程序。

注2：可用以下一种或多种技术进行方法确认：

a）使用参考标准或标准物质进行校准或评估偏倚和精密度；

b）对影响结果的因素进行系统性评审；

c）通过改变控制检验方法的稳健度，如培养箱温度、加样体积等；

d）与其他已确认的方法进行结果比对；

e）实验室间比对；

f）根据对方法原理的理解以及抽样或检测方法的实践经验，评定结果的测量不确定度。

7.2.2.2　当修改已确认过的方法时，应确定这些修改的影响。当发现影响原有的确认时，应重新进行方法确认。

7.2.2.3　当按预期用途评估被确认方法的性能特性时，应确保与客户需求相关，并符合规定要求。

注：方法性能特性可包括但不限于：测量范围、准确度、结果的测量不确定度、检出限、定量限、方法的选择性、线性、重复性或复现性、抵御外部影响的稳健度或抵御来自样品或测试物基体干扰的交互灵敏度以及偏倚。

7.2.2.4　实验室应保存以下方法确认记录：

a）使用的确认程序；

b）规定的要求；

c）确定的方法性能特性；

d）获得的结果；

e）方法有效性声明，并详述与预期用途的适宜性。

二、条文理解与应用说明

1. 检测方法选择与偏离要求

（1）检测方法应能满足检测的要求。检测实验室应使用适当的方法和程序开展所有实验室活动，适当时，包括测量不确定度的评定以及使用统计技术进行数据分析。实验室应对使用的检测或校准方法实施有效的控制与管理，明确每种新方法投入使用的时间，并及时跟进检测或校准技术的发展，定期评审方法能否满足检测或校准需求。

（2）检测方法应保持现行有效并易于人员取阅。

（3）实验室应确保使用最新有效版本的方法。对于标准方法，应定期跟踪标准的制、修订情况，及时采用最新版本标准。

（4）当客户未指定所用的方法时，实验室应选择适当的方法并通知客户。推荐使用以国际标准、区域标准或国家标准发布的方法，或由知名技术组织或有关科技文献或期刊中公布的方法，或设备制造商规定的方法。实验室制定或修改的方法也可使用。

（5）对实验室活动方法的偏离，应事先将该偏离形成文件，做技术判断，获得授权并被客户接受。

2. 检测方法验证

实验室在引入方法前，应验证能够正确地运用该方法，以确保实现所需的方法性能。应保存验证记录。如果发布机构修订了方法，应在所需的程度上重新进行验证。在引入检测方法之前，实验室应对其能否正确运用这些标准方法的能力进行验证，验证不仅需要识别相应的人员、设施和环境、设备等，还应通过试验证明结果的准确性和可靠性，如精密度、线性范围、检出限和定量限等方法特性指标，必要时应进行实验室间比对。

3. 检测方法开发

当需要开发方法时，应予以策划，指定具备能力的人员，并为其配备足够的资源。在方法开发的过程中，应进行定期评审，以确定持续满足客户需求。开发计划的任何变更应得到批准和授权。

4. 检测方法确认

（1）方法确认的范围　确认是对规定要求满足预期用途的验证。CNAS-CL01：2018 规定对以下情况需要进行方法的确认：非标准方法、实验室制定的方法、超出预定范围使用的标准方法或其他修改的标准方法。此外，确认可包括检测或校准物品的抽样、处置和运输程序。当修改已确认过的方法时，应确定这些修改的影响。当发现影响原有的确认时，应重新进行方法确认。

（2）方法确认技术　可用以下一种或多种技术进行方法确认：①使用参考标准或标准物质进行校准或评估偏倚和精密度；②对影响结果的因素进行系统性评审；③通过改变控制检验方法的稳健度，如培养箱温度、加样体积等；④与其他已确认的方法进行结果比对；⑤实验室间比对；⑥根据对方法原理的理解以及抽样或检测方法的实践经验，评定结果的测量不确定度。

（3）确认方法的性能特性　方法性能特性可包括但不限于：测量范围、准确度、结果的测量不确定度、检出限、定量限、方法的选择性、线性、重复性或复现性、抵御外部影响的稳健度或抵御来自样品或测试物基体干扰的交互灵敏度以及偏倚。

（4）方法确认的记录内容　主要包括使用的确认程序、规定的要求、确定的方法性能特性、获得的结果、方法有效性声明，并详述与预期用途的适宜性。

三、应用案例

1. 案例 1

某客户委托某检测机构对某白酒样品中的环己基氨基磺酸钠（俗称甜蜜素）的含量进行检测，委托合同中指定检测方法为 GB/T 5009.97—2003《食品中环己基氨基磺酸钠的测定》的气相色谱法，该检测机构如何进行方法的选择？

图 4-2 是该公司进行方法选择的流程图。

2. 案例 2

某检测公司的方法验证方案。

（1）标准方法做证实：

①目的：实验室是否有能力按照标准方法开展检测。

②证实的内容应包括：

a. 执行新标准所需的人力资源的评价；

b. 现有设备适用性的评价，是否具有所需的标准物质，必要时进行补充；

c. 环境条件和设施的评价，必要时进行验证；

d. 样品的制备、前处理、存放等各环节是否满足方法的要求；

e. 作业指导书、原始记录表格和报告内容、格式的审查或修订，以适应新标准要求；

f. 对新旧标准进行比较，尤其是差异的分析。当有较大差异时，应进行适当

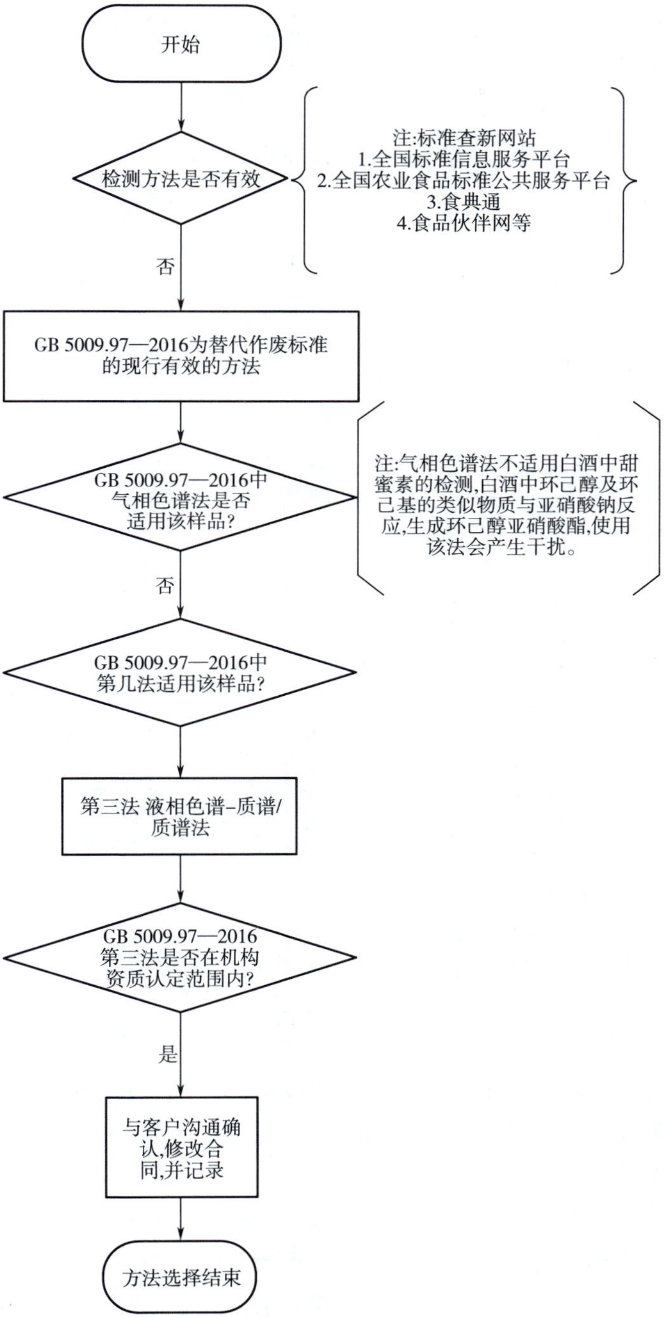

图 4-2　某公司环己基氨基磺酸钠检测流程图

注：GB 5009. 97—2016 的标准名是《食品安全国家标准　食品中环己基氨基磺酸钠的测定》。

的比对；

g. 方法的证实可包括以前参加的实验室间比对或能力验证的结果。

（2）非标方法做确认

①目的：非标方法能否合理合法使用。

②CNAS-CL01 规定对以下情况需要进行方法的确认：

a. 非标准方法；

b. 实验室设计（制定）的方法；

c. 超出其预定范围使用的标准方法；

d. 扩充和修改过的标准方法。

如何进行方法的验证（证实）？

具体方法见图 4-3。

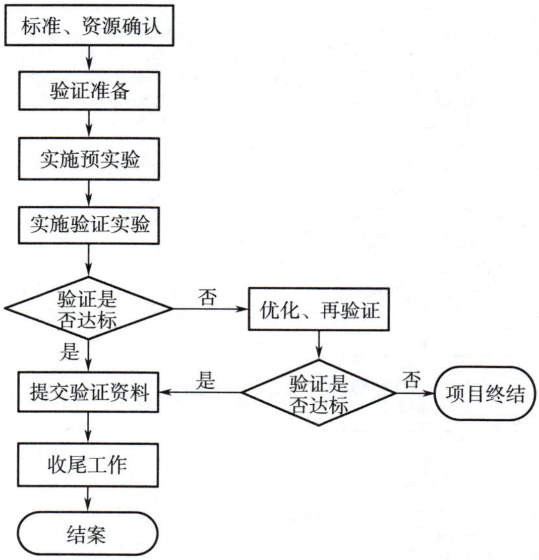

图 4-3　方法的验证流程图

③标准确认：在验证标准方法之前，应先确认拟采用标准的版本是否现行有效，并按相关管理要求对其进行受控和保管，定期（每两个月）跟踪检查其时效性，确保现行有效。

④资源确认：根据所采用标准提交试剂、耗材采购申请；方法验证实施前应确认人员、环境、仪器设备、试剂耗材等资源均满足验证需要。

⑤验证准备：填写《新项目开发评审申请表》，提交部门主管审核。

⑥预实验实施：采用范围内样品，按标准要求实施实验，进行初步可行性确认。

⑦验证实施：项目负责人按照验证方案实施验证。对照以下表 4-2 选择对应方法要求的技术要素进行验证，确认是否达标。

表 4-2　　方法验证技术要素表

需验证技术要素	非仪器分析方法	仪器分析方法	微生物检测方法	
			定性方法	定量方法
线性	—	√	—	—
仪器检出限	—	—	—	—
方法检出限	必要时	√	—	—
定量限	必要时	√	—	—
回收率（正确度）	—	√	—	—
精密度（重复性）	√	√	—	√
实际样品测试	√	√	√	√
阳性菌种对照	—	—	√	√
阴性菌种对照	—	—	√	√
不确定度	必要时	必要时	—	必要时

3. 案例 3

(1) 案例内容　GB 4789.26—2013《食品安全国家标准　食品微生物学检验　商业无菌检验》方法发生变更，但实验室不能提供对变更方法进行验证的记录。

(2) 案例分析　该实验室缺方法验证记录不符合 CNAS-CL01：2018 中 7.2.1.5 的要求：实验室在引入方法前，应验证能够正确地运用该方法，以确保实现所需的方法性能。应保存验证记录。如果发布机构修订了方法，应在所需的程度上重新进行验证。

方法的选择、确认和验证（视频）

一线传真：宋焕亭．浅议实验室检定、校准和检验检测方法的选择、确认和验证［J］．中国检验检测，2022（3）：83-85.

任务三　抽样

一、准则条文

7.3　抽样

7.3.1　当实验室为后续检测或校准对物质、材料或产品实施抽样时，应有抽样计划和方法。抽样方法应明确需要控制的因素，以确保后续检测或校准结果的有效性。在抽样地点应能得到抽样计划和方法。只要合理，抽样计划应基于适当的统计方法。

7.3.2　抽样方法应描述：

a）样品或地点的选择；

b）抽样计划；

c）从物质、材料或产品中取得样品的制备和处理，以作为后续检测或校准的物品。

注：实验室接收样品后，进一步处置要求见7.4条款的规定。

7.3.3　实验室应将抽样数据作为检测或校准工作记录的一部分予以保存。相关时，这些记录应包括以下信息：

a）所用的抽样方法；

b）抽样日期和时间；

c）识别和描述样品的数据（如编号、数量和名称）；

d）抽样人的识别；

e）所用设备的识别；

f）环境或运输条件；

g）适当时，标识抽样位置的图示或其他等效方式；

h）与抽样方法和抽样计划的偏离或增减。

二、条文理解与应用说明

本文的抽样限定为与后续检测或校准相关的抽样，项目七中任务四讲详细论述了如何保证抽样的质量。本节主要是总结和说明CNAS-CL01对抽样的要求。

1. 抽样概述

（1）抽样是实验室检测活动的一部分，正确、成功的抽样给检测结果的正确性提供坚实的基础，抽样的最重要指标是检测样品具有代表性，在某些情况下（如法庭科学分析）因其可获得性原因，可能不具备代表性。

（2）实验室应制定抽样计划和抽样程序，抽样计划和抽样程序的制定要有科学的、合理的依据，抽样活动要严格按计划和程序进行，要注意现场影响因素的控制。

2. 抽样方法的描述

抽样方面的描述主要包括：（1）样品或地点的选择；（2）抽样计划；（3）从物质、材料或产品中取得样品的制备和处理，以作为后续检测或校准的物品。

3. 抽样记录的信息

实验室应将抽样数据作为检测或校准工作记录的一部分予以保存。相关时，这些记录应包括以下信息：所用的抽样方法、抽样日期和时间、识别和描述样品的数据（如编号、数量和名称）、抽样人的识别、所用设备的识别、环境或运输条件、标识抽样位置的图示或其他等效方式（适当时）、与抽样方法和抽样计划的偏离或增减。

三、应用案例

1. 案例 1

某检测公司的抽样控制和管理程序如表 4-3 所示。

表 4-3　　某检测公司的抽样控制和管理程序

×××检测技术有限公司	
程序文件	文件编号：×××-QP-33
	第 57 页共 112 页
食品监督抽检工作程序	第 D 版第 0 次修订
	颁布日期：2018-05-20

1　目的

为加强食品监督管理，规范监督抽检工作，保障食品的食用卫生安全，依据《中华人民共和国食品卫生法》《健康相关产品国家卫生监督抽检规定》等有关法律、法规制定本程序。

2　适用范围

本程序适用于人民政府和上级卫生部门指定本公司进行的监督抽样检验工作。

3　职责

3.1　技术负责人负责监督抽样检验工作的组织、统筹和协调。

3.2　收到人民政府和上级卫生部门指定的食品安全监督抽样检验工作时，检测部应组织有关人员立即对食品监督抽样检验编制计划，确保食品监督抽样检验优先于其他检测任务，并保质保量按时完成。

3.3　检测部负责食品监督抽样工作的组织和协调，包括抽样、送检、数据分析汇总、结果评价及结果报送。

3.4　检测部负责食品监督抽样样品的检验、检测过程的质量监督、检测报告的编制及审核等。

3.5　综合部负责食品监督抽样工作所需的物资和交通工具等的后勤保障工作。

3.6　本公司授权签字人负责食品监督抽样检测报告的批准。

4　工作程序

4.1　抽样

4.1.1　抽样应由检测部组织食品监督抽样人员参加，在执行抽样任务时，抽样人员应当向被抽样者出示有效证件。抽样前，须准备由委托抽检单位提供的加盖公章的抽样单和其他有关文书等。

4.1.2　抽样操作应当规范，抽样过程应当不影响所抽样品的质量。抽样应为同一批次的产品。

4.1.3　抽样后，抽样人员应据实填写抽样单，将所抽样品按照抽样计划要求留样外，并且贴上封样标签，封样标签上需盖有公章，其余样品用抽样标签标识。抽样单应当由抽样人员和被抽样单位有关人员签字，并加盖抽样单位和被抽样单位公章；被抽样单位没有公章的，由法定代表人或负责人签字。

4.1.4　抽样数量应满足检验的重量和数量要求。如确定为部分检验项目的，可根据实际检验需要量抽取。

4.1.5　网络食品的抽取还应当按照国家相关规定做好电子版样品信息和有关凭证的保存以及样品查验工作。

4.1.6　风险监测、案件稽查、事故调查、应急处置等工作中的抽（采）样，应当按照国家相关规定执行。

4.2　样品接收与检验

4.2.1　样品管理员受理样品时，应当场查验样品是否无异常，核对抽样单内容与被抽样品是否一致。核对后收样人员应做好样品接收，并应按照有关规定的储存要求保管留样。样品管理按《样品管理程序》执行。

4.2.2　样品管理员按计量认证管理体系要求将样品送达检测部。

4.2.3　检测部在检验前，再次核对抽样单内容与被抽样品是否一致。并依据有关食品的检验标准对样品进行检验，认真做好检验记录。

4.2.4　检测部应做好食品监督抽样检测过程的质量监督、检测报告的编制及审核等，在规定期限内上报检验结果。样品检测按《检测工作程序》执行；检测数据处理按《数据管理程序》执行。

4.3　结果报告

结果报告按《结果报告程序》执行。

4.4　数据分析汇总与结果评价

检测部负责食品监督抽样结果的数据分析汇总与结果评价检测部在食品监督抽样结果分析与评价过程中发现食品监督抽样结果有异常现象时，应及时向技术负责人报告，由技术负责人负责处理。

4.5　结果报送

检测部负责食品监督抽样结果材料的报送，在报送前须经技术负责人审核。

4.6　食品监督抽检工作流程

按食品监督抽检工作流程图执行。

5　相关文件

《检测工作程序》	×××-QP-15
《数据管理程序》	×××-QP-19
《结果报告程序》	×××-QP-26
《样品管理程序》	×××-QP-23

6　相关记录

附件 1　流程图

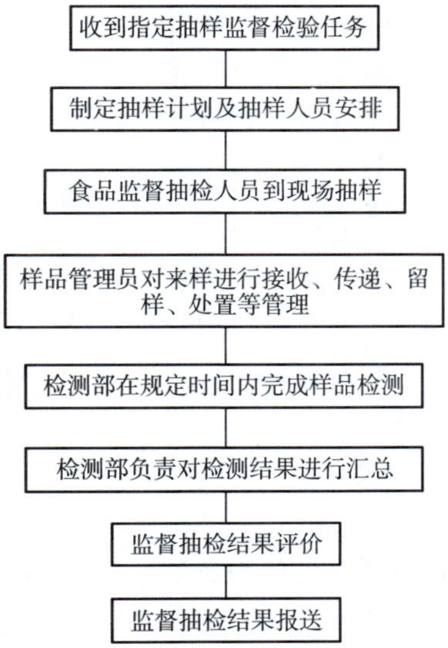

2. 案例 2

(1) 案例内容　查阅某检测公司编号 A 检测菌落总数原始记录，检测样品名称是小布丁奶油味雪糕，没有提供采样地点环境的温度。

(2) 案例分析　该检测公司未保存与结果相关的抽样信息，不符合 CNAS-CL01：2018 中 7.3.3 的要求：实验室应将抽样数据作为检测或校准工作记录的一部分予以保存。相关时，这些记录应包括以下信息：f) 环境或运输条件。

抽检管理（视频）

一线传真：覃业欣，李迎，陈盼，等．食品安全抽样工作中易出现的问题及应对策略［J］．现代食品，2021（16）：256-158，164.

【读与思】

《食品安全抽样检验管理办法》

国家市场监督管理总局令第 15 号

为进一步规范食品安全抽样检验工作，加强食品安全监督管理，保障公众身体健康和生命安全，根据《食品安全法》等法律法规，市场监督管理总局对2014年12月原国家食品药品监督管理总局制定的《食品安全抽样检验管理办法》（国家食品药品监督管理总局令第11号，以下称《办法》）进行了修订。《办法》经2019年7月30日国家市场监督管理总局第11次局务会议审议通过，自2019年10月1日起实施。修订的主要内容包括以下内容。

（一）完善食品安全抽样检验的涵义和范围。

（二）坚持问题导向，完善抽样程序要求。

（三）完善复检程序规定。调整了申请复检时限、复检机构确定方式，明确复检备份样品移交、报告提交、结果通报等各环节工作时限。

（四）完善抽样异议处理程序。

（五）强化核查处置措施。

（六）落实“四个最严”要求。

（七）强化法律责任。

［原文链接：食品安全抽样检验管理办法（samr. gov. cn）］

【启示】食品抽样检验应依照《办法》严格执行，有法可依，违法必究。抽样人员应具有法治意识、诚信为本。

任务四 检测物品的处置

一、准则条文

7.4 检测或校准物品的处置

7.4.1 实验室应有运输、接收、处置、保护、存储、保留、清理或返还检测或校准物品的程序，包括为保护检测或校准物品的完整性以及实验室与客户利益需要的所有规定。在处置、运输、保存/等候、制备、检测或校准过程中，应注意避免物品变质、污染、丢失或损坏。应遵守随物品提供的操作说明。

7.4.2 实验室应有清晰标识检测或校准物品的系统。物品在实验室负责的期间内应保留该标识。标识系统应确保物品在实物上、记录或其他文件中不被混淆。适当时，标识系统应包含一个物品或一组物品的细分和物品的传递。

7.4.3 接收检测或校准物品时，应记录与规定条件的偏离。当对物品是否适于检测或校准有疑问，或当物品不符合所提供的描述时，实验室应在开始工作之前询问客户，以得到进一步的说明，并记录询问的结果。当客户知道偏离了规定条件仍要求进行检测或校准时，实验室应在报告中作出免责声明，并指出偏离可能影响的结果。

7.4.4 如物品需要在规定环境条件下储存或调置时，应保持、监控和记录这些环境条件。

二、条文理解与应用说明

1. 检测实验室应制定程序保护样品的完整性

实验室应有用于检测或校准的样品运输、接收、处置、保护、存储和清理的控制或管理程序，此程序中应包括为保护样品的完整性。实验室应采取措施确保样品在实验室全过程中（从交接到出具至规定的样品保留终止时间）应注意避免物品变质、污染、丢失或损坏。

2. 检测实验室应有清晰标识检测或校准物品的系统

实验室应有样品唯一的标识系统（识别系统），该样品标识应使样品在实验室的检测过程中予以保留，使任一检测样品自始至终有唯一的编号，不发生互相混淆。适用时，样品标识系统还应包括样品的进一步细分（即从大样上进一步细分为子样），并确保大小样品在实验室内部甚至外部的流转过程中，不发生混淆。

3. 在接收样品时应及时记录异常情况或偏离

异常情况是相对于检测或校准方法中所规定的正常而言；偏离是相对于方法的规定而言，不符合规定就是偏离规定。当对样品是否适用于检测存有疑问时，或当样品与所提供的说明不符合，或对所要求的检测规定不够详细时，实验室在检测工作前应询问客户，以得到进一步说明并记录下讨论的内容。当客户知道偏离了规定条件仍要求进行检测或校准时，实验室应在报告中作出免责声明，并指出偏离可能影响的结果。

4. 样品储存和处置环境的监测、控制和记录

当样品需要在特定环境条件下贮存或处置时，应配置相应的设备并对环境条件进行监测、控制和记录。对在检测之后还要恢复服务的样品，需特别注意确保样品在处置、检测过程中不被破坏或损伤。

三、应用案例

1. 案例 1

某检测公司样品处置和管理程序如表 4-4 所示。

表 4-4　　某检测公司样品处置和管理程序

×××检测技术有限公司	
程序文件	文件编号：×××-QP-23
	第 57 页共 117 页

续表

样品管理程序	第E版第0次修订
	颁布日期：2018-05-20

1　目的

为保证样品的代表性、有效性、完整性、唯一性，对样品的接收、流转、贮存、处置及样品的识别等各个环节实施有效的质量控制，特制定本程序。

2　适用范围

本程序适用于本公司检测样品的接收、流转、贮存、处置及样品的识别等环节管理。

3　职责

3.1　客服人员负责核对样品的完整性以及是否符合检测要求。

3.2　样品管理员负责样品的流转、贮存过程中的安全并做好样品的标识；对出入样品储存区的人员进行控制；定期处理已过期样品。

3.3　PMC负责对委托的样品信息资料进行录入。

3.4　检测人员负责流转过程中样品的处理。

3.5　质量监督员对其过程进行不定期监督。

4　工作程序

4.1　受理送检样品

4.1.1　业务部或客户服务部协助委托单位填写检测申请单，内容包括：样品的状态、规格、数量、生产单位、委托单位、检测项目、检测要求等。

4.1.2　客户服务部对每一样品给出唯一性编号，编号由其写在样品标签上并粘贴在样品袋上，之后样品交实验室PMC接收。

4.1.3　PMC在接收样品时，应根据客户的检测要求，查看样品状况，清点样品数量，检查相关资料，确认样品可否进行试验，如样品有异常情况或偏离检测方法中所述正常（或规定）条件时要予以记录，必要时采取拍照等方式，并在委托单上签名确认。

4.1.4　PMC应将接收的样品登记入“测试记录系统”。

4.1.5　样品制备人员确认发现样品不足量时，应向客户服务部提交《补样通知单》，由客户服务部联系补样。

4.1.6　由客户端提出要求补样复测时，客服收到补样复测样品，应填写《补样通知单》，并核对与原报告中的样品描述是否一致，若不一致应通知客户进行确认。客服在送补样复测样品给实验室时，应同时附上原此样品的原报告。实验室开单人员开单时应根据《补样通知单》的要求操作，找出原样品与复测补样样品对照，如发现不一致，应退回至客服并告知客服不一致的情况，由客服与客户确认。开单后应将《补样通知单》交给报告组，由报告组归档。

4.1.7 样品编号规则

4.1.7.1 样品的编号规则与检测报告编号规则相同（参见《文件控制程序》4.7.4），只是不需要 CN/EN 等英文字符。例如：实验室 2016 年 1 月第一个样品，则该样品的编号为×××160150001。

4.1.7.2 当样品需要平行测试时，其编号规则是：原有编号+英文字母编号（从 A 开始）。如×××160150001 需要平行测试，则样品编号为×××160150001-A，160150001-B。

4.1.7.3 如内部样品需要复测，则编号规则为：原有编号+r+数字，其中 r 表示复测，数字表示复测次数。如×××160150001 第二次复测，则编号为×××160150001-R2。

4.1.7.4 如客户补样复测，则编号规则为：原有编号+s+数字，其中 s 表示客户端复测，数字表示复测次数，如×××160150001 客户第二次复测，则编号为×××160150001-s2。

4.1.8 样品预处理人员在处理样品时，按照样品标签将样品编号写在对应的试样袋上，保持追溯性。

4.1.9 样品在流转过程以及测试过程中，均应保证样品的编号在样品袋或器皿上标识清楚，以维持完整的追溯系统。

4.2 样品的流转

每一样品均有唯一性编号，在检测、传递样品过程中应仔细核对样品和编号是否一致，流转中应严格遵守有关样品的使用说明，避免受到非正常损坏。样品如遇意外损坏或丢失，应在原始记录中说明，并向检测部主管报告，必要时应立即与委托方联系。质量监督员应不定期对样品流转过程进行监督。检测人员按照样品的状态将样品存放在指定区域。运输过程中诸如温度、持续时间等因素对微生物定量检测的结果会有影响，实验室应核查并记录所接受样品的状态。

样品流转中为避免混淆采取指定区域，及原始记录上及时记录伴随样品流转方式明确样品的检验状态，如待检、已检、检毕、留样等。

4.3 样品的贮存

4.3.1 检测部应遵守随物品提供的处理说明，设置专门且适宜的样品贮存场所。

4.3.2 对要求在特定环境条件下贮存的样品，应严格控制环境条件，环境条件应定期加以记录。

4.3.3 食品样品的贮存依据 GB/T 27404—2008 表 E1 的规定执行。贮存设备应足够保存所有的试验样本，并具备保持样本完整性和不会改变其性状的条件。在试验样本需要低温保存时，冷冻冷藏设备必须有足够的容量和满足样本保存所要求的条件。

4.4　样品的处置

4.4.1　日常委托检测样品，当客户对所检样品无退样或是保存时间要求时，在适宜条件下保存1个月，不合格样品保存3个月，剧毒样品立即处置不留样，或根据客户要求留样更长时间，以便样品复查。固体样品须在样品库留样3个月，液体样品留样1个月，剧毒样品立即处置不留样，或根据客户要求留样更长时间，以便进行样品复查。

4.4.2　承接食品安全监督抽检的样品，检验结论合格的，自检验结论作出之日起3个月内妥善保存复检备份样品。复检备份样品剩余保质期不足3个月的，保存至保质期结束。检验结论不合格的，自检验结论作出之日起6个月内妥善保存复检备份样品。复检备份样品剩余保质期不足6个月的，保存至保质期结束。

4.4.3　对已检样品，当与客户有样品处置协议时，按协议处理，无样品处置协议时，按规定程序处理。当客户需领回样品时，应由客服部从实验室领取并退给客户。

4.4.4　易燃、易爆和有毒的危险样品当检测完成后，随检测报告退回至客户，并在《样品检测记录表》中登记。

4.4.5　留样样品由样品管理员在《留存样品登记表》进行相关内容登记，留样样品由其每周清理一次，并在《留存样品登记表》进行记录后，分类存放至样品室。进入样品储存区的人员应进行出入事由登记并经样品管理员同意。

4.4.6　超过留样期的样品由样品管理员定期清理，填写《样品接收与传递记录表》，经技术负责人批准后按规定程序处理。

5　相关文件

5.1　《文件控制程序》　　×××-QP-03

5.2　《要求、标书和合同评审程序》　　×××-QP-04

6　相关记录

6.1　《留存样品登记表》　　×××-QP-23-02

6.2　《补样通知单》　　×××-QP-23-03

6.3　《样品接收与传递记录表》　　×××-QP-23-06

---

2. 案例2

（1）案例内容　查某检测公司的样品入出库登记表（编号A），发现缺少样品出库客户接受确认信息。

（2）案例分析　该检测公司缺乏样品接受的完备信息，不符合CNAS-CL01：2018中7.4.1的要求：实验室应有运输、接收、处置、保护、存储、保留、清理或返还检测或校准物品的程序，包括为保护检测或校准物品的完整性以及实验室与客户利益需要的所有规定。在处置、运输、保存/等候、制备、检测或校准过程中，应注意避免物品变质、污染、丢失或损坏。应遵守随物品提供的操作说明。

检测物品的处置（视频）

一线传真：高明，李文俏，高风慧．浅谈检验检测机构样品处置［J］．中国检验检测，2019（6）：67-68.

任务五 技术记录

一、准则条文

7.5.1 实验室应确保每一项实验室活动的技术记录包含结果、报告和足够的信息，以便在可能时识别影响测量结果及其测量不确定度的因素，并确保能在尽可能接近原条件的情况下重复该实验室活动。技术记录应包括每项实验室活动以及审查数据结果的日期和责任人。原始的观察结果、数据和计算应在观察或获得时予以记录，并应按特定任务予以识别。

7.5.2 实验室应确保技术记录的修改可以追溯到前一个版本或原始观察结果。应保存原始的以及修改后的数据和文档，包括修改的日期、标识修改的内容和负责修改的人员。

二、条文理解与应用说明

1. 技术记录的内涵

记录的定义是为已完成的活动或达到的结果提供客观证据的文件。记录分为质量记录和技术记录。技术记录应包括每项实验室活动以及审查数据结果的日期和责任人。技术记录主要有：原始观测记录、计算和导出数据、检测报告副本、采（抽）记录、委托样品协议书、样品流转卡、留样保管、处理记录；检测设备检定证书、自校准记录和自校准报告，检测设备运行中检查及使用维修记录等。

2. 技术记录的要求

（1）实验室应确保能方便获得所有的原始记录和数据，记录的详细程度应确保在尽可能接近条件的情况下能够重复实验室活动。只要适用，记录内容应包括但不限于以下信息。

①样品描述；

②样品唯一性标识；

③所用的检测、校准和抽样方法；

④环境条件，特别是实验室以外的地点实施的实验室活动；

⑤所用设备和标准物质的信息，包括使用客户的设备；

⑥检测或校准过程中的原始观察记录以及根据观察结果所进行的计算；

⑦实施实验室活动的人员；

⑧实施实验室活动的地点（如果未在实验室固定地点实施）；

⑨检测报告或校准证书的副本；

⑩其他重要信息。

注：检测报告或校准证书的副本是指实验室发给客户的报告或证书版本的副本，可以是纸质版本或不可更改的电子版本，其中应包含报告或证书的签发人、认可标识（如使用）等信息。

（2）实验室应在记录表格中或成册的记录本上保存检测或校准的原始数据和信息，也可直接录入信息管理系统中，也可以是设备或信息系统自动采集的数据。对自动采集或直接录入信息管理系统中的数据的任何更改，应满足 7.5.2 的要求。

三、应用案例

1. 案例 1

CNAS 对深圳某检查机构复评审时，发现锂电池检查项目存在如下问题：

（1）在“温度试验”项目中，缺少相关记录，无法确定试验过程中高温段、低温段以及温度转换段的参数（温度、时间）是否按标准要求进行。

（2）从振动台的使用记录看，在 2014 年 5 月 28 日共对编号为 X、Y、Z、M（本文中为代号）的四批电池进行了“振动”项目检测。在温湿度箱的使用记录中，编号为 M 的电池的上一个测试项目——“温度试验”开始时间为 2014 年 5 月 23 日，两者之间的时间差为 5d。根据“温度试验”项目的检测要求，该项目的检测时间至少为 6d（高温段 6h、低温段 6h，循环 10 次后，在环境温度下存放 24h），高于编号为 M 的电池的“温度试验”项目实际测试时间。

（3）从外短路试验设备的使用记录看，在 2014 年 5 月 12 日共对编号为 A、B、C 的三批电池进行了“外短路”项目检测。每批电池检测样品数为 10 个，三批电池检测样品数为 30 个。根据“外短路”项目的检测要求，每个电池的检测时间至少为 1h，三批样品全部检测完成至少需要 30h。由于该设备每次只能对 1 个样品进行检测，无法在 1d 内完成全部样品的检测任务。CNAS 对该机构进行了缩小认可范围的处理。

2. 案例 2

2017 年 3 月，山东省质监局根据网上线索，赴山东新业检测技术服务有限公司检测现场进行检查，发现该公司在检测农产品韭菜中有机磷含量时存在检验报告数据失实问题，检验报告中有机磷色谱图存在雷同。经查实，该公司将 18 个样品的检测数据经人为造假处理后，形成 120 组新的数据用于伪造 60 份检验报告。山东省质监局对该公司出具虚假检验检测数据的违法行为做出了撤销检验检测机构资质认定证书、三年内不得再次申请资质认定的处理。

3. 案例 3

（1）案例内容　查编号为 A 的检测报告，其中①检验抽样及检验原始记录单中缺少，检验依据、检验设备及涉及检验数据可追溯的有关信息；②该报告检验日期是 2014 年 1 月 16 日，但仪器使用记录中缺少有关的使用信息

（2）案例分析　该实验室缺乏多个技术记录信息，不符合 CNAS-CL01：2018 中 7.5.1 的要求：实验室应确保每一项实验室活动的技术记录包含结果、报告和足够的信息，以便在可能时识别影响测量结果及其测量不确定度的因素，并确保能在尽可能接近原条件的情况下重复该实验室活动。技术记录应包括每项实验室活动以及审查数据结果的日期和责任人。原始的观察结果、数据和计算应在观察或获得时予以记录，并应按特定任务予以识别。

技术记录（视频）

一线传真：黄利君．谈检验检测机构检验检测活动技术记录的控制［J］．中国检验检测，2021（6）：79-80.

任务六　测量不确定度的评定

一、准则条文

7.6　测量不确定度的评定

7.6.1　实验室应识别测量不确定度的贡献。评定测量不确定度时，应采用适当的分析方法考虑所有显著贡献，包括来自抽样的贡献。

7.6.2　开展校准的实验室，包括校准自有设备，应评定所有校准的测量不确定度。

7.6.3　开展检测的实验室应评定测量不确定度。当由于检测方法的原因难以严格评定测量不确定度时，实验室应基于对理论原理的理解或使用该方法的实践经验进行评估。

注 1：某些情况下，公认的检测方法对测量不确定度主要来源规定了限值，并规定了计算结果的表示方式，实验室只要遵守检测方法和报告要求，即满足 7.6.3 条款的要求。

注 2：对一特定方法，如果已确定并验证了结果的测量不确定度，实验室只要证明已识别的关键影响因素受控，则不需要对每个结果评定测量不确定度。

注 3：更多信息参见 ISO/IEC 指南 98-3、ISO 21748 和 ISO 5725 系列标准。

二、条文理解与应用说明

本章节重点总结 CNAS-CL01-G003：2019《测量不确定度的要求》对检测实验室的要求。有关不确定度的基础知识及其应用将在项目八中进一步详细讨论。

1. 测量不确定度的重要性

CNAS-CL01-G003《测量不确定度的要求》中做出了如下说明：中国合格评定国家认可委员会（CNAS）充分考虑目前国际上与合格评定相关的各方对测量不确定度的关注，以及测量不确定度对测量、试验结果的可信性、可比性和可接受性的影响，特别是这种影响和关注可能会造成消费者、工业界、政府和市场对合格评定活动提出更高的要求。因此，CNAS 在认可体系的运行中给予测量不确定度评估以足够的重视，以满足客户、消费者和其他各有关方的期望和需求。CNAS 在测量不确定度评估和应用要求方面将始终遵循国际规范的相关要求，与国际相关组织的要求保持一致，并在国际规范和有关行业制定的相关导则框架内制定具体的测量不确定度要求。

2. 测量不确定度通用要求

（1）实验室应制定实施测量不确定度要求的文件并将其应用于相应的工作。实验室还应建立维护测量不确定度有效性的机制。

（2）实验室应有具备能力的相关人员，能正确评定、报告和应用检测或校准结果的测量不确定度。

（3）测量不确定度评定的程序、方法以及测量不确定度的表示和使用应符合 GUM（即《测量不确定度表示指南》），及其补充文件的规定。

（4）实验室应识别测量不确定度的贡献。评定测量不确定度时，应采用适当的分析方法考虑所有显著贡献，包括来自抽样的贡献。

（5）当做出与规范或标准的符合性声明时，实验室应考虑测量不确定度的影响，明确判定规则，所用判定规则应考虑到相关的风险水平（如错误接受、错误拒绝以及统计假设）。应将所使用的判定规则制定成文件，并加以应用。

3. 对检测实验室的要求

（1）检测实验室应制定与检测工作特点相适应的测量不确定度评估文件。

（2）检测实验室应有能力对每一项有数值要求的测量结果进行测量不确定度评估，需要时，应评估这些测量结果的不确定度。

（3）检测实验室对于不同的检测项目和检测对象，可以采用不同的评估方法。

（4）检测实验室在采用新的检测方法时，应按照新方法重新评估测量不确定度。

（5）检测实验室应对所采用的非标准方法、实验室自己设计和研制的方法、超出预定使用范围的标准方法以及其他修改的标准方法进行确认，其中应包括对测量不确定度的评估。

(6) 对于某些广泛公认的检测方法，如果该方法规定了测量不确定度主要来源的极限值和计算结果的表示形式时，实验室只要按照该检测方法的要求操作，并出具测量结果报告，即被认为符合本要求。

(7) 由于某些检测方法的性质，决定了无法从计量学和统计学角度对测量不确定度进行有效而严格的评估，这时至少应通过分析方法，列出各主要的不确定度分量，并做出合理的评估。同时应确保测量结果的报告形式不会使客户造成对所给测量不确定度的误解。

(8) 如果检测结果不是用数值表示或者不是建立在数值基础上（如合格/不合格，阴性/阳性，或基于视觉和触觉等的定性检测），则不要求对不确定度进行评估，但鼓励实验室在可能的情况下了解结果的可变性。

4. 检测实验室测量不确定度评估所需的严密程度

检测实验室测量不确定度评估所需的严密程度取决于：检测方法的要求、用户的要求、用来确定是否符合某规范所依据的误差限的宽窄。

5. 检测报告中报告必须给出测量结果的不确定度的几种情况

(1) 当不确定度与检测结果的有效性或应用有关时；

(2) 当用户要求时；

(3) 当测量不确定度影响到与规范限量的符合性时。

三、应用案例

见项目八。

测量不确定度的要求
(2021版)(文字资料)

任务七 确保结果有效性

一、准则条文

7.7 确保结果有效性

7.7.1 实验室应有监控结果有效性的程序。记录结果数据的方式应便于发现其发展趋势，如可行，应采用统计技术审查结果。实验室应对监控进行策划和审查，适当时，监控应包括但不限于以下方式：

a）使用标准物质或质量控制物质；

b）使用其他已校准能够提供可溯源结果的仪器；

c）测量和检测设备的功能核查；

d）适用时，使用核查或工作标准，并制作控制图；

e）测量设备的期间核查；

f）使用相同或不同方法重复检测或校准；

g）留存样品的重复检测或重复校准；

h）物品不同特性结果之间的相关性；

i）审查报告的结果；

j）实验室内比对；

k）盲样测试。

7.7.2　可行和适当时，实验室应通过与其他实验室的结果比对监控能力水平。监控应予以策划和审查，包括但不限于以下一种或两种措施：

a）参加能力验证；

注：GB/T 27043 包含能力验证和能力验证提供者的详细信息。满足 GB/T 27043 要求的能力验证提供者被认为是有能力的。

b）参加除能力验证之外的实验室间比对。

7.7.3　实验室应分析监控活动的数据用于控制实验室活动，适用时实施改进。如果发现监控活动数据分析结果超出预定的准则时，应采取适当措施防止报告不正确的结果。

二、条文理解与应用说明

规范的检测实验室质量控制活动是确保结果有效性的根本途径，本小节结合 CNAS-CL01 和 CNAS-CL01-G001 中对确保检测结果有效性进行归纳、总结和说明。项目七将详细讲解检测实验室质量控制的基础知识、相关方法与案例。

1. 实验室应有监控结果有效性的程序

实验室为了保证检测的质量，应通过对检测系统实施质量监控活动来保证，为此实验室应编制质量监控程序，制定监控计划，对各检测系统选择有针对性的监控方式进行监控，常见的方法在本条款 7.7.1 中详细列举。这样能及时发现检测系统出现的不良趋势，并采取有效的措施加以纠正，使检测工作回归正常。

实验室对结果的监控应覆盖到认可范围内的所有检测项目，确保检测结果的准确性和稳定性。当检测方法中规定了质量监控要求时，实验室应符合该要求。适用时，实验室应在检测方法中或其他文件中规定对应检测或校准方法的质量监控方案。实验室制定内部质量监控方案时应考虑以下因素。

①检测或校准业务量；

②检测或校准结果的用途；

③检测或校准方法本身的稳定性与复杂性；

④对技术人员经验的依赖程度；

⑤参加外部比对（包含能力验证）的频次与结果；

⑥人员的能力和经验、人员数量及变动情况；

⑦新采用的方法或变更的方法等。

适用时，实验室应使用质量控制图来监控检测或校准结果的准确性和精密度。

2. 外部质量控制要求

质量控制可以分内部质量控制活动和外部质量控制活动。本条款所要求的参加实验室间比对和参加验证就是属于外部质量控制活动。如果我们实验室的检测系统、检测过程及其检测结果不能同我们国内的其他实验室相比，其不一致性（差异）没有控制在公认的允许误差范围内，或者说我国实验室的检测系统、检测过程以及检测结果不能与国际上（如亚洲太平洋区域）的其他国家实验室相比，其不一致性（差异）不能控制在一定允许误差范围内，则我们的实验室就很难与国际接轨，所以参加实验室间比对或能力验证是非常重要的。实验室制定外部质量监控计划除应考虑 7.7.1 中描述的因素外，还应考虑以下因素。

（1）内部质量监控结果；

（2）实验室间比对（包含能力验证）的可获得性，对没有能力验证的领域，实验室应有其他措施来确保结果的准确性和可靠性；

（3）CNAS、客户和管理机构对实验室间比对（包含能力验证）的要求。

3. 实验室应分析监控活动的数据用于控制实验室活动，适用时实施改进。如果发现监控活动数据分析结果超出预定的准则时，应采取适当措施防止报告不正确的结果。

三、应用案例

参见项目七。

确保结果有效性（视频）

一线传真：傅华栋，王小林，张明霞．实验室确保结果有效性措施分析［J］．质量与认证，2018（2）：58-59+65.

【读与思】

河南2021年度检验检测机构A类能力验证项目结果，49家机构被责令整改

2021年，河南省市场监督管理局组织实施检验检测机构A类能力验证项目3项，考核检验检测参数7个。其中，食品类验证项目1项，考核参数为大米粉中镉、六六六含量。考核样品为大米粉，采用三种浓度样品考核，共有210家检验检测机构参加该项目。其中，镉参数考核机构209家，204家结果合格，5家结果不合格；六六六参数考核机构133家，130家结果合格，3家结果不合格。

（一）能力验证合格结果处理。两年内申请资质认定证书延续的，相关项目可免予现场评审。

（二）能力验证不合格结果处理。整改期限一个月。整改期间，检验检测机构不得开展能力验证不合格项目（参数）的检验检测活动，以及向社会出具具有证明作用的检验检测数据和结果。整改完成后，检验检测机构及时向所在省辖市市场监督管理局报送整改报告，由其对整改情况进行验收和核实，整改确认合格后方可恢复该项目（参数）的检验检测活动。

[原文链接：河南 | 2021年度检验检测机构A类能力验证项目结果，49家机构被责令整改 网易订阅（163. com）]

【启示】能力验证的核心是考核机构的检测能力。能力验证是认可准则对要求认可或已认可机构的强制性要求，CNAS要求申请认可和获准认可的实验室和检验机构必须通过参加相关的能力验证活动证明其技术能力，包括人员、设备、环境、方法等。需要机构精益求精，不断提升检测能力，每个监、检测人都是检测工匠，并依据标准规范开展检测工作。

任务八 报告结果

一、准则条文

7.8 报告结果

7.8.1 总则

7.8.1.1 结果在发出前应经过审查和批准。

7.8.1.2 实验室应准确、清晰、明确和客观地出具结果，并且应包括客户同意的、解释结果所必需的以及所用方法要求的全部信息。实验室通常以报告的形式提供结果（例如检测报告、校准证书或抽样报告）。所有发出的报告应作为技术记录予以保存。

注1：检测报告和校准证书有时称为检测证书和校准报告。

注2：只要满足本准则的要求，报告可以硬拷贝或电子方式发布。

7.8.1.3 如客户同意，可用简化方式报告结果。如果未向客户报告7.8.2至7.8.7条款中所列的信息，客户应能方便地获得。

7.8.2 （检测、校准或抽样）报告的通用要求

7.8.2.1 除非实验室有有效的理由，每份报告应至少包括下列信息，以最大限度地减少误解或误用的可能性。

a）标题（例如“检测报告”“校准证书”或“抽样报告”）；

b）实验室的名称和地址；

c）实施实验室活动的地点，包括客户设施、实验室固定设施以外的地点、相关的临时或移动设施；

d）将报告中所有部分标记为完整报告一部分的唯一性标识，以及表明报告结束的清晰标识；

e）客户的名称和联络信息；

f）所用方法的识别；

g）物品的描述、明确的标识以及必要时物品的状态；

h）检测或校准物品的接收日期，以及对结果的有效性和应用至关重要的抽样日期；

i）实施实验室活动的日期；

j）报告的发布日期；

k）如与结果的有效性或应用相关时，实验室或其他机构所用的抽样计划和抽样方法；

l）结果仅与被检测、被校准或被抽样物品有关的声明；

m）结果，适当时，带有测量单位；

n）对方法的补充、偏离或删减；

o）报告批准人的识别；

p）当结果来自外部供应商时，清晰标识。

注：报告中声明除全文复制外，未经实验室批准不得部分复制报告，可以确保报告不被部分摘用。

7.8.2.2 实验室对报告中的所有信息负责，客户提供的信息除外。客户提供的数据应予明确标识。此外，当客户提供的信息可能影响结果的有效性时，报告中应有免责声明。当实验室不负责抽样（如样品由客户提供），应在报告中声明结果仅适用于收到的样品。

7.8.3 检测报告的特定要求

7.8.3.1 除7.8.2条款所列要求之外，当解释检测结果需要时，检测报告还

应包含以下信息。

a）特定的检测条件信息，如环境条件；

b）相关时，与要求或规范的符合性声明（见7.8.6）；

c）适用时，在下列情况下，带有与被测量相同单位的测量不确定度或被测量相对形式的测量不确定度（如百分比）：

——测量不确定度与检测结果的有效性或应用相关时；

——客户有要求时；

——测量不确定度影响与规范限的符合性时。

d）适当时，意见和解释（见7.8.7）；

e）特定方法、法定管理机构或客户要求的其他信息。

7.8.3.2　如果实验室负责抽样活动，当解释检测结果需要时，检测报告还应满足7.8.5条款的要求。

7.8.4　校准证书的特定要求

7.8.4.1　除7.8.2条款的要求外，校准证书应包含以下信息：

a）与被测量相同单位的测量不确定度或被测量相对形式的测量不确定度（如百分比）；

注：根据ISO/IEC指南99，测量结果通常表示为一个被测量值，包括测量单位和测量不确定度。

b）校准过程中对测量结果有影响的条件（如环境条件）；

c）测量如何计量溯源的声明（见附录A）；

d）如可获得，任何调整或修理前后的结果；

e）相关时，与要求或规范的符合性声明（见7.8.6）；

f）适当时，意见和解释（见7.8.7）。

7.8.4.2　如果实验室负责抽样活动，当解释校准结果需要时，校准证书还应满足7.8.5条款的要求。

7.8.4.3　校准证书或校准标签不应包含校准周期的建议，除非已与客户达成协议。

7.8.5　报告抽样——特定要求

如果实验室负责抽样活动，除7.8.2条款中的要求外，当解释结果需要时，报告还应包含以下信息：

a）抽样日期；

b）抽取的物品或物质的唯一性标识（适当时，包括制造商的名称、标示的型号或类型以及序列号）；

c）抽样位置，包括图示、草图或照片；

d）抽样计划和抽样方法；

e）抽样过程中影响结果解释的环境条件的详细信息；

f) 评定后续检测或校准测量不确定度所需的信息。

7.8.6 报告符合性声明

7.8.6.1 当作出与规范或标准符合性声明时，实验室应考虑与所用判定规则相关的风险水平（如错误接受、错误拒绝以及统计假设），将所使用的判定规则制定成文件，并应用判定规则。

注：如果客户、法规或规范性文件规定了判定规则，无需进一步考虑风险水平。

二、条文理解与应用说明

1. 检测结果报告的总体要求

（1）检测报告是实验室技术能力和管理体系有效运行程度的体现，也是履行对客户服务承诺出具的能够承担法律责任的技术文件。实验室应准确、清晰、明确和客观地报告每一项检测，或一系列检测的结果，包括检测结果所必须的和与客户约定所用方法要求的全部信息。检测报告在发出前应经过审查和批准，所有发出的报告应作为技术记录予以保存，报告可以硬拷贝或电子方式发布。

（2）如客户同意，可用简化方式报告结果。

（3）实验室对报告中的所有信息负责，客户提供的信息除外。客户提供的数据应予明确标识。此外，当客户提供的信息可能影响结果的有效性时，报告中应有免责声明。当实验室不负责抽样（如样品由客户提供），应在报告中声明结果仅适用于收到的样品。

2. 检测报告的信息内容

检测报告的基本信息应报告 7.8.2.1 中 a～p 所列的内容，当解释检测结果需要时，检测报告还应包含以下信息。

（1）特定的检测条件信息，如环境条件。

（2）相关时，与要求或规范的符合性声明（见 7.8.6）。

（3）适用时，在下列情况下，带有与被测量相同单位的测量不确定度或被测量相对形式的测量不确定度（如百分比）：

①测量不确定度与检测结果的有效性或应用相关时；

②客户有要求时；

③测量不确定度影响与规范限的符合性时。

（4）适当时，意见和解释（见 7.8.7）。

（5）特定方法、法定管理机构或客户要求的其他信息。

如果实验室负责抽样活动，当解释检测结果需要时，检测报告还应满足 7.8.5 条款的要求。

报告信息中，应重点关注：①当结果来自外部供应商时（如检测项目的分包)，清晰标识。②检测结果出具测量不确定度的几种情况。

3. 检测报告符合性声明

（1）当做出与规范或标准符合性声明时，实验室应考虑与所用判定规则相关的风险水平（如错误接受、错误拒绝以及统计假设），将所使用的判定规则制定成文件，并应用判定规则。

注：如果客户、法规或规范性文件规定了判定规则，无需进一步考虑风险水平。

（2）实验室在报告符合性声明时应清晰标识：

①符合性声明适用的结果；

②满足或不满足的规范、标准或其中的部分；

③应用的判定规则（除非规范或标准中已包含）。

4. 检测报告意见、解释和修改

（1）检测报告的“意见和解释”的“依据”应该有文件化的程序，只有授权人员才能发布相关意见和解释。实验室可以选择是否做出意见和解释，并在管理体系中予以明确，并对其进行有效控制，包括合同评审。根据检测或校准结果，与规范或客户的规定限量做出的符合性判断，不属于本准则所规定的“意见和解释”。对于检测活动，实验室如果申请对某些特定检测项目的“意见和解释”能力的认可，应在申请书中予以明确，并说明针对哪些检测项目做出哪类的意见和解释，并提供以往做出“意见和解释”时所依据的文件、记录及报告。相关人员能力信息应随同申请一同提交。实验室人员如果仅从事过相关的检测活动，而不熟悉检测对象的设计、制造和使用，则不予认可其“意见和解释”能力。

（2）报告中的意见和解释应基于被检测或校准物品的结果，并清晰地予以标注。

（3）当以对话方式直接与客户沟通意见和解释时，应保存对话记录。

（4）当更改、修订或重新发布已发出的报告时，应在报告中清晰标识修改的信息，适当时标注修改的原因。

（5）修改已发出的报告时，应仅以追加文件或数据传送的形式，并包含以下声明：

“对序列号为……（或其他标识）报告的修改”，或其他等效文字。

这类修改应满足本准则的所有要求。

（6）当有必要发布全新的报告时，应予以唯一性标识，并注明所替代的原报告。

三、应用案例

1. 案例 1

某检测公司的结果报告程序如表 4-5 所示。

表 4-5　　某检测技术有限公司结果报告程序

×××检测技术有限公司	
程序文件	文件编号：×××-QP-26
	第 6 页共 134 页
结果报告程序	第 D 版第 0 次修订
	颁布日期：2018-05-20

1　目的

为规范检测报告的管理，保证检测报告的正确性，公正性、科学性、及时性，特制定本程序。

2　适用范围

本程序适用于检测报告的编制、审核、批准、发放及归档。

3　职责

3.1　技术负责人负责组织报告格式的评审及批准使用，负责报告使用规范化的日常监督管理。

3.2　授权签字人批准授权范围内报告的发放，负责检测报告的意见和解释。

3.3　审核人员负责审核检测报告与原始记录的一致性。

3.4　报告文员负责检测报告的编制。

3.5　客服部负责检测报告的发放及记录。

4　工作程序

4.1　检测报告的格式

4.1.1　本公司的检测报告设计为固定表格式，报告格式参见《检测报告》。报告内容包括客户要求的、为说明测试结果所需以及测试方法要求的全部信息。报告所列项目不得删减或空白，无法明确填写的项目一律填“—”。所有对报告的进一步说明或评价均增加于备注（Remark）中。

4.1.2　本公司检测报告应包含以下必需的信息点：

4.1.2.1　标题（例如“Test Report”）；

4.1.2.2　实验室的名称和地址；

4.1.2.3　检测报告的唯一性标识和每一页上的标识，以确保能够识别该页属于检测报告的一部分，以及表明检测报告结束的清晰标识；

4.1.2.4　客户的名称和地址；

4.1.2.5　所用方法的标识；

4.1.2.6　检测物品的描述、状态和明确的标识；

4.1.2.7　对结果的有效性和应用至关重要的检测物品的接收日期和进行检测的日期；

4.1.2.8　当检出结果低于检出限，应在检测报告中提供检出限的数值；

4.1.2.9　如果报告的结果是用数字表示的数值，应按照标准方法的规定进行表述，当方法没有相关规定时，依照有效数值修约的规定表述；

4.1.2.10　如与结果的有效性和应用相关时，实验室或其他机构所用的抽样计划和程序的说明；

4.1.2.11　检测的结果适当时，带有法定测量单位；

4.1.2.12　检测报告批准人的姓名、职务、签字或等同的标识；

4.1.2.13　必要时注明结果仅与被检测物品有关和不得部分复印报告的声明；

4.1.2.14　按照 CNAS、CMA、CATL 的相关要求在报告上使用对应的标识；

4.1.2.15　适用时，在结果报告中应以实物样本或清晰的彩色照片作为文字描述的补充。

4.2　需要对检测结果做出进一步说明的，报告中还应包含下列内容：

4.2.1　对检测方法的偏离、增添或删节，以及特定检测条件信息；

4.2.2　符合或不符合要求和/或规范的声明；

4.2.3　当不确定度与检测结果的有效性或应用相关，或检测标准中有规定的，或客户有要求，或不确定度影响到对结果符合性的判定时，报告中还应包含不确定度的信息；

4.2.4　当解释检测结果需要或客户有要求时，或检测方法要求时，应报告质量控制结果；

4.2.5　特定方法，客户或客户群体要求的附加信息；

4.2.6　如样品的有关信息或附加信息为委托方提供的，应在报告中注明。

4.3　报告中包含抽样结果时，对抽样的说明应包括但不限于以下内容：

4.3.1　抽样所代表的样本数量和（或）重量；

4.3.2　样本的包装方式和包装完好情况；

4.3.3　抽样方法；

4.3.4　抽样地点、日期。

4.4　检测报告中包含分包结果时，应在报告中注明分包方的名称。

4.5　报告编制

4.5.1　报告按照《文件控制程序》要求进行报告编号、编页码并打印，编制人员检查后，交由报告审核工程师进行审核。

4.5.2　除检测方法、法律法规另有要求外，报告人员应在同一份报告上出具特定样品的不同检测项目的结果，如果检测项目覆盖了不同的专业技术领域，也可分专业领域出具检测报告，但不得随意拆分检测报告，如将“满足规定限值”的结果与“不满足规定限值”的结果分别出具报告，或只报告“满足规定限量”的检测结果。

4.5.3　如果检测样品是客户提供的，报告人员应在检测报告中明确“委托检测”或有同类描述。

4.5.4 报告的符合性声明

当需要做出与规范或标准符合性声明时，针对产品限值附近的数据，实验室应考虑测量不确定度的影响，应考虑相关的风险水平（如错误接受、错误拒绝以及统计假设），使用判定规则应考虑报告的用途。

必要时，检测结果与规范符合性的表述可以参照 RB/T197《检测结果与规范符合性的报告指南》的要求。

4.5.5 报告的免责声明

4.5.5.1 对于客户提供的样品来源信息，原则上不应写入检测报告；如果应客户要求写入检测报告，必须以醒目的方式注明，并同时声明此信息为客户提供，实验室不负责其真实性。

4.5.5.2 当客户知道样品偏离了规定条件仍要求进行检测或校准时，实验室应在报告中做出免责声明，并指出偏离可能影响的结果。

4.5.6 检测报告的结论

检测结论用语具体按各类报告的格式要求，具体见×××-WI-909《检验报告的结论用语表述》执行。

4.6 报告的签发

4.6.1 报告编制人员预先检查报告，对报告中打印错误、字迹不清、报告不完整等差错应重打，报告内容手写修改无效。

4.6.2 报告审核工程师对检测报告中所描述的内容进行符合性和有效性审查。当发现异常时，应会同检测工程师检查原始数据、分析方法，环境及样品等，找出异常原因。审核后，授权签字人在授权范围内批准检测报告的发放。

4.6.3 报告须签名方为有效，签名不全或使用私章代替签名的均为无效报告。可以进行报告签发的人员为授权签字人，其他人员签名无效。

4.6.4 签发带有认可标识的报告要求参见《实验室认可标识与证书使用管理规定》。

4.7 报告的发放和存档

4.7.1 报告签发后交客服部，客服人员通知客户领取或寄发。

4.7.2 当用电话、传真或其他电子、电磁方式传送检测结果时，遵循上面的审批权限，并遵守相应的保密程序。

4.7.3 技术负责人每月至少一次对报告的规范化进行监督检查，对不符合要求的报告发出更改通知，并监督整改。

4.7.4 无论客户直接领取还是通过快递等方式传递检测报告，客服人员均应将报告发放情况登记到《客服接单记录表》中，注明发放的方式。

4.8 报告的修改

4.8.1 对已发出的检测报告，如果实验室对测试数据需要做出修改，应提出申请并由技术负责人批准。修改须将原报告作废并收回销毁，重新签发新报告，将修改项目及修改原因通知原客户。

4.8.2 如客户要求修改报告，须提出申请并由技术负责人批准后将原报告作废并收回销毁，重新签发新报告。

4.8.3 重新签发的检测报告，应重新进行编号，编号规则为：在原报告编号后加 R+序列号，系列号代表修改次数。如：原报告：×××16010001CN 修改后为×××16010001CN R1。

4.8.4 重新签发的检测报告，应在备注（Remark）中标注“×××××××××检测报告被这份报告取代”。

4.9 报告文员并将出具带有 CMA/CNAS/CATL 标识的报告记录至《报告审核登记表》中以便查询，且所有检测报告采用加密处理的方式备份保留其电子档，以便保持一致性。

4.10 报告出具及时性

检验机构应当严格按照相关法律法规关于检验时限规定和客户要求，在规定的期限内完成委托检验工作，出具结果报告。

4.11 特殊要求

检测资格认定中如对于报告除以上之外还有特殊要求的，按相应管理办法执行，例如《广东省农业厅关于农产品质量安全检测机构考核的实施指南》等。

5 相关文件

5.1 《文件控制程序》 ×××-QP-03

5.2 《检测工作程序》 ×××-QP-15

5.3 《广东省农业厅关于农产品质量安全检测机构考核的实施指南》 ×××-OD-1150

5.4 《检验报告的结论用语表述》 ×××-WI-909

6 相关记录

6.1 《客服接单记录表》 ×××-QP-26-01

6.2 《报告审核登记表》 ×××-QP-26-02

6.3 《检测报告》 ×××-QP-26-03

6.4 《检测报告修改申请表》 ×××-QP-26-04

---

2. 案例 2

（1）案例内容　现场抽查编号为 A、B 的检测报告中，无检测物品的描述、状态及明确的标识。

（2）案例分析　报告中无样品描述，不符合 CNAS-CL01：2018 中 7.8.2.1g：除非实验室有有效的理由，每份报告应至少包括下列信息，以最大限度地减少误解或误用的可能性：g）物品的描述、明确的标识以及必要时物品的状态。

报告结果的编写
（视频）

【读与思】

一机构出具虚假检验检测报告被撤销资质

近日，广西壮族自治区市场监督管理局发布公告称，南宁市杰锋汽车检测有限公司未经检验检测擅自出具虚假检验检测报告，违反《检验检测机构资质认定管理办法》规定，撤销其资质认定证书（证书编号：172005023014，发证日期2017年8月7日，有效期至2023年8月6日），且三年内不得再次申请资质认定证书。

（原文链接：https://www.zhaowoce.com/news/317.html）

【启示】检测机构应出具真实有效的报告，严格执行国家标准或行业规范。检测机构应具有法治意识、标准意识、诚信意识。

任务九 投诉

一、准则条文

7.9.1 实验室应有形成文件的过程来接收和评价投诉，并对投诉做出决定。

7.9.2 利益相关方有要求时，应可获得对投诉处理过程的说明。在接到投诉后，实验室应确认投诉是否与其负责的实验室活动相关，如相关，则应处理。实验室应对投诉处理过程中的所有决定负责。

7.9.3 投诉处理过程应至少包括以下要素和方法。

a）对投诉的接收、确认、调查以及决定采取处理措施过程的说明；

b）跟踪并记录投诉，包括为解决投诉所采取的措施；

c）确保采取适当的措施。

7.9.4 接到投诉的实验室应负责收集并验证所有必要的信息，以便确认投诉是否有效。

7.9.5 只要可能，实验室应告知投诉人已收到投诉，并向其提供处理进程的报告和结果。

7.9.6 通知投诉人的处理结果应由与所涉及的实验室活动无关的人员作出，或审查和批准。

注：可由外部人员实施。

7.9.7 只要可能，实验室应正式通知投诉人投诉处理完毕。

二、条文理解与应用说明

1. 要正确理解投诉的意义

投诉是积极的行为而不是消极的指责，是维护客户合法权益的途径，是实验室出现问题并进行改进和提高的重要手段，所以一定要认真对待。

2. 实验室应制定投诉的处理程序

实验室应制定明确的政策和程序，并严格按照政策和程序的规定进行操作，对待客户或其他方面的投诉要及时、耐心、细致，还要做到完全和深入，出现问题要深入全面，要找出问题的根源所在。如果实验室收到 CNAS 转交的投诉，应在 2 个月内向 CNAS 反馈投诉处理结果。

3. 投诉处理过程应至少包括以下要素和方法

（1）对投诉的接收、确认、调查以及决定采取处理措施过程的说明；

（2）跟踪并记录投诉，包括为解决投诉所采取的措施；

（3）确保采取适当的措施。

4. 处理投诉应注意的几个问题

（1）收集信息，确认投诉的有效性；

（2）与投诉人保持沟通；

（3）通知投诉人的处理结果应由与所涉及的实验室活动无关的人员作出，或审查和批准；

（4）只要可能，实验室应正式通知投诉人投诉处理完毕。

三、应用案例

1. 案例 1

某检测技术公司处理投诉过程如下。

（1）投诉内容　报告编号 180850012（山核桃味香瓜子）中甜蜜素数据为 13.3g/kg，客户投诉虽有添加甜蜜素，但未添加如此高水平。

（2）实验室调查　通过复测及加标回收质控措施发现 180850012 甜蜜素测试过程中，分析数据时仪器工作站输入标准溶液浓度时失误，导致标准曲线扩大 10 倍，进而导致结果扩大了 10 倍，实际检测值应为 1.33g/kg。

（3）结论　投诉成立，开具不符合项，立即进行整改（含纠正及纠正措施）。

（4）纠正行动　立即修正报告，并通知客服部重新发放。

（5）纠正措施　①在仪器工作站分析数据时，需对照标液配制记录进行标准曲线的录入，建立正确的标准曲线方法，并由组长审核。在后续的检测过程中，如需对标准曲线重新配制，只需调用标准曲线方法，无须重新建立。②对数据审核人员进行审核强化培训，包括标准曲线、样品空白、样品质控、数据处理等关键点。

（6）举一反三　核查其他的标准曲线是否存在类似的情况。

（7）验证　①其他的标准曲线不存在类似错误。②为核查实验室对于甜蜜素的检测能力，QA 立即对实验室相关检测人员进行了甜蜜素的盲样考核，考核结果满意。

（8）反馈　邮件正式反馈投诉人过程及结果。

2. 案例 2

某检测技术公司《客户投诉调查表》如表 4–6 所示。

表 4–6　　客户投诉调查表

<table>
<tr><td>客户名称：</td><td colspan="4"></td><td>投诉日期</td><td></td></tr>
<tr><td>联系人：</td><td colspan="2">联系电话：</td><td colspan="2"></td><td>Email</td><td></td></tr>
<tr><td>投诉方式
报告编号</td><td colspan="4">□电话　□Email　□现场　□其他________</td><td>业务负责人
投诉项目</td><td></td></tr>
<tr><td>是否提供
证据</td><td colspan="4">数据比对报告　□样品　□其他______</td><td>拟定回复
时间</td><td></td></tr>
<tr><td>拟定回复人</td><td colspan="6">投诉处理专员　□受理人　其他________</td></tr>
<tr><td rowspan="2">投诉问题
描述</td><td colspan="6"></td></tr>
<tr><td>投诉处理专员</td><td></td><td>受理人</td><td></td><td>日期时间</td><td></td></tr>
<tr><td rowspan="5">调查记录
及意见</td><td>是否有留样</td><td colspan="5">□无　□有　□（　　　　）</td></tr>
<tr><td>制样方式</td><td colspan="5"></td></tr>
<tr><td colspan="6">调查记录</td></tr>
<tr><td colspan="6">调查结论</td></tr>
<tr><td>部门负责人</td><td></td><td>调查人</td><td></td><td>日期时间</td><td></td></tr>
<tr><td rowspan="2">投诉处理意见</td><td colspan="6">投诉是否成立：□是　□否</td></tr>
<tr><td>投诉处理专员</td><td colspan="2"></td><td>完成日期时间</td><td colspan="2"></td></tr>
</table>

投诉处理（视频）

一线传真：张向文，辛策花，孔珍珍．检验检测机构如何在投诉中提升客户满意度［J］．中国检验检测，2021（6）：81-82.

任务十 不符合工作

一、准则条文

7.10 不符合工作

7.10.1 当实验室活动或结果不符合自身的程序或与客户协商一致的要求时（例如，设备或环境条件超出规定限值，监控结果不能满足规定的准则），实验室应有程序予以实施。该程序应确保：

a）确定不符合工作管理的职责和权力；

b）基于实验室建立的风险水平采取措施（包括必要时暂停或重复工作以及扣发报告）；

c）评价不符合工作的严重性，包括分析对先前结果的影响；

d）对不符合工作的可接受性做出决定；

e）必要时，通知客户并召回；

f）规定批准恢复工作的职责。

7.10.2 实验室应保存不符合工作和 7.10.1 条款中 b）至 f）规定措施的记录。

7.10.3 当评价表明不符合工作可能再次发生时，或对实验室的运行与其管理体系的符合性产生怀疑时，实验室应采取纠正措施。

二、条文理解与应用说明

不符合工作的情况如下。

（1）实验室常见的不符合工作包括（但不限于）实验室环境条件不满足要求、试验样品的处置时间不满足要求、试样未在规定的时间内检测、质量监控结果超过规定的限制、能力验证或实验室间比对结果不满意等。实验室所有人员均应熟悉不符合工作控制程序，尤其是直接从事检测、校准和抽样活动的人员。实验室在内部审核中应特别关注不符合工作控制程序的执行情况。

（2）实验室应保存不符合工作和7.10.1条款中b）至f）规定措施的记录。

（3）当评价表明不符合工作可能再次发生时，或对实验室的运行与其管理体系的符合性产生怀疑时，实验室应采取纠正措施。

三、应用案例

1. 案例1

某检测公司的不符合检测工作控制程序如表4-7所示。

表4-7　　某检测公司不符合检测工作控制程序

×××检测技术有限公司	
程序文件	文件编号：×××-QP-08
	第57页共143页
不符合检测工作控制程序	第D版第0次修订
	颁布日期：2018-05-20

1　目的

为保证管理体系的有效运行，对检测工作中出现的不符合项进行鉴别和控制，防止不合格检测报告发放和使用。

2　适用范围

适用于不符合质量管理体系要求的检测工作，以及不合格检测报告的控制。

3　职责

3.1　各岗位人员在检测工作执行过程中均有责任发现不符合检测工作。

3.2　品质工程师负责对管理体系和技术运作的各环节中所出现的不符合工作进行鉴别和评价，并跟踪不符合工作的处理结果。

3.3　质量负责人负责对不符合工作作出处理决定。

3.4　不符合项的责任部门负责对不符合工作采取纠正或纠正措施。

3.5　质量监督员负责日常检测过程的人员监督工作，监督过程中识别不符合。

3.6　技术负责人负责审核监督员识别出不符合的确认。

4　工作程序

4.1　不符合工作的识别

实验室常见的不符合工作包括（但不限于）实验室环境条件不满足要求、试验样品的处置时间不满足要求、试样未在规定的时间内检测、质量控制结果超过规定的限制、能力验证或实验室间比对结果不满意等。

质量监督员在日常工作中对检测工作过程进行监督，对监督过程中发现的不符合进行记录。

检测人员在检测工作过程中均可以从人员、设备、方法、样品处置和环境条件等方面发现不符合。

记录的审核及报告的审批人员在审核时发现不符合。

4.2 客户服务部依据客户满意度调查的结果，记录不符合项。

4.3 业务或客户服务接受客户投诉，经品质工程师组织，技术负责人确认的不符合。

4.4 发现的不符合检测工作均应按照《纠正及预防措施控制程序》处理。

4.5 不符合项的鉴别和评价

品质工程师对所有发现的不符合工作按要素和部门进行分析，对个别的、偶然发生的不符合工作，被证实不会影响到报告的质量的鉴别为一般不符合项；经分析属某部门整体出现不符合项或某要素失控，或直接影响到报告的质量的，鉴别为严重不符合项。

4.6 不符合工作的处理

4.6.1 属一般不符合并能现场关闭的工作，由品质工程师采用口头或书面通知相关部门或相关人员实施现场关闭措施，检测工作正常开展。

4.6.2 属严重不符合或一般不符合但不能现场关闭的工作，则由品质工程师通知相关部门采取标识、隔离，立即停止工作等措施，并组织人员对产生不符合项的原因进行分析，提出纠正措施，报品质经理批准实施。

4.6.3 在发生能力验证不符合时，需参加测量审核并且结果满意时该不符合项方可关闭。

4.6.4 经分析如认为不符合已经影响到检测结果，则扣发检测报告。如果不符合报告已经发出，则由客户服务部负责收回，并重新发放符合要求的检测报告。

4.7 质量负责人对纠正措施的实施结果进行跟踪验证，证实所采用的纠正措施已消除了产生不符合工作的所有因素，通知相关部门恢复工作，若所采用的纠正措施消除不了产生不符合工作的因素，则通知客户取消该项工作。

生物安全事故要立即进行处置，并评价是否对人员、环境、设施和客户等造成危害，是否对检测结果和客户造成影响。

4.8 不符合检测工作处理过程中涉及管理体系文件的修改，则按《文件控制程序》执行。

5 相关文件

5.1	《纠正及预防措施控制程序》	×××-QP-09
5.2	《文件控制程序》	×××-QP-03
5.3	《结果报告程序》	×××-QP-26
5.4	《质量监督管理程序》	×××-QP-02

6 相关记录

6.1 《纠正和预防措施实施表》 ×××-QP-09-01

6.2 《纠正、预防和改进措施一览表》 ×××-QP-09-04

6.3 《纠正和预防措施实施表-CATL》 ×××-QP-09-05

7 附录 不符合检测工作流程图

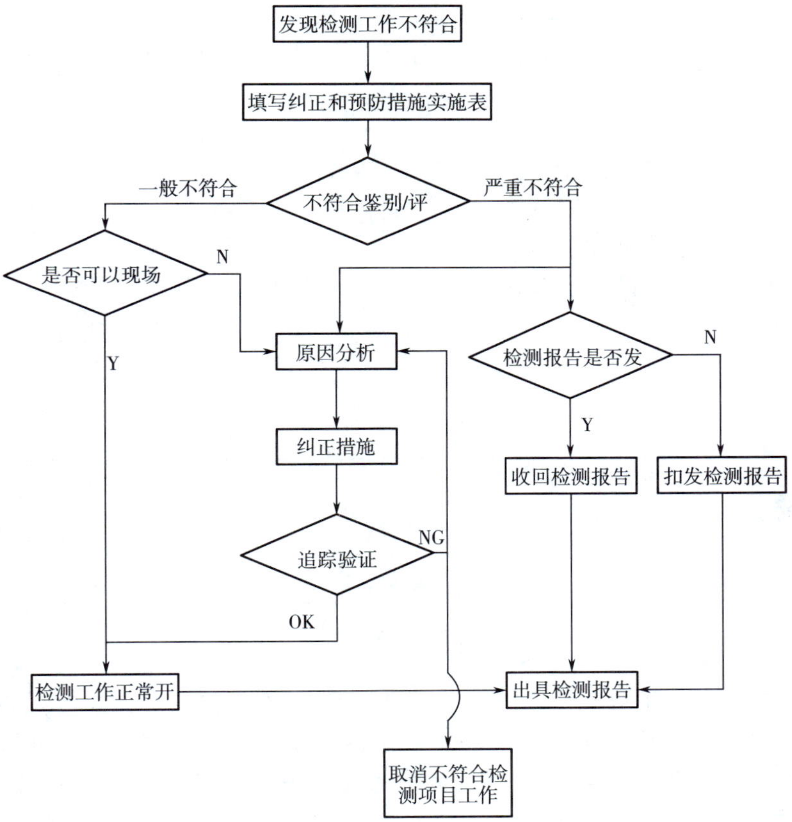

2. 案例 2

某检测公司对新进人员不符合工作的处理过程如下所述。

某检测机构在对新进人员实施了“留样再测”的考核措施，具体为选取已经出具过检测报告的样品 A 对新进人员实施“钠”的留样再测考核，原报告钠的测试结果为 134mg/100g，新进人员留样再测考核结果为 13mg/100g，测试结果前后不一致。

调查情况：实验室对该样品进行了复测及其他质控手段，钠复测结果为 140mg/100g。检测结果与原报告结果相符，新进人员再测结果出错。核查错误原因，实验室将与该样品同批消解后的消解液重新上机（该元素上机为手动进样），发现错误原因为留样再测时上机测试时手动进样错误，从而导致检测结果差异。

考虑到该不符合工作可能再次发生，实验室品质部立即开出不符合项要求采取纠正措施。

纠正行动：该新进人员未能通过该项目考核，需重新培训考核上岗。

纠正措施：增加防呆措施，需要手动进样的仪器设备的样品在检测时按照工作站上的序列表排序，同时在旁边准备一个空的样品架，每测试完一个样品后，将测试过的样品放在空样品架上，防止进样错误。

验证：现场查看检测人员检测钠元素，按照“防呆措施”进行检测，整改有效。

不符合工作控制（视频）

一线传真：史占东，苗芊，张勍，等. 浅析校准实验室不符合工作的控制［J］. 中国检验检测，2017（2）：60-61+19.

【读与思】

在平凡的岗位上闪光

——记“全国质检工作先进个人”冯晓娟

冯晓娟，女，中共党员，1972 年出生，1991 年参加工作。现任河北省保定市纤维检验所棉花检验室主任。2008 年在全省棉花检验技术比武中获优胜奖；2009、2011 年被保定市质监局评为优秀党员；2009 年受到河北省质监局嘉奖；2010 年在河北省质监系统技术大比武中荣获第一名；被河北省质监局评为 2010—2011 年度“十佳技术女标兵”。2011 年 4 月，她被国家原质检总局授予“全国质检工作先进个人”荣誉称号。

没有铮铮誓言，没有豪言壮语，认认真真做人，扎扎实实做事——这是一名质监技术干部对组织、对企业最实在的承诺。在保定市纤维检验所棉花检验室的工作人员眼中，冯晓娟是他们的一位榜样，对工作谨慎细致、技术扎实的大姐最常挂在嘴边的一句话，就是“天道酬勤，学无止境”。十年来，她用一颗无悔的心和对纤检事业的满腔热情，认真践行着她的诺言，在平凡的岗位上闪耀着炫丽的光芒。

［相关链接：在平凡的岗位上闪光——记“全国质检工作先进个人”冯晓娟——豆丁网（docin. com）］

【启示】质检人的职业精神就是对工作严谨认真、精益求精，练就过硬的技术，为产品质量保驾护航。

任务十一　数据控制和信息管理

一、准则条文

7.11　数据控制和信息管理

7.11.1　实验室应获得开展实验室活动所需的数据和信息。

7.11.2　用于收集、处理、记录、报告、存储或检索数据的实验室信息管理系统，在投入使用前应进行功能确认，包括实验室信息管理系统中界面的适当运行。当对管理系统的任何变更，包括修改实验室软件配置或现成的商业化软件，在实施前应被批准、形成文件并确认。

注1：本准则中“实验室信息管理系统”包括计算机化和非计算机化系统中的数据和信息管理。相比非计算机化的系统，有些要求更适用于计算机化的系统。

注2：常用的现成商业化软件在其设计的应用范围内使用可视为已经过充分的确认。

7.11.3　实验室信息管理系统应：

a）防止未经授权的访问；

b）安全保护以防止篡改和丢失；

c）在符合系统供应商或实验室规定的环境中运行，或对于非计算机化的系统，提供保护人工记录和转录准确性的条件；

d）以确保数据和信息完整性的方式进行维护；

e）包括记录系统失效和适当的紧急措施及纠正措施。

7.11.4　当实验室信息管理系统在异地或由外部供应商进行管理和维护时，实验室应确保系统的供应商或运营商符合本准则的所有适用要求。

7.11.5　实验室应确保员工易于获取与实验室信息管理系统相关的说明书、手册和参考数据。

7.11.6　应对计算和数据传送进行适当和系统地检查。

二、条文理解与应用说明

有关实验室信息管理系统的基础知识、功能模块及应用等将在项目六进行讲解。

1. 实验室信息管理系统

实验室中用于收集、处理、记录、报告、存储或检索数据的系统，包括计算机化和非计算机化系统中的数据和信息管理。该系统在投入使用前应进行功能确认，包括实验室信息管理系统中界面的适当运行。此外，实验室使用信息管理系统（LIMS）时，应确保该系统满足所有相关要求，包括审核路径、数据安全和完整性等。实验室应对 LIMS 与相关认可要求的符合性和适宜性进行完整的确认，并保留确认记录；对 LIMS 的改进和维护应确保可以获得先前产生的记录。

2. 实验室信息管理系统运行要求

（1）防止未经授权的访问；

（2）安全保护以防止篡改和丢失；

（3）在符合系统供应商或实验室规定的环境中运行，或对于非计算机化的系统，提供保护人工记录和转录准确性的条件；

（4）以确保数据和信息完整性的方式进行维护；

（5）包括记录系统失效和适当的紧急措施及纠正措施。

三、应用案例

1. 案例 1

某检测公司数据管理程序如表 4-8 所示。

表 4-8　　某检测公司数据管理程序

××检测技术有限公司	
程序文件	文件编号：CTT-QP-19
	第 4 页共 147 页
数据管理程序	第 D 版第 0 次修订
	颁布日期：2018-05-20

1. 目的

对检测数据的采集、计算和数据传递等进行控制，保证数据的完整、安全和保密并符合检测工作的要求。

2　适用范围

适用于本公司检测数据的采集和处理。

3　职责

3.1　检测部负责检测数据的采集、记录、计算、转换、传递以及软件适用性验证的实施，保证检测数据准确、完整、安全和保密。

3.2　审核及批准人员负责审核检测报告数据，复核人员负责复核原始记录数据，防止错误数据转换和传递。

3.3 技术负责人负责组织及批准软件适用性验证。

4 工作程序

4.1 检测数据的采集和记录

4.1.1 人工采集和记录使用带刻度的仪器设备需要人工读数据并记录数据时，通常应记录至最小分度值后一位。

4.2 有效数据

4.2.1 记录数据的有效位数依照相应规程的有效位数决定。即：数字仪表记录最后一位数字，刻度仪器记录到最小分度值后一位。

4.2.2 计算结果的有效位数按检测标准、规范的规定执行，标准、规范未明确规定时，可参照试验流程中涉及量值中小数位数最少的量值，保留小数位数与此量值相同。

4.3 数据审核与记录出现错误时的修改

审核人员应对原始记录的各项数据进行认真审核。可疑数据应进行追溯，必要时应与原始记录人核实。当记录中出现错误时，需由原记录人进行划改，将正确的数字写在其旁边并签名为证。

4.4 数据的修约

数字修约规则：对于测定和计算方面的数据，在所规定的精确程度范围以外的数字，按以下规则进行取舍。

4.4.1 拟舍弃的数字的最左一位数字小于5时，则舍去；最左一位数字大于5时，则进1；等于5而右面的数字并非全部为0时，进1；等于5而右面无数字或全部为0时，若所保留的数字末位为奇数，进1，为偶数则舍弃。

4.4.2 不得进行连续修约。拟修约数字应在确定修约位数后一次修约获得结果，不得多次连续修约。

4.4.3 对于在检测方法或其作业指导书中，另有数字修约规定时，则按其规定执行。

4.5 计算机及自动设备的使用管理

4.5.1 当利用计算机和自动设备进行检测数据采集、处理、记录、报告和存储或检索时，该分析测试软件应由检测部进行测试、验证和试用，保证符合预期使用要求和安全、可靠，经技术负责人批准后正式投入使用。同时根据工作需要，对使用人员进行授权，控制使用领域。

4.5.2 检测部仪器测试用计算机和自动设备只可以由相关检测人员使用，并专门用于分析测试。其他无关人员不得使用该计算机和自动设备，与测试无关的工作也不得在该计算机和自动设备上进行操作。

4.5.3 检测工程师每月对测试原始数据和/或电子档分析报告进行整理，并以光盘形式进行备份，备份的内容无关人员不得进行修改。测试原始数据及电子档分析报告所在文件夹（包括备份）都进行加密处理，测试原始数据交由体系工程师备份保管，电子档分析报告交由报告组备份保管，这些电子档记录需要在不同计算机和自动设备间共享使用时，技术负责人应确保其受到充分保密并防止受到恶意修改。

4.6 检测数据的保密

4.6.1 所有检测数据一律属于公司保密资料，未经公司负责人同意，不允许对外拷贝。

4.6.2 计算机软件和数据要采取保护和保密措施，无关人员不得接触，未经授权不得修改，必要时应采用加密技术。

4.6.3 保存备份原始记录和检测报告的计算机必须安装实时病毒监控程序，并及时更新病毒库，保证病毒库为最新版本。

4.6.4 检测用计算机不得直接与外部网络连接。

4.6.5 读取外部磁盘文件应在未上网的单机上进行，以保证网络的安全。

4.7 实验室信息管理系统

为了提高实验室的工作效率和将数据收集整理，结合实验室的要求由 IT 和外部开发人员开发新系统，在系统使用前，开发人员必须进行系统确认，形成《信息系统确认报告》。

公司的数据的安全性措施，为了保证数据的安全，实验室人员由 IT 安排有唯一的账号的，并设置不同权限。

数据的完整性措施：为了防止系统出现问题，系统会每天对数据进行备份，备份的内容会叠加在前一天的数据里面。备份的数据另存在另一个云服务器内。

数据的可追踪性措施：数据在修改时，原来数据另存为另一个文档，给予新命名（上面会显示修改的时间、内容和修改人员），修改前后的多个文档存在相同文件夹内，以不同命名给予查询路径，可实现追踪。

系统的紧急性措施：日常使用由 IT 进行系统的维护，在突发情况下，可根据 IT 编写的紧急措施方案进行（例如直接使用备用的服务器），以确保工作正常进行。

系统变更/优化：在系统需要进行变更或者优化时，开发者必需要对系统进行功能确认和性能确认方可投入实验室中使用。

5 相关文件

5.1 《保密和保护所有权程序》CTT-QP-01

6 相关记录

6.1 《软件适用性验证记录》 CTT-QP-19-01

---

2. 案例 2

某检测公司软件适用性验证记录如表 4-9 所示。

表 4-9　　　　软件适用性验证记录

软件名称		版本	
开 发 者		来源	

内容简述：

评价或验证结论：

审批意见：　　　　　　　　　　评价人：　　　　日期：

批准人：　　　　日期：

一线传真：刘涛，孙自杰，宁远英，等. 浅谈环境监测化学测量结果的计量溯源性［J］. 中国环境监测，2021，37（4）：1-5.

项目四、过程要求（测试题）

【思考与练习】

一、填空题

1. 合同应被实验室和客户双方接受，客户要求的偏离不应影响实验室的____________或结果的有效性。

2. 实验室应允许客户或其代理______进入实验室相关区域，以见证与该客户相关的实验室活动。

3. 确认方法的性能特性时，实验室应通过试验方法的检出限、________、回收率、______、适用的浓度范围和样品基体等特性来对检测方法进行确认。

4. 方法确认包括：（1）使用参考标准或标准物质进行校准或评估偏倚和精密度；（2）对影响结果的因素进行系统性评审；（3）通过改变控制检验方法的__________，如培养箱温度、加样体积等；（4）与其他已确认的方法进行结果比对；（5）__________；（6）根据对方法原理的理解以及抽样或检测方法的实践经验，评定结果的____________。

5. 实验室应保存以下方法确认记录：（1）使用的确认程序；（2）________；（3）____________；（4）获得的结果；（5）方法有效性声明，并详述与预期用途的适宜性。

6. 实验室如需从客户提供的样品中取出部分样品进行后续的检测或校准活动时，应有书面的取样程序或记录，并确保样品的均匀性和____________。

7. 抽样除包含从一个批次抽取样品的活动外，还包含检测领域常用的概念取样和__________。

8. 开展微生物检验时，对于无完整包装或需要打开包装抽取的样品，要求______取样。

9. 已检测或校准过的样品处理程序应保障客户的信息安全，确保客户的所有权和______。

10. 实验室应保存过期样品的处理和处置的________。

11. 通常情况下，样品标识不应粘贴在容易与盛装样品容器分离的部件上，如容器盖，因其可能会导致样品的________。

12. 检测报告必须出具不确定度的情况包括：（1）__________________________________；（2）_____________________；（3）当测量不确定度影响到与规范限量的符合性时。

13. 实验室应通过与其他实验室的结果比对监控能力水平，这种监控包括：（1）__________；（2）实验室间比对。

14. 当实验室不负责抽样（如样品由客户提供），应在报告中声明结果仅于____________。

15. 当结果来自外部供应商时，检测报告应____________。

16. 如果投诉内容是针对实验室能力和诚信时，CNAS 将直接处理。处理方式包括不预先通知实验室的____________。

17. 实验室应对发生的不符合工作的原因进行分析，对于不是偶发的、个案的问题，不应仅仅纠正发生的问题，还应按本条款要求启动____________。

18. 当实验室信息管理系统在异地或由外部供应商进行管理和维护时，实验室应确保系统的供应商或运营商符合本准则的__________________。

二、问答题

1. 要求、标书和合同的含义是什么？
2. 方法的选择和验证有什么要求？
3. 方法确认有哪些技术手段？
4. 抽样有哪些基本要求？
5. 你如何进行检测物品处置？
6. 请简述记录的特点与作用。
7. 什么情况下检测报告必须出具不确定度？
8. 内部质量控制有哪些方式？
9. 出具检测报告有哪些要求？
10. 投诉处理的程序是什么？
11. 实验室信息管理系统有哪些基本要求？

项目五

检测实验室管理体系要求

学习目标

知识目标

1. 了解实验室管理体系的不同方式。
2. 熟悉实验室管理体系文件（方式A）的建立要求。
3. 熟悉实验室管理体系文件和记录的控制要求。
4. 熟悉实验室应对风险和机遇的措施、改进和纠正措施。
5. 熟悉实验室内部审核和管理评审要求。

能力目标

1. 能够按照方式A建立实验室管理体系文件。
2. 能正确实施实验室管理体系文件和记录的控制。
3. 能够有效识别实验室风险，并制定应对风险和机遇的措施。
4. 能够正确制定实验室内部审核计划并组织实施。
5. 能够正确制定实验室管理评审计划并组织实施。

素质目标

1. 通过学习实验室管理体系文件的建立，树立规则意识。
2. 通过学习应对风险和机遇的措施的要求，树立风险意识。

3. 通过学习验室管理体系文件和记录的控制要求，培养诚信意识。

4. 通过学习改进和纠正措施要求，培养精益求精的工匠意识。

5. 通过学习实验室内部审核和管理评审，培养良好的合作精神。

问题导入

1. 对于一家新成立的检测公司，如何建立一套完整的管理体系，并有效运行这一管理体系？

2. 实验室管理体系文件为何对一个实验室非常重要呢？

任务一 了解检测实验管理体系方式

管理体系概述（视频）

一、准则条文

8.1 方式

8.1.1 总则

实验室应建立、编制、实施和保持管理体系，该管理体系应能够支持和证明实验室持续满足本准则要求，并且保证实验室结果的质量。除满足第 4 条款至第 7 条款的要求，实验室应按方式 A 或方式 B 实施管理体系。

注：更多信息参见附录 B。

8.1.2 方式 A

实验室管理体系至少应包括下列内容：

——管理体系文件（见 8.2）；

——管理体系文件的控制（见 8.3）；

——记录控制（见 8.4）；

——应对风险和机遇的措施（见 8.5）；

——改进（见 8.6）；

——纠正措施（见 8.7）；

——内部审核（见 8.8）；

——管理评审（见 8.9）。

8.1.3 方式 B

实验室按照 GB/T 19001 的要求建立并保持管理体系，能够支持和证明持续符合第 4 条款至第 7 条款要求，也至少满足了第 8.2 条款至第 8.9 条款中规定的管理体系要求。

二、条文理解与应用说明

1. 实验室应建立、编制、实施和保持管理体系

本条款是对实验室管理体系提出总的要求。

实验室应按自身活动范围建立、实施和保持符合《认可准则》要求的管理体系，对影响检测和/或校准结果质量的相关过程控制要求予以明确，并按照体系要求对实验室日常运行进行管控，所有过程受控，最终达到确保检测/校准结果质量和客户满意的目的。

如果实验室是某个机构的一部分，该机构的管理体系已覆盖了实验室的活动，实验室应将该组织管理体系中有关实验室的规定予以提炼和汇总，形成针对实验室活动的文件，并明确相关的支持性文件；如果针对实验室建立单独的管理体系，管理体系还应覆盖为支撑体系运作的所有相关部门，管理体系中有关实验室和相关支持部门工作职责的文件应由对实验室和相关部门承担管理职责的该组织的负责人批准。

实验室应按照方式 A 或方式 B 实施管理体系。

2. 方式 A 和方式 B 的区别

（1）随着管理体系的广泛应用，日益需要实验室运行的管理体系既符合 ISO 9001，又符合 ISO 17025。因此，提供了实施管理体系相关要求的两种方式。

（2）方式 A 列出实验室管理体系实施的最低要求，其已纳入 ISO 9001 中与实验室活动范围相关的管理体系所有要求。因此，遵循了 ISO 17025 第 4~7 条款，并实施第 8 条款方式 A 的实验室，其运作也基本符合 ISO 9001 的原则。

（3）方式 B 允许实验室按照 ISO 9001 的要求建立和保持管理体系，并能支持和证明持续符合第 4~7 条款的要求。因此实验室实施第 8 条款的方式 B，也是按照 ISO 9001 运作的。实验室管理体系符合 ISO 9001 的要求，并不证明实验室具有出具技术上有效的数据和结果的能力。实验室还应符合第 4~7 条款。

（4）两种方式的目的都是在管理体系的运行和符合第 4~7 条款的要求方面达到同样的结果。

简单一句话概括：要想满足 ISO 17025 的要求，获得认可，可以通过两种方式：

方式 A：实验室全部按照 ISO 17025 的要求建立管理体系，符合第 4~8 条款的要求；

方式 B：ISO 17025 的第 8 条款管理体系要求实验室按照 ISO 9001 建立，然后实验室按照 ISO 17025 的要求，建立符合第 4~7 条款要求的管理体系。

三、应用案例

1. 案例内容

实验室已建立了文件化的管理体系，但其中缺少“应对风险和机遇的措施”

“改进管理” 等程序。

2. 案例分析

实验室不满足 CNAS-CL01：2018 中 8.1.2：实验室管理体系至少应包括下列内容：管理体系文件（见 8.2）；管理体系文件的控制（见 8.3）；记录控制（见 8.4）；应对风险和机遇的措施（见 8.5）；改进（见 8.6）；纠正措施（见 8.7）；内部审核（见 8.8）；管理评审（见 8.9）。

任务二 管理体系文件（方式 A）

一、准则条文

8.2 管理体系文件（方式 A）

8.2.1 实验室管理层应建立、编制和保持符合本准则目的的方针和目标，并确保该方针和目标在实验室组织的各级人员得到理解和执行。

8.2.2 方针和目标应能体现实验室的能力、公正性和一致运作。

8.2.3 实验室管理层应提供建立和实施管理体系以及持续改进其有效性承诺的证据。

8.2.4 管理体系应包含、引用或链接与满足本准则要求相关的所有文件、过程、系统和记录等。

8.2.5 参与实验室活动的所有人员应可获得适用其职责的管理体系文件和相关信息。

二、条文理解与应用说明

1. 质量方针和目标

实验室要建立质量方针和目标，并确保其与实验室相适应，文件化、正式发布，质量方针和目标满足以下几点要求。

（1）与组织的宗旨相适应；

（2）包括对满足要求和持续改进质量管理体系有效性的承诺；

（3）体现实验室的能力、公正性和一致运作；

（4）在组织内得到沟通和理解；

（5）在持续适宜性方面得到评审。

质量方针必须联系本组织的实际，方针要具体化，要有实质性的内容和含意，作为质量方针文字应严谨、准确、简练、易于理解，真正起到一个组织质量管理体系的推动力作用。实验室管理层发布的质量方针和目标要求要在管理体系中得到贯彻，确保所有各级员工理解并加以执行。质量目标通常依据组织的质量方针制定，是可测量的。按照不同的职能和层次可以分别规定质量目标，如设备管理部门制定设备完好率目标，技术培训部门制定培训目标，检测部门制定数据结果差错目标等等。对这些目标应制定测量与评价的方法，具有可操作性。总目标和质量目标的实现情况应在管理评审时加以评审，在评价后可做出适当的调整。

2. 管理体系文件的编制

（1）建立管理体系的目的　近几年来，我国越来越多的实验室正在按 ISO/IEC 17025 建立管理体系，并把获得实验室认可作为实验室的重要工作目标。那么，实验室为什么要建立管理体系并寻求获得实验室认可呢？

①建立管理体系并寻求权威组织的认可是实验室扩大知名度、增强竞争力的最佳途径。

检测实验室获得认可后，可在认可的业务范围内使用“中国实验室国家认可”标志，该标志表明实验室具备了按有关国际认可准则开展检测服务的技术能力；同时获得了与 CNAS 签署互认协议方国家和地区实验室认可机构的承认；有机会参与国际间实验室认可双边、多边合作，从而得到更广泛的承认。

检测实验室获得认可后，可有效提高实验室的知名度，增强实验室在检测市场的竞争能力。目前，实验室认可在国际和国内逐步得到重视，一个没有获得权威组织认可的检测实验室所出具的报告，已经很难获得政府部门和质量诉讼双方的信任。

②建立管理体系并寻求权威组织的认可是实验室迅速提高内部管理水平的有效办法。

在市场经济中，检测实验室是为政府机构、社团组织和贸易双方提供检测服务的技术组织。一方面，随着新产品的不断涌现，检测对象的多样性和复杂性对检测技术提出了更高的要求，如何保证检测结果的可靠性成为检测实验室最重要的工作内容；另一方面，关于产品质量的诉讼逐步增多，检测机构出具的数据成为划分责任的重要依据，因而检测数据的可靠性和实验室的公正性越来越成为社会大众关注的焦点。检测实验室为了保证向客户提供的检测服务具备科学性、公正性和准确性，就必须建立完善的组织结构并施行高效的管理体系。CNAS 按 ISO/IEC 的管理规则开展认可工作，要求被认可的检测和校准实验室要按 CNAS-CL01《检测和校准实验室能力认可准则》（以下简称为《认可准则》）运作，《认可准则》的要求等同于 ISO/IEC 17025：2017，按照《认可准则》建立的管理体系已被证明是目前世界上最先进、最完善的实验室管理体系。

对一个检测实验室来说，建立并不断完善管理体系是一个需要付出许多努力的过程，外部的监督和约束是不可或缺的条件。从决定申请实验室认可到获得认可，其过程本身就是对检测实验室加强质量管理最有力的促进，能在短期内使实验室的管理水平得到提升。同时，CNAS 按照 ISO/IEC 的管理规则建立的对已获认可实验室的监督机制，也可以有效地保证实验室的管理维持在较高的水平。

③建立管理体系是检测实验室申请实验室认可和接受外部评审的前提条件。

实验室认可是由经过授权的认可机构对实验室的管理能力和技术能力按照约定的标准进行评价，并将评价结果向社会公告以正式承认其能力的活动。

管理体系是外部对实验室的能力和水平做出评价的依据。CNAS 要求被认可的检测实验室按《认可准则》建立管理体系和运作。因此，建立管理体系是检测实验室向 CNAS 提出认可申请的基本条件。

(2) 编制管理体系文件的依据　编制管理体系文件的依据主要是 CNAS-CL01《检测和校准实验室能力认可准则》和《实验室资质认定评审准则》。准备申请实验室认可的实验室应在质量手册中声明遵守 CNAS-CL01《检测和校准实验室能力认可准则》的要求。由于一般还要申请实验室资质认定，因此也要声明符合 RB/T 214—2017《检验检测机构资质认定能力评价　检验检测机构通用要求》的要求。《检验检测机构资质认定能力评价　检验检测机构通用要求》在制定过程中，既充分考虑并吸纳了 ISO/IEC 17025：2017 的精髓，同时又兼顾了我国政府对检测市场、检测实验室进行监管的强制性要求。如果实验室认可和资质认定同时进行现场评审（俗称二合一评审），对实验室的要求是在 CNAS-CL01 要求的基础上增加实验室资质认定的特殊要求。在建立管理体系时，要注意同时满足这些特殊要求。

(3) 对管理体系文件的基本要求　编制实验室管理体系文件应注意具有符合性、适用性和可操作性。符合性用于衡量管理体系文件与《认可准则》及其在特殊领域的应用说明所提要求的符合程度，与实验室业务范围的符合程度，以及与其他有关法律规章的符合程度。在起草管理体系文件应注意不要有疏漏。适用性用于衡量管理体系文件是否能够有效指导管理体系各环节和检测业务的正常运作，是否能在运作过程中留下足够的证据。原则上应做到凡是需要文件支持的质量活动和检测工作均应形成文件。可操作性用于衡量管理体系文件在实施过程中被使用者正确理解、乐于接受并真正执行的程度。管理体系文件应在保证符合性和适用性的基础上努力做到章节条款和记录表格设计合理，文字表述准确明白，行文简洁流畅，同时应尽量避免不必要的重复。

(4) 管理体系文件层次　一般实验室应首先管理体系中所有文件的架构，也就是管理体系文件层次。管理体系的文件一般包括：质量手册、程序文件、规范、作业的指导书和记录、表格和报告等（图 5-1）。

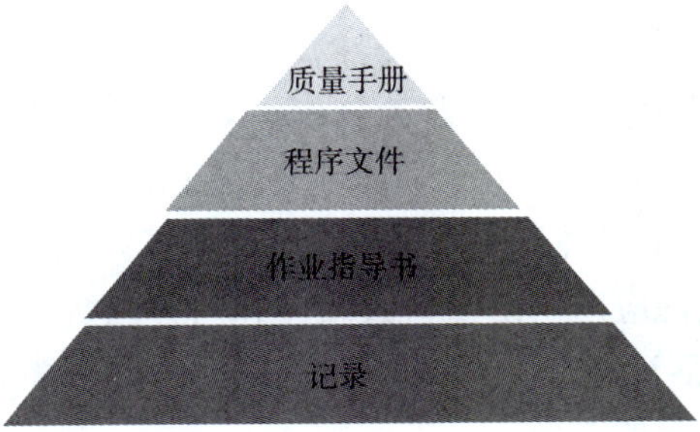

图 5-1　管理体系文件示意图

质量手册是第一层次的文件，是一个将认可准则转化为本实验室具体要求的纲领性的文件。因为认可准则是通用要求，照顾到各行业的需求，而各实验室有自己的业务领域、有自身特点，所以必须进行转换。手册的精髓就在于有自身的特色，它提供实验室管理层指挥和控制实验室使用的。第二层次为程序文件，是为实施质量管理的文件，主要供职能部门使用。第三层次是规范和作业指导书，它是指导开展检测/校准的更详细的文件，是供第一线业务人员使用的。而各类记录则是管理体系有效运行的证实性文件。显然，不同层次文件的作用是各不相同的。要求上下层次相互衔接，不能有矛盾；下层次比上层次文件更具体，更可操作，要求上层次文件应附有下层次支持文件目录。

（5）编制管理体系文件的步骤　首先是由经过培训，并对《认可准则》有充分认识的人员对本实验室的业务范围、质量方针和总体目标、组织结构、人员、环境、设备等进行认真的分析。

在质量方针、总体目标和组织结构确定后，着手起草质量手册、程序文件及质量记录表格。以确定的业务范围为基础，安排技术人员起草检测细则，编制技术记录表格，并开展不确定度评定。环境条件、设备数量或精度不满足检测要求的要着手配备，并进行校准。起草的管理体系文件应与实验室的业务范围和硬件条件相呼应，各部分内容之间应衔接。管理体系文件的初稿完成后应组织骨干人员讨论，修改后经最高管理者批准发布。管理体系文件发布后，按规定范围发放到有关人员手中，然后就可以组织宣贯了。

（6）关于管理体系文件的描述　由于各实验室的管理体系文件都是依据《认可准则》编制的，基本内容大致相同，但在编排方式、编写格式、描述深度和表格设计等方面有很大区别。各实验室的情况有很多不同之处，还需要负责编制管理体系文件的人员针对本实验室的具体情况加以修改和补充。

①质量手册：用于表述实验室的质量方针，描述实验室的组织机构和管理体系，阐述实验室在管理工作和技术工作方面的基本政策。质量手册对内用于实施、检查、审核、评审管理体系，并确保其运行正常；对外供用户和认可机构了解、检查、评价本实验室的管理体系和工作能力，并使其确信本实验室具有可信赖的工作质量。由于质量手册的内容涵盖的是基本要求，各检测实验室的质量手册虽然格式不同，繁简有别，但内容基本上是一致的。

②支持性程序文件：程序文件是质量手册的支持性文件，用于描述具体的运作过程和要求。因此编写程序文件时，必须以质量手册为依据，要符合质量手册的规定与要求。程序文件应具有承上启下的功能，上承质量手册，下接作业文件，应能控制作业文件并能把手册纲领性的规定具体落实到作业文件中去，从而实现为报告质量的有效控制创造条件。程序文件应简明易懂，其结构和内容包括：

a. 目的（Why）。为什么要开展这项活动；

b. 范围（What）。开展此项活动所涉及的方面；

c. 职责（Who）。由哪个部门实施此项程序，明确其职责和权限；

d. 工作时间（When），工作流程。列出活动顺序和细节，明确各环节的“输入—转换—输出”；

e. 场所（Where）。某项检测工作的具体场所；

f. 方式（How）。选择合适的检测方式。

有人形象地称程序文件的内容和结构为“5W+1H”。在质量管理体系文件中，程序文件是最重要的组成部分，它是全体员工的行为规范和工作准则。

③资源手册：包括实验室的人员、场地、设备、检测依据等资源类信息的表格。多数实验室的管理体系文件是把这部分内容附在质量手册后面的，由于其中很多信息是经常更新的，作为质量手册的附录造成文件受控上诸多不便，也存在信息滞后的问题。它便于及时更新，也便于管理层及时了解实验室的资源状况。

④质量记录表格：包括计划阶段和执行阶段的各种表格。质量记录表格的正确使用是管理体系正常运行的有力证据。在实际工作中经常出现怕麻烦，做了工作不填表的现象，接受外部评审时不能提供相关证据。因此，在表格设计上，应力求信息全面且使用方便。多数实验室的管理体系文件是把这部分内容附在程序文件后面的。

⑤技术记录格式：此文件的设计和正确使用集中表明了实验室的技术水平和管理水平，是证明检测结果准确、可靠的第一手证据。

⑥作业指导书：包括检测细则、操作规程、自校规程、期间核查规程等四种，每种仅给出一份文件，供编制时参考。是否编制检测细则视外来技术文件能否满足检测工作的需要而定，如具有内容详细的方法标准，一般不再需要编制检测细则。

关于作业指导书的受控建议按检测细则、操作规程、自校规程、期间核查规程的类别单独装订成册，由质量科负责按受控文件管理，发至技术负责人及相关检测实验室。

三、应用案例

1. 案例 1

某检测机构对质量方针和质量目标予以具体的量化（表 5-1）。

表 5-1　某检测公司的质量方针和质量目标

<table>
<tr><td colspan="2">×××检测技术有限公司</td></tr>
<tr><td rowspan="4">质量手册</td><td>文件编号：××××-QM-001</td></tr>
<tr><td>第 69 页共 160 页</td></tr>
<tr><td>第 E 版第 2 次修订</td></tr>
<tr><td>颁布日期：2018-12-19</td></tr>
</table>

3.1　质量方针

通过向我们的客户传递准确、及时的信息来提供价值以达到或超越客户的期望。

声明包含以下几点：

（1）承诺符合 ISO/IEC 17025—2017 标准。

（2）承诺持续改进质量管理体系的有效性。

（3）承诺优良、专业、规范。

（4）承诺我们的服务质量。

（5）根据说明的方法和客户要求进行测试。

实验室的最高管理层必须确保该质量方针在整个实验室中得以传达并理解及评审方针的持续适用性。

3.2　质量目标

（1）依据 ISO/IEC 17025—2017《检测和校准实验室能力的通用要求》建立并不断完善质量体系，确保实验室质量体系持续有效运行，努力成为家私行业最优秀的检测实验室之一。

（2）加强全员培训，提高全员素质，检测人员必须持证上岗，全体员工牢固树立统一的目标和价值观，杜绝重大质量事故，以规范的行为、过硬的技术和优质的服务赢得全社会的赞誉。

（3）维护检测工作的科学性、公正性，确保量值的统一和数据的准确。检测报告无关键数据或结论性差错，其他差错率≤1%。

（4）坚定不移地执行“以客户为中心”的服务宗旨，不折不扣地贯彻执行“方法科学、行为公正、结果准确、工作高效、客户满意”的服务方针，确保实验室检测及时率达到95%以上，客户有效投诉率≤1%。

---

2. 案例 2

（1）案例内容　实验室建立了质量方针和目标，并纳入质量管理手册，但只发放了一本质量手册给综合部，由综合部组织对各部门培训。

（2）案例分析　实验室未满足 CNAS-CL01：2018 中 8.2.5 的要求：参与实验室活动的所有人员应可获得适用其职责的管理体系文件和相关信息。

3. 案例 3

（1）案例内容　质量管理手册及其体系文件存在下列欠缺：①质量方针缺少持续改进管理体系有效性的承诺；②未能明确总体目标。

（2）案例分析　实验室未满足 CNAS-CL01：2018 中 8.2.1 的要求：实验室管理层应建立、编制和保持符合本准则目的的方针和目标，并确保该方针和目标在实验室组织的各级人员得到理解和执行。

4. 案例 4

（1）案例内容　查 2018 年 4 月 1 日实施的体系文件，质量手册“引用标准”

章节中缺少 CNAS-RL01：2018《实验室认可规则》、CNAS-RL02：2018《能力验证规则》、CNAS-R01：2018《认可标识和认可状态声明管理规则》等。

（2）案例分析　实验室未满足 CNAS-CL01：2018 中 8.2.4 的要求：管理体系应包含、引用或链接与满足本准则要求相关的所有文件、过程、系统和记录等。

> 一线传真：廖丽娟，吴孟岚，邹俊．探究食品药品检验检测机构管理体系文件的构建和体会［J］. 食品安全导刊，2022（4）：44-47.
> 缪娟，李丹，杜亚琼，等 .5S 管理在检验检测实验室的应用［J］. 研究与探讨 .doi：10.16434/j.cnki.zgzl.2022.04.021

【读与思】

建立实验室管理体系文件的重要性

实验室管理体系文件包括质量手册、程序文件、作业指导书、质量记录与技术记录等。质量手册是实验室的纲领性文件，描述质量体系、组织结构，明确本实验室的质量方针和质量目标，各种支持性程序以及在质量体系中各人员的责任和相互关系；描述开展质量活动的各个环节和方面必须满足和如何满足 ISO/IEC 17025 的要求，是各项质量工作应遵循的根本依据。程序文件，是质量手册中相关要素的展开和明细表达，承上启下；描述为实施管理体系要素所涉及的各职能部门的活动的完成所规定的途径（或）方法，明确质量活动的目的、范围、责任部门（人）和工作流程。作业指导书是程序文件的支持性文件和细化，指导检验工作和管理工作的操作性文件，实验室技术人员从事具体检测工作的指导，有利于统一思想和行动，以减少工作的偏差。

实验室管理体系文件是管理体系的文件化，是系统地阐述质量方针和质量体系的全部要素、要求和规定的文件，是建立、健全实验室管理体系的重要组成部分，是实验室管理体系运行和管理的内部规范和依据，是实验室实现规范化管理的基础，是实验室管理体系评审和实验室认可的重要依据。

【启示】实验室管理体系文件是实验室的内部“法规”和“标准”，是实验室实现合规运行、规范运行、高效运行和持续改进的基础。不完善的体系文件可能带来合规风险，不合理的体系文件可能存在难以执行的风险，不够明确和规范的体系文件可能导致效率低下。

任务三 管理体系文件的控制（方式A）

一、准则条文

8.3 管理体系文件的控制（方式A）

8.3.1 实验室应控制与满足本准则要求有关的内部和外部文件。

注：本准则中，“文件”可以是政策声明、程序、规范、制造商的说明书、校准表格、图表、教科书、张贴品、通知、备忘录、图纸、计划等。这些文件可能承载在各种载体上，例如硬拷贝或数字形式。

8.3.2 实验室应确保：

a）文件发布前由授权人员审查其充分性并批准；

b）定期审查文件，必要时更新；

c）识别文件更改和当前修订状态；

d）在使用地点应可获得适用文件的相关版本，必要时，应控制其发放；

e）文件有唯一性标识；

f）防止误用作废文件，无论出于任何目的而保留的作废文件，应有适当标识。

二、条文理解与应用说明

1. 管理体系文件的控制

（1）实验室管理层为保证其文件体系的现行有效性和适应性，必须按《认可准则》要求，建立并控制构成其管理体系的所有文件（包括内部和外部文件）。

（2）文件的批准和发布是控制体系有效性的重要阶段，主要包括以下几个方面：

a. 管理体系控制范围内的所有文件在发布给实验室人员使用前，必须经过文件控制程序中指定的授权人员对各类文件进行审核并批准，以确保文件的完整性和适应性。

b. 按文件控制程序进行文件有效性的定期审核活动，确保所有现行文件能及时修订、完善，持续适用。

c. 文件控制程序应体现文件的原版、修订版本编号规则，使文件易于识别文件更改和当前修订状态。

d. 文件要发放到使用地点，换版后及时从发布处或使用现场撤出无效或作废文件，或用其他方法确保不被误用。

e. 各类文件应有唯一性标识，例如：发布日期、修订标识、页码、总页数等，能够有效区别各个文件的标识。

f. 有必要保留的作废文件应有适当标识以防被误用。

2. 定期对实验室文件进行评审

（1）文件审核的目的、种类　文件审核是指对管理体系文件的审核、审批、发放、使用、更改、标识、回收和作废等全过程的检查。目的是保证实验室管理体系文件和各项管理活动所依据的检定规程、校准规范、有关技术标准等文件始终处于受控状态，并根据实际运行情况适时修改体系文件、确保文件的现行有效和保密。

（2）文件审核的工作程序　文件审核程序建立过程中应根据实验室实际情况，明确审核范围和各部门、各岗位的职责，审核的内容包括文件的审核、审批、发放、更改、回收和处置、记录等内容。

（3）文件审核的方法　文件审核人员必须是熟悉过程或执行过程，且熟悉相关法律、法规、标准的人员。审核的文件既要符合相关法律法规，又要符合实际操作。不同层次的文件由不同人员审核。如质量手册由质量负责人审核或由质量负责人组织相关人员审核；程序文件由生产技术部门组织审核；标准、操作规程由执行且熟悉具体工作流程的操作人员审核；记录表单由各使用部门审核等。审核人员确定后，文件管理部门应先组织文件审核培训，统一文件审核格式。审核的文件应具有可操作性，且文字表述准确、清晰。

（4）检查文件的审批　检查文件的审批情况以确保文件的正确性、充分性、适宜性。每个受控文件均应经授权人员审批后才能发布。体系文件在执行过程中应根据实际情况确定评审周期，以确保文件的正确性、充分性、适宜性。一般情况下，管理体系文件应每年评审 1 次，可结合内部审核进行。

（5）检查文件标识　主要包括文件编号、发放编号以及加盖文件“受控”章等。管理体系的每份文件应具有唯一的文件编号、文件发放编号，以确保文件的统一性、唯一性和可追溯性。

（6）检查体系文件的管理　检查是否根据质量负责人/技术负责人制定的受控文件的发放范围和发放数量来分发。当使用文件因破坏严重而影响使用时，应交回破损文件，补领新文件，新文件发放编号仍沿用原文件发放编号；文件丢失后应及时办理申请领用手续，在补发文件时给予新的发放编号，并注明丢失文件的发放编号作废。

（7）检查文件的储存　与管理体系相关的文件必须分类存放在干燥、通风、安全的地方，不得在受控文件上乱涂、划、改，确保文件的清晰。体系文件的归档、保管应同时满足实验室文件管理程序的有关规定。

（8）检查文件更改、回收及处置　检查发放的受控文件是否随意更改。检查文件需要更改时，是否说明更改原因，是否注明更改标识和更改生效时间，文件更改后是否再次经过审批，并按原文件发放范围发放更改后的文件。

作废的体系文件是否由文件发放部门按文件发放范围收回并做好记录，以保证工作现场不使用过期、作废文件。作废的文件是否集中保管或统一销毁，并做好相应记录。

（9）外来文件检查　外来文件可实行分级（单位级、部门级）检查。单位级外来文件，如国家法律法规、国家及地方相关行业标准等，是否由文件管理部门负责统一编号、加盖“受控”章后，按内部受控文件进行发放、保管、定期评审、回收处置等。

部门级外来文件，如仪器、设备说明书或复印件等，是否由各部门负责收集、整理，是否确保所使用的外来文件为最新版本，并做好部门外来文件登记清单。

（10）文件审核中应注意问题　注意检查文件复制。有些实验室人员为了完成任务不加选择地抄袭范文，写出来的文件不完全符合实际，不能做到“写你所做”，要注意检查。

（11）检查文件的修订是否及时　检查审核文件时要注意许多与质量有关的上级收文及本级发文没有及时纳入体系文件，没有及时修订，从而使一些做法游离于体系文件之外。

（12）检查文件接口是否顺畅　检查审核各层次文件之间及同层次文件之间有没有较好衔接，是否出现相互矛盾的规定。

（13）检查记录是否完整　检查实验室有没有该记的不记，为应付检查事后补记等现象。

（14）检查人员对文件受控意识　检查实验室是否不断制定各种规章制度，但并没有将其纳入管理体系文件，甚至朝令夕改；是否有些部门对于接收的外来文件不加分辨，没有将外来受控文件统一管理。

三、应用案例

1. 案例 1

（1）案例内容　实验室外部受控文件清单中未包括 CNAS 的认可准则、能力验证规则、量值溯源要求等文件。

（2）案例分析　CNAS 的认可准则、能力验证规则、量值溯源要求等文件属于与认可准则的相关外来文件，必须管控。不满足 CNAS-CL01：2018 中 8.3.1 条款“实验室应控制与满足本准则要求有关的内部和外部文件”。

2. 案例 2

（1）案例内容　物理检测室在墙上公布的仪器操作规程，只有标题和内容，无编制、审核、审批签字。

（2）案例分析　认可准则规定实验室发放的文件发布前由授权人员审查其充分性并批准。因此，该实验室不满足 CNAS-CL01：2018 中 8.3.2 a）条款。

3. 案例 3

（1）案例内容　实验室没有规定出于法律或知识保存目的而保留的作废文件

作适当的标记。

（2）案例分析　实验室未满足 CNAS-CL01：2018 中 8.3.2 f）防止误用作废文件，无论出于任何目的而保留的作废文件，应有适当标识。

4. 案例 4

（1）案例内容　质量主管未能提供定期审查文件的证据。

（2）案例分析　实验室未满足 CNAS-CL01：2018 中 8.3.2 b）定期审查文件，必要时更新。

5. 案例 5

（1）案例内容　审查实验室的《记录控制程序》（编号 A），其中规定了记录的文件标识的编码规则，但该编码规则不具唯一性，且缺少记录分类标识的使用备注。

（2）案例分析　实验室未满足 CNAS-CL01：2018 中 8.3.2 e）文件有唯一性标识，实验室制定的文件唯一性标识不合理。

文件的控制（视频）

一线传真：浅析药品检验工作室管理体系文件电子化控制系统的建立［J］. 临床医药文献电子杂志，2020，7（54）：171+179.

任务四　记录控制（方式 A）

一、准则条文

8.4　记录控制（方式 A）

8.4.1　实验室应建立和保存清晰的记录以证明满足本准则的要求。

8.4.2　实验室应对记录的标识、存储、保护、备份、归档、检索、保存期和处置实施所需的控制。实验室记录保存期限应符合合同义务。记录的调阅应符合保密承诺，记录应易于获得。

注：对技术记录的其他要求见 7.5 条款。

二、条文理解与应用说明

1. 记录控制

记录的定义是为已完成的活动或达成的结果提供客观证据的文件。这就是说它应对“已完成活动”从开始到其结束的全过程运作进行记录；或对“所达到的结果”从初始启动条件直到结果产生的全过程操作进行记录，以证实活动的规范，保证结果的可靠。

因此活动的关键过程的运作条件、方法程序、发生的过程现象等，均应予以记录，以便为可追溯性提供文字依据，为验证纠正措施提供证据。

2. 实验室应制定记录至少应保证以下内容

（1）有唯一性标识，以便识别。

（2）记录清楚而不会消失。

（3）储存保管方式应使其便于检索，并应明确查阅人员范围和批准查阅手续，因为这涉及保护客户机密和所有权等问题。

（4）储存保管应当环境适宜，防止损坏、变质和丢失，如防潮、防火、防蛀、防失窃等。

（5）应明确规定记录保存期限，不同种类的记录可以有不同的保存期限，当然，保存期应符合法律法规、客户、官方管理机构、认可机构以及标准规定的要求；保存期常分为永远保存（如基本建设资料、收藏性资料）、长期保存（如设备档案、人员档案等）、短期保存。

（6）载体可以有硬拷贝或电子媒体等不同形式。

（7）记录的调阅应保证安全与保密，便于查找。

（8）电子方式储存的记录应有保护和备份程序，防止未经授权的接触或修改。

（9）过了保存期的记录需要销毁时，应列出清单，应经过审查和批准，以免造成无可挽回的损失（批准的清单应永久保存）。

3. 记录保存的要求

除特殊情况外，所有技术记录，包括检测或校准的原始记录，应至少保存 6 年。如果法律法规、CNAS 专业领域认可要求文件或客户规定了更长的保存期要求，则实验室应满足这些要求。人员或设备记录应随同人员工作期间或设备使用时限全程保留，在人员调离或设备停止使用后，人员或设备技术记录应再保存 6 年。技术记录，无论是电子记录还是纸面记录，应包括从样品的接收到出具检测报告或校准证书过程中观察到的信息和原始数据，并全程确保样品与报告/证书的对应性。

除非相关法规另有规定，当实验室承担的检测或校准结果用于产品认证、行政许可等用途时，相关技术记录和报告副本的保存期应当考虑相关产品认证、行政许可证书规定的有效期。

4. 技术记录的信息

为复现检测/校准过程，技术记录的信息应尽可能足够，技术记录的信息主要包括以下六方面的内容。

（1）被检/校物品的相关信息　例如被校测量仪器的名称、型号规格、委托者及其地址、制造厂、出厂编号或设备编号等。

（2）为复现检测/校准条件所需的信息　包括检测/校准依据、环境条件（如温度、温度、大气压）、检测/校准所用测量设备的名称、型号规格、编号、示值误差/准确度等级可能影响检测/校准结果的信息。校准的原始记录，还可包括所用主标准器的证书编号或有效期。

（3）检测/校准数据和结果　包括原始观测数据、计算过程中用到的所有修正值、量值以及它们的来源（必要时）、计算结果、图表等。心算的数据通常不能直接记录在原始记录上，自动化设备如果其输出信息不足以满足完整信息的要求，打印输出的字条应直接粘贴在原始记录纸上（有图谱输出的要保留图谱）。

（4）参与人员的签名　包括检测/校准人员、核验人员，还包括抽样人员。

（5）检测/校准的时间和地点　检测/校准操作具体是何年何月何日，经过连续多日试验才得到检测/校准结果的，应能看出哪一个项目是什么时候进行的，有时间段的表示。对在户外或顾客单位进行检测/校准的，必须给出检测/校准的具体场所，如房号，以便日后追溯。

（6）有关标识和标志　包括记录标识、记录编号、记录的总页数和每页的页码编号等。

每个实验室可能会有差别，大家可以根据自己的实验室进行完善。

5. 文件和记录的区别

文件与记录的区别见表5-2。

表5-2　　文件与记录的区别

文件	记录
文件：信息及承载媒体 文件的用途：传递信息、沟通意图，统一行动 具体表现为： ——满足客户要求和质量改进 ——提供适宜的培训 ——重复性和可追溯性 ——提供客观证据 ——评价质量体系有效性和持续适宜性	记录：阐明所取得的结果或提供所完成活动的证据的文件 记录可以为可追溯性提供文件，并提供验证纠正措施的证据 记录通常不需要控制版本
在工作之前确定该怎么做的规定	工作之中形成的做得怎么样的证据
需要批准、发布；要保持现行有效版本	无需批准，无需发布，单需要核查，通常不需要控制版本
新文件发布、作废及时回收	具有耐久性，有保存期
可以随时修改，不断完善	一旦形成，不许修改
分为有保密要求和无保密要求两类	要求安全防护和保密，防止未经授权的人修改，电子记录还要有备份
控制编制、审批、颁布、分发、使用、更改、回收和归档	控制识别、收集、检索、维护、储存、处置

三、应用案例

1. 案例 1

（1）案例内容　在某实验室，审核员看到装有实验测试记录的纸箱堆放在作为紧急出口的楼梯间内。

（2）案例分析　实验室未满足 CNAS-CL01 中 2018：8.4.2 实验室应对记录的标识、存储、保护、备份、归档、检索、保存期和处置实施所需的控制。实验室记录保存期限应符合合同义务。记录的调阅应符合保密承诺，记录应易于获得。

2. 案例 2

（1）案例内容　在对实验室进行审查的过程中，发现制定的记录控制程序中，对检测原始记录的唯一性识别缺少管理规定。而且程序文件规定记录按责任分工实施并保存，但实际实施是由质量部集中保存。

（2）案例分析　实验室未满足 CNAS-CL01：2018 中 8.4.2 实验室应对记录的标识、储存、保护、备份、归档、检索、保存期和处置实施所需的控制。

3. 案例 3

（1）案例内容　编号为 A 检验报告（卫生巾检验）所附微生物检验原始记录中缺少样品前处理、样品接种量等信息；编号为 B 检验报告（洗发淋浴二合一检验）所附微生物检验原始记录中缺少亲水性化妆品和疏水性化妆品的样品前处理信息。

（2）案例分析　实验室未满足 CNAS-CL01：2018 中 8.4.1 实验室应建立和保存清晰的记录以证明满足本准则的要求，记录不完整，缺少前处理。

4. 案例 4

（1）案例内容　实验室编制的记录保存期限一览表中缺少对检测原始记录、检测报告（副本）保存期限的规定。

（2）案例分析　实验室未满足 CNAS-CL01：2018 中 8.4.2 实验室记录保存期限应符合合同义务，记录无保存期限。

记录控制（视频）

一线传真：于宝良．文件控制及记录控制中的注意事项［J］．管理．doi：10.16569/j.cnki.cn11－3720/t.2019.04.015

【读与思】

河北省邯郸市恒泰建设工程检测有限公司出具虚假检测报告案

2022 年 2 月 10 日，河北省省住房和城乡建设厅通报邯郸市恒泰建设工程检测有限公司伪造检测数据，出具虚假检测报告，其行为违反了《建设工程质量检测管理办法》第 8 条的规定。根据《建设工程质量检测管理办法》第 30 条、第 32 条的规定，邯郸市丛台区综合行政执法局对其作出罚款 30000 元的行政处罚，对其法定代表人韩某和直接责任人员陈某、杨某、赵某分别作出罚款 3000 元的行政处罚。

【启示】原始记录是实验室活动的证明，是出具检测报告的依据。实验室应建立和保存清晰的记录以证明满足认可准则的要求；实验室应对记录的标识、存储、保护、备份、归档、检索、保存期和处置实施所需的控制。无原始记录出具检测报告或者原始记录缺失关键信息，均会被认定为虚假报告。客观真实是 CNAS 实验室认可和 CMA 资质认定对记录的基本要求。记录造假，属于严重的不诚信行为和严重不符合项，性质严重的会被追究刑事责任。

任务五 应对风险和机遇的措施（方式 A）

一、准则条文

8.5 应对风险和机遇的措施（方式 A）

8.5.1 实验室应考虑与实验室活动相关的风险和机遇，以：

a）确保管理体系能够实现其预期结果；

b）增强实现实验室目的和目标的机遇；

c）预防或减少实验室活动中的不利影响和可能的失败；

d）实现改进。

8.5.2 实验室应策划：

a）应对这些风险和机遇的措施；

b）如何：

——在管理体系中整合并实施这些措施；

——评价这些措施的有效性。

注：虽然本准则规定实验室应策划应对风险的措施，但并未要求运用正式的风险管理方法或形成文件的风险管理过程。实验室可决定是否采用超出本准则要

求的更广泛的风险管理方法，如通过应用其他指南或标准。

8.5.3 应对风险和机遇的措施应与其对实验室结果有效性的潜在影响相适应。

注1：应对风险的方式包括识别和规避威胁，为寻求机遇承担风险，消除风险源，改变风险的可能性或后果，分担风险，或通过信息充分的决策而保留风险。

注2：机遇可能促使实验室扩展活动范围，赢得新客户，使用新技术和其他方式应对客户需求。

二、条文理解与应用说明

1. 风险的含义

风险是不确定性对目标（预期结果）的影响。影响可以是正面的或负面的。“风险”一词有时在有负面影响的可能性时使用，即“危机”；也可以在有正面影响的可能性时使用，即“机遇”。

风险通常以事件后果和发生可能性的组合来表达。影响是与期望的偏差，包括积极的方面和消极的方面。目标可以有不同方面的，如：质量的、财务的或环境的目标。目标也可以体现在不同的层次，如：战略的，组织范围的，项目、产品和过程的目标。不确定性是指发生与否不确定，发生的时间不确定，发生的状况不确定，发生的后果严重程度不确定。

风险在广义上可理解为“特定的不希望事件发生的可能性（概率）及发生后果的综合度量”，可能性和严重性是风险的两个属性。

2. 风险的特征

风险的特征是风险本质及其发生规律的外在表现。正确把握风险的特征，对于加强风险的认识和理解、加强风险管理、减少风险损失，具有重要意义。风险的基本特征包括以下7个方面。

（1）风险具有客观性　风险是一种客观的存在，是客观事物变化过程的特性，是不以人们的意志为转移的、独立于人的主观意识而存在的，也非人为的努力可以完全消除的。

（2）风险具有突发性　风险事件的发生有一个从量变到质变的过程。但是，由于人们认识的局限性或疏忽，往往并未注意到风险的渐变过程，致使风险事件具有突发性，使人感到措手不及，难以应付。

（3）风险具有损失性　只要风险存在，就一定有发生损失的可能。如果发生之时不会有损失，那么就没有必要研究风险了。风险的存在，不仅会造成人员的伤亡，而且会造成生产力的破坏、社会财富的损失和经济价值的减少，因此才使得个体或企业寻求应对风险的方法。

（4）风险具有不确定性　风险的不确定性是指风险结果是否会发生是不确定的，不确定性是风险的最基本的特征。主要表现在：空间上的不确定性，时间上的不确定性，损失程度的不确定性。

（5）风险具有可测性　风险是可测量的，风险的可测性是指人们对于不确定的风险可以就风险发生的可能性和损失的严重程度进行定量或定性的估计和判断。虽然风险具有客观性和发生的随机不确定性，但是人们可以在概率论和数理统计的基础上，根据以往发生的一系列类似事件的统计资料进行分类，来计算某种风险发生的概率，所造成损失的大小及损失的波动性，从而可以对风险进行预测、衡量和评估。

（6）风险具有相对性　相对性是指风险事件发生与否和造成损失程度如何是与面临风险的主体的行为及决策紧密相关联的，同一风险事件对不同的行为者会产生不同的风险，而同一行为者由于其决策或采取的措施不同会带来不同的风险结果。

实质上，风险事件的发生是受主观和客观条件影响的。对于客观条件，人们无法自由选择，只能在一定程度上施加影响，而主观条件（即行为者的行为及决策）则可由人们自主选择。如果说风险的损失性使人们对风险进行管理成为必要，风险的客观性和不确定性增加了管理难度的话，那么风险的可测量性和主观相对性则为人们对风险进行管理提供了空间和方法。

（7）风险与收益的对等性　风险意味着机会，一般情况下，风险与收益是对等的，风险越大，收益就可能越高；风险越小，收益就可能越低。换句话说，人们若想追求高收益就必须承担高风险。

3. 应对风险和机遇

管理层应以基于风险的思维，运用过程方法建立管理体系，对检验检测机构所处的内外部环境进行分析，进行风险评估和风险处置。检验检测机构应该识别法律风险、质量责任风险、安全风险和环境风险等，以基于风险的思维对过程和管理体系进行管控，消除或减少非预期结果的风险，有效利用机遇，拓展资质认定领域，更好为客户服务。

4. 应对风险和机遇的措施

（1）对于内部实验室，机遇主要是如何对待新的检测设备以提高检测的准确性和效率。

（2）对于专业检测实验室，机遇不仅是提高效率，还要关注新的检测领域和行业发展方向。

（3）对于风险，共性的问题是公正性、诚实性、保密、投诉都会带来风险，在制度和日常检查中多下功夫是可以排除的。检测结果不可控带来的风险，这要加强监督与控制。

（4）恰当加强内审、管理评审并及时实施改进是提高实验室应对风险与机遇的有效措施。

本准则规定实验室应策划应对风险的措施，但并未要求运用正式的风险管理方法或形成文件的风险管理过程。实验室可决定是否采用超出本准则要求的更广泛的风险管理方法，如：通过应用其他指南或标准。

5. 实验室做风险评估，需要按照下列内容进行

（1）化学、物理、生物等风险源　已知或未知的特性，与环境的交互作用、相关实验数据、过往资料、预防和治疗方案等。

（2）与实验室本身或相关实验室已发生的事故分析　借鉴过往和其他实验室的案例。

（3）实验室常规活动和非常规活动过程中的风险　包括所有进入工作场所的人员和可能涉及的人员（如合同方人员）的活动；实验室的活动，例如，检测活动，采购，清洗器皿等都可能会有一定的风险，和这些活动相关的人员都要纳入风险评估的范围。

（4）设施、设备等相关的风险　实验室的仪器设备的风险需要评估，包括设备本身的风险，和可能造成的风险。

（5）适用时，实验动物相关的风险　某些实验室会涉及实验动物。

（6）人员相关的风险　比如人员的身体状况、能力、可能影响工作的压力等。

（7）意外事件、事故带来的风险。

（8）被误用和恶意使用的风险。

（9）风险的范围、性质和时限性　识别风险的范围，性质和时限，有助于更好控制风险。集中主要力量对应风险。

（10）危险发生的概率评估。

（11）可能产生的危害及后果分析。

（12）确定可接受的风险。

（13）消除、减少或控制风险的管理措施和技术措施，及采取措施后残余风险或新带来风险的评估。

（14）运行经验和所采取的风险控制措施的适应程度评估。

（15）应急措施及预期效果评估。

（16）为确定设施设备要求、识别培训需求、开展运行控制提供的输入信息。

（17）降低风险和控制危害所需资料、资源（包括外部资源）的评估。

（18）对风险、需求、资源、可行性、适用性等的综合评估。

6. 风险管理流程

风险管理具体内容如图 5-2。

三、应用案例

1. 案例 1

某检测公司在质量手册中对应对风险和机遇的措施的描述如表 5-3 所示。

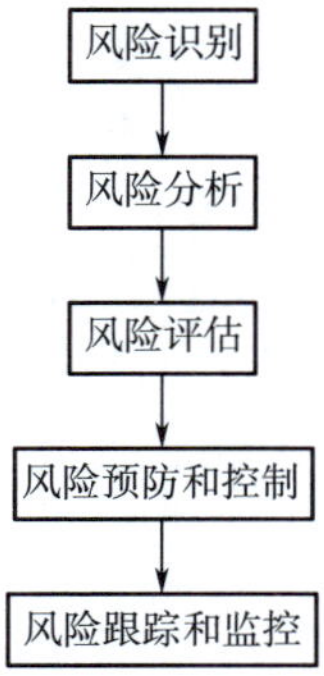

图 5-2　风险管理流程图

表 5-3　　　　某检测公司应对风险和机遇的措施

×××检测技术有限公司	
质量手册	文件编号：××× -QM-001
	第 69 页共 172 页
	第 E 版第 2 次修订
	颁布日期：2018-12-19

8.5　应对风险和机遇的措施

8.5.1　公司管理层应考虑与实验室活动相关的风险和机遇，以：

a）确保管理体系能够实现其预期结果；

b）增强实现公司目的和目标的机遇；

c）预防或减少实验室活动中的不利影响和可能的失败；

d）实现改进。

8.5.2　总经理组织管理层对可能影响公司管理体系运作或实验室活动的相关因素进行风险和机遇评估，对评估的重大风险和机遇项目，相关部门结合实际，以成本与效果为前提，制定应对这些风险和机遇的措施。措施拟定时应考虑如何在管理体系中整合并实施这些措施，最后对这些措施的有效性在管理评审中进行评价。

8.5.3　公司对于识别和规避威胁，为寻求机遇承担风险，消除风险源，改变风险的可能性或后果，分担风险，或通过信息充分的决策而保留风险所采取的措施，以及可能促使实验室扩展活动范围，赢得新客户，使用新技术和其他方式应对客户需求所采取的措施，应与其对公司结果有效性的潜在影响相适应。

8.5.4　支持性文件

无

2. 案例 2

（1）案例内容　2018 年 4 月内审时，未看到实验室针对风险和机遇采取措施的记录。

（2）案例分析　实验室应考虑与实验室活动相关的风险和机遇，并组织策划如何应对这些风险和机遇，制定对应的措施，不满足 CNAS-CL01：2018 中 8.5.2 条款。

应对风险和机遇的措施（视频）

任务六　改进（方式 A）

一、准则条文

8.6　改进（方式 A）

8.6.1　实验室应识别和选择改进机遇，并采取必要措施。

注：实验室可通过评审操作程序、实施方针、总体目标、审核结果、纠正措施、管理评审、人员建议、风险评估、数据分析和能力验证结果识别改进机遇。

8.6.2　实验室应向客户征求反馈，无论是正面的还是负面的。应分析和利用这些反馈，以改进管理体系、实验室活动和客户服务。

注：反馈的类型示例包括：客户满意度调查、与客户的沟通记录和共同评价报告。

二、条文理解与应用说明

1. 实验室应识别和选择改进机遇，并采取必要措施

质量管理体系的时效性、动态性决定了实验室管理层必然要通过评审结果、市场调查、客户反馈、数据分析等，随时调整质量方针、目标，或在方针、目标实现活动中，坚持体系的改进，以不断提高体系的有效性和效率，更好地服务于客户和社会。

实验室管理层应制定实施持续改进的相关政策，并营造全体员工参与改进活动的氛围，使得全体员工能在自身工作范围内积极地识别改进的机会，得以完善，使管理体系、检测/校准活动及客户服务处于持续改进状态。

2. 实验室应向客户征求反馈，无论是正面的还是负面的

实验室应设法从其客户处搜集反馈信息（例如客户调查），无论是正面的还是负面的反馈意见，这是实验室识别改进机会的重要途径，对改进质量管理体系、检测/校准工作质量以及改善对客户的服务都有帮助。

三、应用案例

1. 案例 1

（1）案例内容　2018 年 12 月实验室回收的 39 份“客户满意度调查问卷”中有 11 份没有部门或签名；“客户满意度调查结果分析表”只有一行数据，结果为 0.923，也未分析该结果并应用于改进管理体系、检测活动及对客户的服务。

（2）案例分析　实验室不满足 CNAS-CL01：2018 中 8.6.2 实验室应向客户征求反馈，无论是正面的还是负面的。应分析和利用这些反馈，以改进管理体系、实验室活动和客户服务。

2. 案例 2

（1）案例内容　2017 年 11 月 22 日客户满意度调查表，有不满意结果，且客户不满意原因中涉及对相关人员的投诉，但未见实验室对该情况的后续处理措施。

（2）案例分析　实验室未满足 CNAS-CL01：2018 中 8.6.2 实验室应向客户征求反馈，无论是正面的还是负面的。应分析和利用这些反馈，以改进管理体系、实验室活动和客户服务。

改进（视频）

一线传真：张向文，辛策花，孔珍珍，等．检验检测机构如何在投诉中提升客户满意度［J］．中国检验检测，2021（6），81-82.

【读与思】

深圳海关食品检验检疫技术中心通过兽药残留国际能力验证

深圳新闻网 2020 年 6 月 3 日报道，深圳海关食品检验检疫技术中心参加的英国分析实验室能力验证（FAPAS）“牛肾中磺胺类、甲氧苄啶和大环内酯类药物残留测定”能力验证取得满意结果，参加的 5 个项目的 $|z|$ 值均小于 0.5（$|z|<2$ 为满意结果），与中位值十分接近。全球共有 54 家实验室参加此次能力验证，5 个考核项目均取得满意结果的实验室仅有 16 家。据了解，该中心曾在 2006 年首次从美国进口猪产品中检出莱克多巴胺，首次从新西兰蜂蜜中检出氯霉素残留，是 2008 年北京奥运会食品安全总技术支持单位，获评 2017 年“质量之光”卓越技术机构，技术实力名列全国前茅。

【启示】国际能力验证是考核一个实验室技术能力最有效的手段之一。深圳海关食品检验检疫技术中心能在国际能力验证中获得优异成绩，证明该中心检测技术能力突出。一个实验室技术能力的提升需要长期的努力和持续的改进，需要在日常检测工作中精益求精，发现不足、改进操作。可以说没有精益求精和持续改进的“工匠精神”就不可能有在国际能力验证中的优异成绩。

任务七 纠正措施（方式A）

一、准则条文

8.7 纠正措施（方式A）

8.7.1 当发生不符合时，实验室应：

a）对不符合做出应对，并且适用时：

——采取措施以控制和纠正不符合；

——处置后果。

b）通过下列活动评价是否需要采取措施，以消除产生不符合的原因，避免其再次发生或者在其他场合发生：

——评审和分析不符合；

——确定不符合的原因；

——确定是否存在或可能发生类似的不符合。

c）实施所需的措施。

d）评审所采取的纠正措施的有效性。

e）必要时，更新在策划期间确定的风险和机遇。

f）必要时，变更管理体系。

8.7.2 纠正措施应与不符合产生的影响相适应。

8.7.3 实验室应保存记录，作为下列事项的证据：

a）不符合的性质、产生原因和后续所采取的措施。

b）纠正措施的结果。

二、条文理解与应用说明

1. 当发生不符合时，实验室应有程序应对

（1）对不符合作出应对，并且适用时：

①采取措施以控制和纠正不符合；

②处置后果。

（2）通过下列活动评价是否需要采取措施，以消除产生不符合的原因，避免其再次发生或者在其他场合发生：

①评审和分析不符合；

②确定不符合的原因；

③确定是否存在或可能发生类似的不符合。

（3）实施所需的措施；

（4）评审所采取的纠正措施的有效性；

（5）必要时，更新在策划期间确定的风险和机遇；

（6）必要时，变更管理体系。

纠正和纠正措施有着本质的不同。简单地讲，纠正是消除已发现不符合所采取的行动或措施；而纠正措施是指为消除已发现不符合原因，或其他不期望的原因所采取的措施，以防不符合再度发生。

检验检测机构应当在识别出不符合、在管理体系发生不符合或在技术运作中出现对政策和程序偏离等情况时，应立即实施纠正。同时，评审和分析不符合，确定不符合发生的根本原因以及是否存在或可能发生类似的不符合，来评价是否需要采取纠正措施。

对纠正措施实施后，应对纠正措施的结果进行跟踪验证，确保纠正措施的有效性。

同时应注意的是，纠正措施实施结果往往会导致对原质量管理体系文件的修改，此时应遵循文件控制程序，按规定修订文件并经过批准后发布实施。

2. 纠正措施应与不符合产生的影响相适应

实验室在采取纠正措施时，应根据不符合对事情产生的影响来确定，要起到作用，能够避免下次再发生同类问题。

3. 实验室应保存记录

实验室应对纠正、不符合评价、原因分析、采取的措施以及措施的有效性，将纠正措施所产生结果的记录予以保存。

三、应用案例

1. 案例 1

某检测公司纠正措施控制流程如图 5-3 所示。

2. 案例 2

（1）案例内容　2018 年 10 月 16 日进行的监督发现，被监督人进行随机振动试验操作时没有正确修改试验参数。对此不符合现象，没有记录采取有效的措施以及如何处理结果。

（2）案例分析　监督过程中发现不符合，没有记录针对不符合的处理情况，

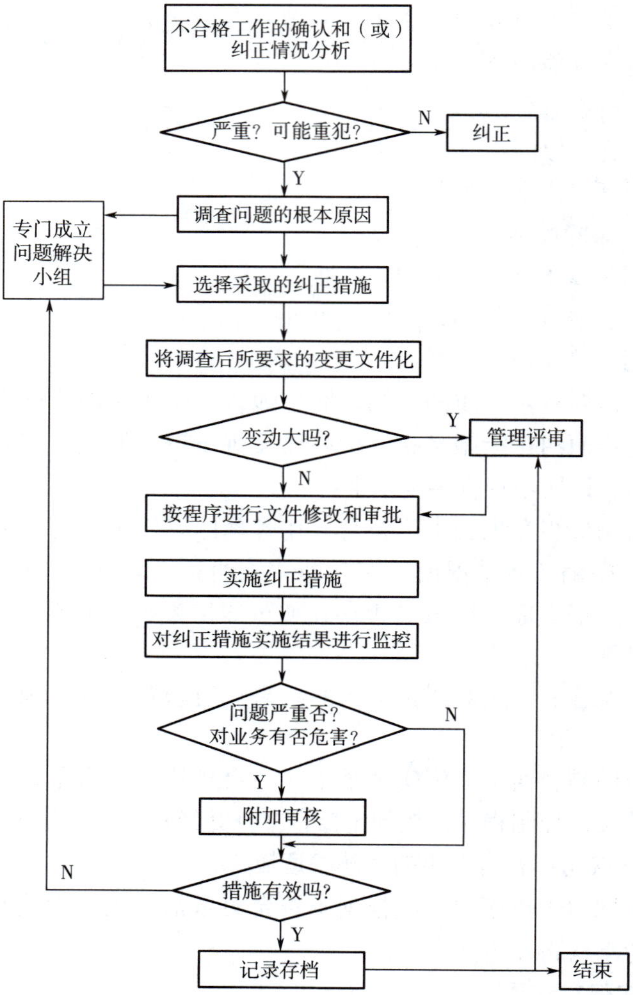

图 5-3　某检测公司纠正措施控制流程图

以及如何处置不符合的数据。不满足 CNAS-CL01：2018 中 8.7.1 a）对不符合做出应对，并适用时：采取措施以控制和纠正不符合；处置后果。

3. 案例 3

（1）案例内容　2018 年 12 月 2 日监督员发现一检测员在检测前对冲击吸收仪不处于水平状态而未做水平调整。在该项偏离的纠正措施记录中评价其为一般不符合，跟踪验证意见为已采取纠正措施。但在原因分析栏，没有记录该不符合产生的原因。

（2）案例分析　实验室未对产生的不符合进行评价，确定不符合产生的原因，确定是否存在或可能发生类似的不符合，不满足 CNAS-CL01：2018 中 8.7.1 b）。

4. 案例 4

（1）案例内容　实验室对 2017 年 12 月 15 日内部审核开具的不符合项 No. 2014003“……现场核查发现，单号为 A-1 的冲击样条尺寸不符合标准要求……”的整改，在采取纠正措施前，没有分析出不符合事实的根本原因；也没有追溯并处置先前可能发生的不符合检测工作。

（2）案例分析　实验室不满足 CNAS-CL01：2018 中 8.7.1 b）通过下列活动评价是否需要采取措施，以消除产生不符合的原因，避免其再次发生或者在其他场合发生：评审和分析不符合；确定不符合的原因；确定是否存在或可能发生类似的不符合。

5. 案例 5

（1）案例内容　查实验室针对 2017 年、2018 年内审均出现检测原始记录划改不符合要求，制定“质量监督员加强监督”的纠正措施，但不能提供有效的纠正措施监控记录。

（2）案例分析　实验室不满足 CNAS-CL01：2018 中 8.7.3 实验室应保存记录，作为下列事项的证据：a）不符合的性质、产生原因和后续所采取的措施；b）纠正措施的结果。

纠正措施（视频）

一线传真：于江，谷文昊．浅谈实验室管理体系中的纠正和纠正措施［J］．医疗装备，2014（6）：85-86.

任务八　内部审核（方式 A）

一、准则条文

8.8　内部审核（方式 A）

8.8.1　实验室应按照策划的时间间隔进行内部审核，以提供有关管理体系的下列信息：

a）是否符合：

——实验室自身的管理体系要求，包括实验室活动；

——本准则的要求。

b）是否得到有效的实施和保持。

8.8.2　实验室应：

a）考虑实验室活动的重要性、影响实验室的变化和以前审核的结果，策划、制定、实施和保持审核方案，审核方案包括频次、方法、职责、策划要求和报告；

b）规定每次审核的审核准则和范围；

c）确保将审核结果报告给相关管理层；

d）及时采取适当的纠正和纠正措施；

e）保存记录，作为实施审核方案和审核结果的证据。

注：内部审核相关指南参见 GB/T 19011（ISO 19011，IDT）。

二、条文理解与应用说明

1. 内部审核的目的

（1）验证其运行持续符合管理体系的要求。

（2）检查管理体系是否满足 ISO/IEC 17025 或其他相关准则文件的要求，即符合性检查。

（3）检查组织的质量手册及相关文件中的各项要求是否在工作中得到全面的贯彻。

（4）内部审核中发现的不符合项可以为组织管理体系的改进提供有价值的信息，这些不符合项作为管理评审的输入。

2. 内部审核的组织

内部审核宜依据文件化的程序每年至少实施一次。内部审核的周期和覆盖范围应当基于风险分析。内部审核应当制定方案，以确保质量管理体系的每一个要素至少每 12 个月，质量负责人通常作为审核方案的管理者，并可能担任审核组长；内审员对其所审核的活动应具备充分的技术知识，并专门接受过审核技巧和审核过程方面的培训，只要资源允许，审核员宜独立于被审核的活动。

3. 内部审核的策划

（1）质量负责人应当制定审核计划　审核计划包括：审核范围、审核准则、审核日程安排、参考文件（如组织的质量手册和审核程序）和审核组成员的名单。

（2）向每一位审核员明确分配所审核的管理体系要素或职能部门，具体的分工由审核组长与相关审核员协商确定。委派的审核员应当具备与被审核部门相关的技术知识。

（3）为方便审核员调查、记录和报告结果所需使用的工作文件可能包括以下内容。

①规范文件，如 ISO/IEC 17025 及其补充文件；

②实验室或检验机构的手册和文件；

③用于评价质量管理体系要素的检查表（通常审核员根据自己负责的要素编

制检查表）报告审核观察的表格，如“不符合项记录表”“纠正措施记录表”。这些表格中应记录不符合的性质、约定的纠正措施，以及纠正措施有效实施的最终确认信息。

（4）为保证审核的顺利和系统地进行，审核的时间安排应当由每一位审核员与受审核方一起协商确定。

（5）审核开始前，审核员应当评审文件、手册及前次审核的报告和记录，以检查与管理体系要求的符合性，并根据需审核的关键问题制定检查表。

4. 内部审核的实施

（1）首次会议　为了顺利实施内部审核，需要召开首次会议，首次会议开启了内部审核的序幕。内审组长主持并召开首次会议并向受审方介绍内部审核的具体内容，内审组全体成员与受审方领导及相关人员一起参加会议并签到。内部审核的具体内容有：①内部审核的审核组主要成员介绍；②内部审核的审核准则；③内部审核的具体审核范围、条款等；④内部审核的审核程序；⑤内审审核的具体时间或日程安排；⑥末次会议的时间以及参加人员。

（2）现场审核　现场审核是整个内部审核的重点，在整个实验室内部审核中所占的地位极其重要。实验室内部审核花在现场审核的时间最多，占到内部审核时间的一半以上，在审核中发现不符合的情况要现场开具不符合项，最终的内部审核报告、不符合报告都是根据现场审核的结果编制完成的。因此，做好现场审核显得尤为重要。现场审核需要注意的事项有：①内部审核人员应将主要精力放在客观证据的收集上，通过各种方式与受审核单位进行沟通，可以通过与受审核成员进行交谈、观察现场活动、提问相关情况、查看所用设备设施使用情况以及查看记录表填写情况等方式寻找客观证据。客观证据应实事求是，不应存在个人主观偏见；②现场审核将受审单位相关规定与受审核单位实际活动进行比较，找出不相符合的活动，并进行记录；③内审员在现场审核中应做好相应的记录，不要当时不记录随后补记录，所记录的内容要字迹清晰、通俗易懂、能够反映出当时的实际问题；④内审员应对现场审核中发现的客观证据进行系统性的分类，相同的问题整理到一起，分析和筛选出最具有代表性的问题，发现不符合项时开具不符合项。

（3）末次会议　现场审核完成以后进行内部审核的收尾工作，开展末次会议，末次会议主要包括：①内审组长报告现场审核中的审核发现，对不符合项报告进行宣读，并提交书面不符合项报告；②提出受审核单位不符合项纠正措施、完成时间、验证方法；③说明内审报告的发布时间、发布方式及其他后续工作。

5. 后续纠正措施及关闭

（1）受审核方负责完成商定的纠正措施。

（2）当不符合项可能危及校准、检测或检验结果时，应当停止相关的活动，直至采取适当的纠正措施，并能证实所采取的纠正措施取得了满意的结果。另外，对不符合项可能已经影响到的结果，应进行调查。如果对相应的校准、检测或检验的证书/报告的有效性产生怀疑时，应当通知客户。

（3）纠正措施的制定应基于问题产生的根本原因，继而实施有效纠正措施和预防措施。

（4）商定的纠正措施期限到期后，审核员应当尽早检查纠正措施的有效性。质量负责人应当最终负责确保受审核方消除不符合项及并予关闭。

6. 内部审核记录和报告

（1）审核结束后，所有审核记录应按规定的时间保存，应当编制最终报告，提交组织的最高管理层。报告应当总结审核结果，并包括以下信息。

①审核组成员的名单；

②审核日期；

③审核区域；

④被检查的所有区域的详细情况；

⑤机构运作中值得肯定的或好的方面；

⑥确定的不符合项及其对应的相关文件条款；

⑦改进建议；

⑧商定的纠正措施及其完成时间，以及负责实施纠正措施的人员；

⑨采取的纠正措施；

⑩确认完成纠正措施的日期；

⑪质量负责人确认完成纠正措施的签名。

（2）质量负责人应当对内部审核的结果和采取的纠正措施的趋势进行分析，并形成报告，在下次管理评审会议时提交最高管理层。

三、应用案例

1. 案例 1

（1）案例内容　2018 年内审年度计划中内审目的写为：“确保体系的适宜性、充分性和有效性”，2018 年内审年度计划中审核范围缺少最高管理者、技术负责人、质量负责人。

（2）案例分析　内审年度计划中目标写错，写为管理评审的目标；而且审核范围不全面，未审核最高管理者、技术负责人、质量负责人；不符合 CNAS-CL01：2018 中 8. 8. 1 实验室应按照策划的时间间隔进行内部审核，以提供有关管理体系的下列信息：是否符合 a）实验室自身的管理体系要求，包括实验室活动；本准则的要求。8. 8. 2 b）规定每次审核的审核准则和范围。

2. 案例 2

（1）案例内容　实验室未保留 2018 年 8 月内部审核的记录。

（2）案例分析　实验室不满足 CNAS-CL01：2018 中 8. 8. 2 e）实验室应保存

记录，作为实施审核方案和审核结果的证据。

3. 案例 3

（1）案例内容　实验室不能提供 2014 年度内部审核计划表。

（2）案例分析　实验室不满足 CNAS-CL01：2018 中 8.8.1 实验室应按照策划的时间间隔进行内部审核。

4. 案例 4

（1）案例内容　现场发现，提供的 2014-7-14～18《内部审核计划》中，各内审组没有明确涉及的要素，以及没有包含检测、校准活动。

（2）案例分析　实验室不满足 CNAS-CL01：2018 中 8.8.2 a）考虑实验室活动的重要性、影响实验室的变化和以前审核的结果，策划、制定、实施和保持审核方案，审核方案包括频次、方法、职责、策划要求和报告。

内部审核（视频）

一线传真：熊茜．检验检测机构实验室内部审核工作探析[J]．中国检验检测，2018（5）：46-47.

任务九　管理评审（方式 A）

一、准则条文

8.9　管理评审（方式 A）

8.9.1　实验室管理层应按照策划的时间间隔对实验室的管理体系进行评审，以确保其持续的适宜性、充分性和有效性，包括执行本准则的相关方针和目标。

8.9.2　实验室应记录管理评审的输入，并包括以下相关信息：

a）与实验室相关的内外部因素的变化；

b）目标实现；

c）政策和程序的适宜性；

d）以往管理评审所采取措施的情况；

e）近期内部审核的结果；

f）纠正措施；

g）由外部机构进行的评审；

h）工作量和工作类型的变化或实验室活动范围的变化；
i）客户和员工的反馈；
j）投诉；
k）实施改进的有效性；
l）资源的充分性；
m）风险识别的结果；
n）保证结果有效性的输出；
o）其他相关因素，如监控活动和培训。
8.9.3　管理评审的输出至少应记录与下列事项相关的决定和措施：
a）管理体系及其过程的有效性；
b）履行本准则要求相关的实验室活动的改进；
c）提供所需的资源；
d）所需的变更。

二、条文理解与应用说明

1. 管理评审的目的

（1）实验室确保其持续适宜和有效，并进行必要的变更或改进。

（2）确保组织的质量安排持续满足组织的需要，并确保组织的质量管理体系持续符合 ISO/IEC 17025 要求。

（3）及时发现实验室的组织、设施、设备、程序和活动中已经发生的变化和需求发生的变化。

（4）内部或外部的质量审核结果，实验室间比对或能力验证的结果，认可机构的监督访问或评审结果，或客户的投诉都可能对体系提出改进的需求。

（5）质量方针和质量目标应当进行评审，必要时进行修订，建立下一年度的质量目标和措施计划。

2. 管理评审的组织

（1）组织的管理层负责实施质量管理体系的评审。

（2）管理层中负责设计和实施组织的质量管理体系、负责组织的技术运作、负责根据内部审核和外部评审的结果做出决定的管理者应参与管理评审。

（3）质量负责人应当负责确保所有评审工作依据规定的程序系统地实施，并记录管理评审的结果。

（4）质量负责人和执行经理应当负责确保管理评审所确定的措施在规定的时间内完成。

3. 管理评审的策划

管理评审宜至少每年开展一次，每一次评审应当制定方案，高级运作管理者、管理层、质量负责人以及负责质量手册发布的人员应当参加会议。组织的领导、技术管理者、质量负责人和各部门的负责人也须到会。通常在规模较小的组织中，一个人可能承担多个职能。即使在只有一个人的组织中，也可以实施良好的管理评审。

4. 管理评审的实施

（1）管理评审应当依据正式的日程安排系统地实施。

（2）评审至少应当包括以下内容。

①前次管理评审中发现的问题；

②质量方针、中期和长期目标；

③质量和运作程序的适宜性，包括对体系（包括质量手册）修订的需求；

④管理和监督人员的报告；

⑤前次管理评审后所实施的内部审核的结果及其后续措施；

⑥纠正措施和预防措施的分析；

⑦认可机构监督访问和评审的报告，以及组织所采取的后续措施；

⑧来自客户或其他审批机构的审核报告及其后续措施；

⑨组织参加能力验证或实验室间比对的结果的趋势分析，以及在其他检测/校准领域参加此类活动的需求；

⑩内部质量控制检查的结果的趋势分析；

⑪当前人力和设备资源的充分性；

⑫对新工作、新员工、新设备、新方法将来的计划和评估；

⑬对新员工的培训要求和对现有员工的知识更新要求；

⑭对来自客户的投诉以及其他反馈的趋势分析；

⑮改进和建议。

（3）管理评审的结果应当输入组织的策划系统，并应当包括：

①质量方针、中期和长期目标的修订；

②预防措施计划，包括制定下一年度的目标；

③正式的措施计划，包括完成拟定的对管理体系和/或组织目标的运作的改进的时间安排。

（4）管理者应当负责确保评审所产生的措施按照要求在适当和约定的日程内得以实施。在定期的管理会议中应当监控这些措施及其有效性。

5. 管理评审的记录

（1）应当保存所有管理评审的记录。记录可以是评审会议的会议纪要，并应明确指出所需采取的措施，以及措施的负责人和完成期限。

（2）质量负责人应当负责确保评审产生的措施予以记录。

（3）记录应当易于获得并按规定的时间保存。

三、应用案例

1. 案例1

（1）案例内容　实验室主任、质量负责人均发生改变，但在管理评审的报告中未见对此项变更的输入及说明。

（2）案例分析　实验室主任、质量负责人的改变是实验室内部因素的变化，应该要纳入管理评审的输入，不满足 CNAS-CL01：2018 中 8.9.2 a）条款。

2. 案例2

（1）案例内容　实验室 2019 年 1 月 15 日开展 2018 年度管理评审，未考虑实验室工作量和工作类型的变化、客户的反馈等输入。

（2）案例分析　实验室不满足 CNAS-CL01：2018 中 8.9.2 实验室应记录管理评审的输入，并包括以下相关信息：h）工作量和工作类型的变化或实验室活动范围的变化；i）客户和员工的反馈。

3. 案例3

（1）案例内容　实验室 2018 年度《管理评审报告》未明确表述会议提出的改进要求。

（2）案例分析　实验室不满足 CNAS-CL01：2018 中 8.9.3 管理评审的输出至少应记录与下列事项相关的决定和措施：b）履行本准则要求相关的实验室活动的改进。

4. 案例4

（1）案例内容　查实验室 2018 年度质量计划，计划 2018 年 4 月实施管理评审，但实验室提供不出实施该管理评审的纪录。

（2）案例分析　实验室不满足 CNAS-CL01：2018 中 8.9.1 实验室管理层应按照策划的时间间隔对实验室的管理体系进行评审，以确保其持续的适宜性、充分性和有效性，包括执行本准则的相关方针和目标。

5. 案例5

（1）案例内容　2018 年 10 月 28 日进行的 2018 年度管理评审提出了两条改进要求，实验室未能按规定进行责任分解和改进实施，未能提供管理体系文件所要求的《管理评审整改记录》；2018 年度管理评审报告未经中心主任（实验室负责人）签署批准。

（2）案例分析　实验室不满足 CNAS-CL01：2018 中 8.9.3 管理评审的输出至少应记录与下列事项相关的决定和措施：管理体系及其过程的有效性；履行本准则要求相关的实验室活动的改进；提供所需的资源；所需的变更。

6. 案例6

（1）案例内容　核查实验室体系文件发现：其中《管理评审程序》4.4.1“管理评审输入”中没有包含由外部机构进行的评审的内容。进一步核查；2017 年 4

月，CNAS对该中心开展了实验室认可现场评审工作，核查其2017年10月25日开展的管理评审记录及报告，均没有提及该次外部评审内容。

（2）案例分析　实验室不满足CNAS-CL01：2018中8.9.2 g）实验室应记录管理评审的输入，并包括以下相关信息：g）由外部机构进行的评审。

管理评审（视频）

一线传真：陈爱群．测试和校准实验室管理评审的实施［J］．实验室管理．doi：10.16569/J.cnki.cn 11-3720/t.2021.09.023.

项目五　检测实验室管理体系要求（测试题）

【思考与练习】

一、填空题

1. 文件发布前由______审查其充分性并批准。
2. 文件有________标识。
3. 实验室应建立和保存清晰的记录以证明满足______的要求。
4. 应对风险的方式包括____和______。
5. 实验室应向客户征求反馈，无论是正面的还是负面的。应分析和利用这些反馈，以________、实验室活动和客户服务。
6. 纠正措施应与______________相适应。
7. __________通常作为审核方案的管理者，并可能担任审核组长。
8. 内部审核的实施主要内容有（1）______________；（2）______________；（3）______________。
9. 组织的______负责实施质量管理体系的评审。
10. 管理评审宜至少______开展一次。

二、问答题

1. 简述检测公司的质量方针和质量目标的区别。
2. 编制管理体系文件的依据是什么？
3. 简述记录的分类与保存期限。
4. 应对风险和机遇的措施的目的什么？
5. 投诉处理的流程是什么？
6. 简述管理评审的目的。
7. 比较管理评审和内部审核的异同。

项目六

实验室信息管理系统（LIMS）

学习目标

知识目标

1. 熟悉实验室信息管理的含义、特点及作用。
2. 理解实验室信息管理功能模块。

能力目标

1. 能够熟练使用 LIMS。
2. 能够协助软件开发公司研发适合本公司的实验室信息管理系统。

素质目标

1. 了解信息化对实验室管理的作用，树立爱国主义使命感与责任心。
2. 培养学生的客观辩证、探索创新的科学素养。

问题导入

某检测公司业务量不断增长，为提供检测效率，该公司拟开发一套适合本公司的实验室信息管理系统。如果你是一家实验室软件开发商的技术专员，你如何介绍 LIMS，怎样联合检测公司开发一套实验室信息管理系统？

实验室信息管理系统（LIMS），LIMS是英文单词Laboratory Information Management System的缩写。它是由计算机硬件和应用软件组成，能够完成实验室数据和信息的收集、分析、报告和管理。LIMS基于计算机局域网，专门针对一个实验室的整体环境而设计，是一个包括了信号采集设备、数据通信软件、数据库管理软件在内的高效集成系统。它以实验室为中心，将实验室的业务流程、环境、人员、仪器设备、标物标液、化学试剂、标准方法、图书资料、文件记录、科研管理、项目管理、客户管理等因素有机结合。

任务一 熟悉实验室信息管理系统

一、LIMS概念

LIMS依据ISO/IEC 17025实验室管理标准，以实验室检测过程为主线，实现了实验室用户输入、数据采集与分析、信息传递及发布等全方位信息化、智能化管理，是一项集现代化管理思想与计算机技术为一体的崭新的应用技术。通过LIMS系统，配合分析数据的自动采集和分析，大大提高了实验室的检测效率；降低了实验室运行成本并且体现了快速溯源和痕迹，使传统实验室手工作业中存在的各种弊端得以顺利解决。

目前实验室信息管理系统在西方发达国家的应用相对比较成熟，我们国家经过多年发展，很多实验室也开始逐渐认识到信息化在管理中的作用，纷纷开始引入LIMS。实验室信息管理系统也不断在各个行业进行不断的改进和提升。实验室信息管理系统的基本功能包括：业务流程管理、各类资源管理、行政管理以及各类客户需要个性化定义的功能。

二、LIMS的作用

实验室信息管理系统是实验室管理科学发展的成果，是实验室管理科学与现代信息技术结合的产物，是利用计算机网络技术、数据存储技术、快速数据处理技术等，对实验室进行全方位管理的计算机软件和硬件系统，其具体作用有以下方面。

1. 提高样品测试效率

测试人员可以随时在LIMS上查询自己所需的信息；分析结果输入LIMS后，自动汇总生成最终的分析报告。

2. 提高分析结果可靠性

分析人员可以及时了解与样品相关的全面信息；系统自检报错功能可以降低出错的概率。另外，LIMS提供的数据自动上传功能、特定的计算和自检功能，消除了人为因素，也可保证分析结果的可靠性。

3. 提高对复杂分析问题的处理能力

LIMS将整个实验室的各类资源有机地整合在一起，工作人员可以方便地对实验室曾经做过的全部分析样品和结果进行查询。因此，通过对 LIMS 存储的历史数据的检索，有可能得到一些对实际问题处理有价值的信息。

4. 协调实验室各类资源

管理人员可以通过 LIMS 平台，实时了解实验室内各台设备和人员的工作状态、不同岗位待检样品数量等信息，能及时协调有关方面的力量化解分析流程出现“瓶颈”环节，缩短样品检测周期；调节实验室内不同部门的富余资源，最大限度地减少资源的浪费。

5. 实现量化管理

LIMS 可以提供对整个实验室各种信息的统计分析，得到诸如设备使用率、维修率、不同岗位工人工作量、出错率、委托样品测试项目分布特点、实验室全年各类任务的时间分布状态、试剂或经费的消耗规律等信息。管理层能定量地评估实验室各个环节的工作状态，很好地实现实验工作。

三、 LIMS 的发展

LIMS 同其他领域的管理信息系统一样，伴随着计算机硬件、软件和网络等技术的发展而不断推陈出新、升级换代。

国外的 LIMS 技术最早出现在 20 世纪 60 年代末，在其技术发展的早期，由于计算机硬件条件所限，当时的 LIMS 系统自动化程度和管理手段都远远不能满足实际需要，而且价格昂贵、使用困难、界面不直观，同时也不便于与 LIMS 系统外部的设备进行数据交换。当时采用集中式结构，这种结构的特点是：采用 IBM 大型机和 DEC 超小型机为中央主机，星形网络拓扑结构，通过 RS232 连接多台终端或通过 DEC 小型机采集仪器数据，应用层、业务层和数据层都互不独立，集中在一个软件系统中，均在中央机上运行。这一时期 LIMS 的主要功能有：仪器控制、数据采集和处理、结果的打印输出。这种早期系统主要由大公司实验室和高校科研机构研究室开发，其系统投资大，开发难度大，要求有很高的维护技巧。

进入 20 世纪 90 年代以后，伴随着个人计算机系统的不断发展，特别是网络通信和数据库技术的日趋成熟，LIMS 技术的应用进入了一个崭新的发展时代。由于个人计算机（PC）和局域网（LAN）技术的日益普及，基于客户机/服务器（Client/Server，缩写为 C/S）分布式架构体系的 LIMS 应运而生。这一时期 LIMS 增加了系统管理、工作计划安排、数理统计分析、图形软件、状态跟踪、仪器管理等方面的功能，并能够与 ERP（企业资源计划）软件、MRP（制造资源计划）软件集成在一起。有些公司还研制了专门的仪器接口用于连接各种各样的仪器设备，这些都促使 LIMS 向企业整体信息化解决方案发展。

与国外相比，国内虽然早在 20 世纪 70 年代末，就有人提出过 LIMS 思想，但由于计算机技术水平较低，加之分析测试设备比较落后，当时的 LIMS 仅限于完成简单数据处理的单机模式。20 世纪 80 年代中期以来，我国曾先后引进几套 LIMS，并在石油化工等行业得到了一些初步推广，但总的来说还远没有达到普及的程度。这当然也受到了各种条件的制约：体制、观念、经费以及计算机应用水平等，而市场、商品经济观念的落后也制约了 LIMS 的推广。2000 年以后，在国内外 LIMS 厂商和有关人士的共同努力下，LIMS 技术逐渐开始为大众所了解，开发、推广和应用的单位日益增加，特别是通过近几年的信息化建设，国内大部分实验室都配备了自己的局域网系统，各种计算机设备的配置也都很高档，LIMS 在我国的发展也进入一个全新的时代。

四、 LIMS 的主要技术标准

美国材料测试学会于 1987 年策划制定 LIMS 标准，现已发布了下列三个标准和数十个计算机化的标准：①E-1578 实验室信息管理系统指南；②E-2066 试验室信息管理系统确认指南；③E-1639 临床实验室信息管理系统的功能要求。

1. E-1578 LIMS 标准指南

1978 年成立 LIMS 分会后着手制定的，历时 7 年，于 1993 年完成，1994 年在 ASTM 年刊 14.01 卷公布，每隔五年修订一次。指南参考了 ASTM、IEEE、ANSI、ISO 等标准，并对 LIMS 原理、技术进行了高度概括和总结。它对 LIMS 用户、计划实施人员、经销商、开发商、项目审批部门提供指南。目的是使新用户掌握 LIMS 知识，为厂商、用户提供 LIMS 标准术语，制定主要功能。为 LIMS 技术规范、实施、评估、项目管理、培训、建立文档提供指导。标准共由 13 部分组成，并有附表详细列出了 LIMS 功能、考核 LIMS 的指标、等级评分依据。

2. E-2066

2000 年发布的 LIMS 认证的指南，描述了对实验室信息管理系统进行认证的方法。它是对商品化 LIMS 进行认证的。认证过程可用于其他类型的系统，但指南并未完全包含其他类型系统的所有事项。另外，内部开发的 LIMS，即由内外部程序员专门为某组织开发的 LIMS，也可利用这一指南。要注意的是有许多相关的软件开发组织没有使用该指南。致力于开发 LIMS 的各种人员也可以参考相关的 ASTM、ISO 和 IEEE 软件开发标准。

指南意图对认证 LIMS 的人员进行培训，为与顾问互相讨论问题提供标准的术语，为认证计划、测试计划所需标准操作过程以及最终认证报告提供指南。

3. E-1639

1997 年发布，此指南涵盖了临床实验室信息管理系统（LIMS）所需的功能。它的编写是为了让 LIMS 的供应商或开发人员和实验室管理人员对实验室数据系统的需求和逻辑结构有一个共同的理解。本指南还帮助回答 LIMS 设计师面临的许多问题，并在从一个实验室到另一个实验室表达需求的方式上提供更多的一致性。因此，它适用于操作 LIMS 的用户。

五、实验室信息管理系统特点

1. 完整的质量保证体系，遵循 ISO/IEC 17025 标准

对于影响实验室质量的诸多要素进行全面管理和控制，形成人、机、料、法、环、测、抽样的闭环控制。对实验室整体环境、仪器设备、标物标液、人员、方法标准、图书资料、文件管理、科研管理、项目管理、客户管理等实验室的各种资源进行全面、翔实的管理。

实验室信息管理系统用于收集、处理、记录、报告、存储或检索数据，在投入使用前应进行功能确认，包括 LIMS 系统中界面的适当运行。当对管理系统的任何变更，包括修改实验室软件配置或现成的商业化软件，在实施前应被批准、形成文件并确认。

LIMS 系统应满足以下条件：防止未经授权的访问；安全保护以防止篡改和丢失；在符合系统供应商或实验室规定的环境中运行，或对于非计算机化的系统，提供保护人工记录和转录准确性的条件；以确保数据和信息完整性的方式进行维护；包括记录系统失效和适当的紧急措施及纠正措施。

2. 支持质量体系的持续性改进，有利于投资保护

采用最先进的开发技术，使项目的升级改进非常方便地进行。

3. 仪器信号的自动采集——提高实验室自动化能力

通过对仪器信号的自动采集，提高实验室的自动化能力，提高工作效率，同时确保数据的真实有效。

4. 对方法规范执行情况的跟踪与审计——对质量的深刻理解

5. B/S 结构的设计——客户端零维护

6. 智能管理

7. 方便

任务的友好录入、自动和快速的分工、批次样品的登记、批次数据的友好录入、一个按钮实现自动采集等为使用者着想的方便功能，让工作更加轻松和愉快。

8. 成熟的接口，开放的平台

实验室电子检验审批平台对所有实验室的各项业务进行信息化改造，使得业务流程、现场数据采集与处理、实验室资源管理、项目管理、文件与档案管理、订单和样品管理得以整合起来，最大限度地提高实验室的工作效率，并快捷地获取和管理高可用性的各类数据。另外，管理层人员、客户以及普通员工均可通过该系统的查询/统计模块对该系统中的相关信息进行查询，而接口模块则使得本系统可以与外部系统进行数据交换以实现系统间的无缝连接。

任务二　LIMS 系统主要功能模块的使用

实验室信息管理系统的基本模块包括管理模块、配置管理、检测模块、资源管理和后台管理（图 6-1）。基本工作流程包括：样品登录、测试安排、录入结果、审核、批准和报告。不同行业的实验室可能需要额外的功能以满足特殊的工作流程要求。例如，一个环境实验室可能需要追踪样品历史延续，处理并对照同批次的样品，集成仪器以处理报告组件以及多层次的审核。

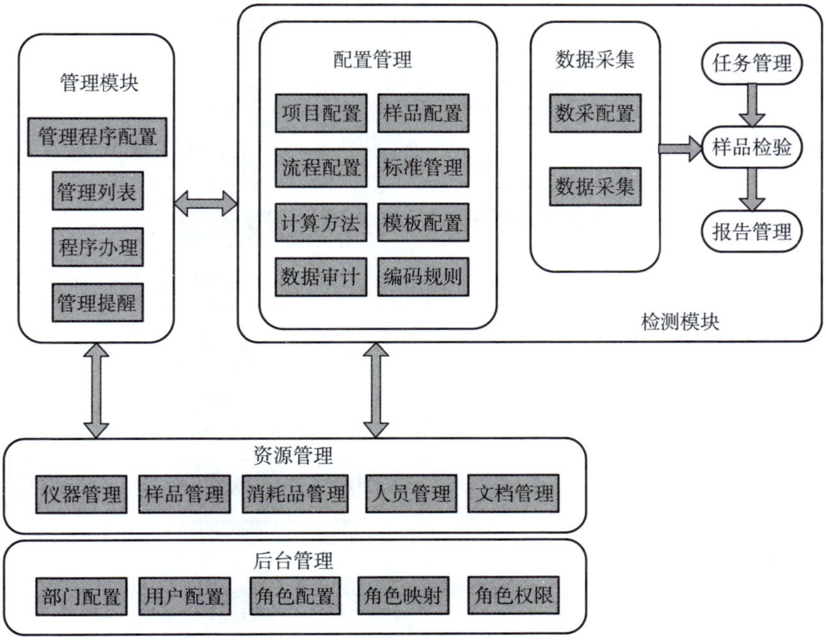

图 6-1　实验室信息管理系统的基本模块

一、业务流程介绍

实验室信息管理系统的工作流程模型提供了基本实验室工作流程，如图 6-2。工作流程图的目的是阐明实验室信息管理系统的功能与基本实验室工作工序（样本处理、分析和报告）的相互作用。不同的实验室的特定需求存在非常大的差异。样品的定义、组成和采集因个体实验室而异，并且在不同行业有明显差异。各自实验室工作流程和样品的定义等，应被定义为实验室信息管理系统生命周期的一部分。

1. 样品登录

实验室信息管理系统应明确进行配置，包括相对固定的信息：人员、客户、测试、报告等。并将此类信息录入静态表。实验室信息管理系统配置完成后，开始进行样品登录。实验室信息管理系统为每个登录的样品分配一个唯一的编号。此编号可以是一个连续整数或自定义的序列。

发布确认报告，确保该系统用户接收了样品订单。实验室信息管理系统的状态是随着样本或订单进行更新。当有命令发出时系统要记录，并且系统能够跟踪剩余步

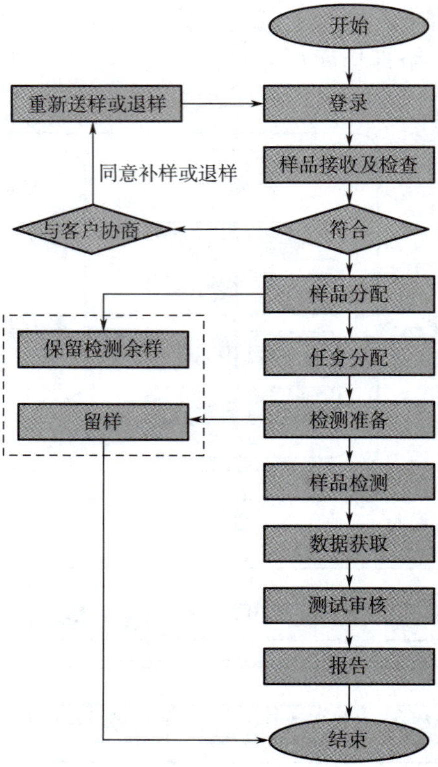

图 6-2　实验室信息管理系统工作流程图

骤的时间间隔，达到实验室管理能确定周转时间，样本状态和各种预期条件。

2. 样品接收及检查

实验室实物样品接收要记录在系统中。样品可依据客户或项目的取样要求检查。其他信息如收到的样本数量和时间有效性会被记录下来，并且按照收到的样本/订单记录更新样品的状态。

实验室有必要将样品细分为二次抽样子样品或是可以同时分析的等分部分。实验室信息管理系统依据实验测试要求进行样品等分。还应观察并记录样本的其他问题，如异常的颜色或物理状态。当然，有些样品可能需要一个初步的加工，例如添加防腐剂。技术员应按照说明操作，确保实验能正常进行。

实验室信息管理系统应具有处理类似检查的充足灵活性，在样本登录过程中或之前，由技术员进行检查并记录样品制备或测试。实验室信息管理系统还应该为每个收到的样品或等分试样指定唯一的实验室标识符，并给每个样品打印一份适当的标签。

3. 样品分配

样品分配过程包括实验室信息管理系统重要功能的工作清单，样品的路线选择和保管。保管链应提供控制权的文档证明、对样品容器的跟踪监护和内容。实验室信息管理系统应提供一个所有测试必须执行的操作清单，甚至应把测试每个等分试样所需的金额、材料以及样品送交到的地方提供给技术员。样品或任何等分试样可能被发送到工作站的实验室或异地远程设施进行分析。

样品分配过程中还应留样，实验室管理系统对留样的日期和时间都要做说明，并且每一份留样都要打印一份适当的标签。

4. 任务分配

实验室信息管理系统可通过配置样品组，实现样品组自动运行或加入等待序列，并为每个样品/订单安排工作（测试）。它也可以设定权限，授权用户手动执行这些功能。实验室信息管理系统可为工作流程添加实验室标准，控制样品，以及质量管理样本，也可以通过配置让授权用户手动插入样品标准和控制。

5. 检测准备

大多数样本在分析前应进行准备。此外，有些样品可能要求在建立等分试样的样品准备之前完成初步的处理。实验室信息管理系统可以向这些初始处理和样品准备步骤提供样品准备指南服务。经过初步加工或准备过程（或二者兼有之）的全部样品，标准和质量管理样本，都需要制定唯一标识。技术员确定样品质量控制区，在实验室将样品分组，或依据类函数或使用的仪器等标准来配置信息管理系统自动批处理未知样品和控制标准样品。经过样品准备，分析员使用实验室信息管理系统的某些功能，把标准和样品质量控制放到他们需要加以衡量的特定顺序。

6. 样品检测

应采集某些辅助性的元数据作为测量过程的一部分。这包括一起设置值、某些附加标准、样品质量控制、使用的半成品，观察到的违规、困难和异常行为。这些信息有记录程序所使用的文献，并有助于解释异常结果。测试结果/决策是测量过程的主要输出。中间产品、最终测试结果、标准及与其相关的样品质量控制可以用硬件或电子格式给出报告，或两者兼而有之。此外，测量过程可能会给标准和仪器自检带来价值。

7. 数据获取

测试结果必须录入实验室信息管理系统。应仔细评估那些转移到实验室信息管理系统的辅助测试数据。由于客户要求要报告更多的辅助测试数据，实验室信息管理系统应当有能力获取、存储和报告更多辅助测量数据。这些数据可以通过电子接口输入或技术员借用小型应用程序输入。当测试结果/决策录入后，抽样/订单和结果测试的状态将更新。管理职能记录捕获结果的事实和时间，使他们能够统计完成的工作量并跟踪每个测试命令的进展情况。审计跟踪用来记录所有实验室信息管理系统事务的运作信息。

8. 测试审核

（1）测试结果审核　实验室要求每个测试结果给出一级或多级以上的审核和说明文档。实验室信息管理系统应被设计成至少具有记载两级审核的能力。原始样品的结果通常由初级技术员予以审核和说明。审核将记录在实验室信息管理系统。实验室可能需要第二资格人的结果审核（这是行业规定，依赖于监管要求），以确保正确输入和说明结果。为了有助于这一过程的实施，除了提供样品结果之外，实验室信息管理系统还应提供相关的标准和空白表格。技术员可以判断方法是否受控制，实验室信息管理系统也可以显示已完成的审核概要。如果结果出现异常或者溢出，应标记出来，并进行更仔细的审核。实验室信息管理系统可以强制执行实验室的标准操作程序，要求审查员和测试员是不同的人员。在确认阶段，可以对实验室信息管理系统进行修正和更改。因审计变更实验室管理系统的行为，要给出变更理由。

（2）重新测试循环　重新测试循环可以在实验室信息管理系统工作流程的多个点进行。重新测试是指对原始样本/订单仪器的一个或多个辅助测试。如果认为给定的测试存在失败的可能，重新测试通常再次排序。失败原因可能包括错误的质量控制参数，仪器故障或技术判断失误。实验室信息管理系统存储每个测试及其原因。

9. 报告

一旦测试结果被验证，可以生成外部和内部报告。

测试结果以及质量控制的数据报告可以通过硬拷贝、电子数据交付、基于 web 网络的系统等多种形式报告给客户。实验室信息管理系统的报告生成程序要足够灵活，以适应各种客户需求的不同报告。实验室信息管理系统最常见的预定格式是硬拷贝和电子报告格式。常规分析证明书通常作为硬拷贝报告的例子。现在许多客户使用各种支持实验室信息管理系统数据库数据和客户端数据库传输的电子格式，如 XML。

报告可包括用于内部实验室管理的摘要。报告发布时要告知管理职能，因为这标志着周转时间结束。然后，实验室信息管理系统的状态被更新为样品/订单。通过收集这个过程中各点的统计数据和时间标记，形成报告文件给实验室管理人员。每个工作站处理样品的数量会不断改变，这需要几个小时或几天来完成。但是，这有助于确定高峰需求，设置故障，以及解决其他问题，并且为确定新的仪器或人员提供了很好的参考。同时，仪器校准和维修记录可以保持并报告给实验室信息管理系统。

二、仪器、设备跟踪监控与数据采集

1. 工作站模式仪器监控及采集

工作站模式是指检验仪器及设备与 PC 化学工作站相连接，PC 化学工作站安装有控制和操作检仪器及设备的软件，LIMS AnyControl 可以对工作站模式进行控制与采集试验数据，当科室主任签收后并把检验任务下达到实验人员时，AnyControl Gatherer 可以根据系统数据设定的情况，自动弹出原始记录的采集录入界面，并能自动把检验后的结果数据进行 64 位的电子签名加密，再传送到服务器上，保证了数据的唯一性和安全性。

2. 非工作站模式仪器监控及采集

非工作站模式是指检验仪器及设备本身孤立，不与任何设备或 PC 工作站相连也可以完成正常的工作任务，但同时也可以与有关设备及 PC 工作站相连，类似这样的仪器及设备应该具有 RS-232C 接口和相关的操控命令集合。LIMS AnyControl 的成员之一 AnyControl Manipulator 就可以完全对符合这个条件的仪器进行控制，包括自动检测、启动、锁定、读取检验结果数据、复位等。然后把数据采集的结果，填到原始记录登记卡上及传送服务器上，保证原始数据的不可变更性和安全性。

三、资源管理

资源管理是对实验室的现有资源进行有效的管理，使其更能有效节约实验室不必要的开支。

1. 人员管理

记录了实验室的组成结构，人员的档案基本信息，培训考核记录，资质，工作情况，奖惩、薪金记录和人员的现行工作状态。

2. 设备仪器管理

仪器、设备、计量器具是实验室的固定资产，其投资大，在使用上易磨损、消耗。如果没有一套有效的管理体制，会造成严重后果。本系统对仪器、设备、计量器具进行了有效的管理。包括了设备、仪器、计量器具的购买、审批、验收、检定、保管、标准操作、校正、校验、保养、维护、使用状况、降级、报废规定等记录，并对记录数据保存，对故障进行分析，采取对应的措施，加强其管理，减少人为和其他因素造成的影响。

3. 客户管理

从最初的开始接触，到签订合同以及后续的服务支持，这中间涉及的每一个人、每一件事都有详细的记录管理。系统还能根据你的商业计划，自动做出智能判断，灵活决策，保证不遗漏一个客户。事实上，这个模块也可以作为一个独立的软件使用。

客户管理包括了用户基本信息（单位，联系方式等），用户的反馈意见，用户投诉处理，用户送样的历史信息，用户样品测试信息等管理，及时地和用户沟通，挖掘潜力客户扩大实验室业务量。它还可以与客户自动联系，记录客户与本实验室业务来往统计，费用统计，用户信誉度等信息。

4. 标物管理

包括标准物质（标准溶液等）的使用、购买、保存的管理。包括购买申请、申请审核、费用验收、使用记录、存放要求、报废处理（详细信息记录）。

5. 计量器具管理

包括计量器具的购买、审批、检定、保管、标准操作、校正、校验、保养、维护、数据查询使用状况。

四、查询统计模块

包括信息查询是信息系统必需的功能，信息查询的性能在某种程度上决定了系统的整体性能。查询模块提供了对 LIMS 系统内所有信息的查询，并且按照各类信息的特点进行了分类，每一类形成一个独立的模块，便于迅速从系统中找到所需信息，避免多余信息的出现。同时还提供一个通用查询模块，方便用户进行特定的、自定义查找。所有查询结果都可以进行排序、分类、统计。注意：您所能查到的信息是与您在系统中的权限相关的，具体说明如下。

（1）实验室主任　所有信息均可查询，包括样品信息、状态、人员信息、人员工作状态、人员工作量、科研项目信息、进度、设备状态等。

（2）调度员　样品各类信息。

（3）组长　组内工作状态、人员状态、工作量等。

（4）分析员　与他有关的样品分析项目信息。

（5）科研项目负责人　科研项目信息、进度、参与人信息、各类科研文档。

1. 数据查询

用户最关心的是数据的准确性、数据的精度及数据报告。综合查询根据使用者的权限级别能很快地反映从原始数据到加工处理数据及人员情况，项目进行情况，历史数据，客户、标准资料，实验室各种文件规定，各种报表及各种技术资料的搜索。查询者可以浏览当前或一段时间范围的历史分析数据，符合指定查询条件的分析数据，样品或项目对应的图谱数据。还可以了解同一个项目一段时间内的变化趋势，超标数据，加样数据，复测数据，分析数据对应的原始记录，修改记录，审核记录，人工判定记录及其他信息。

2. 样品查询

对样品的信息进行查询，包括：样品的历史记录，样品统计信息，样品的分类浏览，样品的进展情况等信息的查询。

3. 标准、方法查询

提供各种相关的分析标准、分析方法的查询。

4. 设备仪器查询

用户所有的仪器设备均在系统中建档，随时提供查询。

5. 文件管理

文件管理是文件的制定者根据实验室相关规定，灵活地提供各种文件的编辑、审批、发布。如：实验室的规章制度、各种报表、工作流程。文件管理完善了文件会审、保存、修改、销毁、归档处理、备份等文件的历史记录。

五、办公自动化模块

LIMS 特别关注对实验室日常管理的系统实现，对办公自动化的支持就是很有特色的一个方面。事实上，不仅仅是实验室，任何单位的日常办公事物都是很琐碎、很繁杂的。软件系统的支持，无疑将会使办公效率极大提高，同时各种文档的管理、记录等也得以走上一个新的台阶。

LIMS 的办公自动化包括如下几个方面。

（1）杂务；

（2）内部通告；

（3）人员去向；

（4）工作安排；

（5）文档处理；

（6）奖金分配；

（7）公共信息；

（8）人事管理；

（9）经费管理等。

六、系统管理

系统管理模块对保证 LIMS 系统的正常运行具有重要的意义。实际运行的系统必须专设一位系统管理员来对系统做维护工作，那么系统管理员的管理行为就是通过系统管理模块来实施的。系统管理包括系统初始化、设定用户权限、系统设定、日志管理、论坛管理和数据维护。其中系统初始化在系统启动时执行；设定用户权限一般在系统安装后一次设定，不必经常变动（人员变动情况除外）；系统设定一般也是在安装结束后一次设定完毕，除非系统有较大的改动；日志管理主要是定期对系统日志进行备份，确保系统日志的正确记录；论坛管理是不定期查看系统论坛，删除过期、陈旧的信息。数据维护是系统维护工作量最大的部分。因为系统每天运行都要产生大量数据，这些数据的有效存储、备份都是很重要的。当出现争议时，历史数据就显得尤其重要，而进行科研有时也要查阅、统计历史数据。更重要的是，大量数据也必须及时备份以减轻系统负担，确保系统运行。

系统维护包括了系统用户，操作权限的设置维护，系统数据库维护，系统访问日志维护，标准数据维护及系统的初始化。提供严格又细致的用户权限设置功能，用户权限分为模块访问权限和数据访问权限两个部分，模块访问权限决定用户可以使用哪些系统模块和对数据的读写性，数据访问模块决定用户可以访问的数据范围，经由系统设置，可以构造一个完全等同于实际物理组织的网上虚拟实验室，系统管理员可先行登录，修正实验室相关信息。

任务三 实验室信息管理系统的应用

一、 LIMS系统主要架构

1. 实验室网络系统构架

要实现LIMS系统，首先应具备实验室的网络系统（以太局域网），做好规划与布局。

2. 系统权限管理构架

系统权限管理模块（艾真体），完成对系统登录的各类用户的各种增删改以及授权的管理，并对登录用户进行身份验证，根据其权限让其具有使用相应不同模块（艾真体）的功能。

3. 分析仪器设备的数据合理整合系统

（1）以分析仪器为核心分析数据采集、解析整合。这也是实现LIMS系统关键的重要环节；

（2）以分析仪器计算机为“底层数据源”数据结构规划，完成实验数据的自动统一数据上传；

（3）不同的传输类型与方式（如：RS485/局网Sock/局网File/Gprs及互联网等）、其他相关参数的设置功能；

（4）为实现上述目的所需的必要的软件设置调整和增设必要的数据回传硬件。

4. 以分析测试工作为核心的网络管理体系

（1）具有语音提示功能；

（2）分析结果形成相应的柱状控制图，并具有形成组合数据与报告功能；

（3）历史数据统计及绘制历史曲线图功能：按查询的前五个元素绘制历史曲线图统计查询方式有：全部统计、按标识1统计、按标识2统计、按标识3统计四种方式。标识名称可由系统管理员自行定义；如：标识1定义为“电解槽号”或“炉号”，标识2为“生产序号”或“牌号”，标识3为“测试人”等；

（4）数据方式有：全部数据、按第i个分析测试元素查询两种方式；

（5）具有分析数据库自动备份功能（按年度备份）；

（6）具有前五个元素综合成分稳定指标设置与判断功能；可作为指导企业提高质量的具体量化指标依据，也可作为分析设备工作正常与否，以及衡量操作者业务熟练的间接考核依据；

（7）查询统计方式：具有最大值、最小值、平均值、统计方差值；

（8）打印输出方式：具有报表打印输出、页面打印输出两种方式；

（9）服务器版和客户端版软件，均可配接17元素的大屏显示系统（用户选择：“启用”或“停用”）。

5. 实验室其他管理信息体系模块

（1）实验室专业分组管理；

（2）仪器台账定位管理；

（3）仪器传输参数设置；

（4）人员档案管理；

（5）样品登记管理；

（6）委托客户资料管理；

（7）人工报告检测数据输入；

（8）检测报告打印发放；

（9）实验室资质、设备、人员等证件资料管理模块；

（10）其他二次开发的（用户要求）特殊功能模块。

二、 LIMS应用案例

1. 案例1

某食品检测实验室使用LMS的效果见表6-1、表6-2。

表6-1　　系统使用前后检测工作流程对比

流程环节	使用前	使用后	主要改进
业务受理	接收样品，填写《委托协议书》；将贴签后的样品和《委托协议书》复印件分发至各检测科室；样品信息只保存在纸质材料上，查询时困难。	接收样品，将信息录入系统，自动生成《委托协议书》，打印，用户签字；将贴签后的样品分发各检测科室；样品信息可通过条件查询。	①自动生成《委托协议书》，不需要复印协议分发给各科室； ②样品信息快速查询。
报告编辑	对照《委托协议书》和原始记录将样信息、检验项目、标准值、检测结果及单位填入word报告模板中；工作效率低，容易出现录入错误。	选择需要的报告模板，系统自动将委托录入的样品信息及检测人员录入的结果信息关联到报告模板中，生成报告；可提前批量录入标准值。	①关联各个环节信息，减少录入错误率； ②提前批量录入标准值，提高工作效率。
报告签发	将编辑好的报告打印，分别拿给报告审核和签发人员签字，然后移交给办公室，手动盖章后发放报告。	将编辑好的报告流转，报告审核及签发人员在系统中审核签字后，直接流转给办公室，一键加章后打印、发放报告。	系统流转，电子签名，一键加章，方便快捷。
流程跟踪	咨询相关科室检测人员。	系统自动生成任务流转卡，各个环节的流转卡组成任务流转树状图；通过树状图，可以查看当前任务进度，实现实时跟踪。	任务流程清晰，实时跟踪，省时省力。

表 6-2　系统使用前后质量管理对比

流程环节	使用前	使用后	主要改进
业务受理	接收样品，填写《委托协议书》：将贴签后的样品和《委托协议书》复印件分发至各检测科室：样品信息只保存在纸质材料上，查询时困难。	接收样品，将信息录入系统，自动生成《委托协议书》，打印，用户签字；将贴签后的样品分发各检测科室；样品信息可通过条件查询。	①自动生成《委托议书》，不需要复印协议分发给各科室；②样品信息快速查询。
报告编辑	对照《委托协议书》和原始记录将样品信息、检验项目、标准值、检测结果及单位填入word 报告模板中；工作效率低，容易出现录入错误。	选择需要的报告模板，系统自动将委托录入的样品信息及检测人员录入的结果信息关联到报告模板中，生成报告；可提前批量录入标准值。	①关联各个环节信息，减少录入错误率；②提前批量录入标准值，提高工作效率
报告签发	将编好的报告打印，分别拿给报告审核和签发人员签字，然后移交给办公室，手动盖章后发放报告。	将编辑好的报告流转，报告审核和签发人员在系统中审核签字后，直接流转给办公室，一键加章后打印、发放报告。	系统流转，电子签名，一键加章，方便快捷。
流程跟踪	咨询相关科室检测人员。	系统自动生成任务流转卡，各个环节的流转卡组成任务流转树状图：通过树状图，可以查看当前任务进度，实现实时跟踪。	任务流程清晰，实时跟踪，省时省力。

2. 案例 2

某兽药与饲料监察所是负责兽药、饲料质量检验与监管的法定技术服务机构。面对不断增加的检验任务和日益严峻的监管形势，该机构的检验和监管工作面临挑战，主要存在以下问题：

（1）检验工作慢；

（2）缺乏也难以应付与客户的沟通交流；

（3）咨询报告书的电话不断，报告书发放不到位；

（4）客户不能跟踪了解送检样品检验过程；

（5）统计、分析工作难、慢。

因此该所希望建设一个平台来替代人工统计分析实验室数据，同时客户可以在平台上进行检验进度查询及了解其他信息，提高工作效率和服务质量。所以早在 2003 年总所便委托某网络科技发展有限公司开发了《兽药与饲料产品质量安全检测管理系统》，但由于没有相应的实施制度规定，员工又懒于把检验数据输入系统，所以系统一直没有得到全面应用，总所存在的问题自然也没有得到解决。近年来，该所领导狠下决心，再次启动 LIMS 的建设与实施，在系统中重新对检验流程进行梳理和对检验任务进行分解，并融入评估标准和自动控制。该所首先把检验流程业务分成六类，包括残留、兽药、饲料、后勤类、特殊培训类、特殊类，界定了类工作难度系数，比如内部对比系数等于1，外部对比系数等于3；再把类分成387项子工作，规定了每项子工作应该完成的时间及对应的分值，比如检测氟喹诺酮类1项（液相法）残留的分值为30，检验兽药的氯化物成分含量的分值为5，未按时完成工作按延迟每天5%折扣分值；规定了一次性不同数量相同项目的折扣方案，比如1~3个相同项目分值=项目分值×1，30~40个相同项目分值=项目分值×0.65；最终按形成的每个职工的总分值报表进行薪酬奖惩和工作表现考核。

LIMS包括六大功能模块：检验业务处理管理、检验监控管理、检验原始记录管理、检验数据汇总统计报表、日常办公管理、系统与安全设置管理，对样品检测从收样、分样到生成检测报告进行全程化管理，有备忘、报错提示，自动生成检测任务全过程的行为、效果与分值的对应表以及各种统计、分析报告。LIMS提高了总所的工作效率，出现了检测速度快、质量高、争取检验任务的良好局面和氛围；为客户提供了良好的服务，客户随时能通过平台了解相关信息，查询送检样品的检验进度，同时还能收到系统及时的短信通知；系统自动生成相应的统计、分析报告更是为领导决策提供了科学参考；平台作为工作平台、知识平台、交流平台，实现了总所的办公自动化、电子化、一体化；系统实施效果显著，大大提高了总所的检验质量和监管水平，辅助该所很好地完成了各种检验任务，该所被评为“全国兽药、饲料质量执法先进集体”，受到国家农业部嘉奖。上述案例表明：

（1）实验室信息化建设是大势所趋，LIMS能显著提高实验室管理水平；

（2）LIMS是信息技术与先进管理理论融合的产物，因此LIMS的实施不但是系统的使用，而且是先进管理理论的实践。所以，只有配之以相应的管理制度建设，才能成功实施LIMS；

（3）LIMS和量化管理是现代实验室管理的标志，LIMS能实现实验室的量化管理，能提高实验室的信息化水平，而量化管理能提高实验室的管理效率和水平。所以LIMS是基础，量化管理是支撑，LIMS与量化管理相辅相成，共同推进实验室的现代管理。

一线传真：邵晶，萧佳琪，金晓卿，等．面向化妆品检测业务的实验室信息管理系统设计与构建［J］．中国卫生资源，2022，25（3）：398-402.

【读与思】

智慧抽检　信息先行

食品安全抽检工作是食品安全监管工作的重要抓手，食品安全抽检工作质量的高低影响着分析研判食品安全问题的及时性以及食品安全监管工作的有效性。如何快速响应各级监管部门的抽检需求，提高抽检的靶向性，打通抽检工作事前、事中、事后各环节，实现快速高效、准确规范、全程可网络追溯的智慧化抽检，一直是监管部门需要解决的问题。广东省深圳市大力推进新型智慧化城市建设，深圳市市场监督管理局大胆创新，以优化提升信息化建设为契机，充分利用信息技术，通过建设深圳市市场监督管理局检验检测管理系统，为食品检验检测全流程提供“互联网+”的高效服务，构建食品安全抽检工作全流程信息化闭环监管新模式。

一是实现抽检过程信息闭环化、数字化。通过固化食品检验检测业务流程，形成计划、抽样、接样、检验、异议、复检、核查处置等信息化闭环，核心环节表单引入自动判定、智能纠错等手段，各类检验项、检验标准数字化，检验检测全程管理整体操作步骤更规范、数据流转更快捷、业务协同更紧密，实现了从人力管理向智能管理的跨越，降低了人为因素的影响，抽检效能大幅提升。

二是实现抽检计划制定科学化。通过科学的数据分析，为监管部门制定监督抽检计划提供决策支持及相关建议。根据历年的国家级、省级、市级抽检数据进行横向和纵向对比，对监督抽检计划所包含的食品类别选取、抽检批次的增减、检验项目的设定给出科学合理的建议。基于数据分析的计划推荐，增强了计划的科学性、抽检的代表性，使监管的覆盖度更全面，提高了监管的精准度。

三是实现抽检数据应用智慧化。利用大数据+人工智能的手段，自动进行风险的识别、分析、处置跟踪，并将结果自动生成风险跟踪分析报告，极大降低了海量数据中人工发现问题的难度，有效提高风险防控水平。该系统开发了可视化监控、成因分析、风险管理、考核指标等多个数据应用模型。可视化监控模型，通过数据自动碰撞比对，深度分析利用，借助爬虫技术获取全国公示抽检信息，建立抽检信息库，实现数据实时碰撞，监控食品流入、流出安全情况；成因分析模型，对不合格信息进行深度挖掘，采用类聚分析方法，从上万种综合维度进行数据分析与建模，归纳不合格构成因素；风险管理模型，利用算法分析历史数据预测发展趋势，对比监控当下数据，生成食品安全风险地域画像，为食品安全监管部门提供决策支撑；考核指标模型，以抽检数据为依据，建立相对科学的考核指标体系。

四是实现食品安全监管工作普及化、法治化、智能化、专业化。通过系统构建公众服务中心，共建食品安全质量社会共治监督格局，基于多服务渠道，实现食品检验检测数据便捷查询，提升社会群众参与度，达到食品安全质量社会共建共治局面。

［原文来源：深圳市市场监督管理局：智慧抽检信息先行_ 食品信息_ 中国食品网（cnfoodnet. com）］

【启示】智慧监管，信息先行，检验检测智慧管理系统通过标准信息全程引导，打破数据壁垒，消除数据孤岛，基于数据分析构建检验检测模型，无缝链接承检机构的实验室信息管理系统，提升了检验检测计划的科学性、靶向性，实现对检验检测过程的智能分析，使检验检测计划的制定更科学，增加了检测数据可用性的同时，深化了监管公信度，为市场监管工作数字化、信息化做了大胆创新。

【思考与练习】

一、填空题

1. 实验室信息管理系统的英文缩写是________。

2. LIMS 依据________实验室管理标准，以______为主线，实现了实验室用户输入、数据采集与分析、信息传递及发布等全方位信息化、智能化管理。

3. 国外的 LIMS 技术最早出现在 20 世纪________年代末。

4. 实验室信息管理系统的基本模块包括管理模块、配置管理、________、资源管理、后台管理。

5. ________和量化管理是现代实验室管理的标志。

项目六、实验室信息管理系统（LIMS）（测试题）

二、问答题

1. 检测实验室为什么要推行 LIMS？

2. 简述 LIMS 系统主要功能模块和使用流程。

项目七

检测实验室分析质量控制与质量保证

学习目标

知识目标

1. 熟悉分析误差的来源。
2. 掌握分析质量的评价标准。
3. 掌握分析质量的控制与质量保证方法。
4. 了解分析质量的样品控制。

能力目标

1. 能够制定检测公司质量内部控制计划方案并实施。
2. 能够分析和制作质量控制图。
3. 能够掌握各级监管机构对能力验证的要求。
4. 能够制定年度能力验证计划并实施。
5. 能够正确解读能力验证报告，根据能力验证结果反映的问题做相应的改进。

素质目标

1. 通过对质量知识的学习，树立检验检测质量意识。
2. 通过对质量控制图的学习，树立质量趋势管理意识。
3. 通过对能力验证结果的正确解读，树立质量改进意识。

4. 通过对样品采样的质量管理，培养科学诚信意识。

问题导入

1. 检测公司如何监督样品检测质量，如何确保抽样和检测结果是正确的？

2. 对一批奶粉中蛋白质含量进行测试，用什么来证明或者保证测试结果的准确性？

随着科学技术的发展，检测技术发生了引人瞩目的变化，大多数的分析测试需要以专门的操作程序来完成，许多原先的人工操作现在已自动化。此外，很多测定，例如贸易、环境监测、临床化学等的测试，经常需要几个分析者或几个实验室、地区、全国甚至国际性的协作来完成。因此，对于测试结果的可靠性和可比性有更严格的要求。为了获得更准确可靠的、高质量的测试结果，必须对分析测试全过程的各个环节进行质量控制，采取有效的措施，使可能产生的误差降低到允许的范围内，以此来保证分析测试的质量。

任务一 了解分析误差

由于测定用的仪器及本身精度的限制，测试方法的不完善，测试环境的变化等客观因素的影响，也由于测试人员的技术水平、经验等主观因素的影响，当我们对同一试样进行多次重复测定时，测定结果总是不能完全一致；如果取已知含量的试样进行测定，所得结果也不一定与已知值相符合。说明误差是经常存在的。误差常常会掩盖以致歪曲客观事物的本来面貌。如果对误差的属性及其产生的原因没有正确的认识，它就会妨碍我们正确地评价样品的客观质量，有时甚至会引导我们做出错误的结论。反之，如果分析工作者清楚地了解误差的属性及其产生的原因，掌握实验数据的科学处理方法，就能通过对大量的实验数据进行科学的处理，去伪存真，从中引出符合客观实际的正确结论。因此，对于分析工作者来说，熟悉有关误差的基本理论，掌握实验数据的科学处理方法是十分必要的。

分析误差系指测定值与真值之间的差别。根据误差的性质，可将误差分为三类，即系统误差、随机误差和过失误差。

一、系统误差

系统误差又称为恒定误差或可测误差，是在相同条件下，对一已知量的待测物进行多次测定，测定值总是向着一个方向，也就是说测定值总是高于真实值或总是低于真实值。误差的绝对值或正负符号保持恒定，但在改变条件时可按某一确定规律变化。实验条件一经确定，系统误差就获得了一个客观上的恒定值；若改变条件，则系统误差可随之变化。

在分析测试中，引起系统误差的原因是多方面的，对具体的分析方法和步骤的误差要做具体分析。但是，一般来说，系统误差来源于所使用的仪器和试剂、操作者个人的因素和方法本身的误差等三个方面：

1. 仪器和试剂引起的误差

天平和砝码是最基本的设备，如果所用天平其两臂的臂长不等，称重就有误差。但通常天平的不等臂性通过出厂检验后是很少改变的，同时对成分测定的百分含量计算又可抵消这个误差，所以天平的不等臂性不是引起误差的主要原因。砝码的误差则是经常出现的，所以进行砝码的校正是重要的。在容量分析中，如果使用未经校正的仪器，如容量瓶、滴定管和移液管等，就会引入误差。

容器及器皿：使用不适当的容器和器皿，有可能因试剂的侵蚀而引入外来成分，也可能由于容器的吸附而损失被测定的成分。

试剂和蒸馏水：使用不纯的试剂和蒸馏水可能引入被测成分或干扰物质。

对于超纯物质的分析和痕量成分分析来说，选择适当器皿（例如用塑料、石英或铂制的器皿）及使用高纯度的试剂和蒸馏水，显得特别重要。

2. 个人操作引起的误差

由于操作不当而引起的误差称为操作误差。例如，使用没有代表性的试样、试样消化不完全；在重量分析中，沉淀条件控制不当、沉淀的洗涤不完全或洗涤过分、沉淀的灼烧温度不合适，称重时未经彻底冷却，干燥器的干燥剂失效或称重时吸湿等；在容量分析中，滴定条件不当、标准溶液的体积没有进行温度的校正等。产生这类误差的原因主要是操作者对操作规程不够了解或者不严格执行。这类误差的性质大多是物理的而不是化学的，它们之间是互不相关的。这类误差其数值的大小因人而异，但对于同一分析者来说则往往是基本恒定不变的。

还有一类误差，不同于操作误差而称为个人误差。产生个人误差的原因，一是由于个人观察判断能力的缺陷或不良的习惯，例如，有个别的人在进行滴定时不能判断指示剂刚好变色的一点而总是略超过终点；二是来源于个人的偏见或一种先入为主的成见，例如，当人们进行重复滴定时，总是想使第二份滴定与前一份的滴定结果相吻合，在判断终点和滴定管的读数时就不自觉地受这种先入为主的成见所支配，因而产生这种个人误差。

上述操作误差与个人误差，其数值可能因人而异，但对同一个操作者来说基本上是恒定的，因此，也可以统称为个人误差。

3. 方法误差

方法误差是由分析方法本身固有特性所引起的，是由分析系统的化学或物理化学性质所决定的，无论分析者操作如何熟练和小心，这种误差总是难免的。有些化学分析方法误差是比较严重的，采取适当的操作技术可以减少方法误差，在一定的条件下，这种误差的数值保持一定。

方法误差的来源有：

（1）反应不能定量地完成或者有副反应。

（2）干扰成分的存在。

（3）在重量分析中，沉淀的溶解损失、共沉淀和后沉淀现象、灼烧沉淀时部分挥发损失或称量形式具有吸湿性等。

（4）在容量分析中，滴定终点与等当点不相符。

方法误差从性质上来说不同于操作误差，前者属于方法本身的固有特性，而后者则属于操作者处理不当。例如，在重量分析中，沉淀的溶解损失属于方法误差，但洗涤不当引起误差则属于操作误差。从数值上来说，方法误差并不因人而异，但操作误差却因人而异。

前面已经叙述过系统误差的来源，现在我们进一步讨论系统误差的性质。系统误差的性质可以归纳为如下三点。

（1）系统误差会在多次测定中重复出现　如果所用的仪器不准或试剂不纯，只要仍使用同样的仪器和试剂，这种误差必然反复出现；方法误差和个人误差同样地反复出现。

（2）系统误差具有单向性　就是说，如果测定有系统误差，则所有的测定或者都偏高，或者都偏低。

（3）系统误差的数值基本是恒定不变的　如果误差是来源于某一个固定的原因，这个误差的数值自然是恒定的。

既然引起系统误差的原因是可以找到的，误差数值的大小又是可以检定出来的，所以系统误差是可以校正的。

二、随机误差

随机误差是由于在测定过程中，一系列的有关因素微小的随机波动而形成的具有相互抵偿性的误差。它决定了测定结果的精密度。在一次测定中，随机误差的大小及其符号是无法预知的，没有任何规律性，但在多次测定中，随机误差的出现还是有规律的，它具有统计规律性。

由于随机误差有大有小，时正时负，随着测定次数的增加，正、负误差相互抵偿，误差平均值趋向于零。因此，多次测定平均值的随机误差比单次测定值的随机误差小。由于随机误差的形成取决于测定过程中一系列随机因素，这些随机因素是实验者无法严格控制的，因此，随机误差一般是不可避免的，分析工作者可以设法将它大大减小，但不可能完全消除它。随机误差，在过去的分析化学文献中常称之为“偶然误差”。“偶然误差”这一名词常被初学者误会，以为“偶然误差”是偶然产生的误差。其实不然，随机误差并不是偶然产生的，而是必然产生的，只是各种大小误差的出现有着确定的概率罢了。因此，建议分析工作者不要再用“偶然误差”一词而使用“随机误差”这一术语。

系统误差是指在一定试验条件下，由某个或某些因素按照某一确定的规律起作用而形成的误差。它决定了测定结果的准确度。系统误差的大小及其符号在同一试验中是恒定的，或在试验条件改变时按照某一确定的规律变化。重复测定不能发现和减小系统误差，只有改变试验条件才能发现系统误差。一旦发现了系统误差产生的原因，是可以设法避免和校正的。例如，用零点未调整好的天平称量物体，称量结果会偏高或偏低，多次重复称量无法发现称量结果偏高或偏低这一事实，只有在重新将天平的零点调整好之后再去称量，才能发现原先称量中的系统误差，才知道原先的称量结果究竟是偏高了还是偏低了，一旦知道了系统误差的大小及其符号，就可以对原先称量结果进行校正。

三、过失误差

过失误差又称粗差。过失误差是指一种显然与事实不符的误差，没有一定的规律。不管造成过失误差的具体原因如何，只要确知存在过失误差，就应将含有过失误差的测定值作为异常值从一组测定数据中舍弃。

根据前面所述的三种类型误差的性质，我们可以认为过失误差是应该而又能够避免的，系统误差是可以检定和校正的，随机误差是可以控制的。只有校正了系统误差和控制了随机误差，测定的数据才是可靠的。

任务二 分析方法的质量评价

对于一个检测实验室而言，其产品就是“检测报告”。检测结果质量如何，必须有一个质量评价方法。随着检测方法的不断更新，评价方法的标准也逐步建立和完善起来。这些评价标准主要是检测限、精密度、准确度和不确定度等，可以用数值来描述，称为分析质量评价参数。

一、灵敏度

一个方法的灵敏度是指该方法对单位浓度或单位量的待测物质的变化所引起的响应值变化的程度。因此，它可以用仪器的响应值或其他指示量与对应的待测物质的浓度或量之比来描述。一个方法的灵敏度可因实验条件的变化而改变，在一定的实验条件下，灵敏度具有相对的稳定性。在实际工作中，灵敏度通常以标准曲线斜率表示，即通过标准曲线可以把仪器响应量与待测物质的浓度或量定量地联系起来。可用式（7-1）表示标准曲线的直线部分。

$$A = kc + a \tag{7-1}$$

式中 A——仪器的响应量

c——待测物质的浓度

a——标准曲线的截距

k——方法的灵敏度，即标准曲线斜率；k 越大，方法灵敏度越高在原子吸收分光光度法中，国际理论与应用化学联合会（IUPAC）建议将所谓的“1%吸收灵敏度”称作特征浓度，而将以绝对量表示的“1%吸收灵敏度”称为特征量。特征浓度（或特征量）越小，则方法灵敏度越高。

二、检出限

检出限是指分析方法在适当的置信水平内，能从样品中检测被测组分的最小量或最小浓度，即断定样品中被测组分的量或浓度确实高于空白中被测组分的最低量。

一般对检出限有几种规定方法。

1. 气相色谱法

用最小检出量或最小检出浓度表示检出限。最小检出量是检测器恰能产生色谱峰高大于二倍噪声时的最小进样量，即式（7-2）。

$$S = 2N \tag{7-2}$$

式中，S ——最小响应值

N ——噪声信号

最小检出浓度是指最小检出量与进样量体积之比，即单位进样量相当待测物质的量。

例 1 气相色谱法测定聚氯乙烯成型品中氯乙烯单体的检出限。仪器噪声的最大信号为峰高 1.0mm；注入 0.05μg 氯乙烯标准制备的顶空气 3mL，响应值为 12mm，求最低检出量？

题解：根据式（7-2）：

$$S = 2N = 2\times1.0\text{mm} = 2.0\text{mm}$$

$$\frac{\text{最小检出量}}{\text{最小响应量}} = \frac{\text{注入标准物质量}}{\text{标准物质响应量}}$$

$$\text{最小检出量} = \frac{\text{最小响应量} \times \text{注入标准物质量}}{\text{标准物质响应量}} = \frac{2\times0.5}{12} = 0.083\mu\text{g/g}$$

例 2 在例 1 中，如果注入 3mL 顶空气相当于 0.5g 聚氯乙烯成型品，求最小检出浓度？

题解：

$$\text{最小检出浓度} = \frac{0.083}{0.5} = 0.17\mu\text{g/g}$$

2. 吸光光度法

在吸光光度法中，扣除空白值后，吸光度值为 0.01 所对应的浓度为检出限。

例 3 利用镉离子与6-溴苯并噻唑偶氮萘酚形成红色络合物，对食品中镉含量进行比色测定。对全试剂空白进行 5 次平行测定，吸光度平均值为 0.003，再测定 0.25μg 标准镉溶液其吸光度为 0.023，求检出限？

题解：

$$\frac{检出限}{最小响应值}=\frac{镉标准质量}{镉标准吸光度-空白吸光度}$$

$$检出限=\frac{最小响应量\times镉标准质量}{镉标准吸光度-空白吸光度}=\frac{0.01\times0.25}{0.023-0.003}=0.125\mu g$$

3. 一般实验

当空白测定次数 $n>20$ 时，给出置信水平 95%，检出限为空白值正标准差的 4.6 倍，即式（7-3）。

$$检出限=4.6\times s \tag{7-3}$$

式中，s—空白平行测定正标准差

例 4 在例 3 中，当空白测定 $n>20$ 时，吸光度 0.003±0.001 相当于镉 0.0375±0.013sg，所以空白标准差为 0.013sg，求检出限？

题解：

按式（7-3）检出限 $= 4.6\times s = 4.6\times 0.013 = 0.006\mu g$

当空白测定次数，$n<20$ 时，检出限按式（7-4）计算：

$$检出限=2\sqrt{2}t_f S \tag{7-4}$$

式中，t_f ——置信水平为 95%（单侧），批内自由度为 P 时的临界值

f——批内自由度

$f=m(n-1)$，其中 m 为重复测定次数，n 为平行测定次数。

三、精密度

精密度是指在一定条件下对同一被测物多次测定的结果与平均值偏离的程度。精密度是反映随机误差大小的一个量，测定值越集中，测定精密度越高；反之，测定值越分散，测定精密度越低。

精密度常用标准差（S）表示，可利用贝塞尔公式式（7-5）进行计算，即：

$$S=\sqrt{\frac{\sum_{i=1}^{n}(x_i-\bar{x})^2}{n-1}} \tag{7-5}$$

标准差对平均值的百分数，称为相对标准偏差，用 RSD 表示，即式（7-6）。

$$RSD(\%)=\frac{S}{\bar{x}}\times 100 \tag{7-6}$$

式（7—5）和式（7—6）中，S ——标准差

x_i ——各单次测定值

$\bar{x}$ ——多次测定值的平均值

n ——测定次数

为了满足某些特殊需要，引进下述三个精密度的专用术语。

1. 平行性（replicability）

指在同一实验室中，当分析人员、分析设备和分析时间都相同时，用同一分

析方法对同一样品进行的双份或多份平行样测定结果之间的符合程度。

2. 重复性（repeatability）

指在同一实验室内，当分析人员、分析设备和分析时间中至少有一项不相同时，用同一分析方法对同一样品进行的两次或两次以上独立测定结果之间的符合程度。

3. 再现性（reproducibility）

指在不同实验室（分析人员、分析设备甚至分析时间都不相同），用同一分析方法对同一样品进行的多次测定结果之间的符合程度。

故所谓的室内精密度即平行性和重复性的总和；而所谓的室间精密度即再现性。

在精密度测定时应注意的问题如下：

（1）分析结果的精密度与样品中待测物质的浓度水平有关。因此，必要时应取两个或两个以上的不同浓度水平的样品进行分析方法的精密度的检查。

（2）精密度可因与测定有关的实验条件的改变而有所变动。通常由一整批分析结果中得到的精密度往往高于分散在一段较长时间里的结果的精密度。因此，如有可能，最好将组成固定的样品分成若干批，然后分散在一段适当长的时间里进行分析。

（3）因为标准偏差的可靠程度受测量次数的影响，因此，在对标准偏差做较好估计时（如确定某种方法的精密度），需要足够多的测量次数。

（4）在质量保证和质量控制中，经常用分析标准溶液的办法来了解分析方法的精密度，这与分析实际样品的精密度可能存在一定的差异。

四、准确度

准确度（accuracy）是指在一定条件下多次测定的平均值与真值相符合的程度。准确度是反映系统误差大小的一个量，误差越大，说明测定越不准确，即准确度低；反之，误差越小，测定越准确，即准确度高。准确度可以以绝对误差（一般情况称为误差）和相对误差表示［式（7-7）和式（7-8）］。

$$\text{绝对误差}=\text{测定值}-\text{真值} \tag{7-7}$$

$$\text{相对误差}=\frac{\text{绝对误差}}{\text{真值}}\times 100\% \tag{7-8}$$

误差值有时是正值，有时是负值。真值虽然是客观存在的，但又是我们不能直接测定出来的。通常取一个试样进行若干次测定所得的数据总是参差不齐的，怎样从这些数据中选择最佳的数值呢？通常有两个数值可供选择，即平均值或中位值。

平均值是指将测定值的总和除以测定总次数所得的商式（7-9）。设 X_1，X_2，X_3，…，X_N 代表各次的测定值，N 代表测定次数，以 $\overline{X}$ 代表平均值，则

$$\overline{X} = \frac{X_1 + X_2 + X_3 + \cdots + X_N}{N} = \frac{\sum_{i=1}^{N} X_i}{N} \tag{7-9}$$

中位值是指将一系列测定数据按大小顺序排列时的中间值。若测定次数为偶次数，则中位值为正中两个值的平均值。中位值的最大优点是求法简便而又直观。中位数与两端的数据分布无关，只有在测定数据是正常地在两端均匀地分布的情况下，它才能代表这个系列测定的最佳值。

在理想的情况下，如果数据在两端均匀地分布，那么平均值与中位值是相符合的。但在一般情况下，特别是测定次数较少时，平均值与中位值总是不完全符合的。

例 5　求下列数据的平均值和中位值：10.06，10.20，10.08，10.10。

题解：按式（7-9）计算

$$\overline{X} = \frac{10.06 + 10.20 + 10.08 + 10.10}{4} = 10.11$$

$$中位值 = \frac{10.08 + 10.10}{2} = 10.09$$

五、测量不确定度

检测实验室用测量结果来判定被测对象的质量，但测量数据的质量用什么来判定呢？最初是用测量误差。由于真值往往是不知道的，或者是很难知道的，所以测量误差也很难知道。测量误差的定义尽管是严格的、正确的，能反映测量的质量和水平，但可操作性不强。为了对测定结果的质量有一个定量的描述，以确定其可靠程度，需要引入测量不确定度的概念。表征合理赋予被测量的值的分散性、与测量结果相联系的参数，称为测量不确定度。因此，测量结果的不确定度是测量值可靠性的定量描述。有关测量不确定度的详细内容见项目八。

一线传真：李向威．检验检测实验室质量控制实施探讨［J］．中国检验检测，2023（3）：46，47+22.

【读与思】

屠呦呦人生传奇 86 岁获国家最高科技奖

屠呦呦是抗疟药青蒿素和双氢青蒿素的发现者，中国中医科学院终身研究员兼首席研究员、青蒿素研究中心主任，1930 年 12 月 30 日出生于浙江省宁波市，其名“呦呦”源自《诗经》中的诗句“呦呦鹿鸣，食野之蒿”。1951 年，她考入北京大学医学院药学系生药专业；1955 年毕业后到卫生部中医研究院（中国中医科学院前身）中药研究所工作至今。2011 年荣获拉斯克奖临床医学奖，2015 年荣获诺贝尔生理或医学奖，2016 年荣获国家科技最高奖。

“在人类的药物史上，如此一项能缓解数亿人疼痛和压力，并挽救上百个国家数百万人生命的发现的机会并不常有”——拉斯克奖评委、斯坦福大学教授露西·夏皮罗这样评价青蒿素的发现。

2000 年以来，世界卫生组织把青蒿素类药物作为首选抗疟药物，在全球推广。“2005 年，全球青蒿素类药物采购量达到 1100 万人份，2014 年为 3. 37 亿人份。”世界卫生组织《疟疾实况报道》显示，2000 年至 2015 年期间，全球各年龄组危险人群中疟疾死亡率下降了 60%，5 岁以下儿童死亡率下降了 65%。“青蒿素类药物作为治疗疟疾的主导药物，发挥了相当大的作用。”

［原文链接：屠呦呦人生传奇 86 岁获国家最高科技奖——中国科技网（stdaily. com）］

【启示】工匠精神是干一行、爱一行、专一行、精一行，务实肯干、坚持不懈、精雕细琢的敬业精神，用工匠精神为中国力量凝神铸魂！

任务三 检测实验室质量控制

检测实验室要持续稳定地获得可靠的检测结果，需要建立一个全面的质量管理体系，质量控制活动是实验室管理工作的重点。实验室质量控制活动通过内部质量控制和外部质量控制相结合的方式进行。

一、实验室内部质量控制

内部质量监控又称内部控制，是实验室质量管理体系中的关键环节，是实验室管理工作中的核心内容。其中实验室内部质量控制是实验室自己开展的质量控制活动，通过内部质量控制评价检测结果的质量和稳定性。通过监视检测活动过程，发现异常变动，及时采取有效措施解决，保证结果的稳定性和可靠性。例如对测试结果的符合性和有效性进行控制，对标准物质或参考物质有效性的验证，对测试人员检测水平的考核评价，对仪器设备稳定性的核查等，其最终都是为了达到质量控制的目标。检测实验室应建立相应的质量控制计划并实施，实验室还应制定内部质量控制方案，对实施的内部质量控制活动效果进行评价。

（一）内部质量控制计划

1. 内部质量控制计划的建立

实验室应根据自身的检测能力范围制定相应的内部质量控制计划，内部质量控制计划包括：保存样品的重复检测，测量和检测设备的功能核查，测量设备的期间核查，使用相同或不同方法重复检测，实验室内人员比对，盲样测试，相关性检查和使用其他已校准能够提供可溯源结果的仪器，物品不同特性结果之间的相关性，使用标准物质或质量控制物质制作控制图，审查报告的结果等，内部质量控制计划中应明确以下内容。

（1）质量控制活动（对象）；

（2）检测项目/参数；

（3）内部质量控制方式；

（4）质控限或确定质控限的方式；

（5）质控频次；

（6）涉及的人员和/或设备；

（7）计划开展时间等。

2. 内部质量控制计划的要求

（1）内部质量控制计划　应综合已认可或待认可项目的检测频次、人员技术能力、设备可靠性、方法要求等风险，确定内部质量控制计划。对经实验室自身识别出的风险较高的参数，应加大内部质量控制活动的频次，以满足实验室内部质控相关要求。

实验室制定内部质量控制方案时应考虑以下因素。

①检测业务量；

②检测结果的用途；

③检测方法本身的稳定性与复杂性；

④对检测人员经验的依赖程度；

⑤参加外部比对（包含能力验证）的频次与结果；

⑥人员的能力和经验、人员数量及变动情况；

⑦新采用的方法或变更的方法等。

（2）附加质量控制活动　当实验室的质量控制结果为临界值、设备出现异常返修、使用在培人员、实验室搬迁更换场地或发生评审活动发生不符合后，宜制定附加质量控制计划。

（二）内部质量控制方案要求

实验室应建立内部质量控制方案，如可能，内部质量控制方案应尽量覆盖到所有检测方法（并非每一个检测标准，应以检测为基础建立内部质控方案），实验室的作业指导书（SOP）文件中应有一个总体的内部质量控制活动判定规则。内部质量控制方案中应明确质控样品选择的原则和要求，以及判定规则和临界值。

（三）质量控制实施

按内部质量控制方案控制计划实施，并形成记录。当质量控制结果临近接受范围边缘时，或使用质量控制图，质量控制结果超出警告线时，应及时对检测过程和试剂、材料进行检查，分析产生问题的原因，采取纠正措施消除隐患，预防超差的发生。

（四）质量控制效果评价

实验室应通过质量控制实施的结果和评价质量控制的效果，作为管理评审的输入，由管理评审的输出作为质量控制改进的依据。

（五）实验室内部质量控制的主要方式

1. 控制图

（1）控制图原理　实验室的内部质量控制是实验室对自己的分析方法和操作程序所进行的持续的、严格的评估。控制图是实验室进行内部质量控制最重要的工具之一，其基础是将控制样品与待测样品放在一个分析批（图 7–1）中一起进行分析，然后将控制样品的结果（即控制值）绘制在控制图上（图 7–2），实验室可以从控制图中控制值的分布及变化趋势评估分析过程是否受控、分析结果是否可以接受。

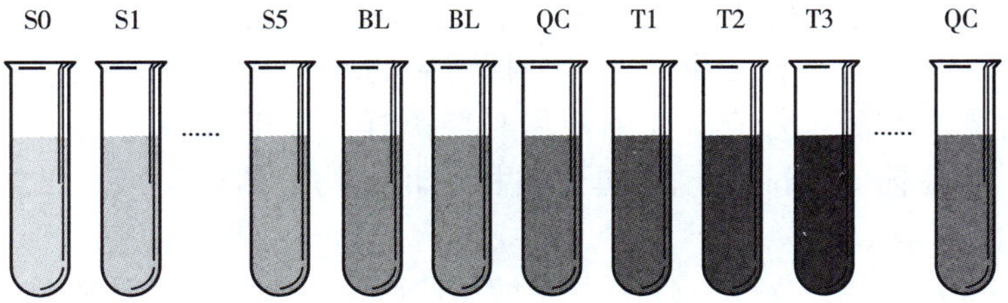

图 7–1　一个分析批（含两个控制样品）

S0 空白；S1~S5 系列标准溶液；BL 空白样品；QC 控制样品；T1、T1、T3... 待测样品

在控制图中，如果所有控制值都落在上下警告限之间，表明分析程序在规定的限值范围内运行，可以报告待测样品的分析结果。如果控制值落在上下行动限之外则说明分析程序有问题，不得报告待测样品的分析结果，而应采取纠正行动，识别误差的来源并予以消除。如果控制值落在警告限之外但在行动限之内，则应根据特定的规则进行评估。

控制图是基于控制样品分析结果随机变化的正态分布统计特性。正态分布曲线与等效的控制图（X-图）之间的关系见图 7-2。控制图的中位线（central line，CL）代表控制值的平均值或参考值。除中位线外，控制图中通常还有四条线。其中两条称为警告限（warning limit，WL）。警告限位于中位线两侧的两倍标准偏差（2s）距离处。在服从正态分布的情况下，约 95%的数据将落在警告限之内。另外两条线位于中位线两侧的三倍标准偏差（3s）距离处，称为行动限（action limit，AL）。在服从正态分布的情况下，约有 99.7%的数据落在行动限之内。从统计学上来讲，在 1000 次测量中只有 3 次测量的结果会落在行动限之外。因此，在通常情况下，如果控制值落在行动限之外，分析程序中存在差错的概率是非常高的。

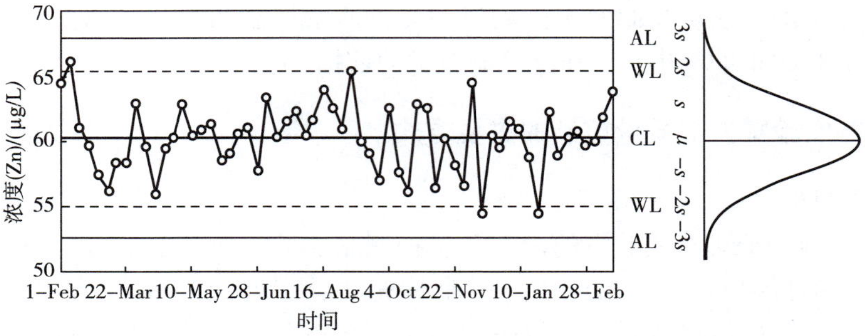

图 7-2　控制图与正态分布曲线之间的关系

AL—行动限；WL—警告限；CL—中位线

（2）控制图的类型　化学分析实验室内部质量控制用到的最重要的控制图有两类，即 X-图（单值图或均值图）和 R-图（极差图）。

①X-图：以单个分析结果或多个分析结果的均值绘制的 X-图可用于监控控制值的系统效应和随机效应。如果使用与待测样品类似的标准物质作为控制样品，则可以监控偏倚（bias）。与单值图相比较，均值图难于区别批内和批间精密度。

②R-图（r%-图）：极差（R）是指两个或两个以上独立样品的单个测量结果中最大值和最小值之差。X-图表明控制值落在控制限内的情况，而 R-图的首要目的是监控重复性。

在一个分析批中对待测样品进行双样重复分析，计算两个平行结果之间的差值，然后将差值绘制在控制图上，则可得到最简单的 R-图。极差通常与样品浓度成比例（在检出限水平以上）。因此，控制图中的控制值更宜采用相对极差值即 r%，得到的控制图即为 r%-图。

（3）控制限

①X-图的控制限和中位线

a. 控制限

• 统计控制限：计算一个长时间段（如一年）内控制值的标准偏差（s）。警告限为$+2s$和$-2s$，行动限为$+3s$和$-3s$。

• 目标控制限：根据对分析质量的要求即对S_{RW}的要求估计控制图的标准偏差s。警告限为$+2s$和$-2s$，行动限设为$+3s$和$-3s$。

b. 中位线。通常情况下采用一个长时间段（如一年）内控制值的平均值作为控制图的中位线。当控制样品为标准物质时中位线也可以是控制样品的参考值。

②R-图或$r\%$-图的控制限和中位线：极差图只有上控制限，因为极差总是正值。

a. 统计控制限。计算一个长时间段内（如一年）极差的平均值。对双样平行分析（$n=2$），s=极差的均值/1.78。中位线为极差的平均值。上警告限为$+2.833s$。

上行动限为$+3.682s$。

b. 目标控制限。根据对重复性的要求估计控制图中的标准偏差s。当$n=2$时，中位线为$1.128s$。上警告限为$+2.833s$。上行动限为$+3.686s$。

计算R（$r\%$）控制图中控制限的因子（2.833和3.686）可以从《用极差的均值估计标准偏差、计算R-图的中位线值、警告限和行动限的因子》查得。

（4）控制数据的解释　控制数据的日常解释有三种可能的情况：方法受控，方法受控但统计失控，方法失控。

①方法受控：如果控制值落在警告限之内；或控制值在警告限和行动限之间，但前两个控制值在警告限之内。

在这种情况下，可以报告分析结果。

②方法受控但统计失控：如果所有控制值落在警告限之内（最后3个控制值中最多有1个落在警告限和行动限之间），且：连续7个控制值单调上升或下降；或连续11个控制值中有10个落在中线的同一侧。

在这种情况下，可以报告分析结果，但问题可能在发展。应尽早发现重要的变化趋势（例如，大多数控制值虽然在警告限之内但离中位线很远），以避免将来发生严重的问题。

③方法失控：如果控制值落在行动限之外；或控制值落在警告限和行动限之间，且前两个控制值中至少有一个也落在警告限和行动限之间（三分之二规则）。在这种情况下，不得报告分析结果。所有在上一个受控的控制值之后分析的样品均应重新分析。

（5）示例

①ICP-MS法测定水中的Pb如表7-1所示。

表7-1　　ICP-MS　法测定水中的Pb

控制样品	控制图	控制限	中位线
室内湖水样品	X-图	统计控制限	平均限

以低 Pb 浓度（0.29μg/L）的室内样品为控制样品。此控制样品来自湖水，用于分析低 Pb 浓度（<1μg/L）水样时的内部质量控制。样品用 HNO_3 保存，每个分析批分析一个控制样品。

按以下程序建立 X-图（图 7-3）：

a. 用单个控制值绘制 X-图；

b. 用所有控制结果的平均值作为中位线；

c. 标准偏差用于计算控制限。

$$\bar{x} = 0.294\mu g/L$$

$$s = 0.008\mu g/L$$

CL：0.294μg/L

WL：(0.294 ±2×0.008)μg/L = (0.294 ±0.016)μg/L(0.278μg/L，0.310μg/L)

AL：(0.294 ±3×0.08)μg/L = (0.294 ±0.294)μg/L(0.270μg/L，0.318μg/L)

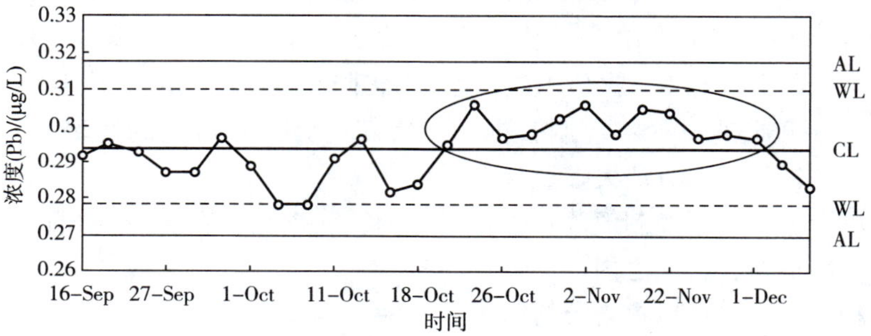

图 7-3　ICP-MS 法测定水中 Pb 的 X-图

注：(1) 在 X-图中，控制值均在警告限之内，未发现分析结果中存在系统效应。

(2) 有连续 12 个（10 月 26 日~12 月 1 日）结果位于中位线的上方，虽然属于统计失控，但这是可以接受的。

②分光光度法则测定水中的 P 如表 7-2 表示。

表 7-2　分光光度法测定水中的 P

控制样品	控制图	控制限	中位线
常规样品	*r*%-图	统计控制限	相对极差的平均值

以待测样品（10~50μg/L）为控制样品。根据方法确认结果，检出限（3*s* 为 2μg/L。

每个分析批中选取一个待测样品进行双样重复分析，结果用于绘制 *r*%-图（图 7-4）。

按以下方法绘制 *r*%-图：

以重复分析结果的极差相对于其平均值的百分比绘制 *r*%-图；

以 r%的平均值为中位线；

以 r%的标准偏差计算控制限。

$$\bar{x}\% = 1.88\%$$

$$s = 1.88\%/1.128 = 1.67\%$$

CL：1.88%

WL：2.833 × 1.67% = 4.73%

AL：3.686 × 1.67% = 6.13%

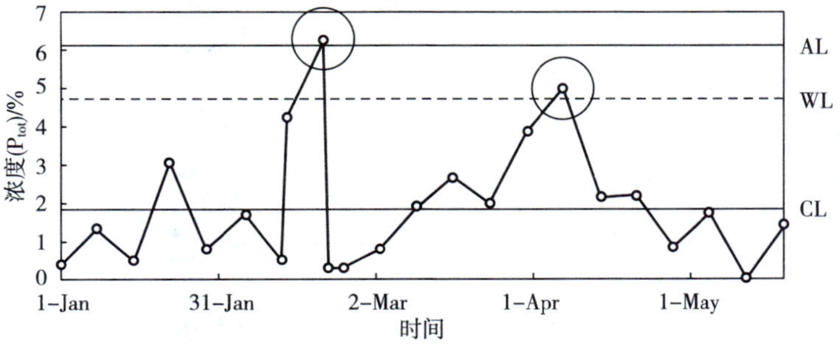

图 7-4　分光光度法测定水中总 P 的 r%-图

注：r%图中有两个控制值落在控制限之外，第一个值还落在了行动限之外，说明重复性失控，经采取纠正行动问题解决后，重新分析控制样品和待测样品。

2. 加标回收率测定

（1）定义　加标回收率是指在没有被测物质的空白样品基质中加入定量的标准物质，按样品的处理步骤分析，得到的结果与理论值的比值。是实验室内经常用以自控的一种质量控制技术．对于它的计算方法，给定了一个理论公式［式（7-10）］。

加标回收率=（加标试样测定值-试样测定值）÷加标量×100%　　（7-10）

（2）分类

①空白加标回收：在没有被测物质的空白样品基质中加入定量的标准物质，按样品的处理步骤分析，得到的结果与理论值的比值即为空白加标回收率。

②样品加标回收：相同的样品取两份，其中一份加入定量的待测成分标准物质；两份同时按相同的分析步骤分析，加标的一份所得的结果减去未加标一份所得的结果，其差值同加入标准物质的理论值之比即为样品加标回收率。

（3）注意事项

①加标物的形态应和待测物的形态相同。

②加标量应和样品中所含待测物的测量精密度控制在相同的范围内，一般情况下作如下规定。

a. 加标量应尽量与样品中待测物含量相等或相近，并应注意对样品容积的影响；

b. 当样品中待测物含量接近方法检出限时，加标量应控制在校准曲线的低浓度范围；

c. 在任何情况下加标量均不得大于待测物含量的 3 倍；

d. 加标后的测定值不应超出方法的测定上限的 90%；

e. 当样品中待测物浓度高于校准曲线的中间浓度时，加标量应控制在待测物浓度的半量。

③由于加标样和样品的分析条件完全相同，其中干扰物质和不正确操作等因素所导致的效果相等。当以其测定结果的减差计算回收率时，常不能确切反映样品测定结果的实际效果。

3. 实验室内比对试验

（1）多人比对　使用相同的方法，在相同的实验条件下，由多位检验人员对同一样品进行检验，比较多人检测结果，从而判定各位检测人员检测结果的可靠性。

（2）设备比对　使用相同的方法，由同一个检验人员使用不同的仪器对同一样品进行检验从而判定检测结果的可靠性。

（3）方法比对　由同一个检验人员使用不同仪器对同一样品进行检验从而判定检验结果的可靠性。

4. 定期使用有证标准物质分析

利用有证标准物质或使用次级标准物质（其量值由有证标准物质导出）开展内部质量控制，相当于测量审核或盲样试验。所谓“测量审核”是指，实验室对被测物品（材料或制品）进行实际测试，将测试结果与参考值进行比较的活动，而有证标准物质或次级标准物质提供了已知的量值（参考值）。

（1）标准物质的选择　为达到质量监控的预期目的，应按照以下原则选取有证标准物质或使用次级标准物质：

①标准物质的量值（或含量水平）应与被测物品的量值（或含量量水平）相近；

②标准物质的基体应尽可能与这被测物品的基体相同或相近；

③标准物质的形态（液态、气态或固态）应与被测物品相同；

④标准物质应在其有效期内使用，其保存应符合规定的储存条件；

⑤标准物质量值的不确定度 U_{RM}（置信概率 95%）应小于实验室给出的对被测物品测量结果的不确定度 U_U（置信概率 95%），最好能够满足 $U_{RM} \leqslant \frac{1}{3}U_U$；

⑥同一标准物质不能既用作仪器设备的校准，又用作测量结果的监控。

（2）质量控制数据的判据　通常是将有证标准物质作为“盲样”进行检测，测量结果记为x_U，并用式（7-11）作为质量监控的判据。

$$E_n = \frac{\chi_U - \chi_{RM}}{\sqrt{U_U^2 + U_{RM}^2}} \quad (7-11)$$

式中　χ_U——实验室测量得到的有证标准物质的量值

χ_{RM}——有证标准物质的赋值证书给出的标准物质的量值

U_U——测量结果χ_U的扩展不确定度，置信概率 95%

U_{RM}——有证标准物质量值χ_{RM}的扩展不确定度，置信概率 95%

如果标准物质量值的不确定度满足 $U_{RM} \leqslant \frac{1}{3} U_U$，则式（7-12）可简化为

$$E_n \approx \frac{\chi_U - \chi_{RM}}{U_U} \quad (7-12)$$

满意的判据值 E_n 应在+1 和-1 之间。若 $|E_n|>1$，则实验室就应该进行检查分析，查找发生问题的原因，采取纠正措施。

5. 使用相同或不同方法进行重复检测或校准

（1）使用不同方法进行内部质量监控　利用不同方法进行内部质量监控的判据见式（7-13）。

$$E_n = \frac{\chi_1 - \chi_2}{\sqrt{U_1^2 + U_2^2}} \quad (7-13)$$

式中　χ_1——方法 1 给出的测量结果

χ_2——方法 1 给出的测量结果

U_1——方法 1 测量结果χ_1的扩展不确定度，置信概率 95%

U_2——方法 2 测量结果χ_2的扩展不确定度，置信概率 95%

满意的判据值 E_n 应在+1 和-1 之间。

需要指出，被测物品必须是稳定的。

例：直流电阻器的电阻 R 与流过的直流电流 I 与施加于两端的直流电压 U 有如式（7-14）。

$$R = \frac{U}{I} \quad (7-14)$$

电阻 R 可以直接测量，也可以通过测量电流 I 与电压 U 计算给出。

方法 1：直接测量电阻，得到电阻值 R_1，测量结果的扩展不确定度为 U_{R95}，置信概率 95%。

方法 2：测量流过的直流电 流 I 与加于两端的直流电压 U 计算得到 $R_2 = U/I$，电流 I 测量结果的扩展不确定度为 U_{I95}，置信概率 95%；电压 U 测量结果的扩展不确定度为 U_{U95}，置信概率也是 95%。

质量监控的判据依据式（7-15）。

$$E_n = \frac{R_1 - R_2}{\sqrt{U_{R95}^2 + U_{I95}^2 + U_{U95}^2}} \quad (7-15)$$

某实验室的实测数据为 $R_1 = 1000.03\Omega$，其扩展不确定度为 $U_{R95} = 0.02\%$，置信概率 95%。

$R_2 = U/I = 1000.08\Omega$，电流 I 测量结果的扩展不确定度为 $U_{I95} = 0.01\%$，置信概率 95%；电压 U 测量结果的扩展不确定度为 $U_{U95} = 0.01\%$，置信概率 95%。

由式（7-15）可得 $E_n = -0.2$，因为 $|E_n| = 0.2 < 1$，质量监控结果满意，实验室电阻测量结果的质量得到保证。

（2）使用相同方法进行内部质量监控　利用相同方法进行内部质量监控的判据依据式（7-16）。

$$E_n = \frac{X_1 - X_2}{\sqrt{U_1^2 + U_2^2}} = \frac{X_1 - X_2}{\sqrt{2}U} \tag{7-16}$$

式中　X_1——用相同方法进行第一次测量给出的测量结果

X_2——用相同方法进行第二次测量给出的测量结果

U_1——第一次测量结果 X_1 的扩展不确定度，置信概率 95%

U_2——第二次测量结果 X_2 的扩展不确定度，置信概率 95%

若实验在重复性条件下进行，两次测量结果的扩展不确定度相同，即有 $U_2 = U_1 = U$。

注意，使用相同方法进行内部质量监控时，必须确保被测物品的稳定性。

需要指出，使用相同方法进行内部质量监控，只能对测量结果的重复性进行控制，不能判断测量结果是否存在系统偏差。

6. 对存留物品进行典型示范检测

对存留物品进行再检测或再校准进行内部质量监控的判据依据式（7-17）。

$$E_n = \frac{X_1 - X_2}{\sqrt{U_1^2 + U_2^2}} = \frac{X_1 - X_2}{\sqrt{2}U} \tag{7-17}$$

式中　X_1——对存留物品进行第一次测量给出的测量结果

X_2——对存留物品进行第二次测量给出的测量结果

U_1——第一次测量结果 X_1 的扩展不确定度，置信概率 95%

U_2——第二次测量结果 X_2 的扩展不确定度，置信概率 95%

因为使用相同的方法对存留物品进行检测或校准，测量同一被测物品，两次测量结果的扩展不确定度相同，即有 $U_2 = U_1 = U$。

注意，必须选择稳定性良好的存留物品。

同样的，对存留物品进行再检测或再校准，只能对测量结果的重复性进行控制，不能判断测量结果是否存在系统偏差。

7. 分析一个物品不同特性结果的相关性

利用同一物品不同特性参数之间的相关分析，可以得出相关参数之间的经验公式，从而可以间接地用一个参数的量值来核查另一个参数量值的准确程度。

在日常检测工作中，同一物品不同特性参数之间存在相关关系的例子很多，诸如：煤炭中灰分与热值的关系；钢材中含碳量与抗拉强度的关系；纤维的拉伸倍数与强度的关系；啤酒浊度与储藏时间的关系；水泥养护 3d 的强度与养护 28d 的强度的关系；某些矿品的杂质与白度、水分与含量、灼烧失量与品位等均有相关关系。

8. 测量和检测设备的功能核查

由同一（组）操作人员，使用不同的仪器设备，在尽可能一致的检测状态、检测条件和采用相同的检测方法，对同一样品进行检测。

9. 测量设备的期间核查

对于关键设备（包括校准实验室的参考标准、基准、传递标准以及标准物质/参考物质）需要利用期间核查以维持设备校准状态的可信度。授权签字人应对组织期间核查的结果进行评审。

10. 相关性检查和使用其他已校准能够提供可溯源结果的仪器

利用同一物品不同特性参数之间的相关分析可以得出相关参数之间的经验公式，从而可以间接地用一个参数的量值来核查另外一个参数量值的准确程度。

11. 盲样测试

利用有证标准物质或使用次级标准物质（其量值由有证标准物质导出）开展内部质量监控。

实验室内部质量控制方式（一）（视频）　　实验室内部质量控制方式（二）（视频）

二、实验室外部质量控制

实验室外部质量控制是在实验室认真执行内部质量控制的基础上进行，其目的是发现和消除实验室检测结果存在的系统误差和影响因素，保证结果的可比性和可溯源性。实验室外部质量控制也称为实验室间质量控制，是对实验室操作和实验室方法的回顾性评价，而不是用来决定在实时的测量结果的可接受性，也是实验室内部质量控制的一个重要的补充。实验室外部质量控制通常参加实验室间的比对和能力验证计划。

（一）实验室间比对

按照预先规定的条件，由两个或多个实验室对相同或类似的物品进行测量或检测的组织、实施和评价。实验室间比对样品的测试可根据不同目的称为质量考核、实验室技能评价、实验室间分析质量控制和实验室间数据核对等。其是对标准溶液进行比对和校正的基础上，由组织者制定计划、并发放未知浓度的考核样品，要求参加实验室作为常规样品进行检测，结果汇总后进行分析质量评价。组织质控的实验室将综合资料及时分发给各参加实验室，以便各实验室找出误差的原因，采取措施，做出改进方案。

（二）能力验证

能力验证（Proficiency testing，PT）利用实验室间比对，按照预先制定的准则评价参加者的能力，包含了符合本定义的各类能力验证计划、测量审核和比对计划。能力验证计划是为保证实验室在特定检测、测量或校准领域的能力而设计和运作时的实验室比对，在国家实验室认可制度中，参加能力验证是对认可实验室的强制要求。

目前国内外开展组织能力验证活动的机构比较多，许多行业机构和协会也在组织开展相关的能力验证。中国合格评定国家认可委员会（CNAS）能力验证处负责建立和维护能力验证提供者的清单，并面向社会公布，以便于实验室选择和参加。经 CNAS 推荐的能力验证组织机构和参比机构可通过 CNAS 网站（http：//www. cnas. org. cn）查询。

实验室在参加能力验证活动或测量审核出现结果不满意时，应进行原因分析，提出纠正措施，并及时向能力验证活动协调单位提交整改报告，通过参加重复测试或测量审核，来达到满意结果，以验证实验室的技术能力和质量控制措施有效。

三、能力验证数据统计与分析方法

能力验证的评价方法很多，常用的有列点法、绘制质量控制图、分析系数评价法以及目前国际上广泛采用的 Robust 法等，这些方法可根据实际工作需要选用。下面对 Robust 法进行介绍。

（一）指定值的确定

对于检测实验室，由于影响测量结果的因素往往较多，试验条件不易控制，测量结果出现离群值的概率较大。由于算术平均值受所有参加实验室比对结果的影响，尤其是当出现若干个特别大（或小）的离群值时，其对平均值的影响远大于正常值，而平均值的改变会影响其他实验室的比对结果，因此一般不以能力验证参加实验室的平均值作为参考值。

如果按照 3σ 原则或格拉布斯准则剔除离群值，经常会遇到离群值所在实验室的抵制或反对，有时可能无足够证据表明采用该值确实是不可靠的。此外，由于各实验室间测量结果的分散性或样本标准差 s 也会受离群值的影响，因而有时也不能直接用 3σ 原则或格拉布斯准则来剔除。

检测实验室能力验证的指定值使用的是从各参加实验室得到的公议值，考虑到极端结果的影响，可采用中位值作为指定值。所谓中位值，是指一组数据的中间位置的值，即有一半数据的值低于该值，而另一半数据的值高于该值。若数据的数量为奇数，则中位值为中间数的值［即第（n+1）/2 个结果］；若数据的总数为偶数，则中位值为中间两数的平均值［即第 n/2 与第（n+2）/2 个结果的均值］。中位值的特点是不受过大或过小的离群值的影响。

（二）能力验证统计量的计算

1. Z 比分数

Z 比分数定义为式（7-18）。

$$Z = \frac{y - 中位值}{IQR'} \tag{7-18}$$

式中　y——参加实验室对样品的测量结果

IQR'——标准四分位数间距

由式（7-18）可以看出，中位值机当于 $\bar{x}$，在能力验证中作为参考值；IQR' 相当于 s。事实上，Z 比分数的最大允许值就相当于包含因子 k。

设在一组数据的高端和低端各有一个四分位数值（即 1/4 位置处的数值，通常是该位置两侧最近的两个测量结果的内插值）QH 和 QL，则四分位数间距 $IQR=QH-QL$。IQR 通常比 s 大，通过对标准正态分布计算可得，正态分布的 IQR 与 s 的比值为 1.3490，于是标准四分位数间距 IQR' 为：

$$IQR' = IQR/1.3490 = 0.7413IQR$$

2. 实验室间 Z 比分数（ZB）和实验室内 Z 比分数（ZW）

假设 A、B 为参加实验室对“样品对”的两个测量结果，称为“结果对”。样品对可以是均匀对（即完全相同的两个样品），也可以是分散对（即两个相似但略有不同，如不同等级的样品）。结果对的“标准化值”S 定义为（A+B）/$\sqrt{2}$（两测量结果之和会消除一部分随机误差的影响），“标准化差值”D 定义为（A-B）/$\sqrt{2}$（两测量结果之差可消除系统误差的影响）。

将 S 与 D 作为测量结果，按式（7-19），式（7-20）分别计算各个实验室的 ZB 和 ZW：

$$ZB = \frac{S - 中位值(S)}{IQR'(S)} \tag{7-19}$$

$$ZW = \frac{D - 中位值(D)}{IQR'(D)} \tag{7-20}$$

综上所述，为将离群值的影响减至最小，检测实验室间的能力验证活动中常用的稳健统计量有：n（结果数量，即参加检测比对的实验室数量）、所有结果值的中位值（即公议值，以此代替算术平均值）、IQR'（标准四分位数间距，以此代替样本标准差 s），并由此计算出检测结果的 Z 比分数。

（三）能力验证结果的评价

当 $|Z| \leq 2$，测量结果出现于该区间的概率在 95%左右，结果满意，通过；

当2<｜Z｜<3，测量结果出现于该区间的概率在5%左右，有问题或可疑结果，应认真检查结果偏差较大的原因；

当｜Z｜≥3，测量结果出现于该区间的概率小于1%，为小概率事件，表现不满意或离群的结果。

为了寻找不满意的原因是由于实验室内的随机因素，还是实验室间的系统差别引起的，可能通过计算出的 *ZW* 和 *ZB* 来分析原因和偏差的来源。

当｜ZW｜≥3，表明实验室内的一致性差，也就是实验结果的重复性较差，其原因很大程度上是实验室内可能存在较大的随机误差；

当｜ZB｜≥3，表明实验室之间的一致性差，也就是实验结果的复现性较差，即实验室之间存在较大偏差，其原因很大程度上是实验室可能存在较大的系统误差。

（四）示例

某机构选用均匀样品对 A、C 及单一样品 B 组为被测样品组，组织过微生物数量的能力验证，计算结果如表7-3所示。实验室间 *Z* 比分数 *ZB* 和实验室内 *Z* 比分数 *ZW* 是对于均匀样品对 A、C 的，*Z* 比分数是对于单一样品 B 的。缺编号为7、15、21、22、42号实验室的测量结果。

表7-3　计算结果　单位：lg（CFU/mL）

实验室编号	计算结果			*ZB*	*ZW*	*Z*
	样品 A	样品 B	样品 C			
1	2.78	2.00	2.78	0.66	-0.11	0.00
2	3.04	1.90	3.00	1.19	0.11	-0.20
3	2.61#	1.70#	2.63#	—	—	—
4	2.58	2.30	2.48	0.12	0.45	0.60
5	<1	1.00	1.00	—	—	-1.99
6	2.64	2.00	2.90	0.64	-1.57	0.00
8	2.48	1.30	2.30	-0.18	0.90	-1.39
9	1.30	<1	<1	—	—	—
10	2.85	1.60	2.70	0.65	0.73	-0.80
11	2.30	1.30	2.00	-0.71	1.57	-1.39
12	2.00	—	2.00	-1.03	-0.11	—
13	1.30	1.00	1.30	-2.56	-0.11	-1.99
14	2.30	3.29	2.00	-0.71	1.57	2.57
16	2.70	1.90	2.68	0.47	0.00	-0.20
17	2.93	2.00	2.95	1.01	-0.22	0.00
18	2.78	1.30	2.70	0.58	0.34	-1.39
19	1.51	1.00	1.20	-2.44	1.63	-1.99
20	2.00	1.48	2.95	0.00	-5.45*	-1.04

续表

实验室编号	计算结果			ZB	ZW	Z
	样品 A	样品 B	样品 C			
23	2.85	2.00	<1	—	—	0.00
24	2.00	2.00	2.70	-0.27	-4.05*	0.00
25	<1	<1	1.00	—	—	—
26	2.00	2.00	2.46	-0.53	-2.70	0.00
27	2.60	2.30	2.48	0.14	-0.56	0.60
28	2.70	1.70	2.74	0.53	-0.34	-0.60
29	4.20	3.78	4.20	3.75*	-0.11	3.54*
30	2.90	2.30	2.85	0.87	0.17	0.60
31	2.41	2.30	2.70	0.17	-1.74	0.60
32	2.78	2.00	2.85	0.74	-0.51	0.00
33	2.70	2.59	2.04	-0.23	3.60*	1.17
34	2.00	1.48	2.00	-1.03	-0.11	-1.04
35	2.60	2.00	2.43	0.09	0.84	0.00
36	2.34	—	2.30	-0.34	0.11	—
37	3.18	2.11	3.00	1.34	0.90	0.22
38	2.08	1.30	1.85	-1.11	1.18	-1.39
39	2.30	2.00	2.60	-0.05	-1.80	0.00
40	2.30	1.70	2.48	-0.18	-1.12	-0.60
41	2.30	—	2.00	-0.71	1.57	—
43	2.00	2.48	2.11	-0.91	-0.73	0.96

注："*"表明离群，即 Z 比分数>3；"#"表示迟到的结果。

从表 7-3 可知，第 29 号实验室对于样品对 A、C 有一个正向的实验室间 Z 比分数的离群值（ZB=3.75），对于样品 B 有一个正向的离群值（Z=3.54），表明测量结果偏大，并超过了本次检测比对所允许的范围，不能通过。

第 20、24 和 33 号实验室分别存在实验室内 Z 比分数的离群值（ZW=-5.45，-4.05，3.60），表明对于样品对 A、C 所得的结果之间的差异偏大，并超过了本次检测比对所允许的范围，也不能通过。

第 13、19 和 26 号实验室分别存在 Z 比分数为 2<|Z|<3，应仔细查找原因，暂不宜通过。

除上述能力验证计划外，还有一种能力验证活动——测量审核（Measurement audit）。测量审核是指实验室对被测物品（材料或制品）进行实际测试，并测试结果与参考值进行比较的活动。这是一种特殊的能力验证活动，一般在两个实验室之间开展，其中一个实验室作为参考实验室，参考值由该实验室给出。

测量审核结果的评定方法主要有：

（1）利用 E_n 值评定测量结果是测量审核结果评定的基本方式，但前提是必须正确评定该实验室对该项测量的不确定度。如果不能正确评定其测量不确定度，则无法使用该方法。

（2）当实验室对检测和测量的不确定度缺乏正确的评定，而用于该测量的标准方法提供有可靠的重复性标准偏差 σr 和复现性标准偏差 σR 时，可按临界值（*CD* 值）对测量审核结果进行判定。

（3）在 E_n 值及 *CD* 值不可获得时，如相应专业标准规定了测试结果允许差，可按标准规定评定。

（4）如果采用能力验证计划的剩样开展测量审核时，测量审核的结果按照能力验证计划的判定方式进行评定（如本节检测实验室的能力验证中描述的方法）。

一线传真：李丹丹，宋庆军，孙秋香，等．浅谈检测实验室如何开展能力验证工作［J］．中国检验检测，2022，（1）：92-93.

实验室外部质量控制方式（视频）

任务四 样本的质量保证

一、采样的重要性

分析工作一般是抽取分析对象中一部分有代表性物质进行测定，并以此来推断被分析总体的性质。分析对象的全体称为总体（Population）。构成总体的每一个单位称为个体。从总体中抽出部分个体，作为总体的代表性物质进行检验，这部分个体的集合称为样本（Sample）。从总体中抽取样本的操作过程称为采样（Sampling）。

分析工作所遇到的样本种类繁多，在分析中有化工、医药、卫生、食品、生物等各个方面。尽管被测物质的性质、分析目的及选用的分析方法各不相同，但其定量分析一般包括四个步骤：样本的采集和保存；样本的预处理与干扰成分的分离；分析方法的选择及试样的测定；分析数据的处理和报告分析结果。

样本的获取是获得分析数据的基础，样本的正确采集十分重要。如果采样不合理，样本不能反映总体的真实情况，即使分析结果非常准确，也毫无意义，甚至还会导致错误的结论及后果。因此在评价检验结果的可靠性时，样本的质量是一个重要方面。但在实际工作中，样本的质量往往被忽视。分析人员往往只报道在某时对某特定试样所得的分析结果，而这些结果有可能不能提供所需要的信息。这可能是因为取样方法、样本贮存、样本保管或分析前的预处理过程不当所引起的。由于对取样方法本身考虑不周，常常使分析结果与总体之间得不到肯定的关系，甚至达到无法解释的程度。

不好的分析结果可能由多种因素引起，如试剂的污染、方法带有系统误差等。这些误差来源的大部分都可用适当的空白、标准物质等来加以控制和校准。然而，样本不正确则是一个特殊的问题，对此既不能控制也无法使用空白。因此，取样的不确定度经常与分析的不确定度分开处理。假设分析过程的总标准偏差为 $s_{总}$，取样操作的标准偏差为 s_0，分析操作的标准偏差为 s_a，则 $s_{总}^2=s_0^2+s_a^2$。显然，取样是一个关键步骤。因此，在检测过程中，应对抽什么样的样本、什么时候抽、在哪里抽、怎样抽以及抽多少样本进行分析等问题做充分的考虑，并在每一个分析测定的步骤中写明。由于取样的问题涉及范围太广，不能详细全面讨论，本节仅对比较有代表性的无规物料的取样问题及与取样质量保证有关的问题作一介绍。

无规则物料是分析测试的重要领域之一，如矿物、食品、对环境有重要影响的物质以及许多工业产品都属于这一类。

无规则物料取样时的主要步骤是：

（1）认定取样的总体；

（2）从总体中选择并取出正确的总样本；

（3）将每一总样本减少到与所选择的分析方法要求相适应的实验室样本。

一般以为，分析测量的不确定度降低到样本不确定度的 1/3 或更少时，再进一步降低分析测量的不确定度就没有什么意义了，根据 $s_{总}^2=s_0^2+s_a^2$，如果样本的不确定度较大，并且不可能再降低样本的不确定度，那么进一步完善测量方法显然作用不大，此时就应该采用快速的分析方法，即使快速的分析法的精度比较差。事实上，在这种情况下，正是可测试较多样本的快速低精度的方法，可能是降低分析的无规则物料平均值不确定度的最好途径。

测定花生中黄曲霉素含量的过程是说明取样重要性的一个极好实例。黄曲霉素是由霉菌产生的有毒的化合物，这些霉菌在潮湿、温暖的条件下生长得最快。这种条件在仓库中可能是在局部部位上发生的，所以就使严重污染的花生呈不规则分布。一颗严重霉变的花生在磨碎和混合后可能会使相当大的一批花生中的黄曲霉素含量超出国家食品标准允许范围（对人的食用来说，大约为 25ng/g）。测量黄曲霉素含量时先将一定量试样中黄曲霉素用溶剂萃取出来，再用薄层色谱法分离，然后测量黄曲霉素斑点的荧光。图 7-5 表示取样、分样和分析测量三种操作的相对标准偏差。从图 7-5 中可明显看出，取样过

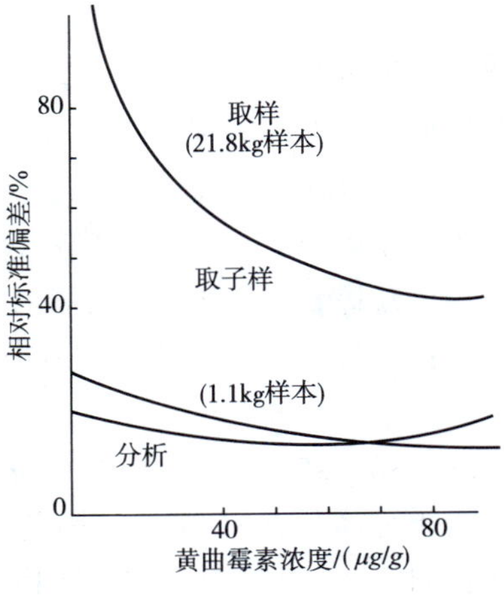

图 7-5　测定花生中黄曲霉毒素含量时与取样和分析操作有关的相对标准偏差

程是分析不确定度的主要原因。

二、抽样方式和样本类型

1. 样本采集的原则和目的

样本采集的原则和目的可以概括为代表性、典型性和适时性。

（1）代表性　采集的样本必须能充分代表被分析总体的性质。例如植物油等液体样本，应充分混匀后再进行采集。对于固体样本，则需按不同部位分别取出少量样本，将其混合均匀后通过一定的处理制得有代表性的样本。

（2）典型性　对有些样本的采集，应根据检测的目的，采集能充分说明目的的典型样本。例如对怀疑被污染的食品进行分析，应仔细挑选可疑部分作为样本。

（3）适时性　根据检测目的、样本性质及周围环境等，对某些样本的采集要有严格的时间概念。例如监测工人在一个班工作时间内接触空气中有害物质的最高浓度，应选排放有害物质浓度最高的时机采样。

采样要避免样本的污染和被测组分的损失，要选择合适的采样器皿和采样方法，并做好详细的采样记录。采样量应满足检验、样本预处理和备考样本的需求。

2. 随机取样与随机样本

随机抽样是常用的抽样方式，用随机抽样方式得到的样本为随机样本。但随机抽样是有一定难度的，任意取的一个样本不是一个随机样本。另一方面，通过一定的规程选择的样本很可能表现出该规程的系统误差，甚至在很有利的情况下都会发生无意识的选择和系统误差。如果利用随机数表来进行随机抽样就可以避免这种情况发生。

使用随机数表进行随机抽样时，首先将构成总体的样本编号，把无规则样本分成真正的或想象的几个区域，例如对一定体积的水溶液可以想象在水平和垂直两个方向上分割成许多小块，对每个区域的小块指定编号，然后按随机数表中任意一个地方开始，按照预定的方式选取数字。例如可以从表中相邻、相间甚至相隔几个数字的方式来选择随机数，直至获得全部所要的样本数。例如，有 80 个瓶构成一个总体，现在要随机抽样 10 个样本。首先把 80 个瓶随机编号，然后从随机数表的任一部分，如从附录九中第 2 页第 17 行开始，相邻取数，可得下面 10 个数字。

28、86、85、64、94、11、58、78、45、36

由于总体只有 80 个瓶，因此 86、85、94 这三个数字无效，再相邻往下取 3 个数字：34、45、91，由于 45 与上面第 9 个数字重复，91 数字无效，故再往下取 2 个数字 38、51，就这样可得到 10 个随机样本。

28、64、11、58、78、45、36、34、38、51

使用随机数表时，应避免反复使用同一部位。

以均匀间隔从无规则样本中抽样虽有缺点，但仍常被用来替代随机抽样，原因是这种方法较为方便。由于该方法比随机抽样更会产生系统误差，所以不推荐使用。如果采用，必须仔细检查结果，以保证不产生由于材料的周期性选择而引进的误差。

3. 规则抽样与规则样本

有时为了反映或试验某些有规则的假设而进行抽样分析。这种假设可以是材料组分随时间、温度或空间位置不同而呈现变化。如果以规则的方式收集这种样本，则每个样本都可认为是代表一个在具体条件下的独立的总体。但是，所得结果仍然可用统计方法来测定差异的显著性。

显然，对测量过程了解得越少，随机性就越大。相反，对测量过程有较完全的了解时，规则抽样方式能提供最大的数据获得率。例如，分析一个大容器内的粉状样本时，因为已知粉状物质由于粒度和重度的不同，有分层作用，这会影响粉状物质的均匀性。所以在大容器内抽样时往往是从上、中、下三个部位抽样。对棒状材料抽样时，往往在两端、1/4、1/2 和 3/4 五个部位横向抽样，同时对横截面进行径向抽样。又如，对土壤中某些物质进行普查时，应按土壤类型、成土母质、成土过程和成土条件等分区抽样，这样可达到取较少的样本而分析结果又能反映总体真实情况的目的。

4. 随机抽样与规则抽样的结合

有时将随机抽样与规则抽样巧妙结合起来能收到良好的效果。例如，把 8 筒粉末样品分装到 960000 个瓶中，即使随机抽取 1%的样本，也需分析 9600 瓶。如果把随机抽样与规则抽样相结合则：8 筒之间的差异要比 1 筒内部的差异大，所以 8 筒中均要抽样；1 筒内部的差异主要是由粉状物的粒度和重度等不完全一致所造成的，因此从 1 筒的上、中、下三个部位抽样能充分反映筒内的不均匀性；进一步想象，筒中上、中、下三部分各由 100 层构成（可以认为每层是均匀一致的），在 100 层中若用随机数表抽取 5%的样本，这样只需要分析 120 瓶（8×3×5）即可。分析的样本减少到原来的 0.25%，然而仍能保持分析结果的可靠性。

5. 代表样本和复合样本

“代表样本”这个术语经常用来表示能显示总体平均特性的单个样本。从代表样本中获得的信息一般不如从总体的随机样本中获得的信息多。代表样本不能用随机方式选取。

一个名副其实的代表样本仅适用于两种情况，一种是对某特定目的事先定义具有代表性的样本，例如，美国危险废物管理系统规定了七条对废物（包括黏稠液体、固体、污染液、蓄水池中的污染液等）的抽样规则，按这些规则取得的样本，美国环保局认为是废物的代表；另一种是对真正均匀样本的抽样。虽然测量代表样本时可以降低分析的价格，但由此获得的信息一般不如从总体的随机样本中获得的信息多，但有一种情况例外，即在抽样前已花大力气将总体变得均匀。总体的均匀化是困难的，通常只有在为了产生几个具有相似基本特性的子样时，才采用这种方法。

由于选择或产生“代表样本”有一定的困难，且会损失对组分信息的了解，通常情况下不建议采用，仅在有充分的理由要求制备这种样本时才采用。实施一个合适的随机抽样计划能确定样本平均值和样本间变化等有价值的特性，而测量一个“代表样本”则不能获得这些信息。

复合样本可以看作是产生一个代表样本的特殊方式。精心制备固体复合样本的步骤包括成熟的甚至已经标准化的粉碎、研磨、混合和掺和。对于液体（特别是水）已有好几种成熟的抽样系统。通过测量适当制备或收集的复合样本可获得平均值。但因为一个复合样本只提供有限的信息，所以在决定使用复合样本之前要充分考虑后果。

6. 子样

对于单次测定的要求来讲，分析实验所收到的样本一般过大，通常需要从样本中取出所需要的试验部分。为了使结果互相一致，这样的试验部分必须十分相似。在取出试验部分（取子样）之前，常常需要减小颗粒的大小进行混合，或用其他方法处理实验室样本，这一步的工作量取决于原始样本的均匀程度。一般讲，取子样的标准偏差不应超过抽样标准偏差的1/3，达到这一水平已相当好了，再要低于这个水平是费时费事的。当然，这并不是说在取子样时可以漫不经心，如果一个实验室样本已很均匀，在取子样时要注意避免引起偏差。

虽然分析测试人员可能不参与样本的收集，但他们应具有足够的抽样理论知识，从而能适当地取子样。他们应该了解所收到的样本均匀性的信息，以使他们能适当而有效地取子样。

三、样本的质量评价

样本的质量性能主要是指样本的均匀性和样本的稳定性。样本均匀性是被测特性在空间分布的描述，如果被测特性是化学组分，那么均匀性就是指一个或几个化学组分在基体物质中的分布情况。样本稳定性是被测特性随时间变化的描述。

1. 样本的均匀性检验

目前常用的样本均匀性检验的方法是 F 检验法和 t 检验法的联用，具体的方法可参阅分析化学中“数据处理”相关部分，这里不再重复。下面以研制煤飞灰标准物质均匀性检验为例加以说明。随机抽样 11 瓶煤飞灰标准物质，一瓶作对比点，其余作检查点，用 X 荧光光谱法测定煤飞灰中的铁和钴，测定的数据在表 7-4 中，F 检验和 t 检验的结果在表 7-5 中。从表 7-5 中可知，F 检验法和 t 检验法的结果证实样本是均匀的。

表 7-4 随机抽样荧光光谱法测定数据

分析元素	Fe		Co	
检查数	检查点	对比点	检查点	对比点
	11	11	11	11
测得值（脉冲数）/（K_c/S）	166.483	168.099	0.721	0.724
	169.990	170.290	0.727	0.731
	170.555	170.743	0.734	0.734
	171.274	170.812	0.736	0.735
	171.829	171.079	0.736	0.736
	171.861	171.594	0.737	0.737
	171.982	171.898	0.737	0.738
	171.869	172.022	0.738	0.738
	172.072	172.094	0.739	0.739
	172.465	172.169	0.739	0.743
	172.544	172.197	0.743	0.743

表 7-5 11 瓶均匀性检查数据计算结果

分析元素	Fe		Co	
检查数	检查点	对比点	检查点	对比点
	11	11	11	11
测得值（脉冲数）/（K_c/s）	166.483~172.544	168.099~172.197	0.721~0.743	0.724~0.743
算术平均值	171.175	171.182	0.735	0.736
标准偏差	1.738	1.219	0.0061	0.0053
s^2	3.021	1.486	3.72×10^{-5}	2.81×10^{-5}
$CV/\%$	1.015	0.712	0.832	0.719
F 实验值	2.03		1.32	
F 列表值	2.83		2.83	
s	1.501		0.0057	
t 实验值	0.03		0.96	
t 列表值	2.09		2.09	

2. 样本最长保存时间的估计

化学测量中有的样本比较稳定，例如石英、氧化物等，此类样本基本上不存在样本保存时间的问题。但有的样本不太稳定，例如环境监测的样本和生物样本等，此类样本经常存在一个样本的保存问题，即过了某段时间之后，样本会由于种种原因而发生变化。为了保证样本测量结果的可靠性，必须在样本受损之前测定完毕。

下面介绍一种作图及计算方法，用此方法可以估计样本最长保存时间。

（1）做出随时间变化的数据图（图 7-6），取一定的时间间隔做多次测量，每次测量做两次测定，计算出它们的平均值及极差。

（2）对测量的平均值用一元线性回归法画出回归线。

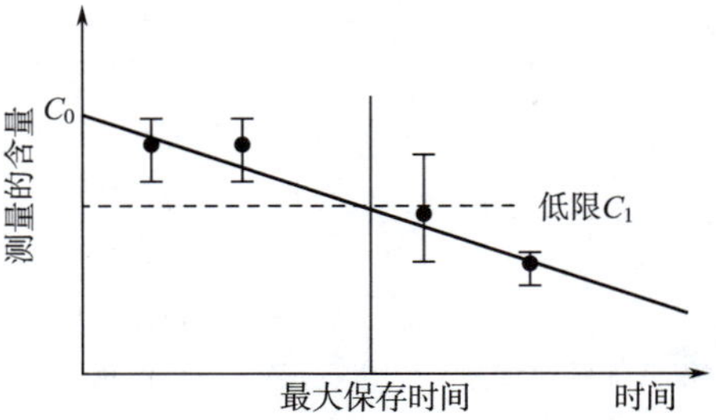

图 7-6　样品随时间变化的数据

（3）计算平均极差 $\bar{R}$ 。

（4）计算标准偏差 s。

（5）计算低限 C_L：$C_L = C_0 - 3s \approx C_0 - 2.55\bar{R}$ 。

（6）在图中画出低限线，低限线与回归线相交点所对应的时间即为样本最长保存时间。

四、样本数（样本容量）的决定

样本的质量对测量结果有重大的影响，同样样本数对测量结果也有很大影响。

一般说，从总体中抽取的样本越多，检验结果越可靠，实际上采取过多的样本，既耗能又费时。抽取多少样本才是适宜的呢？原则上应根据测定的目的、总体物料均匀性程度和抽样方式而定。总体物料均匀性程度好的可少抽样本，对均匀性差的物料则要多抽样本。对于产品，应按产品标准的规定进行抽样。表 7-6 是国际标准化组织的技术标准。

表 7-6　　抽样数目表

构成总体的样本数/个	抽检样本数/个			构成总体的样本数/个	抽检样本数/个		
	均匀性良好者	一般者	均匀性差者		均匀性良好者	一般者	均匀性差者
2~8	2	2	3	501~1200	32	80	125
9~15	2	3	5	1201~3200	50	125	200
16~25	3	5	8	3201~10000	80	200	315
26~80	5	8	13	10001~35000	125	315	500
81~90	5	13	20	35001~150000	200	500	800
91~150	8	20	32	150001~500000	315	800	1250
151~280	13	32	50	500000 以上	500	1250	2000
281~500	20	50	80				

当然，最小的抽样数还可根据不同的测定目的，通过相应的计算来获得。有关计算方法本教材不作介绍，可参阅相关文献资料。

一线传真：王素香，范春春，陶相锦，等. 食品药品检验检测实验室质量控制要点探讨［J］. 食品安全. doi：10. 16736/J. cnki. cn41-1434/ts. 2022. 07. 039.

【读与思】

2007 年美泰玩具召回事件

6 月　深圳某检测公司（美泰委托的第三方检测机构）发现利达的一批出口玩具中有 5 个样品铅超标。

6 月下旬　美泰第一次检测出铅超标玩具。

7 月初　美泰宣布停止从利达进货，利达被迫停产。

7 月 10 日　美泰同意继续下单，利达开始赶制 1600 万元的玩具。

8 月 2 日　利达出口报关获批，美泰第一次召回。

8 月 7 日　美泰将利达公之于众，并不再接收利达产品；利达出口报关遭拒；中国国家原质检总局对利达做出暂停出口的处罚，并要求其整改。

8 月 11 日　利达副董事长，实际经营人张树鸿在公司仓库上吊自杀。

8 月 14 日　美泰第二次召回；欧盟宣布启动即时报警系统。

9 月 4 日　美泰第三次召回。

9 月 12 日　中国原质检总局公布第三次召回的玩具铅溶出量合格。

9 月 13 日　中国原质检总局在华盛顿召开新闻发布会，介绍美泰玩具召回的真实原因。

9 月 21 日　美泰公司为近期几次玩具召回事件向中方致歉，并表示，所召回玩具绝大部分是由于美方设计缺陷所致，而不是中国制造商的问题。全球 8 亿儿童血铅含量超警戒标准，铅是一种有毒的重金属，给身体带来极大的危害。铅和铅化合物进入身体后，会对人们的神经系统、造血和消化系统以及内分泌和心血管系统带来不同程度的伤害，铅重金属超标会有哪些危害？

1. 损伤脏器

铅会影响各类器官和系统，如神经、造血以及消化系统，而且也会降低免疫力，影响骨骼生长和发育，特别是伤害神经和造血系统。铅中毒对神经系统带来的伤害最为严重，会使得儿童变得烦躁不安，脾气暴躁，不明原因腹痛腹泻，性格发生很大改变、反应变得迟钝、食欲减退以及注意力不集中，甚至会引起铅中毒脑病，从而危及生命。

2. 影响智力

血液中含铅量过高会影响孩子生长以及智力发育，严重损害认知功能，使得神经出现紊乱，同时降低思维能力以及记忆力，甚至会引起小儿痴呆。铅对智力带来的伤害是不可逆的过程，即使经过一系列治疗后，智力并不会完全恢复。

3. 导致多动症

吃太多含铅量过高的食物，会使得铅在体内积聚得越来越多，影响孩子认知和行为功能，甚至导致儿童患上多动症。

［原文链接：美泰玩具召回危机：中国制造业 OEM 的罪与罚（全文）（wenmi. com）］

【启示】通过对样品的检测，不仅可以保护人民和下一代的身体健康，而且可以保证国内企业的财产和名誉不受到国外技术的挑战，对于国际的要求和技术能力的及时掌握是本次事件的根本原因。做好检测把好质量关，为人类健康和企业的健康发展保驾护航！

【思考与练习】

一、名词解释

质量控制、绝对误差、相对误差、绝对偏差、相对偏差、检出限、准确度、精密度、标准偏差、置信区间、质量控制图。

项目七、检测实验室分析质量控制与质量保证（测试题）

二、计算及应用题

1. 某一分析天平的称量误差为 0.2mg，如果要求称量的相对误差不大于 0.2%，试计算最少要称取多少质量的样品？

2. 某实验室测定钢铁样品中锰的含量，6 次测定的结果分别为：0.725%、0.772%、0.730%、0.755%、0.768%、0.809%，计算平均偏差、相对平均偏差、标准差和平均值的标准偏差。

3. 某一检验室采用原子吸收分光光度法测定铅的含量，已知该方法铅含量为 1.0174μg/mL 时，重复限 $r=0.0018$，已测得同一样品的 5 个数据为 1.0170、1.0174、1.0152、1.0164、1.0169，求最终测试结果。

4. 采用可见分光光度法测得铁离子含量为 25.00μg/mL 的铁标准溶液，6 次平行测定的结果分别为 25.02、25.07、24.98、25.05、24.95、24.90μg/mL。经估算

B 类不确定度为 0. 032μg/mL。试对该方法进行不确定度评定并给出测定结果。

5. 某实验室用某种标准方法在含铜 0. 500mg/L 的水质标准物质上得到下表中的 20 个分析结果。请做出该实验室水中铜分析数据的 X 控制图。

样品号	测定值	样品号	测定值	样品号	测定值	样品号	测定值
1	0. 501	6	0. 511	11	0. 477	16	0. 546
2	0. 500	7	0. 489	12	0. 501	17	0. 538
3	0. 506	8	0. 510	13	0. 465	18	0. 520
4	0. 512	9	0. 532	14	0. 516	19	0. 512
5	0. 465	10	0. 506	15	0. 500	20	0. 512

三、简答题

1. 实验室内部质量控制方法有哪些？
2. 样本采集的原则和目的是什么？抽样方式和样本类型有哪些？

项目八

测量不确定度的评定与应用

学习目标

知识目标

1. 熟悉测量不确定度评定的基本方法。
2. 熟悉检测实验室常见测量不确定度的评定方法。

能力目标

1. 能够领会检测实验室对测量不确定度的要求。
2. 能够完成检测实验室常见测量不确定度的评定。

素质目标

1. 理解误差总是存在的，养成精益求精的职业习惯。
2. 树立科学评价检测结果的意识。
3. 理解测量不确定度理论的科学性。

问题导入

1. 如何评判某检测实验室测试结果质量呢?
2. 如何科学地评价分析结果的质量?
3. 如何表示某实验室的校准能力和测量能力呢?

任务一 认识测量不确定度

一、术语与定义

为了正确理解和掌握检测实验室不确定度评定的理论和方法，必须了解与不确定度评定有关的常用术语及定义。这些术语的详细解释参见 JJF 1059.1—2012《测量不确定度评定与表示》、ISO/IEC GUIDE 99：2007《国际通用计量学基本术语》和 GB/T 3358.1—2009《统计学词汇及符号 第1部分：一般统计术语与用于概率的术语》以及 GB/T 3358.2—2009《统计学词汇及符号 第2部分：应用统计》等标准。本教材项目一至任务三收录了测量不确定度的常见术语与定义。

二、《认可准则》对测量不确定度的要求

《检测和校准实验室能力认可准则》（CNAS-CL01：2018 以下简称《认可准则》）等同采用《检测和校准实验室能力的通用要求》（ISO/IEC 17025：2017）。

《认可准则》要求：①当测量准确度或测量不确定度影响报告结果的有效性情况下，测量设备应进行校准（6.4.6）。②实验室应通过形成文件的不间断的校准链将测量结果与适当的参考对象相关联，建立并保持测量结果的计量溯源性，每次校准均会引入测量不确定度（6.5.1）。③方法的选择和验证中规定，实验室应使用适当的方法和程序开展所有实验室活动，适当时，包括测量不确定度的评定以及使用统计技术进行数据分析（7.2.1.1）。④方法确认中规定，实验室应对非标准方法、实验室制定的方法、超出预定范围使用的标准方法或其他修改的标准方法进行确认。⑤可以根据对方法原理的理解以及抽样或检测方法的实践经验，评定结果的测量不确定度（7.2.2.1）。⑥当按预期用途评估被确认方法的性能特性时，应确保与客户需求相关，并符合规定要求。方法性能特性可包括但不限于：测量范围、准确度、结果的测量不确定度、检出限、定量限、方法的选择性、线性、重复性或复现性等（7.2.2.3）。⑦技术记录中规定，实验室应确保每一项实验室活动的技术记录包含结果、报告和足够的信息，以便在可能时识别影响测量结果及其测量不确定度的因素，并确保能在尽可能接近原条件的情况下重复该实验室活动（7.5.1）。⑧实验室应识别测量不确定度的贡献。评定测量不确定度时，应采用适当的分析方法考虑所有显著贡献，包括来自抽样的贡献（7.6.1）。⑨开展校准的实验室，包括校准自有设备，应评定所有校准的测量不确定度（7.6.2）。⑩开展检测的实验室应评定测量不确定度。当由于检测方法的原因难以严格评定测量不确定度时，实验室应基于对理论原理的理解或使用该方法的实践经验进行评估（7.6.3）。⑪《检测报告》应包含评定测量不确定度的声明。当测量不确定度与检测结果的有效性或应用相关时，或客户有要求时，或测量不确定度影响与

规范限的符合性时，《检测报告》应带有与被测量相同单位的测量不确定度或被测量相对形式的测量不确定度（如百分比）（7.8.3.1）。⑫《校准证书》应包含与被测量相同单位的测量不确定度或被测量相对形式的测量不确定度（如百分比）（7.8.4.1）。

三、为什么要用测量不确定度评定来代替误差评定

测量误差与测量不确定度是检测实验室两个非常重要的概念。它们直接关系到测量结果的准确可靠程度。不确定度的概念是误差理论的应用与拓展，而误差理论则是不确定度的理论基础。

误差多数情况下是指测量误差，它的传统定义是测量结果与被测量真值之差。通常可分为两类：系统误差和偶然误差。误差是客观存在的，它应该是一个确定的值，但由于在绝大多数情况下，真值是不知道的，所以真误差也无法准确知道。我们只是在特定的条件下寻求最佳的真值近似值，并称之为约定真值。

测量不确定度表征被测量的真值所处量值范围的评定。它按某一置信概率给出真值可能落入的区间。它可以是标准差或其倍数，或是说明了置信水准的区间的半宽。它不是具体的真误差，它只是以参数形式定量表示了无法修正的那部分误差范围。它来源于偶然效应和系统效应的不完善修正，是用于表征合理赋予的被测量值的分散性参数。不确定度按其获得方法分为 A、B 两类评定分量。A 类评定分量是通过观测列统计分析作出的不确定度评定，B 类评定分量是依据经验或其他信息进行估计，并假定存在近似的“标准偏差”所表征的不确定度分量。

为了便于理解测量误差与测量不确定度的内涵，表 8-1 给出了测量误差与测量不确定度的比较。

表 8-1　　测量误差与测量不确定度比较

序号	内容	测量误差	测量不确定度
1	定义	测得的量值减去参考的量值，表明测量结果偏离真值的程度	表征赋予被测量值分散性的非负参数，表明被测量值的分散性
2	分类	根据误差的性质及其产生的原因分为随机误差和系统误差	按其评定的方法分为 A 类评定和 B 类评定，以标准测量不确定度表示
3	可操作性	以参考量值为依据，进行准确度（正确度、精密度）试验，需进行无限多次测试，实际上真值是不确定的，操作性差	可以根据实验、资料、经验等信息进行评定，从而可以定量操作
4	正负符号	非正即负（或零），不能用±表示	是一个无符号的参数，恒取正值，当用方差计算时，取其正平方根

续表

序号	内容	测量误差	测量不确定度
5	结果修正	已知系统误差的估计值时，可以对测试结果进行校正，得到已修正的测试结果	由于测量不确定度表示一个区间，因此不能用测量不确定度对测试结果进行校正。对已修正的测试结果进行不确定度评定时，应考虑修正不完善引入的不确定度分量
6	结果说明	误差是客观存在的，不以人的认识程度而转移。误差属于给定的测试结果，而与得到的该测试结果的测试仪器和测试方法无关	测量不确定度与人们对被测量、影响量以及测试过程的认识有关。因此测量不确定度主要与测试仪器和测试方法有关
7	同一测试	对同一（类型）被测量不同的测试，其结果的误差也不相同，但测试误差属于同一分布	对同一（类型）被测量不同的测试，只要测试条件不变，则它们的不确定度相同
8	自由度	不存在	可作为不确定度评定的可靠程度的指标
9	包含概率	不存在	当了解分布时，可按包含概率给出包含区间

认识测量不确定度（视频）

测量不确定度的要求（2021版）（文字资料）

【读与思】

测量不确定度的发展历史

为了能统一评价测量结果的质量，1963年美国原标准局（NBS）的数理专家埃森哈特（Eisenhart）在研究“仪器校准系统的精密度和准确度估计”时提出了采用测量不确定度的概念，并受到国际上的普遍关注。术语“不确定度”源于英语“uncertainty”，原意为不确定、不稳定、疑惑等，是一个定性表示的名词。现在用于描述测量结果时，将其含义扩展为定量表示，即对测量结果的质量的定量表征，以确定测量结果的可信程度。为了求得测量不确定度评定和表示方法的国际统一，1980年国际计量局在征求了32个国家的国家计量研究院以及五个国际组织的意见后，发出了推荐采用测量不确定度来评定测量结果的建议书，即INC-1（1980）。该建议书向各国推荐了测量不确定度的表示原则。

由于测量不确定度及其评定不仅适用于计量领域，还适用于一切与测量有关的其他领域，因此1986年国际计量委员会要求国际计量局（BIPM）、国际电工委员会（IEC）、国际标准化组织（ISO）、国际法制计量组织（OIML）、国际理论和应用物理联合会（IUPAP）、国际理论和应用化学联合委员会（IUPAC）以及国际临床化学联合会（IFCCC）等七个国际组织成立了专门的工作组，起草了测量不确定度评定的指导性文件。经过工作组近七年的讨论，由ISO第四技术顾问组的第三工作组负责起草，并于1993年以七个国际组织名义联合发布了《测量不确定度表示指南》（Guide to the Expression of Uncertainty in Measurement，GUM）和第二版《国际通用计量学基本术语》International Vocabulary of Basic and General Terms in Metrology，VIM）。1995年又发布了GUM的修订版。这两个文件为在全世界统一采用测量结果的不确定度评定和表示奠定了基础。

除上述七个国际组织外，国际实验室认可合作组织（ILAC）也表示承认GUM。这就是说，在各国的实验室认可工作中，无论是校准实验室还是检测实验室，在进行测量结果的不确定度评定时均应以GUM为基础，这也表明GUM和VIM这两个文件的权威性。

GUM对所采用术语的定义和概念、测量不确定度的评定方法以及不确定度报告的表示方法都做了明确的统一规定。它使不同的国家和地区，以及不同的测量领域在表示测量结果及其不确定度时，具有相同的含义。

1998年我国发布了国家计量技术规范JJF1001—1998《通用计量术语及定义》，其中前六章的内容与VIM的第二版完全对应。

测量不确定度的概念以及不确定度的评定和表示方法的采用，是计量科学的一个新进展。

[原文链接：测量不确定度的发展历史——分析行业新闻（antpedia. com）]

【启示】测量不确定度的概念以及不确定度的评定和表示方法的采用，是计量科学的一个新进展，激励同学们努力学习，科技创新。

任务二 学习评定测量不确定度方法

一、评定测量不确定度方法

JJF 5009. 1—2012《测量不确定度评定与表示》中关于测量不确定度评定的方法是采用国际标准ISO/IEC Guide 98-3：2008《测量不确定度表示指南》所规定的方法，测量不确定度表示指南的原文“Guide to the Uncertainty in Measurement”，缩写为GUM，称其为GUM法。GUM法是采用“不确定度传播率”得到被测量估计值的测量不确定度的方法。

二、评定测量不确定度的流程

GUM 法评定测量不确定度的流程如下。

（1）明确被测量的定义；

（2）明确测量方法、测量条件以及所用的测量标准、测量仪器或测量系统；

（3）建立被测量的测量模型，分析对测量结果有明显影响的不确定度来源；

（4）评定各输入量的标准不确定度；

（5）计算合成不确定度；

（6）确定扩展不确定度；

（7）报告测量结果。

GUM 法评定测量不确定度流程见图 8-1。

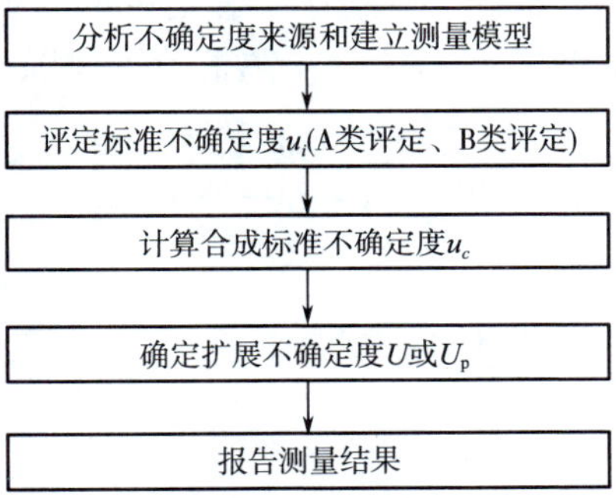

图 8-1　GCM 法评定测量不确定度的流程

三、分析测量不确定度的来源

（一）测量不确定度来源分析

由测量所得的测得值只是被测量的估计值，测量过程中的随机效应和系统效应均会导致测量结果的不确定度。在实际测量中，有许多可能导致测量不确定度的来源，主要包括：

（1）被测量的定义不完整；

（2）被测量定义的复现不理想；

（3）取样的代表性不够，即被测样本可能不完全代表所定义的被测量；

（4）对测量受环境条件的影响认识不足或对环境条件的测量不完善；

（5）模拟式仪器的人员读数偏移；

（6）测量仪器的计量性能（如最大允许误差、灵敏度、鉴别力、分辨力、死区及稳定性等）的局限性，会导致仪器的不确定度；

（7）测量标准或标准物质提供的标准值的不准确；

（8）引入的常数或其他参考值的不准确；

（9）测量方法和测量程序中的近似和假设；

（10）在相同条件下，被测量重复观测值的变化。

测量不确定度的来源必须根据实际测量情况进行具体分析，影响测量结果不确定的因素通常包括测量仪器、测量环境、测量人员、测量方法、试剂或易耗品、参考标准或标准物质、抽样的代表性等，特别要注意对测量结果影响较大的不确定度来源，应尽量做到不遗漏、不重复。

修正仅仅是对系统误差的补偿，修正值是具有不确定度的。在评定已修正的被测量的估计值的测量不确定度时，要考虑修正引入的不确定度。只有修正值的不确定度较小，且对合成标准不确定度的贡献可以忽略不计的情况下，才可不予考虑。

测试中的失误或突发因素不属于测量不确定度的来源，在测量不确定度被评定中，应删除测得值的离群值（异常值）。离群值的删除应通过对数据的适当检验后进行。

注：离群值的判断和处理方法参照 GB/T 4883—2008《数据的统计处理和解释　正态样本离群值的判断和处理》。

（二）测量不确定度的因果图绘制

测量不确定度的来源分析可以借助因果图的方法，因果图分析不确定度来源直观、系统、不遗漏、不重复。

因果图又称鱼骨图。以被测量为因果图的主支；数学表达式包含的变量（或参数）是影响测量结果不确定度的主要因素，分别构成因果图的各主要分支；增加其他因素（如重复性、回收率、环境条件等）构成因果图的新增主要分支。在主要分支上增加有贡献的影响因素为次要分支，在次要分支上增加有贡献的影响因素为再次要分支，直至影响因素变得足够小，并对不确定度的影响可以忽略不计。

案例 1　质量称量

用同一台天平，采用增量法或减量法称量物品的质量 m，应进行两次天平称量（m_1，m_2）。称量结果的数学表达式为：

$$m = m_2 - m_1 \text{（增量法）}$$

$$m = m_1 - m_2 \text{（减量法）}$$

影响每次称量结果的正确性和可靠性的因素包括：天平校准的不确定度、可能存在的系统偏差、砝码的偏差、标尺的刻度偏差、刻度可读性，称量时的温度、湿度，浮力修正以及称量操作重复性等（图 8-2）。

因用同一台天平称量，天平可能存在的系统偏差、砝码偏差、天平标尺刻度偏差可互相抵消；天平的可读性与称量的重复性相比可忽略不计；在符合天平室要求的环境条件下进行称量操作，当被测量物品温度与天平室温度一致时，温度、

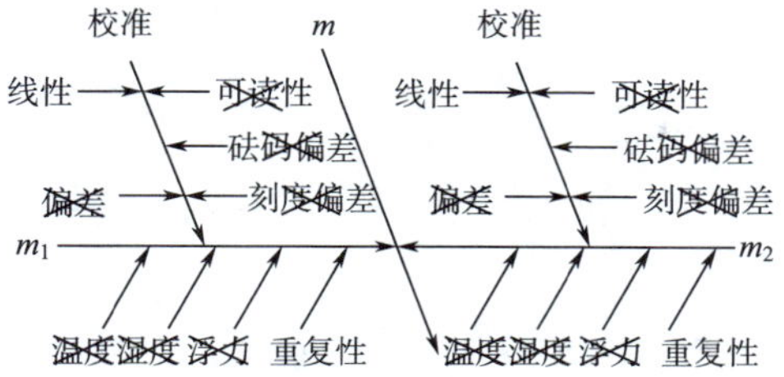

图 8-2　质量（m）称量影响因素的因果图

湿度对称量结果的影响可以忽略；通常称量物品及其容器质量在数克量级或以上，浮力修正对质量称量结果的影响可以忽略。

天平《校准证书》给出校准的（线性）不确定度。当测量过程允许进行重复性实验时，质量称量的重复性通常应与测量过程的其他影响因素的重复性合并为该测量过程的重复性主要分支，其值可通过设计适宜的重复性实验获得；当测量过程不允许进行重复性实验时，应考虑每次称量的重复性影响（图 8-3）。

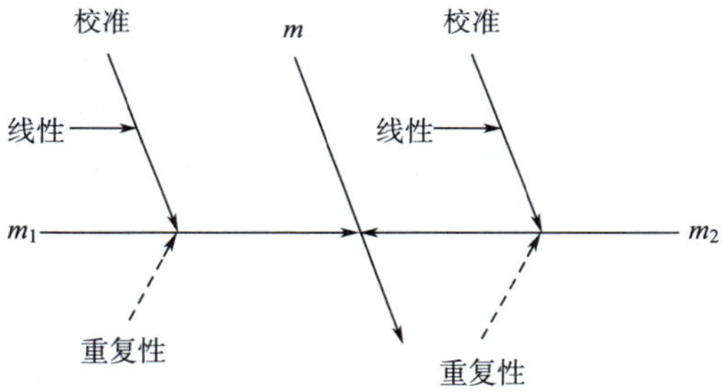

图 8-3　质量（m）称量主要影响因素的因果图

案例 2　体积定容

化学成分测量过程中，涉及体积的操作包括：溶液的定容和定量移取；涉及体积的玻璃器具包括：容量瓶、移液管、滴定管以及刻度称量瓶等（以下简称玻璃量具）。影响体积正确性和可靠性的因素包括：玻璃器具校准的不确定度、刻度偏差、刻度可读性，操作时的温度对称量瓶刻度所示体积和对充满液体体积的影响、充满体积重复性等。

与温度对液体体积的影响相比较，温度对称量瓶刻度所示体积的影响可以忽略，体积主要因素影响因果图（图 8-4）。

四、建立测量模型

测量中，当被测量（即输出量）Y 由 N 个其他量 X_1，X_2，…，X_N（即输入量），通过函数 f 来确定，则式（8-1）称为测量模型。

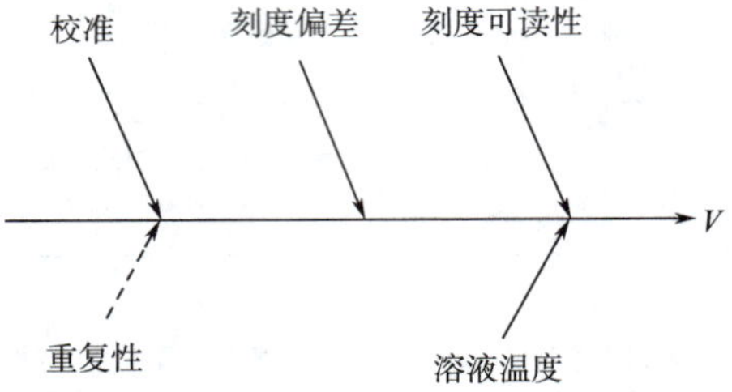

图 8-4 体积（V）主要影响因素的因果图

$$Y=f(X_1,X_2,\cdots,X_N) \tag{8-1}$$

式中，X、Y——量的符号

f——测量函数

设输入量 X_i 的估计值为 x_i，被测量 Y 的估计值为 y，则测量模型可写成式（8-2）的形式。

$$y=f(x_1,x_2,\cdots,x_N) \tag{8-2}$$

测量模型与测量方法有关。

注：在一系列输入量中，第 k 个输入量用 X_k 表示，如果第 k 个输入量是电阻，其符号为 R，则 X_k 可表示为 R。

在简单的直接测量中测量模型可能简单到式（8-3）：

$$Y = X_1 - X_2 \tag{8-3}$$

甚至简单到式（8-4）的形式：

$$Y = X \tag{8-4}$$

测量模型中的输入量可以是：

（1）由当前直接测得的量　这些量值及其不确定度可以由单次观测、重复观测或根据经验估计得到，并可包含对测量仪器读数的修正值和对诸如环境温度、大气压力、湿度等影响的修正值。

（2）由外部来源引入的量　如已校准的计量标准或有证标准物质的量，以及由手册查得的参考值等。

在分析测量不确定度时，测量模型中的每个输入量的不确定度均是输出量的不确定度的来源。

规范 JJF 1059. 1—2012《测量不确定度评定与表示》主要适用于测量模型为线性函数的情况。

注：如果是非线性函数，应采用泰勒级数展开并忽略其高阶项，将被测量近似为输入量的线性函数，才能进行测量不确定度评定。若测量函数为明显非线性，合成标准不确定度评定中必须包括泰勒级数展开中的主要高阶项。

计算被测量 Y 的最佳估计值。

设被测量 Y 的最佳估计值为 y，输入量 X_1，X_2，…，X_N 的估计值为 x_1，x_2，…，

x_N，则有：

$$y=f(x_1,x_2,\cdots,x_N)$$

计算 y 有以下两种方法。

方法 1［式（8-5）］：

$$y = \bar{y} = \frac{1}{n}\sum_{k=1}^{n} y_k = \frac{1}{n}\sum_{k=1}^{n} f(x_{1k},\ x_{2k},\ \cdots,\ x_{Nk}) \tag{8-5}$$

式中，y——Y 的 n 次独立测量得到的测得值 y_k 的算术平均值，其每个测得值 y_k 的不确定度相同，且每个 y_k 都是根据同时获得的 N 个输入量 X_i 的一组完整的测得值求得的

方法 2［式（8-6）］：

$$y = f(\overline{x_1},\ \overline{x_2},\ \cdots,\ \overline{x_N}) \tag{8-6}$$

式中，$\overline{x_1} = \frac{1}{n}\sum_{k=1}^{n} x_{i,\ k}$，它是第 i 个输入量的 k 次独立测量所得的测得值 $x_{i,k}$ 算术平均值。这一方法的实质是先求 X_i 的最佳估计值 $\overline{x_i}$，再通过函数关系式计算得出 y。

当 f 是输入量 X_i 的线性函数时，以上两种方法的计算结果相同。但当 f 是 X_i 的非线性函数时，应采用方法 1 计算。

任务三 评定标准不确定度

测量不确定度准则 CACGL 54—2004（国际标准）

测量不确定度一般由若干分量组成，每个分量用其概率分布的标准偏差估计值表征，称标准不确定度。用标准不确定度表示的各分量用 u_i 表示。

测量不确定度按其评定方法分为 A 类评定和 B 类评定两类。根据对 X_i 的一系列测得值 x_i 得到实验标准偏差的方法为 A 类别评定；根据有关信息估计的先验概率分布得到标准偏差估计值的方法为 B 类评定。

在识别不确定度来源后，对不确定度各个分量做一个预估是必要的，测量不确定度评定的重点应放在识别并评定那些重要的、占支配地位的分量上。

一、评定 A 类标准不确定度

（一）A 类评定的流程

对被测量进行独立重复观测，通过所得到的一系列测得值，用统计分析方法获得实验标准偏差 $s(x)$，当算数平均值 $\bar{x}$ 作为被测量估计值时，被测量估计值的 A

类标准不确定度按式（8-7）计算。

$$u_A = u(\bar{x}) = s(\bar{x}) = \frac{s(x)}{\sqrt{n}} \tag{8-7}$$

标准不确定度的 A 类评定流程见图 8-5。

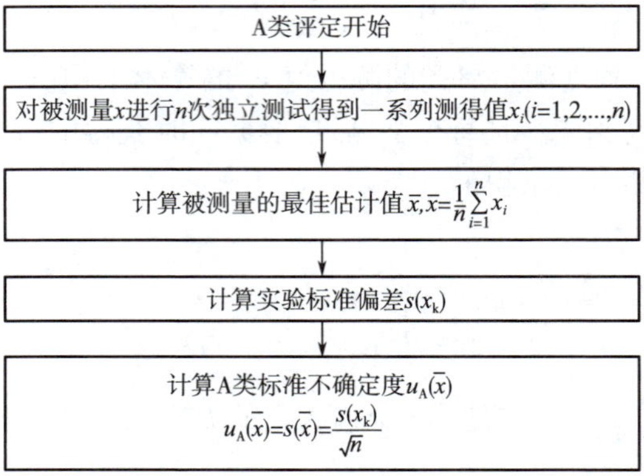

图 8-5　标准不确定度 A 类评定流程图

（二）A 类评定的方法

1. 贝塞尔公式法

在重复性条件或复现性条件下对同一被测量独立重复观测 n 次，得到 n 个测得值 x_i（$i=1, 2, \cdots, n$），被测量 X 的最佳估计值是 n 个独立测得值的算术平均值 $\bar{x}$，按式（8-8）计算：

$$\bar{x} = \frac{1}{n}\sum_{i=1}^{n} x_i \tag{8-8}$$

单个测得值 x_k 的实验（试验）方差 $s^2(x_k)$，按式（8-9）计算。

$$s^2(x_k) = \frac{1}{n-1}\sum_{i=1}^{n}(x_i - \bar{x})^2 \tag{8-9}$$

单个测得值 x_k 的实验（试验）标准偏差 $s(x_k)$，按式（8-10）计算。

$$s(x_k) = \sqrt{\frac{1}{n-1}\sum_{i=1}^{n}(x_i - \bar{x})^2} \tag{8-10}$$

式（8-10）就是贝塞尔公式，自由度 ν 为 $n-1$。实验标准偏差 $s(x_k)$ 表征了测得值 x 的分散性，测量重复性用 $s(x_k)$ 表征。

被测量估计值 $\bar{x}$ 的 A 类标准不确定度 $u_A(\bar{x})$ 按式（8-11）计算：

$$u_A(\bar{x}) = s(\bar{x}) = \frac{s(x_k)}{\sqrt{n}} \tag{8-11}$$

A 类标准不确定度 $u_A(\bar{x})$ 的自由度为实验标准偏差 $s(x_k)$ 的自由度，即 $\nu=n-1$。

实验标准偏差 $s(\bar{x})$ 表征了被测量估计值 $\bar{x}$ 的分散性。

2. 极差法评定

一般在测量次数较少时，可采用极差法评定获得 $s(x_k)$。在重复性条件或复现性条件下，对 X_i 进行 n 次独立重复观测，测得值中的最大值与最小值之差称为极差，用符号 R 表示。在 X_i 可以估计接近正态分布的前提下，单个测得值 x_k 的实验标准差可按式（8-12）近似地评定。

$$s(x_k) = \frac{R}{C} \tag{8-12}$$

式中，R——极差

C——极差系数

极差系数 C 及自由度 ν 可查表 8-2 得到。

表 8-2　　极差系数 C 及自由度 ν

n	2	3	4	5	6	7	8	9
C	1.13	1.69	2.06	2.33	2.53	2.70	2.85	2.97
ν	0.9	1.8	2.7	3.6	4.5	5.3	6.0	6.8

被测量估计值的标准不确定度按式（8-13）计算。

$$u_A(\bar{x}) = s(\bar{x}) = \frac{s(x_k)}{\sqrt{n}} = \frac{R}{C\sqrt{n}} \tag{8-13}$$

案例 3

对某被测件的长度进行 4 次测量的最大值与最小值之差为 3cm，查表 8-2 得到极差系数 C 为 2.06、自由度 ν 为 2.7，则长度测量的 A 类标准不确定度为：

$$u_A(\bar{x}) = \frac{R}{C\sqrt{n}} = \frac{3}{2.06\sqrt{4}} = 0.73\text{cm}$$

A 类评定方法通常比用其他评定方法所得到的不确定度更为客观，并具有统计学的严格性，但要求有充分的独立重复测试的次数 n。原则上测试程序简单的、步骤较少的，其涉及的随机效应也相对较少，独立测试的次数 n 可以少些。测试程序复杂的，为了使实验标准差变动较小，即可靠程度较高，独立测试的次数 n 应当增大，一般 n 不小于 10 次。

A 类评定时应尽可能考虑随机效应的来源，使其反映到测得值中去。

注：

①若被测量是一批材料的某一特性，A 类评定时应该在这批材料中抽取足够多的样品进行测量，以便把样品间可能存在的随机差异导致的不确定度分量反映出来；

②若测量仪器的调零是测量程序的一部分，获得 A 类评定的数据时应注意每次测量要重新调零，以便计入每次调零的随机变化导致的不确定度分量；

③通过直径测量计算圆的面积时，在直径的重复测量中，应随机地选取不同方向测量。

④在一个气压表上重复多次读取示值时，每次把气压表扰动一下，然后让它恢复到平衡状态后再进行读数。

二、评定 B 类标准不确定度

1. B 类标准不确定度的评定流程

根据有关的信息或经验，判定被测量的可能值区间［$\bar{x}-\alpha$，$\bar{x}+\alpha$］，假设被测量值的概率分布，根据概率分布和要求的概率 p 确定 k，则 B 类标准不确定度 u_B 可由式（8-14）计算。

$$u_B = \frac{\alpha}{k} \tag{8-14}$$

式中，α——被测量可能值区间的半宽度

注：根据概率论获得的 k 称置信因子，当 k 为扩展不确定度的倍乘因子时称为包含因子。

标准不确定度 B 类评定的流程见图 8-6。

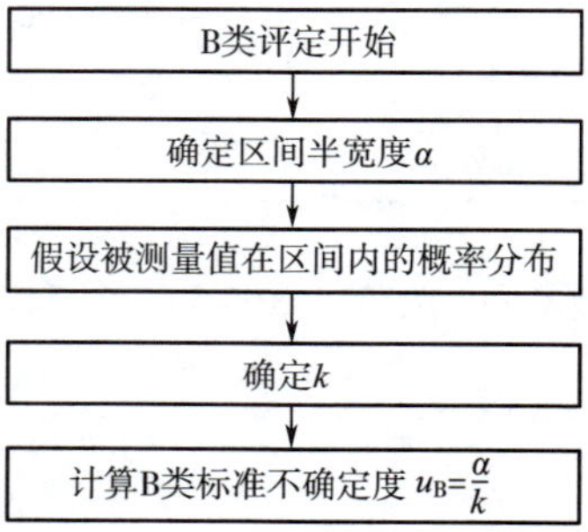

图 8-6　标准不确定度 B 类评定流程图

2. 确定区间半宽度

区间半宽度 α 一般根据以下信息确定。

（1）以前测量的数据；

（2）对有关技术资料和测量仪器特性的了解和经验；

（3）生产厂提供的技术说明书；

（4）校准证书、检定证书或其他文件提供的数据；

（5）手册或某些资料给出的参考数据；

（6）检定规程、校准规范或测试标准中给出的数据；

（7）其他有用的信息。

案例 4　确定区间半宽度

（1）生产厂提供的测量仪器的最大允许误差为 $\pm\Delta$，并经计量单位检定合格，则评定仪器的不确定度时，可能值区间的半宽度为：$\alpha=\Delta$；

（2）校准证书提供的校准值，给出了其扩展不确定度 U，则区间的半宽度为：

$\alpha = U$；

（3）由手册查出所用的参考数据，其误差限为±Δ，则区间的半宽度为：$\alpha = \Delta$；

（4）由有关资料查得某参数的最小可能值为 α_- 和最大值为 α_+，最佳估计值为该区间的中点，则区间半宽度可以用下式估计：$\alpha = (\alpha_+ - \alpha_-)/2$；

（5）当测量仪器或实物量具给出准确度等级时，可以按检定规程规定的该等级的最大允许误差得到对应区间的半宽度；

（6）必要时，可根据经验推断某量值不会超出的范围，或用实验方法来估计可能的区间。

3. 确定置信因子 *k*

已知扩展不确定度是合成标准不确定度的若干倍时，该倍数就是包含因子 k。假设为正态分布时，根据要求的概率查表 8-3 得到 k。假设为非正态分布时，根据概率分布查表 8-4 得到 k。

表 8-3　正态分布情况下概率 *p* 与置信因子 *k* 间的关系

p	0.50	0.68	0.90	0.95	0.9545	0.99	0.9973
k	0.675	1	1.645	1.960	2	2.576	3

表 8-4　常用非正态分布的置信因子 *k* 及 B 类标准不确定度 $u_B(x)$

分布类型	P（%）	k	$u_B(x)$
三角形	100	$\sqrt{6}$	$\alpha/\sqrt{6}$
梯形（β=0.71）	100	2	$\alpha/2$
矩形（均匀）	100	$\sqrt{3}$	$\alpha/\sqrt{3}$
反正弦	100	$\sqrt{2}$	$\alpha/\sqrt{2}$
两点	100	1	$\alpha/1$

注：β 为梯形的上底与下底之比，对于梯形分布来说，$k = \sqrt{6/(1+\beta^2)}$。当 β=1 时，梯形分布变为矩形分布；当 β=0 时，变为三角分布。

4. 关于概率分布

概率分布按以下不同情况假设。

（1）被测量受许多随机影响量的影响，当它们各自的效应同等量级时，不论各影响量的概率分布是什么形式，被测量的随机变化近似正态分布。

（2）如果有证书或报告给出的不确定度是具有包含概率为 0.95、0.99 的扩展不确定度 U，（即给出 U_{95}、U_{99}），此时除非另有说明，可按正态分布来评定。

（3）当利用有关信息或经验估计出被测量可能值区间的上限和下限，其值在区间外的可能几乎为零时，若被测量值落在该区间内的任意值处的可能性相同，则可假设为均匀分布（或称矩形分布、等概率分布）；若被测量值落在该区间中心的可能性最大，则假设为三角分布；若落在该区间中心的可能性最小，而落在该区间上限和下限的可能性最大，则可假设为反正弦分布。

（4）已知被测量的分布是两个不同大小的均匀分布合成时，则可假设为梯形分布。

（5）对被测量的可能值落在区间内的情况缺乏了解时，一般假设为均匀分布。

（6）实际工作中，可依据同行专家的研究结果或经验来假设概率分布。

注：由数据修约、测量仪器最大允许误差或分辨力、参考数据的误差限、度盘或齿轮的回差、平衡指示器调零不准、测量仪器的滞后或摩擦效应导致的不确定度，通常假设为均匀分布；

两相同均匀分布的合成、两个独立量之和值或差值服从三角分布；

度盘偏心引起的测角不确定度、正弦振动引起的位移不确定度、无线电测量中失配引起的不确定度、随时间正弦或余弦变化的温度不确定度，一般假设为反正弦分布（即U形分布）；

按级使用量块时（除00级以外），中心长度偏差的概率分布可假设为两点分布；

当被测量受服从均匀分布的角度 α 的影响呈 $1-\cos\alpha$ 的关系时，角度导致的不确定度、安装或调整测量仪器的水平或垂直状态导致的不确定度常假设为投影分布。

案例5

制造商给出A级100mL单线容量瓶的 *MPE*（Maximum Permissible Error，最大允许误差）= ±0.1mL，则区间的半宽度 α=0.1mL，通常认为其服从三角分布，置信因子 $k=\sqrt{6}$，由此引起的标准不确定度为：

$$u_B = \frac{\alpha}{k} = \frac{0.1}{\sqrt{6}} = 0.0408\text{mL}$$

案例6

分辨率为0.0001g的天平的 *MPE* = ±0.0010g，则区间的半宽度 α=0.0010g，通常认为其服从均匀，置信因子 $k=\sqrt{3}$，由此引起的标准不确定度为：

$$u_B = \frac{\alpha}{k} = \frac{0.0010}{\sqrt{3}} = 0.00058\text{g}$$

任务四 计算合成标准不确定度

一、认识不确定度传播律

当被测量 Y 由 N 个其他量 X_1，X_2，…，X_N 通过线性测量函数 f 确定时，被测量的估计值 y 为：

$$y=f(x_1,x_2,\cdots,x_N)$$

被测量的估计值 y 的合成标准不确定度 $u_c(y)$ 按式（8-15）计算。

$$u_c(y)=\sqrt{\sum_{i=1}^{N}\left[\frac{\partial f}{\partial x_i}\right]^2 u^2(x_i)+2\sum_{i=1}^{N-1}\sum_{j=i+1}^{N}\frac{\partial f}{\partial x_i}\frac{\partial f}{\partial x_j}r(x_i,x_j)u(x_i)u(x_i)} \quad (8-15)$$

式中，y——被测量 Y 的估计值，又称输出量的估计值

x_i——输入量 X_i 的估计值，又称第 i 个输入量的估计值

$\frac{\partial f}{\partial x_i}$——被测量 Y 与有关的输入量 X_i 之间的函数对应输入量 x_i 的偏导数，称灵敏系数

注：灵敏系数通常是对测量函数 f 在 $X_i=x_i$ 处取偏导数得到，也可用 c_i 表示。灵敏系数是一个有符号和单位的量值，它表明了输入量 x_i 的不确定度 $u(x_i)$ 影响被测量估计值的不确定度 $u_c(y)$ 的灵敏程度。有些情况下，灵敏系数难以通过函数 f 计算得到，可以用实验确定，即采用变化一个特定的 X_i，测量出由此引起的 Y 的变化。

$u(x_i)$——输入量 x_i 的标准不确定度；

$\gamma(x_i,x_j)$——输入量 x_i 与 x_j 的相关系数，$\gamma(x_i,x_j)u(x_i)u(x_j)=u(x_i,x_j)$；

$u(x_i,x_j)$——输入量 x_i 与 x_j 的协方差。

式（8-15）被称为不确定度传播律，它是计算合成标准不确定度的通用公式。当输入量间相关时，需要考虑它们的协方差。当各输入量间均不相关时，相关系数为零。被测量的估计值 y 的合成标准不确定度 $u_c(y)$ 按式（8-16）计算。

$$u_c(y)=\sqrt{\sum_{i=1}^{N}\left[\frac{\partial f}{\partial x_i}\right]^2 u^2(x_i)} \quad (8-16)$$

当测量函数为非线性，由泰勒级数展开成为近似线性的测量模型，详见 JJF 1059. 1—2012《测量不确定度评定与表示》。

计算合成标准不确定度流程见图 8-7。

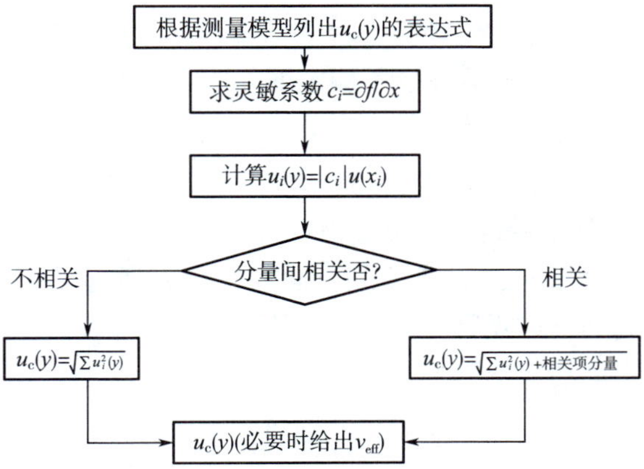

图 8-7　合成标准不确定度计算流程图

二、计算合成标准不确定度

（一）当各输入量间均不相关或弱相关时，合成标准不确定度的计算

对于每个输入量的标准不确定度 $u(x_i)$，设 $u_i(y)=\frac{\partial f}{\partial x_i}u(x_i)$，$u_i(y)$ 为相应于 $u(x_i)$ 输出量 y 的不确定度分量，当输入量间均不相关，即 $\gamma(x_i,x_j)=0$ 时，式（8-16）变换为式（8-17）。

$$u_c(y)=\sqrt{\sum_{i=1}^{N}\left[\frac{\partial f}{\partial x_i}\right]^2 u^2(x_i)}=\sqrt{\sum_{i=1}^{N}u_i^2(y)} \tag{8-17}$$

1. 当测量模型只涉及和或差（规则 1）

当测量模型为 $Y=A_1X_1+A_2X_2+\cdots+A_NX_N$ 且各输入量间均不相关时，合成标准不确定度可用式（8-18）计算。

$$u_c(y)=\sqrt{\sum_{i=1}^{N}A_i^2u^2(x_i)} \tag{8-18}$$

2. 当测量模型只涉及乘或积（规则 2）

当测量模型为 $Y=AX_1^{P_1}X_2^{P_2}\cdots X_N^{P_N}$ 且各输入量间均不相关时，合成标准不确定度可用式（8-19）计算。

$$u_{rel}(y)=\frac{u_c(y)}{|y|}=\sqrt{\sum_{i=1}^{N}\left[\frac{P_iu(x_i)}{x_i}\right]^2}=\sqrt{\sum_{i=1}^{N}[P_iu_{rel}(x_i)]^2} \tag{8-19}$$

式中，$u_{rel}(y)$——输出量的相对标准合成不确定度

$u_{rel}(x_i)$——输入量的相对标准不确定

注：减法的处理规则与加法相同；除法与乘法相同。

案例 7

已知 $y=ax^2$，计算 y 的相对标准不确定度。

$$u_{rel}(y)=\frac{u_c(y)}{|y|}=\sqrt{\sum_{i=1}^{N}\left[\frac{P_iu(x_i)}{x_i}\right]^2}=\sqrt{[2u_{rel}(x)]^2}=2u_{rel}(x)=\frac{2u(x)}{x}$$

3. 当测量模型涉及混合运算（规则 3）

在合成不确定度分量时，若涉及混合运算，为方便起见可对原始数学模型分解，将其变为符合规则 1 或规则 2 的形式，再计算。

评定合成不确定度的数学模型为：

$$Y=\frac{A(B-C)}{D+E}$$

分解简化计算如下：

（1）用规则 1 合成 B-C 为 M；

（2）用规则 1 合成 D+E 为 N；

（3）用规则 2 合成 AM/N。

案例 8

$y=p+q-2r$，其中 $p=4.03$，$q=5.86$，$r=2.25$；标准不确定度分量分别为：$u(p)=0.12$，$u(q)=0.08$，$u(r)=0.18$，计算合成不确定度 $u_c(y)$。

$$\text{合成不确定度}\ u_c(y)=\sqrt{\sum_{i=1}^{N}A_i^2u^2(x_i)}$$

$$=\sqrt{0.12^2+0.08^2+2^2\times0.18^2}=0.39$$

案例 9

$y=2pq/r$，其中 $p=2.56$，$q=4.26$，$r=5.88$；标准不确定度分量分别为：$u(p)=0.06$，$u(q)=0.05$，$u(r)=0.11$，计算合成不确定度 $u_c(y)$。

$$u_{rel}(y)=\frac{u_c(y)}{|y|}=\sqrt{\sum_{i=1}^{N}\left[\frac{P_iu(x_i)}{x_i}\right]^2}$$

$$y=2pq/r=\frac{2\times2.56\times4.26}{5.88}=3.71$$

$$u_c(y)=y\sqrt{\sum_{i=1}^{N}\left[\frac{P_iu(x_i)}{x_i}\right]^2}$$

$$=3.71\times\sqrt{\left[\frac{2\times0.06}{2.56}\right]^2+\left[\frac{0.05}{4.26}\right]^2+\left[\frac{0.11}{5.88}\right]^2}$$

$$=3.71\times0.35=1.30$$

（二）当各输入量间强相关时，合成标准不确定度的计算

当各输入量间强相关，相关系数为 1 时，合成标准不确定度按式（8-20）计算。

$$u_c(y)=\left|\sum_{i=1}^{N}\frac{\partial f}{\partial x_i}u(x_i)\right| \tag{8-20}$$

若灵敏系数为 1，则式（8-20）变为式（8-21）。

$$u_c(y)=\left|\sum_{i=1}^{N}u(x_i)\right| \tag{8-21}$$

检测实验室的大部分检测工作只要无明显证据表明某几个分量有强相关时，均可按不相关处理。

化学分析中不确定度评估指南-CANS GL06（文字资料）

评定测量不确定度（视频）

任务五 确认扩展不确定度与不确定度报告

一、确认扩展不确定度 U

扩展不确定度是被测量可能值包含区间的半宽度。扩展不确定度分为 U 和 U_p 两种。在给出测量结果时，一般情况下报告扩展不确定度 U。

扩展不确定度 U 由合成标准不确定度 u_c 乘包含因子 k 得到，按式（8-22）计算。

$$U = ku_c \tag{8-22}$$

测量结果可用式（8-23）表示。

$$Y = y \pm U = y \pm ku_c \tag{8-23}$$

式中，y——被测量 Y 的估计值

被测量 Y 的可能值以较高的包含概率落在 $[y-U,\ y+U]$ 区间内，即 $y-U \leqslant Y \leqslant y+U$。被测量的值落在包含区间内的包含概率取决于所取的包含因子 k 的值，k 值一般取 2 或 3。

当 y 和 $u_c(y)$ 所表征的概率分布近似正态分布时，且 $u_c(y)$ 的有效自由度较大情况下，若 $k=2$，则由 $U=2u_c$ 所确定的区间具有的包含概率约为 95%。若 $k=3$，则由 $U=3u_c$ 所确定的区间具有的包含概率约为 99%。

在通常的测量中，一般取 $k=2$。当取其他值时，应说明其来源，当给出扩展不确定度 U 时，一般应注明所取的 k 值；若未注明 k 值，则指明 $k=2$。

检测实验室的标准不确定度评定中，一般不使用扩展不确定度 U_p，在此不再加以说明，若需要可参考 JJF 1059.1—2012《测量不确定度评定与表示》中 4.5.3。

二、测量不确定度的报告与表示

（一）测量不确定度报告

完整的测量结果应报告被测量的估计值及其测量不确定度以及有关的信息。报告应尽可能详细，以便使用者可以正确地利用测量结果。只有对某些用途，如果认为测量不确定度可以忽略不计，则测量结果可表示为单个测得值，不需要报告其测量不确定度。

（1）通常在计量学研究、基本物理常量测量、复现国际单位制单位的国际比对时，使用合成标准不确定度 $u_c(y)$ 报告，必要时给出其有效自由度 ν_{eff}。

（2）除上述规定或有关各方约定采用合成标准不确定度外，通常在报告测量结果时都用扩展不确定度表示。

（3）当涉及工业、商业及健康和安全方面的测量时，如果没有特殊要求，一

律报告扩展不确定度 U，一般取 $k=2$。

测量不确定度报告一般包括以下内容：

①被测量的测量模型；

②不确定度来源；

③输入量的标准不确定度 $u(x_i)$ 的值及其评定方法和评定过程；

④灵敏系数 $c_i=\dfrac{\partial f}{\partial x_i}$；

⑤输出量的不确定度分量 $u_i(y)=|c_i|u(x_i)$，必要时给出各分量的自由度 ν_i；

⑥对所有相关的输入量给出其协方差或相关系数；

⑦合成标准不确定度 u_c 及其计算过程，必要时给出有效自由度 ν_{eff}；

⑧扩展不确定度 U 或 U_p 及其确定方法；

⑨报告测量结果，包括被测量的估计值及其测量不确定度。

通常测量不确定度报告除文字说明外，必要时可将上述主要内容和数据列成表格。

（二）测量不确定度报告的表示

1. 合成标准不确定度 $u_c(y)$ 报告的表示

当用合成标准不确定度报告测量结果时，应：

（1）明确说明被测量 Y 的定义；

（2）给出被测量 Y 的估计值 y、合成标准不确定度 $u_c(y)$ 及其计量单位，必要时给出有效自由度均 ν_{eff}；

（3）必要时也可给出相对标准不确定度 $u_{crel}(y)$。

合成标准不确定度 $u_c(y)$ 的报告可用以下三种形式之一表示：

例如，标准砝码的质量为 m_s，被测量的估计值为 100.02147g，合成标准不确定度 $u_c(m_s)=0.35$mg，则报告为：

①$m_s=100.02147$g；合成标准不确定度 $u_c(m_s)=0.35$mg。

②$m_s=100.02147$（35）g；括号内的数是合成标准不确定度的值，其末位与前面结果内末位数对齐。

③$m_s=100.02147$g（0.00035）g，括号内是合成标准不确定度的值，与前面结果有相同计量单位。

形式②常用于公布常数。

2. 扩展不确定度报告的表示

当用扩展不确定度 U 或 U_p 报告测量结果的不确定度时，应：

（1）明确说明被测量 Y 的定义；

（2）出被测量 Y 的估计值 y 及其扩展不确定度 U 或 U_p，包括计量单位；

（3）必要时也可给出相对扩展不确定度 U_{rel}；

（4）对 U 应给出 k 值，对 U_p 应给出 P 和 ν_{eff}。

$U = ku_c(y)$ 的报告可用以下四种形式之一表示。

例如，标准砝码的质量为 m_s，被测量的估计值为 100.02147g，$u_c(m_s)$ = 0.35mg，取包含因子 $k=2$，$U = 2 \times 0.35 = 0.70$mg，则报告为：

①m_s = 100.02147g，U=0.70mg；k=2。

②m_s =（100.02147±0.00070）g；k=2。

③m_s = 100.02147g（70）g；括号内为 k=2 的 U 值，其末位与前面结果内末位数对齐。

④m_s = 100.02147g（0.00070）g；括号内为 k = 2 的 U 值，与前面结果有相同计量单位。

3. 报告不确定度时的其他要求

（1）相对不确定度的表示应加下标 r 或 rel。例如，相对合成标准不确定度 u_r 或 u_{rel}；相对扩展不确定度 U_r 或 U_{rel}。测量结果的相对不确定度 U_{rel} 或 u_{rel} 的报告形式举例如下：

m_s = 100.02147（1±7.0×10^{-6}）g，k=2，式中正负号后的数为 U_{rel}。

（2）测量不确定度表述和评定时应采用规定的符号，见附录六。

（3）不确定度单独表示时，不要加“±”号。

例如，u_c = 0.1mm 或 U=0.2mm，不应写成 u_c = ±0.1mm 或 U = ±0.2mm。

（4）在给出合成标准不确定度时，不必说明包含因子 k 或包含概率 p。

（5）扩展不确定度 U 取 k=2 或 k=3 时，不必说明 p。

（6）不带形容词的“不确定度”或“测量不确定度”用于一般概念性的叙述。当定量表示某一被测量估计值的不确定度时要说明是“合成标准不确定度”还是“扩展不确定度”。

（7）估计值 y 的数值和它的合成标准不确定度 $u_c(y)$ 或扩展不确定度 U 的数值都不应该给出过多的位数。

①通常最终报告的 $u_c(y)$ 和 U 根据需要取一位或两位有效数字。

注：a. $u_c(y)$ 和 U 的有效数字的首位为 1 或 2 时，一般应给出两位有效数字。

b. 对于评定过程中的各不确定度分量 $u(x_i)$ 或 $u_i(y)$，为了在连续计算中避免修约误差导致不确定度而可以适当保留多一些位数。

②当计算得到的 $u_c(y)$ 和 U 有过多位的数字时，一般采用常规的修约规则将数据修约到需要的有效数字，修约规则参见 GB/T 8170—2008《数值修约规则与极限数值的表示和判定》。有时也可以将不确定度最末位后面的数都进位而不是舍去。

注：例如：U=28.05kHz，需取两位有效数字，按常规的修约规则修约后写成 28kHz。

又如：U=10.47mΩ，有时可以进位到 11mΩ；U=28.05kHz 也可以写成 29kHz。

③通常，在相同计量单位下，被测量的估计值应修约到其末位与不确定度的末位一致。

【读与思】

临界值的处理需谨慎

在检验过程中，由于测量不确定度的存在，可能会导致检验项目在临界值的判断时有偏差。例如：涂层厚度。对于普通装饰用铝塑板，由于涂层厚度相对较小，测量时点的精确校准对于处在标准规定的临界状态的产品而言显得尤为重要，如果用普通标准基板进行调0，则可能出现（±12）μm的偏差，这将可能导致产品由“合格”滑向“不合格”。对于普通装饰用铝塑板可以将产品除去涂层，在其裸露的基材上进行调0，以保证结果的准确客观性。因此，对于有临界值的检验结果，应组织不同检验人员或者仪器设备进行多次的比对试验，确保检验结果科学公正。

【启示】 检验是一项很严谨的工作，检验人员对于标准的理解和使用不正确直接影响了检验结果的准确性，检测人员应正确解读标准，掌握娴熟的检测技能，工作中精益求精。

任务六 评定检测实验室常见不确定度分量

检测实验室测试结果不确定度分量按评定方法的不同分为A类评定和B类评定两类。A类评定首先要求由实验测量得到被测量的观测值，并根据需要由观测值计算被测量估计值的标准不确定度，可能是单次测量结果的标准偏差，也可能是若干次重复测量结果平均值的标准偏差。而B类评定则是通过其他已有的信息（例如检定证书或校准证书等）进行评估。无论采用A类评定或B类评定最后均有标准偏差来表示不确定度，并且在得到合成标准不确定度时，两者的合成方法完全相同，因此由两种评定方法得到的标准不确定度并无本质差别。所谓A类评定和B类评定并不是对不确定度本身进行分类，而仅是对不确定度评定方法的分类。

一、天平称量不确定度评定

案例10

检测实验室中的万分之一天平的称量范围为0~200g，在0~50g范围的最大允许误差（*MPE*）为±0.5mg，试求称量25g时，由*MPE*所引起的不确定度。

解：天平的最大允许误差服从均匀分布，置信因子 $k=\sqrt{3}$，区间半宽度 $\alpha=0.5$mg，则引起的标准不确定度为：

$$u_{B1} = \frac{0.5}{\sqrt{3}} = 0.29\text{mg}$$

案例 11

检测实验室中的万分之一天平的称量范围为 0～200g，分辨力为 0.1mg，试求由分辨力所引起的标准不确定度。

解：天平的分辨力服从均匀分布，置信因子 $k = \sqrt{3}$ ，区间半宽度 $\alpha = 0.05\text{mg}$，则引起的标准不确定度为：

$$u_{B2} = \frac{0.05}{\sqrt{3}} = 0.029\text{mg}$$

注：仪器分辨力是指能有效辨别的显示值间的最小差值。

仪器分辨力为 δ_x，则区间半宽度 $\alpha = \delta_x/2$。

质量（称量）不确定度为：

$$u_B = \sqrt{u_{B1}^2 + u_{B2}^2}$$

$$= \sqrt{0.29^2 + 0.029^2} = 0.29\text{mg}$$

可以看出，分辨力对其合成标准不确定度影响很小，可以忽略。

案例 12

用减量法称量试样，若分析天平的 *MPE* 为 0.15mg，试计算试样质量的标准不确定度。

解：可按以下两种情况分析：

（1）用同一台天平做减量法称量，若两次质量相差很小，由线性引入的误差基本上可以抵消，标准不确定度分量可忽略不计。

（2）若两次质量相差较大，由线性引入的误差按叠加考虑，每次线性引入的标准不确定度假设为均匀分布，线性分量应计算两次，则合成标准不确定度为：

$$u_B = = \sqrt{2\left(\frac{0.15}{\sqrt{3}}\right)^2} = 0.12\text{mg}$$

一些关于不确定度评定文献中，还对天平称量的重复性不确定度进行评定，其做法是对试样称取 10 次，计算称量数据的实验标准差作为重复性不确定度。但在已进行了 A 类评定或校准证书中重复性误差远小于 *MPE* 情况下，无需再进行重复性不确定度评定。在检测实验室称量不确定度评定中，为简化起见，在其他分量较 *MPE* 不确定度分量较小或相互抵消的情况下，可以仅对 *MPE* 引入的不确定度进行评定。

二、体积（计量玻璃器具）不确定度评定

这里的体积不是指测量的体积，而是指检测实验室在化学分析中常用的滴定管、移液管（吸量管）和容量瓶等玻璃容量计量器具。

由体积引入的标准不确定度包括容器体积校准、温度差异和定容重复性三个

方面，另外还有在滴定过程中体积差引入的不确定度分量。

1. 容器校准引入的不确定度 u_V

案例 13

在某容量分析中，标准溶液使用 50mL A 级滴定管进行滴定，试评定由体积校准引入的标准不确定度。已知 50mL A 级滴定管的 $MPE=\pm0.05$mL。

解：假设为均匀分布，取 $k=\sqrt{3}$，区间半宽度 $\alpha=0.05$mL，体积不确定度为：

$$u_V=\frac{0.05}{\sqrt{3}}=0.029\text{mL}$$

2. 由温度差异引入的不确定度 u_t

计量器具的体积由于温度的变化引起膨胀或收缩，可能带来不确定度。但是制作 A 级玻璃器具的材料多为石英或硬质玻璃，其体积膨胀系数很小（硼硅酸玻璃为 1×10^{-5}℃$^{-1}$），远小于所盛液体的膨胀系数（例如水为 2.1×10^{-4}℃$^{-1}$），因此，可仅考虑液体由温度变化引起的不确定度评定。

试验温度下，水引入的标准不确定度按式（8-24）计算。

$$u_t=\frac{V\times\alpha\times\Delta t}{\sqrt{3}} \tag{8-24}$$

式中，V——定容体积，mL

α——体积膨胀系数，℃$^{-1}$

Δt——试验温度与校准温度之差，℃

案例 14

试验温度为 25℃，试评定 100mL A 级容量瓶由温度差异引入的标准不确定度。已知校准温度为 20℃。

解：假设服从均匀分布，取 $k=\sqrt{3}$，温度变化引入的标准不确定度按下式计算：

$$u_t=\frac{V\times\alpha\times\Delta t}{\sqrt{3}}=\frac{100\times2.1\times10^{-4}\times(25-20)}{\sqrt{3}}=0.06\text{mL}$$

3. 重复性变化引入的不确定度 u

总的来说，对于重复性引入的不确定度目前还没有统一的方法。诸多文献认为，已把容器的重复性包括在重复性试验的 A 类评定中，不再单独评定体积的重复性。因此，由体积引入的合成标准不确定度为：

$$u=\sqrt{u_V^2+u_t^2}$$

三、试剂与标准溶液不确定度评定

1. 基准试剂

基准试剂的纯度一般由制造商证书中给出，假设服从均匀分布，则试剂纯度引入的标准不确定度按式（8-25）计算。

$$u_p = \frac{\text{试剂纯度误差极限值}}{\sqrt{3}} \tag{8-25}$$

案例 15

基准试剂碳酸钠的证书值为 0.999±0.001，其标准不确定度为：

$$u_p = \frac{0.001}{\sqrt{3}} = 5.8 \times 10^{-4}$$

2. 标准溶液

标准溶液的浓度一般由证书给出。

案例 16

标准物质证书给出锌的标准溶液的浓度为 1000μg/mL，（扩展）不确定度为 1μg/mL，试计算标准不确定度。

解：（扩展）不确定度为 1μg/mL，则半宽度 α=0.5μg/mL。

假设服从均匀分布（矩形分布），则锌标准溶液的不确定度为：

$$u = \frac{0.5}{\sqrt{3}} = 0.29\mu g/mL$$

其相对标准不确定度为：

$$u_{rel} = \frac{0.29}{1000} = 0.00029$$

案例 17

证书说明，锌标准溶液的浓度在 20℃时是 1000μg/mL，（扩展）不确定度为 1μg/mL，实验室的温度在±5℃之间变动，使用时不做温度修正。已知水的体积膨胀系数为 2.1×10^{-4}℃$^{-1}$，试评估标准溶液的不确定度。

解：

（1）标准溶液的不确定度为：

$$u_1 = \frac{1}{2} = 0.5\mu g/mL$$

（2）由实验室温度的变化引入的不确定度为：

$$u_2 = \frac{5 \times 2.1 \times 10^{-4} \times 1000}{\sqrt{3}} = 0.61\mu g/mL$$

标准溶液浓度的合成标准不确定度为：

$$u_c = \sqrt{u_1^2 + u_2^2} = \sqrt{0.5^2 + 0.61^2} = 0.8\mu g/mL$$

注：以上两种方法评定标准溶液的不确定度文献中都有应用，第一种方法把求得的标准不确定度再按矩形分布处理，而第二种方法直接把求得的不确定度作为标准不确定度，笔者认为第二种方法较为合理。

四、标准溶液配制过程中不确定度的评定

（一）利用高纯金属配制标准溶液（根据 CNAS-GL06：2006 案例改写）

案例 18

由高纯金属镉（Cd）配制 1000mg/L 的标准溶液，试计算标准溶液配制过程中引入的不确定度，并出具不确定度报告。

配制标准溶液流程如下：

（1）清洁高纯金属的表面　用酸混合物来处理以除去任何金属氧化物污染。清洁方法由金属制造商提供，严格按照方法操作，以便获得证书上所声明的纯度。

（2）称量金属镉的质量　采用增量法称取净化后的金属镉约为 100mg。使用的天平分辨力为 0.01mg。

（3）溶解金属镉，并稀释至所需浓度　用 1mL 的硝酸（65%m/m）和 3mL 的去离子水溶解镉（约 100mg，精确称量），然后转移至 100mL 容量瓶中，用去离子水稀释至刻度。

解：

1. 建立数学模型

所配制的镉标准溶液浓度按式（8-26）计算。

$$\rho_{\mathrm{Cd}} = \frac{m \times P}{V} \tag{8-26}$$

式中：ρ_{Cd}——标准溶液的质量浓度，mg/L

m——高纯金属镉质量，mg

P——以质量分数给出的金属纯度

V——标准溶液的溶液体积，L

2. 识别和分析不确定度来源（图 8-8）

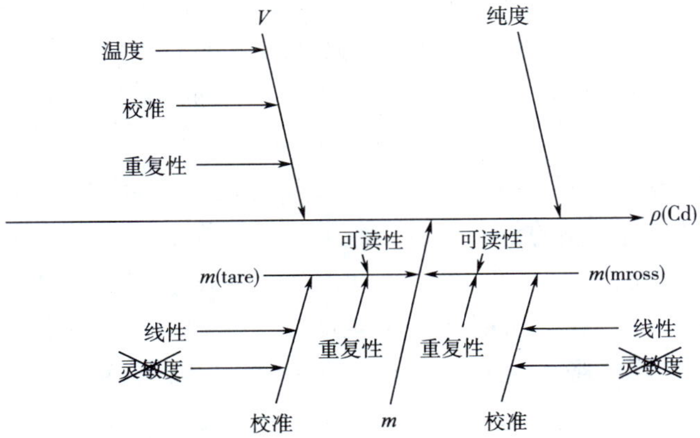

图 8-8　镉（Cd）标准溶液制备的不确定度来源图

3. 确定不确定度分量

（1）金属镉的纯度　供应商证书上给出的金属 Cd 的纯度是 99.99±0.01%。因此 P 是 0.9999±0.0001。这些数值是否可靠取决于清洁高纯度金属表面的有效性。如果严格按照制造商给出的步骤操作，就无须考虑由于金属表面氧化物污染所引入的测量不确定度。由于没有信息表明金属 100%溶解，因此需进行多次重复配制，以检查该因素可否被忽略。

由于无关于不确定度数值的其他信息，故假设是矩形分布，引入的不确定度为：

$$u(P) = \frac{0.0001}{\sqrt{3}} = 0.000058$$

（2）金属镉的质量 m　金属镉的质量由已扣除皮重的称量给出，得到 $m=0.10028g$。制造商的说明书确认扣除皮重称量的三个不确定度来源：重复性、读数的分辨力，以及天平校准的不确定度。由于减量法称量是用同一台天平在几乎完全相同条件下进行，因此天平的灵敏度对测量结果的影响可以忽略不计，空气浮力对测量结果的影响也可以忽略不计。

根据校准证书的和制造商关于不确定度评估的建议，考虑到前面已识别的三种不确定度来源后，对金属镉质量测量的不确定度进行估算，结果为：

$$u(m) = 0.05\text{mg}$$

（3）溶液的体积 V　容量瓶中的溶液体积主要有以下三个不确定度来源：

①确定容量瓶容积的不确定度（校准）：制造商提供的容量瓶在 20℃ 的体积为 100mL±0.10mL，由于没有给出有关分布情况的信息，因此必须对分布进行假设。现假设服从三角形分布，则：

$$u_1(V) = \frac{0.1}{\sqrt{6}} = 0.04\text{mL}$$

注：选择三角形分布的原因是在一个有效的生产过程中标定值比极限值可能性更高。最终分布用三角形分布比矩形分布表示更好。

②稀释至容量瓶刻度时的不确定度（重复性）：将溶液稀释至容量瓶刻度引入的不确定度可通过重复性实验来评估。对典型的 100mL 容量瓶反复充满 10 次并进行称量，得到实验标准偏差为 0.02mL。则引入的标准不确定度分量为：

$$u_2(V) = 0.02\text{mL}$$

③容量瓶和溶液温度与容量瓶体积校准时的温度不一致引入的不确定度（温度）：根据制造商提供的信息，容量瓶的体积是在 20℃ 下进行校准的，而实验室内的温度在±4℃ 范围内变动。温度变化对体积影响可以通过体积膨胀系数来进行计算。由于溶液的体积膨胀明显大于容量瓶的体积膨胀，因此，可以只考虑前者的影响。水的体积膨胀系数为 $2.1\times10^{-4}℃^{-1}$，故产生的体积变化为：

$$\Delta V = \pm(100\times4\times2.1\times10^{-4}) = \pm0.084\text{mL}$$

假设温度变化服从矩形分布，则温度变化引入的不确定度为：

$$u_3(V) = \frac{0.084}{\sqrt{3}} = 0.05\text{mL}$$

将三种分量合成得到体积的标准不确定度分量为：

$$u(V) = \sqrt{0.04^2 + 002^2 + 0.05^2} = 0.07\text{mL}$$

4. 计算合成标准不确定度

溶液质量浓度测量的不确定度分量汇总见表 8-5。

表 8-5　溶液质量浓度测量不确定度的分量汇总表

不确定度来源	数值	标准不确定度 $u(x)$	相对标准不确定度 $u_{rel}(x)$
金属镉的纯度/P	0.9999	0.000058	0.000058
金属镉的质量/m	100.28mg	0.05mg	0.0005
溶液体积/V	100mL	0.07mL	0.0007

根据表 8-10 中各影响量的数值，可以计算出标准溶液的浓度为：

$$\rho_{Cd} = \frac{m \times P}{V} = \frac{100.28 \times 0.9999 \times 1000}{100.0} = 1002.7\text{mg/L}$$

合成相对标准不确定度为：

$$u_{c\ rel}(\rho_{Cd}) = \sqrt{u_{rel}^2(P) + u_{rel}^2(m) + u_{rel}^2(V)}$$

$$u_{c\ rel}(\rho_{Cd}) = \sqrt{0.000058^2 + 0.0005^2 + 0.0007^2} = 0.0009$$

$$u_c(\rho_{Cd}) = u_{c\ rel}(\rho_{Cd}) \times \rho_{Cd} = 0.0009 \times 1002.7 = 0.9\text{mg/L}$$

5. 报告不确定度

将合成标准不确定度乘以包含因子 2 得到扩展不确定度为：

$$U(\rho_{Cd}) = k \times u_c(\rho_{Cd}) = 2 \times 0.9 = 1.8\text{mg/L}$$

不确定度报告如下：

测得所配制的标准溶液质量浓度为：

$$\rho(\text{Cd}) = 1002.7\text{mg/L}$$

扩展不确定度为：$U(\rho_{Cd}) = 1.8\text{mg/L}$，它是由合成标准不确定度乘以包含因子 2 得到的。

（二）利用标准溶液配制标准使用液

案例 8-19

欲使用浓度为 1000μg/mL 铅（Pb）标准溶液，配制成浓度为 2.00μg/mL 标准使用液，试计算标准溶液配制过程中引入的不确定度。

解：标准溶液浓度误差为 0.01%,，假设服从均匀分布，则其标准不确定度为：

$$u = \frac{1000 \times 0.0001}{\sqrt{3}} = 0.058\mu g/mL$$

配制标准溶液操作是，先用 1mL 移液管准确吸取 1.00mL 标准溶液于 50mL 容量瓶中，加 5%硝酸至刻度，混匀；然后用 10mL 移液管准确吸取 10.00mL 标准溶液于 100mL 容量瓶中，加 5%硝酸至刻度，混匀。

设 $V_1 = 1.00$mL，$V_2 = 50.00$mL，$V_3 = 10.00$mL，$V_4 = 100.0$mL

标准使用液的浓度 c_s 为：

$$c_s = \frac{c \times V_1 \times V_3}{V_2 \times V_4} = 2.00\mu g/mL$$

A 级 1mL 移液管的 $MPE = \pm 0.007$；A 级 10mL 移液管的 $MPE = \pm 0.020$；A 级 50mL 容量瓶的 $MPE = \pm 0.05$；A 级 100mL 容量瓶的 $MPE = \pm 0.10$。

按均匀分布处理，由校准引入的不确定度为：

$$u(V_1) = \frac{0.007}{\sqrt{3}} = 0.004mL$$

$$u(V_2) = \frac{0.05}{\sqrt{3}} = 0.029mL$$

$$u(V_3) = \frac{0.02}{\sqrt{3}} = 0.01mL$$

$$u(V_4) = \frac{0.10}{\sqrt{3}} = 0.058mL$$

由于稀释操作时，移液管和容量瓶中的溶液处于几乎相同的温度下，因此可以忽略温度变化带来的影响，重复性影响已包括在方法重复性 A 类评定中，不再重复评定，则标准溶液配制过程中引入的不确定度为：

$$u(c_s) = c_s\sqrt{\left[\frac{u(c)}{c}\right]^2 + \left[\frac{u(V_1)}{V_1}\right]^2 + \left[\frac{u(V_2)}{V_2}\right]^2 + \left[\frac{u(V_3)}{V_3}\right]^2 + \left[\frac{u(V_4)}{V_4}\right]^2}$$

$$u(c_s) = c_s\sqrt{\left[\frac{0.058}{1000}\right]^2 + \left[\frac{0.004}{1.00}\right]^2 + \left[\frac{0.029}{50.00}\right]^2 + \left[\frac{0.01}{10.00}\right]^2 + \left[\frac{0.058}{100.0}\right]^2}$$

$$= 0.021\mu g/mL$$

扩展不确定度 $U(c)$ 可由合成标准不确定度乘以包含因子 2 后得到。

$$U(c) = 0.021 \times 2 = 0.042\mu g/mL$$

所以，Pb 标准使用液的浓度为（2.00±0.04）μg/mL。

滴定法测量结果不确定度评定规范（标准）

不确定度评定与应用（视频）

分光光度法测量结果不确定度评定规范（标准）

一线传真：谭波涛，郝媛媛.GC-MS法测定发酵食品中氨基甲酸乙酯含量的测量不确定度评定［J］. 化学分析计量，2011，20（5）：7-10.

项目八、测量不确定度评定与应用（测试题）

【思考与练习】

1. 测量结果的完整表述中为什么要包括测量不确定度及有关影响量的取值范围？

2. 列表表示测量不确定度的分类。

3. 测量误差与测量不确定度有哪些区别？

4. 标准不确定度A类与B类有哪些差异？

5. 什么是标准不确定度的A类评定，简述贝塞尔法评定过程。

6. 什么是标准不确定度的B类评定。

7. 已知扩展不确定度 U 和包含因子 k 时，如何评定其标准不确定度？

8. 用增量法称量试样，若分析天平的 MPE 为0.5mg，试计算试样质量的标准不确定度。

9. 试验温度为23℃，试评定50mL A级容量瓶的标准不确定度（仅考虑校准和温度影响），已知校准温度为20℃。

10. 由高纯金属铅（Pb）配制500mg/L的标准溶液，试计算标准溶液配制过程中引入的不确定度，并出具不确定度报告。

项目九

检测实验室设备与耗材管理

学习目标

知识目标

1. 了解仪器设备的常规管理，包括仪器设备的建账、建卡、编号、保管以及调拨、借用、清查、报废等内容。

2. 熟悉仪器设备的技术管理，包括设备的验收、维护保养、修理、校准等内容。

3. 熟悉实验耗材的分类，明确耗材在计划、采购、保管、效益等意义上的管理内容和使用、保管耗材时的注意事项。

能力目标

1. 能够根据实验室的实际情况制定耗材的管理方案。

2. 能够掌握实验室设备管理流程，熟悉设备的技术管理内容。

素质目标

1. 通过学习设备管理流程，培养学生严谨、规范意识。

2. 通过学习耗材管理要求，培养学生安全意识、精细管理作风。

问题导入

如果你作为检测公司的设备管理员和试剂仓库管理员，你如何规范管理设备和耗材？

任务一 仪器设备管理的任务、范围与计划

检测设备是实现检测/校准的技术手段，是测量仪器、测量标准、参考物质、辅助设备及进行测量所必需的资料总称。包括系统、器具、元件、材料等。它的正确选择与装备、使用与维护，不仅直接影响到实验室的运行成本（占实验室有形资产的相当份额），而且直接关系到检测/校准数据的质量可靠性、准确性，关系到检测/校准数据的互认。

一、仪器设备管理的任务

仪器设备管理的任务，就是利用有效的管理措施，做好仪器设备的管理、维护和保养。贯彻“以预防为主、维护保养和合理使用并重”的方针，充分发挥其投资效能，实现仪器设备管理的科学化，促进检测/校准工作的开展。

具体来说应该包括以下几个方面：

（1）遵循工作上适用、技术上先进、经济上合算的基本原则选购仪器设备。

（2）做到购置时仪器设备主机、附件配套齐全，到货后及时安装调试、验收、投用，出现故障时及时修复。

（3）合理利用仪器设备，不保留过多剩余能力，也不能使高性能设备长期在低档运行或存储不用。

（4）做好仪器设备革新改造、更新换代工作，同时做好引进设备的研究、消化和改进。

（5）加强仪器设备维修与管理人员的技术培训，提高维修和保养技术，保证备件、配件的供应。

（6）开展经济核算，重视经济效益。

二、仪器设备管理的内容

仪器设备按其价值通常可分为低值易损、一般和大型精密三类。某些实验室规定，单价在200元以上（含200元）、耐用期在一年以上、非易损的且能独立使用的，均列入固定资产。凡自制、捐赠或调拨的仪器设备且符合上述规定的，也应计价列入固定资产。当仪器设备增添附件或改制时，按附件实价或加工改制费用增加其原值；当减少附件或拆除部件时，相应减少其原值。

仪器设备管理的内容通常可概括为计划管理、常规管理、技术管理、经济管

理等四个层次，具体如图 9-1 所示。

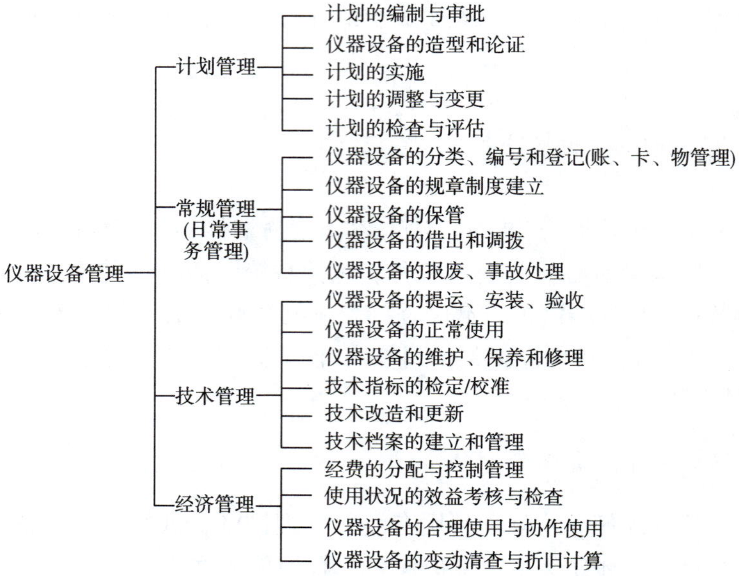

图 9-1　仪器设备管理层次和内容

三、仪器设备申购计划的编制

实验室应根据发展规划以及经费可能，按照保证重点、兼顾一般、综合平衡、全面安排的原则，研究仪器设备所用的检测/校准配套标准，提出仪器设备申购计划，并做好正确的选型和可行性论证。选购仪器设备要遵循工作上适用、技术上先进、经济上合理的原则。工作上适用是指选购的仪器设备能满足任务的需要。技术上先进是指仪器设备的性能稳定、可靠、耐用。经济上合理是指购置费与日常运行费合理，能取得较高的投资效益。

在选购仪器设备时应考虑以下几个方面。

1. 计量特性

主要包括测量范围、准确度等级、示值误差、重复性、稳定性、滞后、分辨力、鉴别力（阈）等，其中，测量范围和准确度等级是两项最主要的指标。选购仪器设备首先要考虑测量范围和准确度等级的匹配，即测量范围要覆盖被检测/校准参数的变化范围，准确度等级应符合 1/3～1/5 原则。

2. 可靠性

可靠性是指测量仪器在规定条件下和规定时间内，完成规定功能的能力，主要包括使用寿命、气候环境适应性、抗机械干扰性能、抗电磁干扰性能、电气安全性能、可维修性与易修性以及零件的耐用性等。

3. 兼容性

兼容性是指所选购的仪器设备应尽可能与现有仪器设备相兼容。

4. 成套性

成套性是指所选购的仪器设备要配套，包括单机配套、机组配套、项目配套以及技术性能配套。

5. 环保性

环保性是指仪器设备运转以后对环境不发生污染的水平，包括噪声和有害物质等污染。

6. 经济性

经济性是指仪器设备在满足使用要求的前提下尽可能降低成本，包括减少日常运行的能源消耗，力求“物美价廉”。

四、仪器设备申购计划的审批和实施

仪器设备的申购计划经科室主任签署意见后，由实验室技术管理层审核批准。若属大型精密仪器设备，还需组织同行进行专门的可行性论证。自制仪器的试制，事先必须提出计划，然后对其研制人员的技术能力、试制方案的科学性以及经费支出的合理性进行论证，经实验室设备管理部门审核，实验室负责人批准后方可进行。试制完成后，经技术鉴定、验收合格后纳入设备资产管理。

经批准的仪器设备申购计划，由实验室设备管理部门负责实施。仪器设备计划实施中的注意事项有以下几项。

（1）在合同签订时，对所订仪器设备品名、规格、型号、技术指标、质量要求、订购数量、价格、交货日期、交货地点、到站、运输方式、运费承担、验收条件和标准、付款方式和时间，以及违约等各项内容都要有明确的要求。经过双方协商，以条款形式固定下来，再经双方确认及法人代表签字，加盖合同专用章方可生效。

（2）生效的合同，应指定专人管理并记录执行情况。

（3）合同签订后，应及时汇出预付款，以便供方生产发货。

（4）到货后，应按合同条款规定及时验收。如有残损、短缺、质量不符等问题，应做详细记录，同时暂拒付余款，及时与供方联系处理。

（5）合同的执行情况，应予及时清理、检查、统计、上报。

（6）编制计划时，由于运输、产品质量、经费增减等情况的变化，可能需要对计划进行必要的调整。计划的调整与变更在未签合同之前，需经审核批准。对已签供货合同的，应由双方协商处理。在实施过程中，应经常检查，发现问题，及时纠正。

任务二 检测设备的常规管理

仪器设备的常规管理包括仪器设备的建账、建卡、编号、保管以及调拨、借用、清查、报废等内容。

一、仪器设备的建账

仪器设备作为实验室的固定资产，通常按入账时间、物资类别以及使用方向等建立各类账目。

1. 日记账

依照仪器设备的购进、入库、调拨、借用、报废等时间顺序所建立的账目称为日记账，或流水账，或时序账。它为仪器设备的流动过程提供了可靠的原始资料。

2. 分类账

依据仪器设备的分类顺序进行登记的账目称为分类账，一般可分为总分类账、明细分类账。总分类账根据记账凭证汇总表逐项、逐笔登记；明细分类账根据原始凭证逐笔登记。明细分类账要在每月末和季末结算出累计金额，与总分类账对账。

3. 分户账

依据仪器设备的使用部门或存放地点以及分类登记的账目称为分户账。实验室应该按照科室等分别建立分户账。

4. 备查账

在上述账目中未能进行登记的补充登记账目称为备查账。如仪器设备的临时调拨、借用等均应记入备查账。

记账时，各类账目每笔均应按账簿格式记明日期、凭证号数、金额、付款方式、经手人、验收人，摘要栏要反映购入或领用单位的户名、仪器设备的品名、数量。若记账出现笔误，必须按规定进行订正，不得涂改。在校对账、物过程中，发现差错应及时通知有关人员更正。年终时，各类账册要进行统一编号，并设置账首和账户目录，装订后归档。

二、仪器设备的编号、建卡

1. 分类编号

无论是库存或在用的仪器设备，都应按照要求进行分类编号，将号码分别写在调拨单、入库单、账页、卡片、仪器设备及附件上。标在仪器设备及附件上的编号要醒目、整洁、统一，以便查看。

2. 卡片管理

仪器设备卡片一般包括如下内容：名称、分类编号、规格、型号、附配件、技术资料、制造厂家、出厂年月、制造号码、经费科目、使用方向、单价、购入时间、单据号码、财产转移等。必要时，附配件也要建立卡片。卡片通常一式两份，一份由设备管理部门保管，另一份留给使用单位。必要时也可一式多份。卡片应妥善保存，不能任意调换、涂改、外借。使用过程中的变动情况，也应及时记录。

三、仪器设备的保管

仪器设备的使用性能、使用效率、使用寿命不仅取决于购入时的技术因素，也要受到管理状况、工作负荷、使用环境等方面的影响。做好仪器设备的保管，应落实以下几项工作。

1. 配备合格的管理人员、使用人员和维修人员

仪器设备的管理、使用和维修人员必须经过专业技术培训，掌握“管好设备、用好设备、修好设备”和“会使用、会保养、会检查、会排除故障”等“三好四会”基本功，并通过考核。对于大型、精密、贵重设备、检测/校准的关键设备以及引进的重要设备，应做出专门规定，指定专职人员维护保养，建立严格的岗位责任制和交接班制度。

2. 按照仪器设备的性能合理安排工作任务和工作负荷

一方面要避免仪器设备超负荷、超性能、超范围工作，人为地缩短仪器设备的使用寿命；另一方面又要尽量提高仪器设备的使用率，管理部门、管理人员要在加强仪器设备保养的同时，考虑其共享和调剂使用。

3. 为仪器设备创造良好的工作环境

仪器设备都要求有一个适宜的工作环境和正常的工作秩序，其放置和总体布局要合理有序，配备相应的防护、保安、防震、防潮、防腐、保暖、通风、降温等装置。对大型、精密、贵重的仪器设备，要尽量设立独立的实验室。

4. 建立健全仪器设备使用、管理的规章制度

如安全操作规程，设备保养规程，事故处理制度，检查评比及奖惩制度，大型、精密、贵重仪器设备的档案管理制度等，从而使仪器设备的管理工作有据可依。

四、仪器设备的调拨、借出、借入

1. 仪器设备的调拨

调拨可以是调入或调出、有价或无偿，均应事先做出书面报告，经科室主任签具处理意见，报设备主管部门审核，实验室负责人批准后办理有关账目、卡片移交手续。与实验室外单位之间的调拨，除办理移交、验收手续外，还可能涉及收款、付款等工作。

2. 仪器设备的借出

实验室向外单位借出仪器设备，应经有关部门审定、批准，并按规定办理手续。借入方必须按期归还所借仪器设备，如发现损坏或超期借用，借出方可以向借入方要求赔偿。对返回的仪器设备，借出方应对其功能和校准状态进行核查。

3. 仪器设备的借入

出于以下原因实验室往往租借外部仪器设备：价格昂贵、利用率低、实验室无配备必要的；对环境有特殊要求的专用仪器设备；新上检测/校准项目，实验室尚未添置设备的；由于其他原因，实验室一时难以配备的。

对拟租借的外部设备除了进行类似新设备的验收、核查外，还要由借出单位对所借仪器设备的状态予以确认，并将所租借的仪器设备单独建档。

实验室应加强对租借仪器设备的管理，通常有以下几方面。

（1）使用前应确保仪器设备运转正常，工作环境条件满足要求。

（2）按照仪器设备操作规程及使用说明书使用和维护。

（3）如果由出借方人员操作仪器设备时，实验室应有人在场监读数据。

（4）原始记录应对租借设备作说明，记录其名称、规格型号、校准证书号和校准日期。

五、仪器设备的报废

仪器设备达到使用年限或有替代设备时可予报废，由于某些原因损坏又不能或不必修复时应予报废。

仪器设备使用人提出报废申请，由科室主任签具意见，设备管理部门论证，如确属报废范围，则明确报废处理意见，报实验室负责人批准。设备管理部门回收已报废的仪器设备，在实物账目中予以注销，仪器卡片也应予以注销或存档备案。

报废仪器设备中的一部分可以降级使用，另一部分不能使用者，可以将某些零部件拆卸下来，以做他用。

任务三 检测设备的技术管理

检测设备的技术管理包括设备的验收、维护保养、修理、校准等内容。

一、仪器设备的验收

仪器设备的验收是仪器设备购置过程的结束，也是设备常规管理的起点。验收是了解仪器设备技术性能、建立原始档案的过程。对于未能通过验收的，应及时地退还供方。通过验收的，日常使用前还要对设备进行核查或校准。

仪器设备的验收包括以下四个步骤。

1. 准备工作

查找并熟悉相应技术标准，必要时对实验室进行改造以满足设备安装要求，设备管理部门、使用部门共同制定详细的验收方案（主要包括验收哪些指标、采用什么方式、使用哪些标准物质），选择有技术能力的专业机构或人员进行性能测试。对于大型精密设备，在选型阶段应与供方协商，确定验收方案。

2. 核对凭证

为确保购进的仪器设备与拟采购的仪器设备相符，应就装箱单所述的生产单位、型号、规格、批号、数量等与采购单据进行核对，同时检查其技术资料所描述的性能与所要求的技术指标是否一致。凭证核对完成后才能进行实物的验收。

3. 实物点验

（1）数量点验和外观检查检查设备、附件、配件的数量是否正确，外观是否完好，是否附有出厂合格证和保修单。

（2）内在质量检查重点在于计量性能是否满足要求，功能是否正常，通常由选定的专业机构或人员进行，并出具检测/校准证书。一般还要试用一段时间，试用检查包括使用标准样品和实物样品。两者的差异在于，用实物样品试验时存在“干扰因素”，可以检查仪器设备的“抗干扰能力”。

对于大型、精密、贵重设备，通常由供方派出技术人员进行安装调试，调试完成后再由实验室现场验收。对于有特殊要求的仪器设备，还应由国家授权的检定/检验机构派出的专家验收。

4. 建账归档

验收工作完成后应编制验收报告，同时将各种验收记录与验收报告一并归档。对验收合格的仪器设备应建立专门的账目和档案，移交使用部门并进入日常运行管理。

仪器设备验收中几个问题的处理如下。

（1）物、证不符　一种是仪器设备与采购单不符，应予退货或换货。另一种是与采购单相符，但与随机的资料不符，此时应迅速与供货单位联系，待资料齐全后再行验收。

（2）验收不合格　应予以退货。

（3）属于生产厂家或供应商负责调试的　如达不到要求，应要求换货。更换后重新调试，并根据实际情况酌情索赔。

（4）由于其他因素延误验收的　应根据实际情况迅速向有关方面交涉，并酌情索赔。

（5）除另有约定外，所有验收程序必须在规定的“索赔期”内完成（特别是进口物资），以免造成经济损失。

二、仪器设备维护保养

仪器设备在日常使用中，由于外部、内部各种因素影响，如零配件的磨损、润滑物品的腐蚀、自然侵蚀、老化等，都会改变仪器设备的工作性能。为保证其正常运行，延长使用寿命，实验室的设备管理部门、使用部门要认真做好仪器设备的维护保养工作。

仪器设备的维护保养根据其工作量的大小和难易程度可分为以下三种类别。

1. 例行的维护保养

该项工作是日常性的。仪器设备的保管或使用人员要经常清洁、润滑相关部位，检查零配件是否完整、紧固部位有否松动，按期加以维护保养。

2. 一级维护保养

根据仪器设备的使用情况，在仪器设备运行中，对部分零部件或附件进行拆卸、清洗，调整某些部件的配合间隙。例如，检查、调整内部的润滑油路和安全防护装置。这项工作应在专职人员的指导下进行。

3. 二级维护保养

根据实际需要，在仪器设备运行中，对其进行部分分解、检查和清洁，修复、更换易受损或已受损的零部件。这项工作必须由专职人员（或联系供方派员）完成。

总之，实验室应该加强仪器设备的维护保养，采用“防尘、防潮、防震”，“定人保管、定期保养、定室存放、定期校准”等“三防四定”的方法，保证仪器设备处于良好的工作状态。

三、仪器设备的修理

仪器设备在长时间的运行过程中，出现磨损、故障、老化是一种自然规律，特别是仪器设备进入使用期限的后期阶段，故障出现的可能性明显增大，因而修理工作更为必要。

仪器设备的修理工作，必须遵循“保养维护为主，一般维修和专业维修相结合”。修理工作分为事故维修、计划预防维修、改造维修、维修预防四种。

1. 事故维修

仪器设备出现突发的意外故障时采用的维修。是应急的、被动的，往往难以保证维修的质量。

2. 计划预防维修

这种维修方法按计划进行，科学性强，可以减少偶发事故的发生，维修的质量可以得到保证。它包括日常的例行维护、定期检修和计划维修。

3. 改造维修

仪器设备的技术改造，可以较小的支出改善性能、扩展功能、提高效率。成功的改造减少了仪器设备故障的重复出现。

4. 维修预防

预防工作的重要前提是采用监测技术。仪器设备，特别是大型、精密、贵重仪器设备，其修理技术要求高、修理费用昂贵，管理、使用人员要经常监测其工作状态，做好书面记录并予以分析。若发现一般故障，应及时予以排除。

若出现重大故障，应及时向主管部门汇报，以便充分发挥技术协作的功能，尽快采取修理措施。

四、仪器设备技术档案的建立和管理

建立完整的技术档案是正确使用仪器设备、考核和评价其性能和技术指标的重要手段。仪器设备技术档案的主要内容分为两部分。

1. 原始档案

原始档案包括仪器设备申购报告、论证报告、订货合同单、验收记录及随机技术资料（如结构原理、图纸、出厂检验单、电路图、说明书、合格证、操作手册及附件明细表等）。

2. 使用档案

一种是工作日志，记载仪器设备日常工作情况，包括每次使用的操作人员、操作时间、工作内容、运行情况及结果等。工作日志是追溯仪器设备使用状态和折旧的依据之一。

另一种是履历表，主要内容有：当前的处所、维护保养计划及记录（包括维护保养的内容、维修时的故障现象、原因、排除故障采取的措施）、所有校准/检定的记录、技术改造记录等。履历表是仪器设备性能的历史记录，是考核其长期稳定性的依据之一。技术档案包括从申购、安装、验收到投入使用，直至报废处理的所有记录。应由专人负责督促有关人员认真填写，随时抽查，定期汇总统计。

五、仪器设备性能的技术鉴定和校验

仪器设备性能的技术鉴定和校验，是合理地实验仪器设备、保证分析检验结果的准确性和可靠性所必须进行的工作。对分析测试仪器设备技术鉴定和校验工作，应指定专人负责管理。在仪器设备的使用过程中，如发现异常的现象，应立即停止使用，及时对其性能进行技术鉴定和校验，以此确定该仪器设备是保级使用还是降级使用或者淘汰。与分析测试有关的计量仪器，在实际使用过程中，必须按规定期限进行计量鉴定，以确保其计量值传递的可靠性。对突然出现计量性能变化较大（测试结果可疑）的计量仪器，应停止使用，及时送专业检定机构进行计量检定。

任务四　材料及低值易耗品的管理

检测实验室检验系统在正常的运行中需要消耗大量的各种材料和低值易耗品（以下简称材料）。材料与仪器设备相比，具有单价低、品种多的特点。但它却和仪器设备一样，都是保证检测实验室检验系统目标任务完成的最基本的物质条件。

一、材料及低值易耗品的分类

凡一次使用后即消耗或不能复原的物资被称为材料。如黑色金属、有色金属和稀有金属，煤炭和石油产品，木材，水泥，化工原料及化学试剂药品等均属于不同类型的材料。

不够固定资产标准又不属于材料范围的用具设备被称为低值易耗品，它实际代表两个概念，一是低值品，如检测实验室常用的低值仪器、仪表、工具、量具、仪器设备的通用配件或专用配件；二是易耗品，如检测实验室常用的各种玻璃仪器和器皿（烧器类：烧杯、锥形瓶、碘量瓶、试管、烧瓶等；量器类：量筒、容量瓶、滴定管、吸量管等；加液器和过滤器：漏斗、抽滤瓶、抽气瓶等；容器类：广口瓶、称量瓶、水样瓶等；其他玻璃仪器：干燥器、比色管、洗瓶、吸收管、研钵、搅拌器、标准磨口仪器等）、各种元件、器材（石棉网、试纸、滤纸、擦镜纸等）、易损通用零配件或专用零配件、劳动保护用品等。

二、材料及低值易耗品的定额管理

材料及低值易耗品的定额管理是一项重要和复杂的管理工作。制定材料定额就是依据检测实验室的实际管理与分析检验工作，运用数学统计等定量的方法找出其消耗相关器材的规律。它是检测实验室器材科学管理的基础，对检测实验室材料定额管理和完成检测实验室的目标任务具有非常重要的作用。

1. 材料定额管理的基本概念

材料及低值易耗品的定额是指其消耗、供应和储备的标准数量。它是在大量深入细致的工作、各种原始资料、摸索规律和调查研究结果的基础上，通过统计、测定和计算等定量的方法加以确定的。

材料定额一般分为三种，第一种是材料消耗定额，它是指检测实验室按规定完成单位工作量所合理消耗材料的标准数量；第二种是材料供应定额，它是指材料消耗定额与附加的非工艺性损耗量（一定条件下，除工艺性消耗外完成单位工作量合理的补贴消耗量）之和；第三种是材料储备定额，它是指为确保检测实验室工作正常进行所必需的合理的库存材料储备限额。

2. 材料定额管理的作用

通过制定材料定额，为检测实验室合理地编制材料计划和经费分配计划提供重要的依据，增强检测实验室的节支措施；促进检测实验室管理水平的提高。

检测实验室在编制材料计划时，如果没有科学合理的材料定额作为依据，就会因没有标准而使计划出现较大的偏差。材料太多，出现库存积压，占用资金，造成浪费。材料太少，直接影响检测实验室的工作，造成检测实验室目标任务难以完成。同样在编制经费分配计划，如果没有科学合理的材料定额作为依据，就可能出现各项经费分配和使用不合理，甚至还会出现互相争经费的情况，这些对检测实验室的工作都很不利。有了材料定额，就能严格按材料定额领取、发放和使用材料，加强经济核算和技术管理，恰当地控制材料的使用、供应和储备，达到节约支出的目的。材料定额是衡量检测实验室器材管理水平的基本准则，检测实验室器材管理水平的高低，其标准之一就是看其是否制定和执行了有关的材料定额。通过材料定额管理可促进检测实验室整体管理水平的提高。

3. 制定材料储备定额应考虑的因素

制定材料储备定额应充分考虑材料的消耗量、供货条件和材料储备天数等因素。

材料的消耗量是指其消耗量的大小、全年的消耗量、平均每天的消耗量。供货条件包括市场供应情况、计划调拨期、整批还是分批交货、外埠采购在途天数等。季节性用料或一次性用料不列入储备定额，单独给予解决。材料储备定额计算公式如式（9-1）、式（9-2）、式（9-3）所示。

$$\text{材料储备天数}=\text{采购间隔天数}+\text{外埠采购在途天数}+\text{仓库储备天数} \tag{9-1}$$

$$\text{每种材料的储备资金定额}=\frac{\text{每种材料全年耗用量}\times\text{单价}}{360\text{ 天}}\times\text{储备天数} \tag{9-2}$$

$$\text{每类材料的储备资金定额}=\frac{\text{每种材料全年耗用总金额}}{360\text{ 天}}\times\text{储备天数} \tag{9-3}$$

三、材料及低值易耗品的仓库管理

为了使检测实验室的各项工作不间断地进行，储备若干必需的材料是非常必要的。要储备这些材料，就需要建立存储材料的场所，这就是所谓的仓库。仓库是存储和发放材料的场所，也是供需衔接的窗口，仓库管理工作的效率直接关系到检测实验室分析检验系统工作的成效，也反映出整个检测实验室管理工作的水平。

1. 仓库管理工作的基本要求

仓库管理工作要做到对所存储的材料严格验收、妥善保管、厉行节约、保证安全；健全和执行相关的规章制度；实施岗位责任制，提供规范合格的服务。

严格验收就是指在材料入库验收工作中应严格遵循验收程序和要求，即认真审核各材料的单据并将单据和材料一一核对，要求单据与材料相符；点验材料质量，要求材料的品种、规格、数量无出入，包装完好。对化学试剂类，还要求标签完整、字迹清楚、无泄漏、无水湿现象，所呈性状与规定的吻合。总之，必须坚持以单据为主，以单据逐项核对各材料，保证每样材料过目，做好验收记录，尽快办理入库手续，避免出现差错。

妥善保管就是要根据各类材料不同的性质和储存要求，创造较好的仓储环境；建立和执行材料经常性保管和保养工作规范、材料进出库以及材料报废处理等制度；定期进行库存材料的盘点和核对，及时处理出现的问题。

2. 储备定额的制定

储备定额由经常储备定额和保险储备定额所组成，储备定额的制定方法主要有供应期方法和经济订购批量方法。

经常储备定额是指从上一批材料进库开始，到后一批材料进库之前的储备量。

它是储备中的可变部分，又称周转储备；保险储备定额是指在材料供应中，为防止因运输停滞、交货期延误、材料质量不合要求等原因造成材料来源不济而建立的供若干任务需要的储备量。它是储备中的不变部分，又称为固定储备。凡是货源充裕、容易补充、对检测实验室工作无关紧要和可用代用品解决的材料，不必建立保险储备。

仓库储备都是从进货一天的最大量到最小量的变化过程，其最高储备量应等于经常储备量加保险储备量。在正常供应条件下，当经常储备量接近用完时，恰好是库存的最低储备量，如果有保险储备量时，它接近于保险储备量。若因供应误期，就只好动用保险储备。实际上，每一种库存材料的数量都是在最高和最低之间变化着。正常情况下，库存储备量等于经常储备量的一半加保险储备量，这时的库存储备称为平均储备量。

供应期方法是制定储备定额的基本方法，它利用材料及低值易耗品的供应间隔周期和平均每天需用量为基础来确定其储备定额。储备定额按式（9-4）计算。

$$M = L_t \times D \tag{9-4}$$

式中　M——某种材料的储备定额

L_t——某种材料平均每天需用量

D——某种材料合理的储备天数

经济订购批量是指某种材料全年需要的总费用达到最小值时的材料进货量。利用经济订购批量方法制定的储备定额具有最佳的经济效果。使用经济订购批量方法的前提条件是：第一，需求率不变，即需求稳定，订购总是不变；第二，货源充足，不会出现缺货现象；第三，运输方便，可随时送货；第四，仓库存储条件和材料储存寿命不受限制；第五，单价和运输费用率固定，不随订货批量的大小而变化。

经济订购批量的总费用由三部分组成：第一，材料总价，由材料及低值易耗品的单价和订购数量所决定；第二，保管总费用（或称储存总费用），由材料及低值易耗品占用资金利息、维护保管费、仓库管理费、库内搬运费和储存损耗费等构成；第三，订购总费用，由运杂费（包括进货时的运费、装卸费、途耗费、检验费等）和订购费（包括与订购有关的业务手续费、差旅费、行政费等）所构成。

3. ABC 分析法在材料定额管理中的应用

对检测实验室所需要的各种材料，按其价值高低、用量大小、重要程度和采购难易分为 A、B、C 三类，对占用储备资金多、采购较难且重要的材料定为 A 类材料，在订购批量和存储管理等方面，实行重点控制；对占用资金少、采购容易、比较次要的材料定为 C 类材料，采用较为简单的方法加以控制；对处于上述两类之间的材料定为 B 类材料，采用通常的方法进行管理和采购。

一般来说，A 类材料的品种占总数的 15%左右，价值达总价值的 80%左右；B 类材料的品种占总数的 25%左右，价值达总价值的 15%左右；C 类材料的品种占总数的 60%左右，价值只占总价值的 5%左右。

任务五 化学试剂的管理

化学试剂是检测实验室检验系统经常消耗而且使用量较大的材料。化学试剂的种类繁多，并且还没有分类方法的统一规定。在不同的分类方法中，使用较多的是按用途和化学组成的分类方法。这种分类方法是将化学试剂先分成大类，在每一大类中又分成若干小类；也有按化学试剂的纯度进行分类的方法。

按用途和化学组成的分类情况见表 9-1。

表 9-1　　化学试剂的分类

类别	用途及分数	示例	备注
无机分析试剂	用于化学分析的一般无机化学试剂	金属单质、氧化物、酸碱、盐	纯度一般大于 99%
有机分析试剂	用于化学分析的一般有机化学试剂	烃、醛、醇、醚、酸、酯及衍生物	纯度较高、杂质较少
特效试剂	在无机分析中用于测定、分离或富集元素时一些专用的有机试剂	沉淀剂、萃取剂、显色剂、螯合剂、指示剂	
基准试剂	标定标准溶液的浓度。又分为容量工作基准试剂；pH 工作基准试剂；热值测定用基准试剂	基准试剂即化学试剂中的标准物质，一级有 15 种，二级有 7 种	一级纯度：99.98%～100.02% 二级纯度：99.95%～100.05%
标准物质	用作化学分析或仪器分析的对比标准或用于仪器校准。分为一级标准物质；二级标准物质	纯净的或混合的气体、液体或固体	我国自己生产的由国家技术监督局公布的（1993 年）一级标准物质 683 种；二级 432 种
仪器分析试剂	原子吸收光谱标准品；色谱试剂（固定液、固定相填料）标准品；电子显微镜用试剂；核磁共振用试剂；极谱用试剂；光谱纯试剂；分光纯试剂；闪烁试剂		
指示剂	用于容量分析滴定终点的指示、检验气体或溶液中某些物质。分为酸碱指示剂、氧化还原指示剂、吸附指示剂、金属指示剂等		
生化试剂	用于生命科学研究。分为生化试剂、生物染色剂、生物缓冲物质、分离工具试剂等	生物碱、氨基酸、核苷酸、抗生素、酶、培养基	也包括临床诊断和医学研究用试剂

续表

类别	用途及分数	示例	备注
高纯试剂	纯度在99.99%以上，杂质控制在10^{-6}级或更低		
液晶	在一定温度范围内具有流动性和表面张力的，并具有各向异性的有机化合物		

按化学试剂的纯度进行分类，我国的情况共分为7种，分别为高纯（又称超纯或特纯）、光谱纯、分光纯、基准纯、优级纯、分析纯、化学纯。高纯试剂，纯度要求在99.99%以上，杂质总含量低于0.01%。优级纯、分析纯、化学纯试剂统称为通用化学试剂。

国际纯粹与应用化学联合会（IUPAC）将作为标准物质的化学试剂按纯度分为5级。

（1）A级　相对原子质量标准物质。

（2）B级　与A级最接近的标准物质。

（3）C级　$\omega=$（100±0.02）%的标准试剂。

（4）D级　$\omega=$（100±0.05）%的标准试剂。

（5）E级　以C级或D级试剂为标准进行对比测定所得的纯度相当于它们的试剂，但实际纯度低于C、D级的试剂。

按照这种纯度等级分类，表9-1中的一级、二级基准试剂，仅相当于C级和D级的纯度。

一、标准物质

标准物质的定义为：具有一种或多种足够均匀和很好地确定了特性值，用以校准设备，评价测量方法或给材料赋值的材料或物质。标准物质是一种计量标准，都附有标准物质证书，规定了对其一种或多种特性值可溯源的确定程序，对每个标准值都有给定置信水平的不确定度。标准物质在有效使用期内的特性量值可靠。标准物质种类很多，涉及面也很广。我国把标准物质分为两个级别。一级标准物质（代号为GBW），是指采用绝对测量方法或其他准确、可靠的方法测量其特性值，测量准确度达到国内最高水平的有证标准物质，主要用于研究与评价标准方法，对二级标准物质定值。二级标准物质代号为GBW（E），是指采用准确可靠的方法或直接与一级标准物质相比较的方法定值的，也称工作标准物质，主要用于评价分析方法以及统一实验室或不同实验室间的质量保证。按照鉴定特性对标准物质进行分类，可分为3类，即化学成分标准物质；物理和物理化学特性标准物质；工程技术特性标准物质。我国参照国际常用的分类方法对标准物质进行分类，见表 9-2。

表 9-2　　标准物质的分类

标准物质名称①	级别（品种数）②	示例
钢铁成分分析	一（147） 二（9）	生铁漕铁、碳素钢、低合金钢、工具钢、不锈钢、中低合金钢等
有色金属及金属中气体分析	一（96）	铁黄铜、铝黄、锌白铜、精铝、合金中气体
建材成分分析	一（26） 二（2）	黏土、石灰岩、石膏、硅质砂岩、钠钙硅玻璃、高岭土、长石
核材料分析与放射性测量	一（92） 二（7）	铀矿石、产铀岩石、八氧化铀、六氟化铀、放射源、氢同位素水样
化工产品成分分析	一（16） 二（66）	基准化学试剂、苯、六六六、DDT、农药、纯化学试剂、空气中气体成分
地质矿产成分分析	一（143） 二（23）	岩石、磷矿石、铜矿石、矿石中金银土壤、水系沉积物、土壤成分
环境化学分析	一（81） 二（202）	气体、河流沉积物、污染农田土壤、水、面粉成分、水中各种离子标准溶液
临床化学及药品成分分析	一（15） 二（16）	人发、冻干人尿、牛尿、血清、化妆品、胆红素、氰化铁［Ⅲ］血红蛋白、牛血清
煤炭、石油成分分析和物理性质	一（14）	煤物理性质和化学成分、冶金焦炭
物理和物理化学特性	一（53） 二（104）	pH 基准试剂、KCl 电导率、苯甲酸量热、滤光片、黏度液、渗透率、硅单晶电阻率
工程技术特性测量	二（9）	微粒，玻璃球粒度

注：①标准物质的全名为本栏名称后加“标准物质”四字。
②括号中的数字为 1993 年公布的标准物质品种数，总计一级 683 种，二级为 432 种。

二、危险性化学试剂

一线传真：王祥，耿熠博，袁利杰，等．食品检验实验室标准物质规范化管理探讨［J］．现代食品，2022（3）：36-39.

危险性化学试剂是指受光、热、空气、水或撞击等外界因素的影响，可能引起燃烧、爆炸的试剂，或具强腐蚀性、剧毒性的试剂。一般包括易爆品、易燃品、强氧化剂、强腐蚀性试剂、剧毒品和液体有机试剂等。

三、化学试剂溶液

分析检验工作中常用各种各样的化学试剂溶液，如常用的酸、碱、盐溶液；标准溶液，包括滴定用标准溶液、杂质标准溶液、pH 标准溶液；指示剂溶液、缓冲溶液、特殊试剂和制剂溶液等。由于化学试剂的性质不同，对溶液组成标度的准确度要求不同、所用溶剂不同，所以配制方法、操作要求也各不相同。有关滴定分析用标准溶液、杂质测定用标准溶液等的配制和标定，应按 GB 601—2016《化学试剂 标准滴定溶液的制备》、GB/T 602—2002《化学试剂 杂质：测定用标准溶液的制备》、GB/T 603—2002《化学试剂 试验方法中所用制剂及制品的制备》标准规定进行。

四、其他化学品

这里所述的其他化学品主要包括检测实验室用清洗剂，如铬酸洗液、工业盐酸稀释洗液、硝酸-氢氟酸洗液等酸性化学洗液；氢氧化钠-乙醇洗液、碱性高锰酸钾洗液等碱性化学洗液；碘-碘化钾洗液、有机溶剂等其他化学洗液；普通清洗剂；浴油类，如甘油、石蜡、润滑油；其他化学材料，如橡胶制品、塑料制品、化学纤维制品等。

五、检测实验室常用材料的管理

前面所述的化学试剂、标准物质等均属于检测实验室常用材料，关于它们的计划、采购、保管、效益等意义上的管理，在前面已叙述。下面所述的管理主要是指使用、保管、存放这些材料时的一些注意事项。

（1）在使用化学试剂时，首先要熟悉其性质，如市售强酸、强碱的浓度、化学特性等；有机溶剂的挥发性、可燃性、毒性等。取用时，按相关规定进行。如拆开易燃易爆品外包装时，不能使用钢或铁质工具；打开易挥发试剂的瓶塞，瓶口不要对着脸部或其他人；有毒、有恶臭味的试剂使用应在通风橱操作，结束后将瓶塞蜡封或用生料带封严瓶口。

（2）所有的化学试剂要分类存放，如无机试剂可按酸、碱、盐、氧化物、单质等分类；盐类可按阳离子分类，如钾盐、钠盐、铵盐、钙盐、镁盐等；有机试剂一般按官能团排列，如烃、醇、酸、酯等；指示剂可按用途分类，如酸碱指示剂、氧化还原指示剂和配位滴定的金属指示剂等；专用有机试剂可按测定对象分类。

（3）易燃易爆品应存放于主建筑外的防火库内底下、不易碰撞的地方，库内应配备相应的灭火和自动报警装置。易爆品储存温度一般在 30℃以下，易燃品储存温度一般不宜超过 28℃，并有良好的通风效果，移动时应轻拿轻放。

（4）检测实验室在使用和临时存放化学危险品时，对于低沸点、易挥发有机溶剂应存放于阴凉、通风处，远离热源，更不得有明火。不要与固体试剂同置一个柜中；燃点低，受热、摩擦、撞击或遇氧化剂易引起燃烧、爆炸的固体应存放于阴凉偏低的地方，不要与强氧化剂、腐蚀性试剂、易燃液体试剂同存一处。远离热源，更不得有明火。

（5）遇水燃烧品，如钾、钠等，应保存在煤油中，瓶塞要严密，存放于不会被撞倒、不会遇水的地方。

（6）自燃试剂，如白磷，要保存于水中。

（7）易燃气体，如钢瓶，不得存放于室内，要存放于室外专设的通风干燥的气瓶室内。

（8）氧化剂、腐蚀性试剂，不得与易燃、易爆品存放在一起。这两类试剂也不要在一起存放。

（9）剧毒品，设专人保管，现领现用，用后的剩余品，不论是固体还是液体，都要及时交回保管人，做好使用登记记录。

（10）液体有机试剂，一般不要和固体试剂存放于同一柜中，试剂和溶液要分别保存。

（11）化学试剂溶液要装在细口瓶中，滴加使用的溶液应装在滴瓶中，见光易分解的应装在棕色瓶中。所有化学试剂溶液在存放过程中都应避免受热和强光照射。

所有试剂、溶液以及样品的盛装容器上都必须贴上标签，标签的大小与容器相称，标签书写要工整、完整和清晰；试剂最好是原标签，配制的溶液、制剂包装上的标签，应写明名称、法定计量单位浓度、配制日期；样品包装标签上要有样品名称、采样日期、待检项目、送样单位、送样人、接样人等；长期使用的试剂、溶液以及样品的盛装容器上的标签，可涂蜡保护，以防腐蚀、磨损。

化学试剂溶液只能在其有效期内使用，如 GB 601—2016《化学试剂　标准滴定溶液的制备》规定一般滴定分析用标准溶液在常温（15～25℃）下，使用期限不宜超过两个月，即使用两个月后其浓度须重新标定。

一般试剂溶液可按一般分类和浓度大小顺序排列存放，专用试剂溶液可按分析项目分组存放，便于取用。

一线传真：徐亮，陈芳，车小磊．食品安全检测实验室化学试剂与耗材管理分析［J］．中国食品工业，2022（7）：93-96.

【读与思】

危险化学品混放导致特大安全事故

1993 年 8 月 5 日，深圳与清水河油气库相邻的一危险品仓库发生火灾，并导致连续爆炸，幸未波及油气库。爆炸导致 15 人丧生、800 多人受伤，3.9 万平方米建筑物毁坏，直接经济损失 2.5 亿元，同年，规划国土部门着手进行新库址的选址、征地工作。这次爆炸被载入深圳年轻的历史，也被《中国特大事故警示录》收录。

经有关事故调查部门现场勘查认定：深圳市安贸危险品储运公司清水河仓库 4 号仓因违章将过硫酸铵、硫化钠等化学危险品混储，从而引起化学反应而发生火灾爆炸事故，是一起严重的责任事故。

［原文来源：1993 年深圳清水河大爆炸：15 人死亡，800 人受伤（baidu. com）］

【启示】化学试剂存放有严格的规定，其中不相容化学试剂不能混放在一起。化学试剂仓库管理员要树立安全意识，熟悉化学品的特性，遵守《化学危险品贮存通则》及《危险化学品安全管理条例》。

【思考与练习】

一、填空题

1. 仪器设备管理的内容通常可概括为______、______、______、______四个层次。

2. 仪器设备的常规管理包括仪器设备的______、______、______、______以及调拨、借用、清查、报废等内容。

3. 检测设备的技术管理包括设备的______、______、______、______等内容。

4. 材料及低值易耗品的定额管理主要包括______、______、______三个方面。

项目九、检测实验室设备和耗材的管理（测试题）

5. ______、______、______试剂统称为通用化学试剂。

6. 危险性化学试剂一般包括______、______、______、______、______和______等。

7. 易爆品储存温度一般在______℃以下，易燃品储存温度一般不宜超过______℃，并有良好的通风效果，移动时应轻拿轻放。

8. 按照鉴定特性，标准物质可分为______、______、______3 类。

二、简答题

1. 如何理解仪器设备和耗材管理的意义？
2. 仪器设备的计划包括哪几方面的工作？
3. 仪器设备的经济管理包括哪几方面的工作？
4. 简述 ABC 分析法在材料定额管理中的应用。
5. 以化学试剂为主的材料在使用、保管、存放时注意哪些事项？

项目十

检测实验室的安全管理

学习目标

知识目标

1. 熟悉检测实验室潜在的主要危险因素。
2. 掌握化学药品安全储存方法，熟悉常用危险品的毒性及防护方法。
3. 熟悉实验室微生物危害等级及生物安全实验室水平。

能力目标

1. 培养良好的实验室安全意识。
2. 能够运用实验室防火、防爆、防触电、防外伤及相关急救知识处理实验室事故。
3. 能够对检测实验室产生的废弃物进行适当处理。

素质目标

1. 通过学习实验室安全知识，树立安全意识、责任意识。
2. 通过学习实验室安全管理，养成规范操作习惯，强烈的环保意识。

问题导入

如果你是一家检测公司的安全管理员，你如何制定检测公司的安全管理方案，并培训检测公司的员工?

检测实验室是通过各类化学试剂及相关辅助电气设备实现和完成试验全过程的场所。检测实验室客观潜在危险性因素主要有：化学药品中毒、火灾、爆炸、触电、外伤、辐射及病原微生物感染等。因此，分析检测实验室的工作人员必须有充分的安全意识、丰富实用的防护救护知识和实验室安全文明道德的责任感。

任务一 化学药品的安全管理与使用

在使用化学药品之前，必须对其安全性能，如是否易燃易爆、是否有腐蚀性、是否有毒、是否有放射性、是否有致癌性等有一个全面了解。这样在使用时才能有针对性地采取一些安全防范措施，以免由于使用不当对实验室人员及实验室设备造成危害。

一、化学药品的管理

化学药品要根据其性质分类存放，具体要求如下。

(1) 易爆试剂应贮于铁柜中，柜顶部要有通风装置。严禁在实验室内存放大于 20L 的瓶装易燃液体。易燃易爆药品不要放在冰箱内（防爆冰箱除外）。

(2) 强氧化性物质和还原性物质不能混放，以防相互混合或接触后产生激烈反应、燃烧、爆炸、放出有毒气体等。

(3) 腐蚀性试剂宜放在塑料或搪瓷的盘或桶中，以防因玻璃瓶破裂造成事故。

(4) 要注意化学药品的存放期限，一些试剂在存放过程中会逐渐变质，甚至形成危害物。

(5) 药品柜和试剂溶液均应避免阳光直晒及靠近暖气等热源。

(6) 确保试剂瓶上的标签清晰、完好无损。对无标签或标签无法辨认的试剂都要当成危险物品重新鉴别后小心处理，不可随便乱扔，以免引起严重后果。

(7) 剧毒药品应锁在专用的毒品柜中，建立双人登记签字领用制度。

二、中毒和毒物的分级

1. 中毒

中毒是指某些侵入人体的少量物质引起局部刺激或整个机体功能障碍的任何疾病。把能够引起中毒的物质称为毒物。

根据毒物侵入的途径，中毒分为呼吸中毒、接触中毒和摄入中毒三种。

(1) 呼吸中毒　毒物经呼吸道吸入后产生中毒。经呼吸道吸入的毒物多半是有毒的气体、烟雾或粉尘。

（2）接触中毒　当毒物接触到皮肤时，便穿透表皮而被吸收引起中毒。经皮肤吸收的毒物有脂溶性毒物，如苯及衍生物、有机磷农药等，以及可与皮脂的脂酸根结合的物质，如汞和砷的氧化物。

（3）摄入中毒　毒物经口服后引起中毒。这是中毒最常见的一种形式。

2. 毒物

中华人民共和国国家职业卫生标准 GB/Z 230—2010《职业性接触毒物危害程度分级》，是以毒物的急性毒性、扩散性、蓄积性、致癌性、生殖毒性、致敏性、刺激与腐蚀性、实际危害后果与预后等 9 项指标将毒物分为轻度危害（Ⅳ级）、中度危害（Ⅲ级）、高度危害（Ⅱ级）和极度危害（Ⅰ级）4 个等级。该标准是在 GB 5044—1985《职业性接触毒物危害程度分级》基础上首次修订。

3. 中毒的预防

中毒的预防主要有以下几种方法。

（1）实验室工作人员一定要熟知本岗位的检验项目以及所用药品的性质。

（2）所用的一切化学药品必须有标签，剧毒药品要有明显的标志。

（3）严禁试剂入口，用移液管吸取试液时用吸耳球操作，不能用嘴。

（4）严禁用鼻子贴近试剂瓶口鉴别试剂。正确做法是将试剂瓶远离鼻子，以手轻轻地煽动嗅闻其味即可。

（5）对于能够产生有毒气体或蒸气的实验，必须在通风橱内完成。

（6）使用毒物实验的操作者，在实验过程中，一定严格地按照操作规程完成，实验结束后，必须用肥皂充分洗手。

（7）采取有毒试样时，一定要事先做好预防工作。

（8）装有煤气管道的实验室，应经常注意检查管道和开关的严密性，避免漏气。

（9）尽量避免手与有毒物质直接接触，严禁在实验室内饮食。

（10）实验过程中如出现头晕、四肢无力、呼吸困难、恶心等症状，说明可能中毒，应立即离开实验室，到户外呼吸新鲜空气，严重的送往医院救治。

4. 常见有毒化学药品的毒害作用与防护急救措施

实验中所用的有毒药品应有专人负责收发，并向使用者提出必须遵守的操作规程。使用有毒药品应谨慎小心，在接触固体或液体有毒药品时，必须戴橡皮手套，操作后立即洗手，切勿让有毒药品沾及五官或伤口。用后的有毒药品要妥善保管，不许乱放，实验后的有毒残渣必须做妥善而有效的处理，不准乱丢。在反应过程中可能生成有毒或有腐蚀性气体的实验应在通风橱内进行，使用后的器皿应及时清洗。

检测实验室常见化学毒物的毒害作用与防护急救措施见表 10-1。

表 10-1　　常见化学毒物的毒害作用及防护急救措施

分类	毒物	毒害作用	防护急救措施
酸	硫酸、盐酸、硝酸	接触：硫酸引起局部红肿痛，重者起水泡、呈烫伤症状；硝酸、盐酸腐蚀性小于硫酸 吞服：强烈腐蚀口腔、食道、胃黏膜	接触后立即用大量流动清水冲洗，再用 2%碳酸氢钠水溶液冲洗，然后清水冲洗 初服可洗胃，时间长忌洗胃以防穿孔。应立即服 7.5%氢氧化镁悬液 60mL，鸡蛋清水或牛奶 200mL
	氟化氢	经呼吸道进入人体，腐蚀骨骼、造血神经系统、牙齿、皮肤、黏膜等。水溶液为氢氟酸，对机体组织有强烈的腐蚀作用	严格按规程操作，特别注意戴好胶手套。慢性中毒及骨骼、神经、造血系统受损害者应长期治疗
强碱	氢氧化钠、氢氧化钾	接触：强烈腐蚀性、化学烧伤 吞服：口腔、食道、胃黏膜糜烂	接触后迅速用水、柠檬汁、稀醋酸或 2%硼酸水溶液洗涤 吞服要禁洗胃或催吐，给服稀醋酸或柠檬汁 500mL
无机物	汞及其化合物	大量吸入汞蒸气或吞食二氯化汞等汞盐，引起急性中毒，表现为恶心、呕吐、腹痛、腹泻、全身衰弱、尿少或尿闭甚至死亡。汞蒸气慢性中毒症状：头晕、头痛、失眠等	误服者不得用生理盐水洗胃，迅速灌服鸡蛋清、牛奶或豆浆。急性中毒应及时送医院治疗，慢性中毒要脱离接触汞的岗位，进院治疗
	砷及其化合物	皮肤接触 吞服：恶心、呕吐、腹痛、剧烈腹泻 粉尘和气体也可引起慢性中毒	皮肤接触用肥皂和水冲洗； 吞服应立即洗胃催吐，洗胃前服新配氢氧化铁溶液（12%硫酸亚铁，20%氧化镁等量混合）催吐，或服蛋清水或牛奶导泻
	氰化物	皮肤烧伤。 吸入氰化氢或吞食氰化物：量大者造成组织细胞窒息，呼吸停止而死亡。急性中毒：胸闷、头痛、呕吐、呼吸困难、昏迷。慢性中毒：神经衰弱症状，肌肉酸痛等	皮肤烧伤应立即用大量水冲洗，再依次用万分之一的高锰酸钾和硫化铵洗涤，或用 0.5%硫代硫酸钠冲洗。 中毒要用亚硝酸异戊酯、亚硝酸钠、硫代硫酸钠解毒（医生进行）
有机化合物	苯及其同系物	主要通过呼吸道和皮肤渗透进入人体而中毒。急性中毒：会有沉醉状，继而面红、头晕、头痛、呕吐，甚至肌肉痉挛昏迷而死。慢性中毒：损害造血、神经系统。鼻腔、牙龈出血，肝、肾受损、全身无力	使用时应通风良好；尽量用其他无毒或低毒溶剂代替；急性中毒者施以人工呼吸，输氧，全身性中毒者静脉注射 10%硫代硫酸钠

续表

分类	毒物	毒害作用	防护急救措施
有机化合物	四氯化碳	由呼吸道吸入中毒。主要引起肝脏、肾脏以及神经系统的损害。 急性中毒：头晕、呕吐、视力紊乱、黄疸、肝肿大。慢性中毒：引起神经衰弱、胃肠功能紊乱	使用时应通风良好，不要滴洒在台面上；急性中毒者立即移至空气新鲜处，施以人工呼吸输氧
	甲醇	通过呼吸道及皮肤吸收中毒。 急性中毒：神经衰弱症状，视力模糊。恶心、呕吐、全身青紫，重者很快呼吸停止而死亡。慢性中毒：神经衰弱症状，视力减弱，眼球疼痛。吞服15mL可导致失明，70~100mL致死	皮肤污染用清水冲洗；溅入眼内立即用2%碳酸氢钠冲洗；误服后立即用3%碳酸氢钠溶液充分洗胃后医院治疗
	乙醚	急性大量接触，早期出现兴奋，继而嗜睡、呕吐、面色苍白、脉缓、体温下降和呼吸不规则，而有生命危险； 慢性影响：长期低浓度吸入，有头痛、头晕、疲倦、嗜睡、蛋白尿、红细胞增多症。长期皮肤接触，可发生皮肤干燥、皲裂	皮肤接触：脱去污染的衣着，用大量流动清水冲洗； 眼睛接触：提起眼睑，用流动清水或生理盐水冲洗。就医； 吸入：迅速脱离现场至空气新鲜处。保持呼吸道通畅。如呼吸困难，给输氧。如呼吸停止，立即进行人工呼吸。就医； 通风、避免明火
	三氯甲烷	急性中毒：吸入或经皮肤吸收引起急性中毒。慢性影响：主要引起肝脏损害，并有消化不良、乏力、头痛、失眠等症状，少数有肾损害及嗜氯仿癖。与明火或灼热的物体接触时能产生剧毒的光气。可疑致癌物	皮肤接触：立即脱去污染的衣着，用大量流动清水冲洗至少15min。就医； 吸入：迅速脱离现场至空气新鲜处。保持呼吸道通畅。如呼吸困难，给输氧。如呼吸停止，立即进行人工呼吸。就医； 操作时戴合适的手套和安全眼镜并始终在化学通风橱里进行
	正己烷	本品有麻醉和刺激作用。长期接触可致周围神经炎	皮肤接触：脱去被污染的衣着，用肥皂水和清水彻底冲洗皮肤； 眼睛接触：提起眼睑，用流动清水或生理盐水冲洗。就医； 吸入：迅速脱离现场至空气新鲜处。保持呼吸道通畅。如呼吸困难，给输氧。如呼吸停止，立即进行人工呼吸。就医； 操作时戴合适的手套和安全眼镜并始终在化学通风橱里进行

续表

分类	毒物	毒害作用	防护急救措施
有机化合物	乙腈	主要症状为衰弱、无力、面色灰白、恶心、呕吐、腹痛、腹泻、胸闷、胸痛；严重者呼吸及循环系统紊乱，呼吸浅、慢而不规则，血压下降，脉搏细而慢，体温下降，阵发性抽搐，昏迷。可有尿频、蛋白尿等	皮肤接触：脱去污染的衣着，用肥皂水和清水彻底冲洗皮肤； 眼睛接触：提起眼睑，用流动清水或生理盐水冲洗。就医； 吸入：迅速脱离现场至空气新鲜处。保持呼吸道通畅。如呼吸困难，给输氧。如呼吸停止，立即进行人工呼吸。就医； 使用时应通风良好，戴合适的手套
	甲醛	甲醛是一种致癌剂。它很容易通过皮肤吸收，对皮肤、眼睛、黏膜和上呼吸道有损伤作用	有关操作应在通风橱内进行。操作时应戴上手套和安全镜
	溴化乙锭	溴化乙锭可以嵌入碱基分子中，导致错配。溴化乙锭是强诱变剂，具有高致癌性！会在60~70℃时蒸发	操作时应戴上手套，不要将该染色液洒在桌面或地面上，凡是污染有溴化乙锭的器皿或物品，必须经过专门的处理后才能清洗或弃去
	丙烯酰胺和亚甲双丙烯酰胺	具有很强的神经毒性，能通过皮肤吸收。它们的作用具有累积性	在称取丙烯酰胺和亚甲双丙烯酰胺时应戴手套和面具。聚丙烯酰胺是无毒，但应谨慎操作，因为它可能含有少量的未聚合的物质
	DMS（二甲基硫酸酯）	DMS有毒，是一种致癌剂	应在通风橱中操作。小心DMS能穿透橡胶和乙烯手套。带有DMS的吸头和吸管应用5mol/L氢氧化钠冲洗后装入单独的废物容器。含有DMS的溶液应倒入装有5mol/L氢氧化钠的废液瓶中
	α-巯基乙醇	α-巯基乙醇如果被吞下可能是致命的。如果被吸入或通过皮肤吸收，则有毒害作用。高浓度下对黏膜，上呼吸道，皮肤和眼睛有危害	有关操作应在通风橱内进行，并必须戴好手套和安全镜
	DEPC（焦碳酸二乙酯）	是一种致癌剂	操作时应戴手套和口罩

续表

分类	毒物	毒害作用	防护急救措施
气体	氯气	主要经呼吸道和皮肤黏膜使人中毒。吸入后立即引起咳嗽、气急、胸闷、鼻塞、流泪等黏膜刺激症状，严重时可发生支气管炎，化学性肺炎及中毒性肺水肿，心力逐渐衰竭而死亡。水溶液也具腐蚀作用	室内通风要良好，操作时戴口罩；中毒者要立即离开现场，重患者应保温、吸氧、注射强心剂（禁用吗啡）；眼受刺激时用2%苏打水洗眼；咽喉疼痛时吸入2%苏打水热蒸气
	一氧化碳及煤气	通过呼吸道进入体内，与血液中血红蛋白和血液外的其他含铁蛋白结合，使血色素丧失输氧能力。轻度中毒时头晕、恶心、全身无力；中度中毒时并发生意识障碍；重度中毒时立即陷入昏迷，呼吸停止而死亡	将患者移至新鲜空气处，注意保温；停止呼吸者立即施行人工呼吸，并给以含5%~7%二氧化碳的氧气；发生呼吸衰竭者，同时注射强心剂
	硫化氢	强烈的神经毒物，具有臭蛋味，由于易产生嗅觉疲劳而失去警觉，从而造成急性中毒；轻度中毒时头晕、头痛、恶心、呕吐；重度中毒时呼吸短促，突然失去知觉，死亡	室内通风要良好，感到不适时立即离开现场；眼受刺激时用2%苏打水冲洗，温敷饱和硼酸液和橄榄油
	二氧化硫	由呼吸道吸入，对黏膜有强烈的刺激作用，引起结膜炎、流泪、流涕、咽干、疼痛；重度中毒能产生喉哑、胸痛、吞咽困难、喉头水肿以致窒息死亡	中毒者要立即离开现场，呼吸新鲜空气。如发现肺浮肿应输氧；服碳酸氢钠或乳酸钠治疗酸中毒；眼受刺激时用2%苏打水冲洗
	氮的氧化物	通过呼吸道对深部呼吸器官起损害作用，可能发生各种程度的支气管炎、肺炎和肺水肿，严重者可致肺坏疽。由于损害神经系统，吸入高浓度时迅速窒息死亡	中毒者要立即离开现场，保持绝对安静，呼吸新鲜空气。静脉注射50%葡萄糖20~60mL。进行对症处理
	氨	可由呼吸道、消化道及皮肤黏膜进入人体。强烈刺激眼睛，流泪，咳嗽，声音嘶哑。0.45g/m³接触30min可危及生命	保持室内通风，操作氨或浓氨水时戴口罩或瞬时停止呼吸；吸入中毒者立即离开现场；误食中毒者谨慎洗胃，皮肤接触中毒者立刻用水或稀醋酸充分洗涤

危险化学品安全管理条例（文字资料）

【读与思】

甘肃张掖耀邦化工科技有限公司“9·14”中毒事故

2020年9月14日，位于甘肃高台工业园区盐池工业园的张掖耀邦化工科技有限公司污水处理厂发生较大硫化氢气体中毒事故，造成3人死亡，直接经济损失450万元。事故的直接原因是：企业污水处理厂当班人员违反操作规程将盐酸快速加入含有大量硫化物的6号废水池内进行中和，致使大量硫化氢气体短时间内快速溢出，且当班人员在未穿戴安全防护用品的情况下冒险进入危险场所，吸入高浓度的硫化氢等有毒混合气体，导致人员中毒。

（原文链接：九月份曾发生这些危险化学品事故_ 澎湃号·政务_ 澎湃新闻）

【启示】实验操作中须严格遵守操作规程，做好个人安全防护。操作中的每一步都要认真、细致，不得有半点马虎。

任务二 电、气安全管理

一、用电安全

实验室工作离不开电，经常接触电气设备和分析仪器，如果对用电设备和仪器的性能不了解，使用不当就会引起电器事故。此外，加上实验室某些不良环境，如潮湿、腐蚀性气体、易燃易爆物品等危险因素的存在，故更易造成电气事故。因此保障电气安全对人身及仪器设备的保护都是非常重要的。触电事故主要指电击，电击的防护措施如下。

（1）电器设备完好、绝缘好，并有良好的保护接地。

（2）操作电器时，手必须干燥。因为手潮湿时，电阻显著减小，容易引起电击。不得直接接触绝缘不好的设备。

（3）一切电源裸露部分都应有绝缘装置，如电线接头应裹以胶布。

（4）修理或安装电器设备时，必须先切断电源，不允许带电工作。

（5）已损坏的插座、插头或绝缘不良的电线应及时更换。

（6）不能用试电笔去试高压电。

（7）使用漏电保护器。

二、气瓶的安全使用

气瓶在实验室中主要作为气相色谱分析和原子吸收分析时提供载气、燃气和助燃气的气源。为了保证压力气瓶的安全使用，保护工作人员和国家财产的安全，检验人员必须掌握气瓶安全使用知识。气瓶的存放及安全使用要求如下。

（1）气瓶必须存放在阴凉、干燥、远离热源的房间，并且要严禁明火，防暴晒。

（2）使用气瓶时要直立固定放置，防止倾倒。

（3）搬运气瓶应轻拿轻放，防止摔掷、敲击、滚动或剧烈振动。搬运前瓶嘴戴上安全帽，以防不慎摔断瓶嘴发生事故。

（4）使用期间的气瓶应定期进行检验，不合格的气瓶应报废或降级使用。

（5）气瓶的减压阀要专用，安装时螺扣要上紧（应旋进 7 圈螺纹，俗称吃七牙），不得漏气。开启高压气瓶时，操作者应站在气瓶出口的侧面，动作要慢，以减少气流摩擦，防止产生静电。

（6）易起聚合反应的气体钢瓶，如乙炔、乙烯等，应在储存期限内使用。

（7）氧气瓶及其专用工具严禁与油类物质接触，操作人员也不能穿戴沾有油脂或油污的工作服、手套进行工作。

（8）装有可燃气体的钢瓶如氢气瓶等与明火的距离不应小于 10m。

（9）瓶内气体不得全部用尽，一般应保持 0.2～1MPa 的余压（备充气单位检验取样所需及防止其他气体倒灌）。

（10）气瓶使用前应进行安全状况检查，注意气瓶上漆的颜色及标字，对盛装气体进行确认。

（11）严禁在气瓶上进行电焊引弧，不得进行焊接修理。

（12）液化石油气瓶用户，不得将气瓶内的液化石油气向其他气瓶倒装，不得自行处理气瓶内的残液。

（13）气瓶必须专瓶专用，不得擅自改装，以免性质相抵触的气体相混发生化学反应而产生爆炸。

（14）气瓶使用的减压阀要专用，氧气气瓶使用的减压阀可用在氮气或空气气瓶上，但用于氮气气瓶的减压阀如用在氧气瓶上，必须将油脂充分洗净再用。

【读与思】

实验室安全无小事

2015年4月5日，江苏某大学化工学院的实验室因甲烷气体泄漏发生爆炸事故，造成5人受伤，1人因抢救无效死亡，1人重伤截肢，3人耳膜穿孔。

事故原因：

1. 实验人员在实验时操作不当、过期钢瓶继续使用，钢瓶6年未进行检验（3年强检）。

2. 钢瓶超过30年，对甲烷混合气的危险认识不足，未配置基本的防护安全设备。

［原文链接：实验室安全事故案例之【气体钢瓶事故】——粮食学院（jlbtc. edu. cn）］

【启示】应严格按照要求，安全使用气体钢瓶。实验操作中，应认真、细致，遵规守则，坚持安全第一、预防为主的方针。

任务三 检测实验室防火、防爆及外伤救治

一、防火

防火的基本原则是使火源与溶剂尽可能离得远些。加热易燃试剂时，必须用水浴、油浴、沙浴，或用电热套，绝对不能使用明火，具体要求如下。

（1）检测实验室内应备有灭火用具和个人防护器材。检测实验室工作人员要熟知这些器材的使用方法。

（2）禁止用火焰在煤气管道上寻找漏气点，应该用肥皂水来检查漏气。

（3）操作、倾倒易燃液体时应远离火源，瓶塞拔起困难时，切忌用火加热或敲打。

（4）加热易燃溶剂必须在水浴或严密的电热板上缓慢进行，严禁用火焰或电炉直接加热。

（5）点燃煤气灯时，必须先关闭风门后，划着火柴，再开煤气，最后调节风量。停用时要先闭风，后闭煤气。不依次序，就有发生爆炸和火灾的危险。还要防止煤气灯内燃。

（6）使用酒精灯时，灯内酒精切勿装满，应不超过容量的2/3，灯内酒精不足1/4容量时，应灭火后再添加酒精。燃着的灯焰应用灯帽盖灭，不可用嘴吹灭，以防引起灯内酒精起燃。酒精灯应用火柴点燃，不应用正燃的酒精灯来点，以防

着火。

（7）易爆炸类药品，如高氯酸、过氧化氢等应放在低温处保管，不应和其他易燃物放在一起。

（8）在蒸馏可燃物时，要时刻注意仪器和冷凝器的正常工作。如需往蒸馏器内补充液体时，应先停止加热，放冷后再进行。

（9）易燃液体的废液不得倒入下水道，应设置专用贮器收集，以免引起燃爆事故。

二、灭火

实验中使用的有机溶剂大多是易燃的，因此，着火是有机实验中常见的事故。检测实验室一旦发生火灾，检测实验室工作人员要临危不惧，冷静沉着，及时采取灭火措施。若局部起火，应立即切断电源，关闭煤气阀门，用湿抹布或石棉布覆盖熄灭；若火势较猛，应根据具体情况选用适当的灭火器进行灭火，并立即与有关部门联系，请求救援。常用的灭火器类型和适用范围见表 10-2。

表 10-2　常用灭火器类型和适用范围

类型	药液成分	适用范围
酸碱式	硫酸、碳酸氢钠	非油类及电器失火的一般火灾
泡沫式	硫酸铝、碳酸氢钠	油类失火
二氧化碳	液体二氧化碳	电器失火
四氯化碳	液体四氯化碳	电器失火
干粉灭火	粉末主要成分为碳酸钠等盐类物质，加入适量润滑剂，防潮剂	油类、可燃气体、电器设备、精密仪器、文件记录和遇水燃烧等物品的初起火灾
1211	CF_2ClBr	油类、有机溶剂、高压电器设备、精密仪器等失火

三、防爆

爆炸是因为容器内和大气间的压力差增大或减少到容器壁不能承受时，容器壁突然被压碎的现象。爆炸形成的碎片很容易致人伤，所以在实验过程中要十分小心。爆炸往往比着火造成更大的危害，实验室内产生爆炸的原因通常有下列两种。

（1）器皿内和大气间压力差逐渐增大。例如器皿内部的压力减小时由于器皿壁的坚固性不够，仪器被压碎而爆炸。

（2）实验过程中迅速生成大量气体或放出大量热的化学反应。例如可燃性气体与空气或氧气混合，再遇明火就易爆炸。部分化学药品单独存放或使用比较安全，但若与其他药品混合，就会变得十分危险。

四、外伤的救治

实验室外伤是指意外受到的烧伤、创伤、冻伤和化学灼伤等。

1. 化学灼伤

化学灼伤是由于操作者的皮肤触及腐蚀性化学药品所致。这些试剂包括：强酸类，特别是氢氟酸及其盐；强碱类，如碱金属的氢化物、浓氨水、氢氧化物等；氧化剂，如浓的过氧化氢、过硫酸盐等；某些单质如溴、钾、钠等。

常见化学灼烧的救治方法如下。

（1）碱类（氢氧化钠、氢氧化钾、氨、碳酸钾等）　立即用大量水冲洗，然后用2%乙酸溶液冲洗或撒敷硼酸粉或用2%硼酸水溶液洗。

（2）碱金属氰化物、氢氰酸　先用高锰酸钾溶液冲洗，再用硫化铵溶液冲洗。

（3）溴　用1体积25%氨水加1体积松节油加10体积95%乙醇的混合液处理。

（4）氢氟酸　先用大量冷水冲洗直至伤口表面发红，然后用5%碳酸氢钠溶液洗，再以（2+1）甘油与氧化镁悬浮液涂抹，用消毒纱布包扎；或用冰镇乙醇溶液浸泡。

（5）铬酸　先用大量水冲洗，再用硫化铵稀溶液冲洗。

（6）黄磷　立即用1%硫酸铜溶液洗净残余的磷，再用0.01%高锰酸钠溶液湿敷，外涂保护剂，用绷带包扎。

（7）苯酚　先用水冲洗，再用4：1的乙醇（70%）-氯化铁（1mol/L）混合溶液洗。

（8）硝酸银　先用水冲洗，再用5%碳酸氢钠溶液洗，涂上油膏及磺胺粉。

（9）酸类（硫酸、硝酸、盐酸等）　先用大量水冲洗，再用碳酸氢钠溶液冲洗。

（10）硫酸二甲酯　不能涂油和包扎，让灼伤处暴露外面任其挥发。

眼睛一旦被化学药品灼伤时，应立即用流水缓慢冲洗。如果是碱灼伤，再用4%硼酸或2%柠檬酸溶液冲洗；如果是酸灼伤，可用2%碳酸氢钠溶液冲洗，然后送至医院进行诊治。

2. 烧伤的救治

烧伤包括烫伤及火伤。急救的目的在于减轻疼痛的感觉和保护皮肤的受伤表面不受感染。烧伤的救治迅速将伤者救离现场，扑灭身上的火焰，再用自来水冲洗掉烧坏的衣服，并慢慢地用剪刀剪除或脱去没有被烧坏的部分，注意避免碰伤烧伤面，对于轻度烧伤的伤口可用水洗除污物，再用生理盐水冲洗，并涂上烫伤油膏（不要挑破水泡），必要时用消毒纱布轻轻包扎予以保护，对于面积较大的烧伤要尽快送至医院治疗，不要自行涂敷油膏，以免影响医院治疗。

3. 冻伤处理

实验室人员的冻伤多数是使用液化气体或深冷设备方法不当，由冷冻剂等造成的伤害。轻度冻伤会使皮肤发红，并有不舒服的感觉，但经过数小时后就会恢复正常。中等程度的冻伤会产生水泡，严重的冻伤会使伤处溃烂。

处理冻伤常用的方法是将冻伤部位浸入40~42℃的温水中浸泡，或用温暖的衣物、毛毯等包裹，使伤处温度回升。对于没有热水或冻伤部位不便浸水，如耳朵等部位，可用体温将其暖和。严重冻伤经上述处理仍得不到恢复，应送至医院治疗。

4. 创伤处理

创伤主要是来自机械和玻璃仪器破损造成的伤害。常见的创伤有割伤、刺伤、撞伤、挫伤等。

处理创伤常用的方法是用消毒镊子或消毒纱布机械地把伤口清理干净，然后用碘酊擦抹伤口周围（碘酊具有消毒作用，也可以使毛细管止血），对于创伤较轻的毛细管出血，伤口消毒后即可用止血粉外敷，最后用消毒纱布包扎处理。

创伤后不论是毛细管出血（渗出血液，出血少）、静脉出血（暗红色血，流出慢），还是动脉出血（喷射状出血，血多）都可以用压迫法止血，即直接压迫损伤部位进行止血。注意：由玻璃碎片造成的外伤，必须先除去碎片，否则当压迫止血时，碎片也被压深，这会给后期处置带来麻烦。

任务四 检测实验室生物安全管理

由于生物检测类实验室可能涉及多种具有传染性的病原微生物，在此类实验室中从事检测活动的工作人员和其他相关人员存在被病原微生物的危险，并且可能引起实验室内病原微生物的泄露、扩散而造成相关传染疾病的发生与流行，从而危害人类健康与生活，严重情况下甚至引起社会动荡、经济停滞等后果。因此加强此类实验室的生物安全管理尤为重要。实验室生物危害标志如图10-1。

图10-1 生物危害标示

一、微生物的危害等级

根据生物因子对个体和群体的危害程度，将微生物分为4级，即危害等级Ⅰ、Ⅱ、Ⅲ、Ⅳ，其中Ⅰ级危害程度最小，Ⅳ级危害程度最大。这里的Ⅰ到Ⅳ级生物因子大概可以分别归入我国新发布的《病原微生物实验室生物安全管理条例》中的第四条一类病原微生物。

1. 危害等级Ⅰ（低个体危害，低群体危害）

不会导致健康人或动物致病，对实验人员和周围环境影响极小。实验室接触通常不会造成感染；有治疗和预防手段；病原体散播可能性低。

2. 危害等级Ⅱ（中等个体危害，有限群体危害）

能够引起人或动物发病，但一般情况下对健康的实验室工作人员、社区、牧畜或环境不会导致严重危害。实验室暴露也许会引起严重感染，但对感染有有效的预防和治疗措施，并且疾病传播的风险有限。

3. 危害等级Ⅲ（高个体危害，低群体危害）

能引起严重的人类疾病或导致严重的经济损失，但通常不能因偶尔接触而在个体之间传播，造成的感染有治疗手段。

4. 危害等级Ⅳ（高个体危害，高群体危害）

能引起人类或动物非常严重的疾病，一般不能治愈，容易直接或间接通过偶尔接触在人与人，或动物与人，或人与动物，或动物与动物之间传播。对感染一般没有有效的预防和治疗措施。

二、生物安全水平

根据所操作的微生物的危害等级，需要相应的实验设施、安全设备以及实验操作和技术，而这些不同水平的实验设施、安全设备以及实验操作和技术就构成了不同等级的生物安全水平。GB 19489—2004《实验室生物安全通用要求》、《病原微生物实验室生物安全管理条例》以及国际通用规定均将生物安全水平分为四个级别，一级防护水平最低，四级防护水平最高。以 BSL-1、BSL-2、BSL-3、BSL-4 表示实验室的相应生物安全防护水平；以 ABSL-1、ABSL-2、ABSL-3、ABSL-4 表示动物实验的相应生物安全防护水平。

1. 一级生物安全水平（BSL-1）

BSL-1 的操作、安全设备以及实验设施的设计和建设适用于进行基础的教学和研究以及处理那些已经熟悉其特征、通常对健康成人不致病的生物因子。枯草杆菌、耐格里原虫、传染性猫肝炎病毒是需要 BSL-1 防护的代表微生物。

BSL-1 代表生物安全防护的基本水平，实验人员需严格依照标准微生物操作规范进行实验。

2. 二级生物安全水平（BSL-2）

BSL-2 的操作、安全设备以及实验设施的设计和建设适用于临床、诊断、教学和处理其他具有中等危险的当地生物因子。

BSL-2 条件下的主要危险是意外经皮肤或黏膜接触或摄入感染性物质，采用良好的微生物技术，就可以在开放实验台进行 BSL-2 操作。

二级防护设施包括生物安全柜、有密闭转头的离心机以及个人防护设备（手套、实验室工作服、面具等）。为防止环境污染，二级防护设施内必须有洗手池和高压灭菌器。

BSL-2 与 BSL-1 的区别在于：

（1）实验人员均接受过病原处理方面的特殊培训，并由有资格的科学工作者指导。

（2）进行实验时，限制进入实验室。

（3）对于污染的锐器，要特别注意。

（4）某些可能产生传染性气溶胶或飞溅物的过程，应在生物安全柜中或其他物理遏制设备中进行。

乙肝病毒、HIV、沙门菌属以及弓形虫类等级是 BSL-2 防护的代表微生物。

BSL-2 适用于对人血液、体液、组织或原代人细胞系等可能存在未知感染性生物因子标本进行的操作。

3. 三级生物安全水平（BSL-3）

BSL-3 操作、安全设备以及实验设施的设计和建设适用于临床、诊断、教学、研究或者生产设施中，需要在三级防护设施内操作的可以空气传播，感染剂量低，能导致严重的甚至致命的感染的微生物。

结核分枝杆菌、圣路易斯脑炎病毒以及贝纳柯克斯体等是 BSL-3 防护的代表微生物。BSL-3 条件下的主要危险源为皮肤破损处意外接种、经口摄入以及吸入感染性气溶胶。BSL-3 的防范重点在于通过一级和二级防护屏障来保护实验操作人员避免受感染性气溶胶的污染。

4. 四级生物安全水平（BSL-4）

BSL-4 的操作、安全设备以及实验设施的设计和建设适用于进行非常危险的外源性生物因子或未知的高度危险的致病因子的操作。这些生物因子对个体具有高度危害性，并且可以气溶胶传播，感染剂量低，能导致严重的甚至致命的感染。对这些微生物造成的感染，通常没有可预防的疫苗或可治疗的药物。要求有独立建筑，与其他研究设施分开，周围完全密闭，要经过气压试验进行验证。实验人员要穿正压服，或者在 3 级生物安全柜中操作。废气、废液、废物要在专门设施内灭菌处理后才能排放。

有些危险的外源性病原，具备因气溶胶传播而导致实验室感染和导致生命危险疾病的高度个体风险，有关工作应在 BSL-4 实验室中开展，在该级别的连续工作和低级别的工作中得到足够数据的病原除外。实验室成员应在处理特别危险的传染源方面受过特殊和全面的训练，应了解标准和特殊操作中一级和二级遏制的作用、遏制设备、实验室设计性能。实验由在有关病原方面受过训练，并由有工作经验的、有资格的科学工作者监督。实验室主任应严格控制人员进入。设施应在独立的建筑物内，或在建筑物的一个控制区内，但和建筑物内的其他区域完全隔离。应制定、实施特殊设施操作手册。在设施的工作区内，所有工作应限制在三级生物安全柜中，或在二级生物安全柜中，但要使用装备生命支持系统的一体正压防护服。BSL-4实验室经过特殊设计，可以防止微生物向环境中扩散。

三、实验室生物安全操作

1. 实验室工作人员的资格和培训

实验室的工作人员必须是受过专业教育的技术人员，并要每年接受最新的生物安全培训，以掌握预防暴露后的处理程序。在进入实验室前，必须接受生物安全委员会与生物安全负责人安排的生物安全操作规范培训，以及实验室工作危险的告知与安全教育，自愿从事实验室工作；并且在独自开始工作前，必须到达实验室高级实验室技术人员上岗培训的合格标准；进入实验室的工作人员必须遵守实验室的所有制度、规定和操作规程。

2. 实验室准入与出入登记

实验室必须建立准入与出入登记制度。实验室工作人员、外来合作者、进修学习人员等在进入实验室及其岗位之前，必须经过实验室主任的准入批准；非实验室有关人员和物品不得带入实验室；有关人员进入实验室时必须明确进入和离开实验室的程序，进行出入登记。

3. 实验室人员的生物安全防护

不同等级的生物安全实验室在建立基本的生物安全操作规程基础上，必须建立针对不同的微生物及其毒素的特殊的生物安全操作规程，并在生物安全手册中列明，要求严格执行。实验室必须为实验室工作人员配备必要的个体防护用品，如防护服、手套、口罩等。三级和四级生物安全实验室的工作人员在开始前必须建立档案，并保留本底血清进行有关检测以及定期复检；必要时，需要进行疫苗的免疫注射。

4. 实验室生物安全设备

实验室必须配置生物安全设备，制定生物安全操作规范，建立实验室工作人员与病原微生物等直接接触的一级屏障。生物安全柜（Biological safety cabinet，BSC）是最重要的安全设备与防护屏障，应按要求配备Ⅰ、Ⅱ、Ⅲ级生物安全柜。不得用超净工作台替代生物安全柜。所有可能使病原微生物及其毒素溅出或产生气溶胶的操作，除实际上不可实施外，都必须在生物安全柜内进行。实验室所配备的离心机应在生物安全柜以及规定的其他安全设备中使用，或使用安全密封的专用离心杯。必要时实验室应配备其他安全设备，如设置配有排风净化装置的排气罩等，或采用其他不使致病微生物逸出确保安全的设备。

5. 感染性物质的生物安全操作

在进行感染性样本处理、感染性材料的组织培养，以及有可能产生感染性气溶胶的操作时，必须使用生物安全柜以及个体防护设备。当不能安全有效地将气溶胶限定在一定范围时，应使用保护装置。在实验室中应穿着工作服或罩衫等防护服和手套，离开实验室必须脱下并留在实验室内，不得穿戴外出，用过后应在实验室中消毒后集中废弃。感染性物质的操作必须在生物安全柜或其他物理设备中进行，实验结束后，尤其在感染性物质溢出和溅出后，应由专业人员进行消毒和清理。在废弃或重新使用前，所有废弃物或物品必须消毒，培养基、组织、体液及其他废弃物必须放在防漏的容器中储存及运输。禁止用手直接对污染的利器如用过的针头、刀片或破碎的玻璃器具进行操作，应将其放在不锈钢容器或厚壁容器中，必须进行高压灭菌后废弃。

6. 感染性样本的采集

进行感染性样本的采集必须具有：

（1）所需要的与生物安全防护水平相适应的设备；

（2）掌握相关专业知识和操作技能的工作人员；

（3）有效防止病原微生物扩散和感染的措施；

（4）保证病原微生物样本质量的技术和手段等基本条件。

7. 高致病性病原微生物菌（毒）种或样本的运输

运输高致病性病原微生物菌（毒）种或样本，应当经过省级及以上卫生主管部门或兽医主管部门批准。按照国家规定要求，选择合适的运输途径与方式，用符合防水、放破损、防外泄、耐高（低）温、耐高压要求的密封包装容器，并在容器或包装材料表面标记生物危害标志、警告用语和提示用语。应当由不少于2人专人护送，并采取相应的防护措施，严防发生被盗、被抢、丢失、泄漏等事件。

8. 实验室突发事故处理

为避免和处理源于不安全操作引起的突发事故，必须建立实验室事故和暴露的应急处理预案与事故报告制度，并进行有效的事前培训和模拟训练，包括紧急救助或专业性保健治疗的措施。如工作人员在操作过程中发生了针刺和切伤、感染性标本污染体表皮肤和口鼻眼内、衣物或试验台面等情况，应严格执行操作规范立即进行紧急处理，详细记录事故经过和损伤的具体部位和程度等，并向实验室负责人和上级管理部门汇报。同时按规定填写正式的事故登记表，报告给国家相应级别的卫生主管部门。

【读与思】

实验室生物安全不容忽视

2010年12月19日下午，黑龙江省某大学30名学生在动物医学学院实验室进行“羊活体解剖学实验”时，27名学生、1名老师被感染布鲁氏菌。布鲁氏菌病：属乙类传染病，人畜共患，潜伏期7~60天，发病后三个月为急性期，主要由患病牲畜传染给人，表现：发热、关节肌肉痛，乏力多汗等临床症状。

事故原因：

（1）实验室在购买山羊时没有经过动物防疫部门的检疫。

(2) 实验室本可以做检疫，但是也没检疫。

(3) 实验操作时，本应严格穿戴实验服、口罩、手套，但是老师要求不严格，以至于导致了事故的发生。

[原文链接：这两个生物安全实验室的事故你们知道吗？_ 布鲁氏菌_ 埃博拉_ 动物 (sohu. com)]

【启示】 实验所使用的动物须严格执行许可证制度，严控实验动物质量，对其携带的微生物和寄生虫实行控制，应遗传背景明确、来源清晰。实验过程中学生须严格遵守操作章程，进行有准备的实验。

任务五 实验室废弃物的处理

一、理化实验室废弃物处理

实验室的废弃物主要指实验中产生的废气、废水和废渣（简称三废）。由于各类实验室检验项目不同，产生的三废中所含化学物质的危害性不同，数量也有明显的差别。为了防止环境污染，保证检验人员及他人的健康，对排放的废弃物，检验人员应按照有关规章制度的要求，采取适当的处理措施，使其浓度达到国家环境保护规定的排放标准。

1. 废气处理

废气处理，主要是对那些实验中产生的有危害健康和环境气体的处理，如一氧化碳、甲醇、氨、汞、酚、氧化氮、氯化氢、氟化物气体或蒸气等。实际上，进行这一类的实验都是在通风橱内完成的，操作者只要做好防护工作就不会受到任何伤害。在实验过程中所产生的危害气体或蒸气，直接通过排风设备排到室外，这对少量的低浓度的有害气体是允许的。因为少量的危害气体在大气中通过稀释和扩散等作用，危害能力大大降低。但对于大量的高浓度的废气，在排放之前，必须进行预处理，使排放的废气达到国家规定的排放标准。实验室对废气预处理最常用的方法是吸收法，即根据被吸收气体组分的性质，选择合适的吸收剂（液）。例如，氯化氢气体可用氢氧化钠溶液吸收，二氧化硫、氧化氮等气体可用水吸收，氨可被水或酸吸收，氟化物、氰化物、溴、酚等均可被氢氧化钠溶液吸收，硝基苯可被乙醇吸收等。除吸收法外，常用的预处理方法还有吸附法、氧化法、分解法等。

2. 废液处理

实验室废液的处理意义很大，因为排出的废液直接渗入地下，流入江河，直接污染水源、土壤和环境，危及人体健康，检验人员必须引起高度重视。实验室废液一般应分类收集，并由有处理资质的机构进行集中处理。

3. 废渣处理

废弃的有害固体药品或反应中得到的沉淀严禁倒在生活垃圾上，必须交由有资质处理的机构进行处理。废渣处理方法是先解毒后深埋。首先根据废渣的性质，选择合适的化学方法或通过高温分解方式等，使废渣中的毒性减小到最低限度，然后将处理过的残渣挖坑深埋掉。

二、感染性废弃物处理

实验过程中产生的感染性生物材料废弃物，需要随时放入盛有适宜消毒液的防碎裂的容器中浸泡，以进行污染清除处理。消毒液在使用时需要新鲜配制。废弃物应保持和消毒液直接接触的状态，并根据消毒剂的种类与特点选择浸泡时间，然后将消毒液及废弃物分别置于合适的容器内进行高压灭菌或焚烧处理。盛装废弃物的容器可以在高压灭菌锅灭菌并洗净后再次使用。所有感染性材料都应该装入可高压灭菌的黄色塑料袋，并置于防渗漏的容器内进行高压灭菌处理后，放到运输容器内以备运输至焚烧炉。可重复使用的运输容器应防渗漏，并附带密闭的盖子，运输容器在送回实验室重新使用前要进行消毒并清洗干净。

易致爆危险品管理办法（文字资料）

【读与思】

人命关天　坚守安全红线不动摇

2021 年 10 月 24 日 15 时 52 分，南京航空航天大学将军路校区材料科学与技术学院材料实验室发生爆燃，引发火情。当地消防救援站第一时间到达现场进行处置，及时扑灭明火。学校第一时间将 11 名受伤人员送往医院救治，其中 2 人经抢救无效死亡。

有知情人透露称此次事故的原因很可能是铝镁合金粉末，铝镁合金粉末的特性就是一个瞬间爆炸过程。还有一个学生称，事故的原因可能归咎于学生劳累过度。学生为了赶实验进度牺牲自己仅有的一天休息时间，周日还要去实验室工作，周日实验室缺乏导师指导，发生事故了个人难以处理。

其实铝镁合金粉末爆燃属于粉尘爆炸。粉尘爆炸，简单来说是可燃粉尘在受限空间内与空气混合形成的粉尘云，在点火源作用下，形成的粉尘–空气混合物快速燃烧，并引起温度压力急骤升高，从而发生爆炸的化学反应。粉尘爆炸往往破坏力巨大，组成粉尘的物质燃烧热越大、粉尘浓度越高、粉尘颗粒越小，爆炸强度往往越高，其威力不亚于炸弹！

【启示】实验室是一个科学、严谨的地方，实验室集中了大量的仪器设备和耗材。实验前应细致了解试剂的性质、潜在的危险，做好个人防护。实验室人员应注意休息，避免疲劳工作，同时学生在进行实验时，应有专业人员指导。

【思考与练习】

一、填空题

1. 根据毒物侵入的途径，中毒分为______、______和______ 3 种。

2. 对于能够产生有毒气体或蒸气的实验，必须在______内完成。

3. 使用有毒药品应谨慎小心，在接触固体或液体有毒药品时，必须______，操作后立即洗手。

项目十、实验室安全（测试题）

4. 丙烯酰胺和亚甲双丙烯酰胺，具有很强的______毒性，能通过皮肤吸收，它们的作用具有累积性。

5. 修理或安装电器设备时，必须先切断电源，不允许______。

6. 装有可燃气体的钢瓶，如氢气瓶等与明火的距离不应小于______ m。

7. 眼睛一旦被化学药品灼伤时，应立即用______缓慢冲洗。

8. 根据生物因子对个体和群体的危害程度，将微生物分为______级。

9. 所有可能使病原微生物及其毒素溅出或产生气溶胶的操作，除实际上不可实施外，都必须在______内进行。

10. 运输高致病性病原微生物菌（毒）种或样本，应当经过______级及以上卫生主管部门或兽医主管部门批准。

二、判断题

1. 试剂仓库应建在阳光充足的实验室南面。

2. 毒性是毒物的剂量与效应之间的关系，以半致死剂量 LD_{50}（mg/kg）或半致死浓度（mg/m^3）表示，其最高允许浓度越小毒性也越小。

3. 苯及其同系物主要是通过呼吸道和皮肤渗透进入人体而中毒。

4. 气瓶必须存放在阴凉、干燥、远离热源的房间。

5. 实验室废液一般应分类收集，由有处理资质的机构进行集中处理。

6. 危害等级Ⅱ的微生物能引起严重的人类疾病或导致严重的经济损失，但通常不能因偶尔接触而在个体之间传播，造成的感染有治疗手段。

7. 枯草杆菌、耐格里原虫、传染性猫肝炎病毒是需要 BSL-2 防护的代表微生物。

8. 在进行感染性样本处理、感染性材料的组织培养，以及有可能产生感染性气溶胶的操作时，必须使用超净工作台以及个体防护设备。

9. 进行感染性样本的采集必须有效防止病原微生物扩散和感染的措施。

10. 实验室对废气预处理最常用的方法是吸收法，即根据被吸收气体组分的性质，选择合适的吸收剂（液）。

三、简答题

1. 检测实验室潜在的危险有哪些？
2. 检测实验室常见有机毒物有哪些？如何预防？
3. 检测实验室存放药品及其使用应注意哪些事项？
4. 简述微生物危害等级的特点。
5. 简述感染性物质的生物安全操作要求。

附录

附录一 食品微生物实验室设计与建设的特殊技术要求

1. 深化设计

（1）洁净实验室（或洁净工作台） 食品微生物实验室在洁净实验室方面的设计与建设，应符合 GB 4789.1—2016《食品安全国家标准 食品微生物学检验 总则》中 3.1.5、GB 50591—2010《洁净室施工及验收规范》和 GB 50073—2013《洁净厂房设计规范》的规定。对移动式洁净小室的建设，应符合 GB 50073—2013《洁净厂房设计规范》的规定。实验室也可通过配备洁净工作台实现局部区域的洁净要求。

洁净实验室主要设备有洁净工作台、风室、均质器、紫外线灯、传递窗等。

（2）培养室 培养室是进行微生物培养的区域，主要配备各种培养箱、厌氧培养系统、摇床、冰箱、移液器、移动式紫外灯等，若涉及致病菌检测活动时，该区域还应配备生物安全柜。

（3）鉴定室 鉴定室是进行微生物种属鉴定的区域，主要配备生物安全柜、显微镜（或显微图像分析系统）、细菌鉴定系统、离心机、冰箱、移液器、恒温水浴锅、移动式紫外灯等。

2. 实验室生物安全要求

食品微生物实验室生物安全方面的设计与建设，应符合 GB 4789.1—2010《食品安全国家标准 食品微生物学检验 总则》中 3.1.6 的规定，同时应符合 GB 19489—2008《实验室生物安全通用要求》中 6.2 和 GB 50346—2011《生物安全实验室建筑技术规范》的规定。对于生物安全防护水平要求为三级或四级的实验室，还应符合 GB 19489—2008《实验室生物安全通用要求》中 6.3 和 6.4 的规定。

附录二 食品分子生物学实验室设计与建设的特殊技术要求

1. 深化设计

（1）食品分子生物学实验室　进行单元设计时，需要进行实验室分区。实验室分区方面的设计与建设，应符合 GB 4789.1—2010《食品安全国家标准　食品微生物学检验　总则》中 31.2.1、GB/T 27403—2008《实验室质量控制规范　食品分子生物学检测》中附录 B 和 GB/T 19495.2—2004《转基因产品检测实验室技术要求》的规定。

（2）食品分子生物学实验室　一般应分为试剂准备区、样品制备区、扩增区和产物分析区。各分区宜设置缓冲间，缓冲间压力为负压，上装紫外灯，与其相连的工作间为正压，工作间与缓冲间之间宜安装磁性连锁装置。产物分析区可不设置缓冲间，但应设为负压。

各分区若未设缓冲间，则试剂准备区为正压，其他工作区域应为负压。

各分区应是分隔独立的工作室，并有明显的标志，各区间不能直通。各区之间如果是紧密相连，需安装物品传递窗。

各分区具体分析要求如下：

①试剂准备区：用于实验相关试剂的配制、分装和保存。主要设备有天平、冰箱、离心机、加样器、振荡器和紫外灯等。

②样品制备区：用于实验室样品的混样，测试样品的制备，核酸的提取纯化与储存，核酸含量的测定及保存。主要设备有冰箱、生物安全柜（或洁净工作台、通风柜）、离心机、加样器、振荡器、恒温水浴、制冰机、废弃物容器、紫外灯等。根据制备样品的性质和要求决定操作台是选用生物安全柜、洁净工作台还是通风柜。

③扩增区：用于扩增反应体系的配制和模板的加入，核酸扩增。加样应在洁净工作台内进行，气流方向宜选择垂流式。主要设备有核酸扩增设备、冰箱、洁净工作台、离心机、加样器、废弃物容器、紫外灯等。

④产物分析区：用于扩增产物的测定。若实验仪采用全自动扩增检测仪（如实时荧光定量 PCR 仪），可将扩增区和产物分析区合并为一个区。主要设备有凝胶成像仪、核酸蛋白分析仪、电泳仪、加样器废弃物容器、紫外灯等。

2. 实验室生物安全要求

食品分子生物学实验室生物安全方面的设计与建设，应符合 GB 4789.1—2010《食品安全国家标准　食品微生物学检验　总则》中 3.1.6、GB 19489—2008《实验室生物安全通用要求》中 6.2 和 GB 50346—2011《生物安全实验室建筑技术规范》的规定。

附录三 食品毒理学实验室设计与建设的特殊技术要求

1. 实验室生物安全要求

食品毒理学实验室生物安全方面的设计与建设，应符合 GB 19489—2008《实验室生物安全通用要求》中 6.2 和 GB 50346—2011《生物安全实验室建筑技术规范》的规定。对于生物安全防护水平要求为三级或四级的实验室，还应符合 GB 19489—2008《实验室生物安全通用要求》中 6.3 和 6.4 的规定。

2. 实验室洁净度要求

食品毒理学实验室在洁净度方面的设计与建设，应符合 GB 50591—2010《洁净室施工验收规范》和 GB 50073—2013《洁净厂房设计规范》的规定。

3. 实验动物设施建设要求

食品毒理学实验室中实验动物设施建设方面的设计与建设，应符合 GB 50447—2008《实验动物设施建筑技术规划》的规定。对于有生物安全要求的实验动物设施，还应符合 GB 19489—2008《实验室生物安全通用要求》中 6.5 和 GB 50346—2011《生物安全实验室建筑技术规范》的规定。

4. 实验室区域设置

食品毒理学实验室区域设置主要有前区设置、饲育区设置、动物试验区、辅助区及其他设施设备缓冲区。

（1）前区设置　包括办公室、维修室、库房、饲料室、一般走廊。

（2）饲育区设置　包括隔离检疫室、缓冲间、育种室、扩大群饲育室、生产群饲育室、待发室、清洁物品储藏室、清洁走廊、污物走廊。

（3）动物试验区　包括缓冲间、实验饲育间、解剖间、清洁物品储藏室、清洁走廊、污物走廊。

（4）辅助区　包括仓库、洗漱间、废弃物品存放处理间（设备）、密闭式实验动物尸体冷藏存放间（设备）、机械设备室、淋浴间、工作人员休息室。

（5）其他设施设备　屏障环境和隔离环境均应在压强变化相交处有缓冲设置。

附录四 食品实验室典型布局图

食品实验室典型布局图见图 11-1~图 11-4。

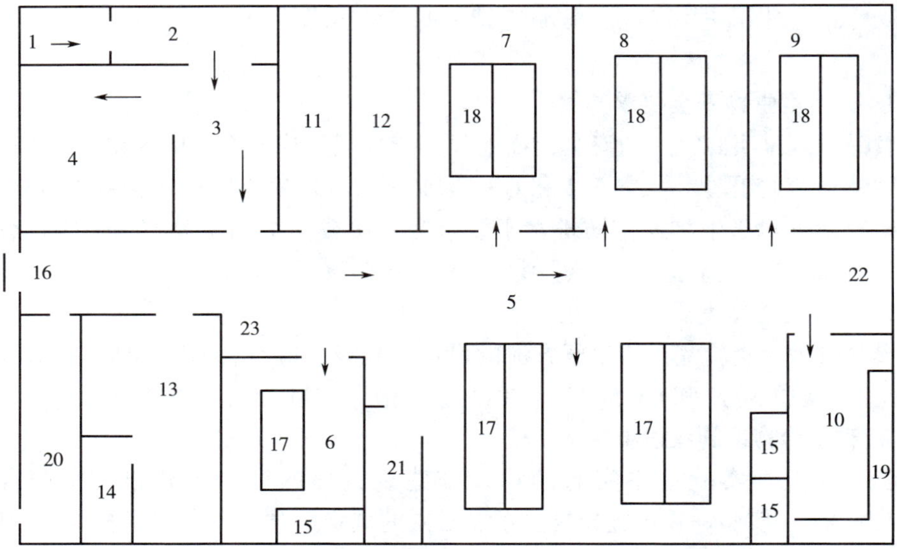

图 11-1　食品理化实验室典型布局图

1—样品通道（可越层传送）；2—样品登记；3—样品制备室；4—样品储藏室；
5—样品前处理室（有机）；6—样品前处理室（无机）；7—液相色谱室；8—气相色谱室；
9—光谱室；10—小型仪器室；11—精密天平室；12—高温室；13—化学试剂室；
14—标准样品室；15—通风柜；16—门禁；17—实验台；18—仪器台；19—边台；
20—更衣室；21—洗涤区；22—纯水制备区；23—紧急喷淋区
注：样品沿图中箭头方向流动进入检测区。

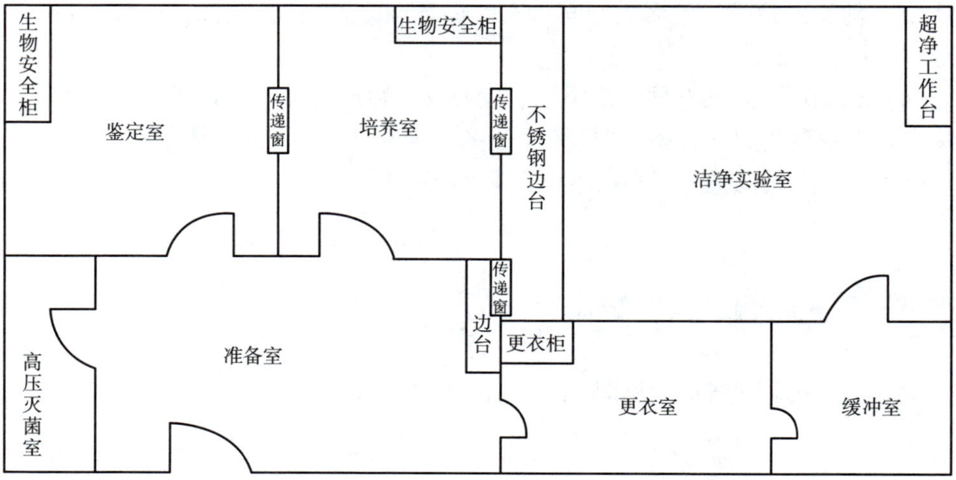

图 11-2　食品微生物实验室典型布局图

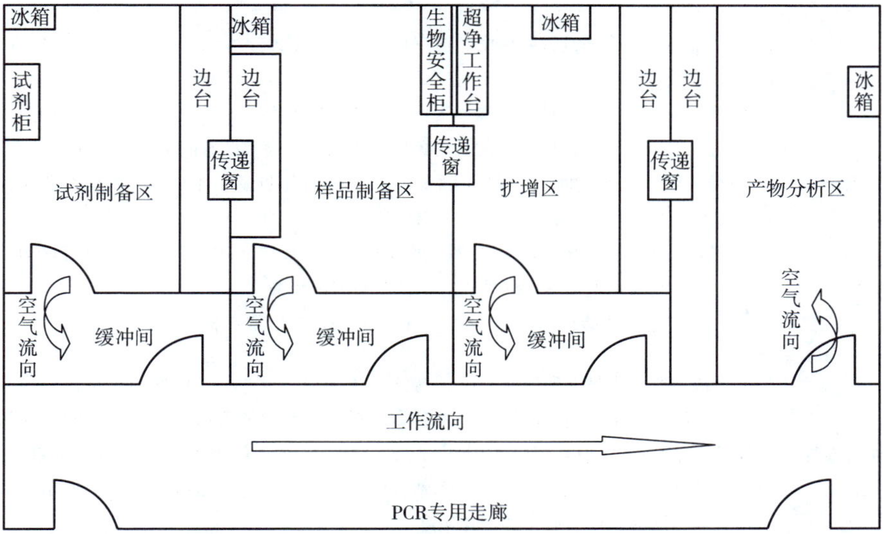

图 11-3　食品分子生物学实验室典型布局图

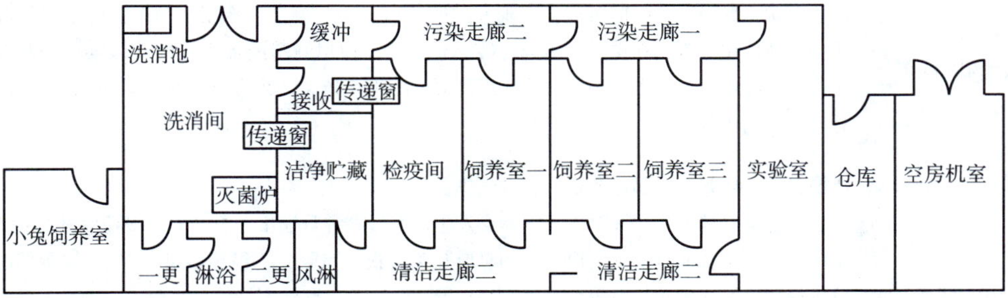

图 11-4　食品毒理学实验室典型布局图

附录五　集中供气各系统说明

集中供气各系统说明见表 11-1。

表 11-1　集中供气各系统说明

系统名称	详细说明
气源系统	1. 房屋结构：气瓶间具备防爆面和泄爆面，且泄爆比例大于 22%，气瓶间不吊顶，内部屋顶为平顶； 2. 位置：气瓶间单独建设，远离办工场区，应该在地上一层合理位置，不设在地下室； 3. 形式：气瓶间泄爆面为空旷无人的场地，或朝天泄爆，气瓶间不得外小内大； 4. 种类：易燃气瓶与助燃气瓶分别放置，两者中间为防爆墙体隔断，氧化性和腐蚀性气体不放在一起，毒气或腐蚀性气体采用自动气柜； 5. 配置：气瓶间有通风，电源插座，照明等电器，且满足防爆要求。钢瓶有接地并防滑固定，气瓶间采用电化学或红外式的精密探头测试泄漏； 6. 空瓶和实瓶分开储存，距离不少于 2m，且悬挂空瓶/满瓶标识
自动切换系统	切换系统主要作用是保证后端气路的持续气体供给，当在用气源使用殆尽时，自动切换到备用气源，真正达到更换气体钢瓶时不会影响到后续的所有分析测试，同时保持高纯气体输送系统内的纯度，压力和流量恒定，起到气体不间断的作用：与报警系统连接，可以监视气瓶使用状况，当压力下降到设定压力值时，将发出报警信号，提示工作人员更换气瓶，从而耽误实验室的工作进度
管道系统	管道系统主要由不同规格的 304 或 316 不锈钢材质制成的管线和配件组成，根据输送的气体种类和使用要求，再选择相应的材质，常见的不锈钢管根据表面抛光工艺的不同可分为 EP 电解抛光不锈钢管、BA 化学抛光不锈钢管 2 种
调压系统	调压系统主要由各种阀门组成，实现介质的开启关闭与调节等作用。根据实验室仪器配置和气体使用要求，在楼层、房间、实验台、仪器使用终端配置相应的气体减压阀和截止阀，以满足各种仪器设备对所使用气体的不同需求。常见的阀门有：减压门、球阀、针阀、单向阀等
泄漏报警及紧急切断系统	泄漏报警主要是针对易燃易爆和有毒气体； 当上述危险气体发生泄漏时，侦测器会发生声光报警并且输出一组开关量报警信号给 PLC 系统，PLC 系统通过处理输出几组相对应开关量报警信号，一组预留可给 VAV 控制器的风机控制模块或消防接口等，另外一组给紧急切断阀切断泄漏气体的供气。 紧急切断原理： 当气体泄漏时，侦测器会声光报警同时会输出一组开关量的报警信号给 PIC 系统，PLC 系统通过处理同时输出一组相对应开关量报警信号给电磁阀，使电磁阀断电从而使气动阀闭合，达到切断气源的目的，以保证供气的安全

附录六　测量不确定度常见符号及含义

a　　输入量 X_i 的可能值区间的半宽度

a_+　　输入量 X_i 的上限

a_-　　输入量 X_i 的下限

c_i	灵敏系数，$c_i=\partial f/\partial x_i$
f	测量函数
k	包含因子
k_p	包含概率为 p 时的包含因子
n	重复测量的次数
N	不确定度分量的个数
p	概率；包含概率
$p(x)$	概率密度函数
$r(x_i,x_j)$	x_i 与 x_j 的相关系数估计值
$s(x_k)$	单个测得值 x_k 的实验标准偏差
$s(\bar{x})$	算术平均值 $\bar{x}$ 的实验标准偏差
s_p^2	合并方差的估计值
s_p	合并实验标准偏差
$t_p(\nu)$	t 因子，它以给定概率 p 与已知自由度 ν 给出
$t_p(\nu_{eff})$	对于有效自由度 ν_{eff} 以及与给定概率 p 相应的 t 分布的 t 值
$u^2(x_i)$	输入量 X_i 的估计值 x_i 的估计方差
$u(x_i)$	输入估计值 x_i 的标准不确定度
u_i	第 i 个不确定度分量
u_A	A 类标准不确定度
u_B	B 类标准不确定度
u_c	合成标准不确定度
$u(x_i,x_j)$	两个输入量 X_i 和 X_j 的估计值 x_i 与 x_j 的估计协方差
$u_c^2(y)$	输出估计值 y 的合成方差
$u_c(y)$	输出估计值 y 的合成标准不确定度
$u_i(y)$	由输入估计值 x_i 的标准不确定度 $u(x_i)$ 产生的输出估计值 y 的合成标准不确度 $u_c(y)$ 的分量，$u_i(y)\equiv\|c_i\|u(x_i)$
$u(y_i,y_j)$	在同一次测量中确定的输出估计值 y_i 与 y_j 的估计协方差
$u(x_i)/\|x_i\|$	输入估计值 x_i 的相对标准不确定度
$n_c(y)/\|y\|$	输出估计值 y 的相对合成标准不确定度
u_{rel}；u_t	相对标准不确定度
U	提供一个包含区间为 $Y=y\pm U$ 的输出估计值 y 的扩展不确定度。它等于包含因子 k 与 y 的合成标准不确定度 $u_c(y)$ 之积，$U=ku_c(y)$
U_p	提供包含概率为 p 的包含区间 $Y=y\pm U_p$ 的输出估计值 y 的扩展不确定度，$U_p=k_pu_c(y)$
U_{95}	包含概率 p 为 0.95 时的扩展不确定度
U_{rel}；U_t	相对扩展不确定度

U_{prel};U_{pt}	包含概率为 p 的相对扩展不确定度
x_{i}	输入量 X_{i} 的估计值
X_{i}	与被测量 Y 相联系的第 i 个输入量
$\overline{X}_{\mathrm{i}}$	X_{i} 的 n 次独立重复观测值 $X_{\mathrm{i,k}}$ 的算术平均值
$X_{\mathrm{i,k}}$	输入量 X_i 的第 k 个独立测得值
y	被测量 Y 的估计值;输出估计值
y_{i}	在同一次测量中,要确定两个或多个被测量时,被测量 Y_{i} 的估计值
Y	被测量
δ	分辨力
μ_{q}	随机变量 q 概率分布的期望或均值
ν	自由度
ν_{i}	输入估计值 x_{i} 的标准不确定度 $u(x_{\mathrm{i}})$ 的自由度
ν_{eff}	合成标准不确定度 $u_{\mathrm{c}}(y)$ 的有效自由度
$\sigma[s(q)]$	平均值 q 的实验标准偏差 $s(\overline{q})$ 的标准偏差
$\dfrac{\sigma[u(x_i)]}{u(x_i)}$	标准不确定度 $u(x_i)$ 的相对不确定度,用于评定 B 类标准不确定度的自由度

附录七　容量计量器具允许误差

具体内容见表 11-2～表 11-4。（摘自 JJG 196—2006《常用玻璃量器检定规程》）

表 11-2　　滴定管计量要求一览表

标称容量/mL		1	2	5	10	25	50	100
分度值/mL		0.01		0.02	0.05	0.1	0.1	0.2
容量允差/mL	A	±0.010		±0.010	±0.025	±0.04	±0.05	±0.10
	B	±0.020		±0.020	±0.050	±0.08	±0.10	±0.20
流出时间/s	A	20～35		30～45		45～70	60～90	70～100
	B	15～35		20～45		35～70	50～90	60～100
等待时间/s		30						
分度线宽度/mm		≤0.3						

表 11-3　　单标线吸量管计量要求一览表

标称容量/mL		1	2	3	5	10	15	20	25	50	100
容量允差/mL	A	±0.007	±0.010	±0.015		±0.020	±0.025	±0.030		±0.05	±0.08
	B	±0.015	±0.020	±0.030		±0.040	±0.050	±0.060		±0.10	±0.16
流出时间/s	A	7~12		15~25		20~30		25~35		30~40	35~45
	B	5~12		10~25		15~30		20~35		25~40	30~45
分度线宽度/mm		0.4									

表 11-4　　单标线容量瓶计量要求一览表

标称容量/mL		1	2	5	10	25	50	100	200	250	500	1000	2000
容量允差/mL	A	±0.010	±0.015	±0.020	±0.020	±0.03	±0.05	±0.10	±0.15	±0.15	±0.25	±0.40	±0.60
	B	±0.020	±0.030	±0.040	±0.040	±0.06	±0.10	±0.20	±0.30	±0.30	±0.50	±0.80	±1.20
分度线宽度/mm		≤0.4											

附录八　RB/T 214—2017 检验检测机构资质认定能力评价　检验检测机构通用要求

1　范围

本标准规定了对检验检测机构进行资质认定能力评价时，在机构、人员、场所环境、设备设施、管理体系等方面的通用要求。

本标准适用于向社会出具具有证明作用的数据、结果的检验检测机构的资质认定能力评价，也适用于检验检测机构的自我评价。

2　规范性引用文件

下列文件对于本文件的应用是必不可少的。凡是注日期的引用文件，仅注日期的版本适用于本文件。凡是不注日期的引用文件，其最新版本（包括所有的修改单）适用于本文件。

GB/T 19000　质量管理体系　基础和术语

GB/T 27000　合格评定　词汇和通用原则

GB/T 27020　合格评定　各类检验机构的运作要求

GB/T 27025　检测和校准实验室能力的通用要求

JJF 1001　通用计量术语及定义

3 术语和定义

GB/T 19000、GB/T 27000、GB/T 27020、GB/T 27025、JJF 1001 界定的以及下列术语和定义适用于本文件。

3.1 检验检测机构 inspection body and laboratory

依法成立，依据相关标准或者技术规范，利用仪器设备、环境设施等技术条件和专业技能，对产品或者法律法规规定的特定对象进行检验检测的专业技术组织。

3.2 资质认定 mandatory approval

国家认证认可监督管理委员会和省级质量技术监督部门依据有关法律法规和标准、技术规范的规定，对检验检测机构的基本条件和技术能力是否符合法定要求实施的评价许可。

3.3 资质认定评审 assessment of mandatory approval

国家认证认可监督管理委员会和省级质量技术监督部门依据《中华人民共和国行政许可法》的有关规定，自行或者委托专业技术评价机构，组织评审人员，对检验检测机构的基本条件和技术能力是否符合《检验检测机构资质认定评审准则》和评审补充要求所进行的审查和考核。

4 要求

4.1 机构

4.1.1 检验检测机构应是依法成立并能够承担相应法律责任的法人或者其他组织。检验检测机构或者其所在的组织应有明确的法律地位，对其出具的检验检测数据、结果负责，并承担相应法律责任。不具备独立法人资格的检验检测机构应经所在法人单位授权。

4.1.2 检验检测机构应明确其组织结构及管理、技术运作和支持服务之间的关系。

4.1.3 检验检测机构及其人员从事检验检测活动，应遵守国家相关法律法规的规定，遵循客观独立、公平公正、诚实信用原则，恪守职业道德，承担社会责任。

4.1.4 检验检测机构应建立和保持维护其公正和诚信的程序。检验检测机构及其人员应不受来自内外部的、不正当的商业、财务和其他方面的压力和影响，确保检验检测数据、结果的真实、客观、准确和可追溯。检验检测机构应建立识别出现公正性风险的长效机制。如识别出公正性风险，检验检测机构应能证明消除或减少该风险。若检验检测机构所在的组织还从事检验检测以外的活动，应识别并采取措施避免潜在的利益冲突。检验检测机构不得使用同时在两个及以上检验检测机构从业的人员。

4.1.5 检验检测机构应建立和保持保护客户秘密和所有权的程序，该程序应包括保护电子存储和传输结果信息的要求。检验检测机构及其人员应对其在检验检测活动中所知悉的国家秘密、商业秘密和技术秘密负有保密义务，并制定和实施相应的保密措施。

4.2 人员

4.2.1 检验检测机构应建立和保持人员管理程序，对人员资格确认、任用、授权和能力保持等进行规范管理。检验检测机构应与其人员建立劳动、聘用或录用关系，明确技术人员和管理人员的岗位职责、任职要求和工作关系，使其满足岗位要求并具有所需的权力和资源，履行建立、实施、保持和持续改进管理体系的职责。检验检测机构中所有可能影响检验检测活动的人员，无论是内部还是外部人员，均应行为公正，受到监督，胜任工作，并按照管理体系要求履行职责。

4.2.2 检验检测机构应确定全权负责的管理层，管理层应履行其对管理体系的领导作用和承诺：

a）对公正性做出承诺；

b）负责管理体系的建立和有效运行；

c）确保管理体系所需的资源；

d）确保制定质量方针和质量目标；

e）确保管理体系要求融入检验检测的全过程；

f）组织管理体系的管理评审；

g）确保管理体系实现其预期结果；

h）满足相关法律法规要求和客户要求；

i）提升客户满意度；

j）运用过程方法建立管理体系和分析风险、机遇。

4.2.3 检验检测机构的技术负责人应具有中级及以上专业技术职称或同等能力，全面负责技术运作；质量负责人应确保管理体系得到实施和保持；应指定关键管理人员的代理人。

4.2.4 检验检测机构的授权签字人应具有中级及以上专业技术职称或同等能力，并经资质认定部门批准，非授权签字人不得签发检验检测报告或证书。

4.2.5 检验检测机构应对抽样、操作设备、检验检测、签发检验检测报告或证书以及提出意见和解释的人员，依据相应的教育、培训、技能和经验进行能力确认。应由熟悉检验检测目的、程序、方法和结果评价的人员，对检验检测人员包括实习员工进行监督。

4.2.6 检验检测机构应建立和保持人员培训程序，确定人员的教育和培训目标，明确培训需求和实施人员培训。培训计划应与检验检测机构当前和预期的任务相适应。

4.2.7 检验检测机构应保留人员的相关资格、能力确认、授权、教育、培训和监督的记录，记录包含能力要求的确定、人员选择、人员培训、人员监督、人员授权和人员能力监控。

4.3 场所环境

4.3.1 检验检测机构应有固定的、临时的、可移动的或多个地点的场所，上述场所应满足相关法律法规、标准或技术规范的要求。检验检测机构应将其从事检验检测活动所必需的场所、环境要求制定成文件。

4.3.2 检验检测机构应确保其工作环境满足检验检测的要求。检验检测机构在固定场所以外进行检验检测或抽样时，应提出相应的控制要求，以确保环境条件满足检验检测标准或者技术规范的要求。

4.3.3 检验检测标准或者技术规范对环境条件有要求时或环境条件影响检验检测结果时，应监测、控制和记录环境条件。当环境条件不利于检验检测的开展时，应停止检验检测活动。

4.3.4 检验检测机构应建立和保持检验检测场所良好的内务管理程序，该程序应考虑安全和环境的因素。检验检测机构应将不相容活动的相邻区域进行有效隔离，应采取措施以防止干扰或者交叉污染。检验检测机构应对使用和进入影响检验检测质量的区域加以控制，并根据特定情况确定控制的范围。

4.4 设备设施

4.4.1 设备设施的配备

检验检测机构应配备满足检验检测（包括抽样、物品制备、数据处理与分析）要求的设备和设施。用于检验检测的设施，应有利于检验检测工作的正常开展。设备包括检验检测活动所必需并影响结果的仪器、软件、测量标准、标准物质、参考数据、试剂、消耗品、辅助设备或相应组合装置。检验检测机构使用非本机构的设施和设备时，应确保满足本标准要求。

检验检测机构租用仪器设备开展检验检测时，应确保：

a）租用仪器设备的管理应纳入本检验检测机构的管理体系；

b）本检验检测机构可全权支配使用，即：租用的仪器设备由本检验检测机构的人员操作、维护、检定或校准，并对使用环境和贮存条件进行控制；

c）在租赁合同中明确规定租用设备的使用权；

d）同一台设备不允许在同一时期被不同检验检测机构共同租赁和资质认定。

4.4.2 设备设施的维护

检验检测机构应建立和保持检验检测设备和设施管理程序，以确保设备和设施的配置、使用和维护满足检验检测工作要求。

4.4.3 设备管理

检验检测机构应对检验检测结果、抽样结果的准确性或有效性有影响或计量溯源性有要求的设备，包括用于测量环境条件等辅助测量设备有计划地实施检定或校准。设备在投入使用前，应采用核查、检定或校准等方式，以确认其是否满足检验检测的要求。所有需要检定、校准或有有效期的设备应使用标签、编码或以其他方式标识，以便使用人员易于识别检定、校准的状态或有效期。

检验检测设备，包括硬件和软件设备应得到保护，以避免出现致使检验检测结果失效的调整。检验检测机构的参考标准应满足溯源要求。无法溯源到国家或国际测量标准时，检验检测机构应保留检验检测结果相关性或准确性的证据。

当需要利用期间核查以保持设备的可信度时，应建立和保持相关的程序。针对校准结果产生的修正信息，检验检测机构应确保在其检测数据及相关记录中加以利用并备份和更新。

4.4.4　设备控制

检验检测机构应保存对检验检测具有影响的设备及其软件的记录。用于检验检测并对结果有影响的设备及其软件，如可能，应加以唯一性标识。检验检测设备应由经过授权的人员操作并对其进行正常维护。若设备脱离了检验检测机构的直接控制，应确保该设备返回后，在使用前对其功能和检定、校准状态进行核查，并得到满意结果。

4.4.5　故障处理

设备出现故障或者异常时，检验检测机构应采取相应措施，如停止使用、隔离或加贴停用标签、标记，直至修复并通过检定、校准或核查表明能正常工作为止。应核查这些缺陷或偏离对以前检验检测结果的影响。

4.4.6　标准物质

检验检测机构应建立和保持标准物质管理程序。标准物质应尽可能溯源到国际单位制（SI）单位或有证标准物质。检验检测机构应根据程序对标准物质进行期间核查。

4.5　管理体系

4.5.1　总则

检验检测机构应建立、实施和保持与其活动范围相适应的管理体系，应将其政策、制度、计划、程序和指导书制订成文件，管理体系文件应传达至有关人员，并被其获取、理解、执行。

4.5.2　方针目标

检验检测机构应阐明质量方针，制定质量目标，并在管理评审时予以评审。

4.5.3　文件控制

检验检测机构应建立和保持控制其管理体系的内部和外部文件的程序，明确文件的标识、批准、发布、变更和废止，防止使用无效、作废的文件。

4.5.4　合同评审

检验检测机构应建立和保持评审客户要求、标书、合同的程序。对要求、标书、合同的偏离、变更应征得客户同意并通知相关人员。当客户要求出具的检验检测报告或证书中包含对标准或规范的符合性声明（如合格或不合格）时，检验检测机构应有相应的决定规则。若标准或规范不包含决定规则内容，检验检测机构选择的决定规则应与客户沟通并得到同意。

4.5.5　分包

检验检测机构需分包检验检测项目时，应分包给已取得检验检测机构资质认定并有能力完成分包项目的检验检测机构，具体分包的检验检测项目和承担分包项目的检验检测机构应事先取得委托人的同意。出具检验检测报告或证书时，应将分包项目予以区分。

检验检测机构实施分包前，应建立和保持分包的管理程序，并在检验检测业务洽谈、合同评审和合同签署过程中予以实施。

检验检测机构不得将法律法规、技术标准等文件禁止分包的项目实施分包。

4.5.6　采购

检验检测机构应建立和保持选择和购买对检验检测质量有影响的服务和供应品的程序。明确服务、供应品、试剂、消耗材料等的购买、验收、存储的要求，并保存对供应商的评价记录。

4.5.7　服务客户

检验检测机构应建立和保持服务客户的程序，包括：保持与客户沟通，对客户进行服务满意度调查、跟踪客户的需求，以及允许客户或其代表合理进入为其检验检测的相关区域观察。

4.5.8　投诉

检验检测机构应建立和保持处理投诉的程序。明确对投诉的接收、确认、调查和处理职责，跟踪和记录投诉，确保采取适宜的措施，并注重人员的回避。

4.5.9　不符合工作控制

检验检测机构应建立和保持出现不符合工作的处理程序，当检验检测机构活动或结果不符合其自身程序或与客户达成一致的要求时，检验检测机构应实施该程序。该程序应确保：

a）明确对不符合工作进行管理的责任和权力；

b）针对风险等级采取措施；

c）对不符合工作的严重性进行评价，包括对以前结果的影响分析；

d）对不符合工作的可接受性做出决定；

e）必要时，通知客户并取消工作；

f）规定批准恢复工作的职责；

g）记录所描述的不符合工作和措施。

4.5.10　纠正措施、应对风险和机遇的措施和改进

检验检测机构应建立和保持在识别出不符合时，采取纠正措施的程序。检验检测机构应通过实施质量方针、质量目标，应用审核结果、数据分析、纠正措施、管理评审、人员建议、风险评估、能力验证和客户反馈等信息来持续改进管理体

系的适宜性、充分性和有效性。

检验检测机构应考虑与检验检测活动有关的风险和机遇，以利于：确保管理体系能够实现其预期结果；把握实现目标的机遇；预防或减少检验检测活动中的不利影响和潜在的失败；实现管理体系改进。检验检测机构应策划：应对这些风险和机遇的措施；如何在管理体系中整合并实施这些措施；如何评价这些措施的有效性。

4.5.11 记录控制

检验检测机构应建立和保持记录管理程序，确保记录的标识、贮存、保护、检索、保留和处置符合要求。

4.5.12 内部审核

检验检测机构应建立和保持管理体系内部审核的程序，以便验证其运作是否符合管理体系和本标准的要求，管理体系是否得到有效的实施和保持。内部审核通常每年一次，由质量负责人策划内审并制定审核方案。内审员须经过培训，具备相应资格，内审员应独立于被审核的活动。检验检测机构应：

a）依据有关过程的重要性、对检验检测机构产生影响的变化和以往的审核结果，策划、制定、实施和保持审核方案，审核方案包括频次、方法、职责、策划要求和报告；

b）规定每次审核的审核要求和范围；

c）选择审核员并实施审核；

d）确保将审核结果报告给相关管理者；

e）及时采取适当的纠正和纠正措施；

f）保留形成文件的信息，作为实施审核方案以及审核结果的证据。

4.5.13 管理评审

检验检测机构应建立和保持管理评审的程序。管理评审通常 12 个月一次，由最高管理者负责。最高管理者应确保管理评审后，得出的相应变更或改进措施予以实施，确保管理体系的适宜性、充分性和有效性。应保留管理评审的记录。管理评审输入应包括以下信息：

a）检验检测机构相关的内外部因素的变化；

b）目标的可行性；

c）政策和程序的适用性；

d）以往管理评审所采取措施的情况；

e）近期内部审核的结果；

f）纠正措施；

g）由外部机构进行的评审；

h）工作量和工作类型的变化或检验检测机构活动范围的变化；

i）客户反馈；

j）投诉；

k）实施改进的有效性；

l）资源配备的合理性；

m）风险识别的可控性；

n）结果质量的保障性；

o）其他相关因素，如监督活动和培训。

管理评审输出应包括以下内容：

a）管理体系及其过程的有效性；

b）符合本标准要求的改进；

c）提供所需的资源；

d）变更的需求。

4.5.14　方法的选择、验证和确认

检验检测机构应建立和保持检验检测方法控制程序。检验检测方法包括标准方法、非标准方法（含自制方法）。应优先使用标准方法，并确保使用标准的有效版本。在使用标准方法前，应进行验证。在使用非标准方法（含自制方法）前，应进行确认。检验检测机构应跟踪方法的变化，并重新进行验证或确认。必要时，检验检测机构应制定作业指导书。如确需方法偏离，应有文件规定，经技术判断和批准，并征得客户同意。当客户建议的方法不适合或已过期时，应通知客户。

非标准方法（含自制方法）的使用，应事先征得客户同意，并告知客户相关方法可能存在的风险。需要时，检验检测机构应建立和保持开发自制方法控制程序，自制方法应经确认。检验检测机构应记录作为确认证据的信息：使用的确认程序、规定的要求、方法性能特征的确定、获得的结果和描述该方法满足预期用途的有效性声明。

4.5.15　测量不确定度

检验检测机构应根据需要建立和保持应用评定测量不确定度的程序。

检验检测项目中有测量不确定度的要求时，检验检测机构应建立和保持应用评定测量不确定度的程序，检验检测机构应建立相应数学模型，给出相应检验检测能力的评定测量不确定度案例。检验检测机构可在检验检测出现临界值、内部质量控制或客户有要求时，报告测量不确定度。

4.5.16　数据信息管理

检验检测机构应获得检验检测活动所需的数据和信息，并对其信息管理系统进行有效管理。

检验检测机构应对计算和数据转移进行系统和适当地检查。当利用计算机或自动化设备对检验检测数据进行采集、处理、记录、报告、存储或检索时，检验检测机构应：

a）将自行开发的计算机软件形成文件，使用前确认其适用性，并进行定期确认、改变或升级后再次确认，应保留确认记录；

b）建立和保持数据完整性、正确性和保密性的保护程序；

c）定期维护计算机和自动设备，保持其功能正常。

4.5.17 抽样

检验检测机构如从事抽样检验检测时，应建立和保持抽样控制程序。抽样计划应根据适当的统计方法制定，抽样应确保检验检测结果的有效性。当客户对抽样程序有偏离的要求时，应予以详细记录，同时告知相关人员。如果客户要求的偏离影响到检验检测结果，应在报告、证书中做出声明。

4.5.18 样品处置

检验检测机构应建立和保持样品管理程序，以保护样品的完整性并为客户保密。检验检测机构应有样品的标识系统，并在检验检测整个期间保留该标识。在接收样品时，应记录样品的异常情况或记录对检验检测方法的偏离。样品在运输、接收、制备、处置、存储过程中应予以控制和记录。当样品需要存放或养护时，应维护、监控和记录环境条件。

4.5.19 质量控制

检验检测机构应建立和保持质量控制程序，监控检验检测活动的有效性和结果质量。检验检测机构可采用定期使用标准物质、定期使用经过检定或校准的具有溯源性的替代仪器、对设备的功能进行检查、运用工作标准与控制图、使用相同或不同方法进行重复检验检测、保存样品的再次检验检测、分析样品不同结果的相关性、对报告数据进行审核、参加能力验证或机构之间比对、盲样检验检测等进行监控。检验检测机构所有数据的记录方式应便于发现其发展趋势，若发现偏离预先判据，应采取有效的措施纠正出现的问题，防止出现错误的结果。质量控制应有适当的方法和计划并加以评价。

4.5.20 结果报告

检验检测机构应准确、清晰、明确、客观地出具检验检测结果，符合检验检测方法的规定，并确保检验检测结果的有效性。结果通常应以检验检测报告或证书的形式发出。检验检测报告或证书应至少包括下列信息：

a）标题；

b）标注资质认定标志，加盖检验检测专用章（适用时）；

c）检验检测机构的名称和地址，检验检测的地点（如果与检验检测机构的地址不同）；

d）检验检测报告或证书的唯一性标识（如系列号）和每一页上的标识，以确保能够识别该页是属于检验检测报告或证书的一部分，以及表明检验检测报告或证书结束的清晰标识；

e）客户的名称和联系信息；

f）所用检验检测方法的识别；

g）检验检测样品的描述、状态和标识；

h）检验检测的日期；对检验检测结果的有效性和应用有重大影响时，注明样品的接收日期或抽样日期；

i）对检验检测结果的有效性或应用有影响时，提供检验检测机构或其他机构所用的抽样计划和程序的说明；

j）检验检测报告或证书签发人的姓名、签字或等效的标识和签发日期；

k）检验检测结果的测量单位（适用时）；

l）检验检测机构不负责抽样（如样品是由客户提供）时，应在报告或证书中声明结果仅适用于客户提供的样品；

m）检验检测结果来自外部提供者时的清晰标注；

n）检验检测机构应做出未经本机构批准，不得复制（全文复制除外）报告或证书的声明。

4.5.21　结果说明

当需对检验检测结果进行说明时，检验检测报告或证书中还应包括下列内容：

a）对检验检测方法的偏离、增加或删减，以及特定检验检测条件的信息，如环境条件；

b）适用时，给出符合（或不符合）要求或规范的声明；

c）当测量不确定度与检验检测结果的有效性或应用有关，或客户有要求，或当测量不确定度影响到对规范限度的符合性时，检验检测报告或证书中还需要包括测量不确定度的信息；

d）适用且需要时，提出意见和解释；

e）特定检验检测方法或客户所要求的附加信息。报告或证书涉及使用客户提供的数据时，应有明确的标识。当客户提供的信息可能影响结果的有效性时，报告或证书中应有免责声明。

4.5.22　抽样结果

检验检测机构从事抽样时，应有完整、充分的信息支撑其检验检测报告或证书。

4.5.23　意见和解释

当需要对报告或证书做出意见和解释时，检验检测机构应将意见和解释的依据形成文件。意见和解释应在检验检测报告或证书中清晰标注。

4.5.24　分包结果

当检验检测报告或证书包含了由分包方所出具的检验检测结果时，这些结果应予清晰标明。

4.5.25　结果传送和格式

当用电话、传真或其他电子或电磁方式传送检验检测结果时，应满足本标准对数据控制的要求。检验检测报告或证书的格式应设计为适用于所进行的各种检验检测类型，并尽量减小产生误解或误用的可能性。

4.5.26 修改

检验检测报告或证书签发后，若有更正或增补应予以记录。修订的检验检测报告或证书应标明所代替的报告或证书，并注以唯一性标识。

4.5.27 记录和保存

检验检测机构应对检验检测原始记录、报告、证书归档留存，保证其具有可追溯性。检验检测原始记录、报告、证书的保存期限通常不少于6年。

附录九 部分随机数表

16	96	85	77	27	92	86	26	45	21	89	94	71	42	64	64	47	22	75	81	74	91	48	46	18
44	19	15	32	63	55	87	77	33	29	45	00	31	34	84	05	72	90	44	27	78	22	07	62	17
34	39	80	62	24	33	81	67	28	11	34	79	26	35	34	23	09	94	00	80	55	31	63	27	91
74	97	80	30	65	07	71	30	01	84	47	45	89	70	74	13	04	90	51	27	61	34	63	87	44
22	14	61	60	86	38	33	71	13	33	72	08	16	13	50	56	48	51	29	48	30	93	45	66	29
40	03	96	40	03	47	24	60	09	21	21	18	00	05	86	52	85	40	73	73	57	68	36	33	91
52	33	76	44	56	15	47	75	78	73	78	19	87	06	98	47	48	02	62	03	42	05	32	55	02
37	59	20	40	93	17	82	24	19	90	80	87	32	74	59	8d1	24	49	79	17	23	75	83	12	00
11	02	55	57	48	84	74	36	22	67	19	20	15	92	53	37	13	75	54	89	56	73	23	39	07
10	33	79	26	34	54	71	33	89	74	68	48	23	17	49	18	81	05	52	85	70	05	73	11	17
67	59	28	25	47	89	11	6	65	20	42	23	96	41	64	20	30	89	87	64	37	93	36	96	35
93	50	75	20	09	18	54	34	68	02	54	87	23	05	43	36	98	29	97	93	87	08	30	92	98
24	43	23	72	80	64	34	27	23	46	15	36	10	63	21	59	69	76	02	62	31	62	47	60	34
39	91	63	18	38	27	10	78	88	84	42	32	00	97	92	00	04	94	50	05	75	82	70	80	35
74	62	19	67	54	18	28	92	33	69	98	96	74	35	72	11	68	25	08	95	31	79	11	79	54
91	03	35	60	81	16	61	97	25	14	78	21	22	05	25	47	26	37	80	39	19	06	41	02	00
42	57	66	76	72	91	03	63	48	46	44	01	33	53	62	28	80	59	55	05	02	16	13	17	54
06	36	63	06	15	03	72	38	01	58	25	37	66	48	56	19	56	41	29	28	76	49	74	39	50
92	70	96	70	89	80	87	14	25	49	25	94	62	78	26	15	41	39	48	75	64	69	61	06	38
91	08	88	53	52	13	04	82	23	00	26	36	47	44	04	08	84	80	07	44	76	51	52	41	59
68	85	97	74	47	53	90	05	90	84	87	48	25	01	11	05	45	11	43	15	60	40	31	84	59
59	54	13	09	13	80	42	29	63	03	24	64	12	43	28	10	01	65	62	07	79	83	05	59	61
39	18	32	69	33	46	58	19	34	03	59	28	97	31	02	65	47	47	70	39	74	17	30	22	65
67	43	31	09	12	60	19	57	63	78	11	80	10	97	15	70	04	89	81	78	54	84	87	83	42
61	75	37	19	56	90	75	39	03	56	49	92	72	95	27	52	87	47	12	52	54	62	43	23	13

续表

78	10	91	11	00	63	19	63	74	58	69	03	51	38	60	36	53	56	77	06	69	03	89	91	24
23	93	71	58	90	78	08	03	07	71	79	32	25	19	61	04	40	33	12	06	78	91	97	88	95
37	55	48	82	63	89	92	59	14	72	19	17	22	51	90	20	03	64	96	60	48	01	95	44	84
62	13	11	71	17	23	29	25	13	85	33	35	07	69	25	68	57	92	57	11	84	44	01	33	66
29	89	97	47	03	13	20	86	22	45	59	98	64	53	89	64	94	81	55	87	73	81	58	46	62
16	94	85	82	89	07	17	30	29	89	89	80	98	36	25	3S	53	02	49	14	34	03	52	09	20
04	93	10	59	75	12	98	84	60	93	68	16	87	60	11	50	46	56	58	45	88	72	50	46	11
95	71	43	68	97	18	85	17	13	08	00	50	77	50	46	92	45	26	97	21	48	22	23	08	32
86	05	39	14	35	48	68	18	36	57	09	62	40	28	87	08	74	79	91	08	27	12	43	32	03
59	30	60	10	41	31	00	69	63	77	01	89	94	60	19	02	70	88	72	33	38	88	20	60	86
05	45	35	40	54	03	98	96	76	27	77	84	80	08	64	60	44	34	54	24	85	20	85	77	32
71	85	17	74	66	27	85	19	55	56	51	36	48	92	32	44	40	47	10	38	22	52	42	29	96
80	20	32	80	98	00	40	92	57	51	52	83	14	55	31	99	73	23	40	07	64	54	44	99	21
13	50	78	02	73	39	66	82	01	28	67	51	75	66	33	97	47	58	42	44	88	09	28	58	06
67	92	65	41	45	36	77	96	46	21	14	39	56	36	70	15	74	43	62	69	82	30	77	28	77
72	56	73	44	26	04	62	81	15	35	79	26	99	57	28	22	25	94	80	62	95	48	98	23	86
28	86	85	64	94	11	58	78	45	36	34	45	91	38	51	10	68	36	87	81	16	77	30	19	36
69	57	40	80	44	94	60	82	94	93	98	01	48	50	57	69	60	77	69	60	74	22	05	77	17
71	20	03	30	79	25	74	17	78	34	54	45	04	77	42	59	75	78	64	99	37	03	18	03	36
89	98	55	98	22	45	12	49	82	71	57	33	28	69	50	59	15	02	25	79	39	42	84	18	70
58	74	82	81	14	02	01	05	77	94	65	57	70	39	42	48	56	84	31	59	18	70	41	74	60
50	54	73	81	91	07	81	26	25	45	49	61	22	88	41	20	00	15	59	93	51	60	65	65	63
49	33	72	90	10	20	65	28	44	63	95	86	75	78	69	24	41	65	86	10	34	10	32	00	93
11	85	01	43	65	02	85	69	56	88	34	29	64	35	48	15	70	11	77	83	01	34	82	91	04
34	22	46	41	84	74	27	02	57	77	47	93	72	02	95	63	75	74	69	69	61	34	31	92	13
05	57	23	06	26	23	08	66	16	11	75	28	81	56	14	62	82	45	65	80	36	02	76	55	63
37	78	16	06	57	12	46	22	90	97	78	67	39	06	63	60	51	02	07	16	75	12	90	41	16
23	71	15	08	82	64	87	29	01	20	46	72	05	80	19	27	47	15	76	51	58	67	06	80	54
12	67	98	41	67	44	28	71	45	08	19	47	76	30	26	72	33	69	92	51	95	23	26	85	76
05	83	03	84	32	62	83	27	48	83	09	19	84	90	20	20	50	87	74	93	51	62	10	23	30
60	46	18	41	23	74	73	51	72	90	40	52	95	41	20	89	48	98	27	38	81	33	83	82	94
32	90	64	75	91	98	09	40	64	89	29	99	46	35	69	91	50	73	75	92	90	56	82	93	24
79	86	53	77	78	06	62	37	48	82	71	00	78	21	65	65	88	45	82	44	78	93	22	78	06
45	13	23	32	01	09	46	36	43	66	37	15	35	04	88	79	83	53	19	13	91	59	81	18	87
20	60	97	48	21	41	84	22	72	77	99	81	83	30	46	15	90	26	51	73	66	3t	99	40	60

续表

67	91	44	83	43	25	56	33	28	80	99	53	27	55	19	80	76	32	53	95	07	53	09	61	98
86	50	76	93	86	35	68	45	37	83	47	44	92	57	66	59	64	16	48	39	26	94	54	66	40
66	73	38	38	23	36	10	95	16	01	10	01	59	71	55	99	24	88	31	41	00	73	13	80	62
55	11	50	29	17	73	97	04	20	39	20	22	71	11	43	00	15	10	12	35	09	11	00	89	05
23	54	33	87	92	92	04	49	73	96	57	53	57	08	93	09	69	87	83	07	46	39	50	37	85
41	48	67	79	44	57	40	29	10	34	58	63	51	18	07	41	02	39	79	14	40	68	10	01	61
03	97	71	72	43	27	36	24	59	88	82	87	26	31	11	44	28	58	99	47	83	21	35	22	88
90	24	83	48	07	41	56	68	11	14	77	75	48	68	08	90	89	63	87	00	06	18	63	21	91
98	98	97	42	27	11	80	51	13	13	03	42	91	14	51	22	15	48	67	52	09	40	34	60	85
74	20	94	21	49	96	51	69	99	85	43	76	55	81	36	11	88	68	32	43	08	14	78	05	34
94	67	48	87	11	84	00	85	93	56	43	99	21	74	84	13	56	41	90	96	30	04	19	68	73
58	18	84	82	71	23	66	33	19	25	65	17	90	84	24	91	75	36	14	83	86	22	70	86	89
31	47	28	24	88	49	28	69	78	62	23	45	53	38	78	65	87	44	91	93	91	62	76	09	20
45	62	31	06	70	92	73	27	83	57	15	64	40	57	56	54	42	35	40	93	55	82	08	78	87
31	49	87	12	27	41	07	91	72	64	63	42	06	66	82	71	28	36	45	31	99	01	03	35	76
69	37	22	23	46	10	75	83	62	94	44	65	46	23	65	71	69	20	89	12	16	56	61	70	41
93	67	21	56	98	42	52	53	14	86	24	70	25	18	23	23	56	24	03	86	11	06	46	10	23
77	56	18	37	01	32	20	18	70	79	20	85	77	89	28	17	77	15	52	47	15	30	35	12	75
37	07	47	79	60	75	24	15	31	63	25	93	27	66	19	53	52	49	98	45	12	12	06	00	32
72	08	71	01	73	46	39	60	37	58	22	25	20	84	30	02	03	62	68	58	38	04	06	89	94
55	22	48	46	72	50	14	24	47	67	84	37	32	84	82	64	97	13	69	86	20	09	80	46	75
69	24	98	90	70	29	34	25	33	23	12	69	90	50	38	93	84	32	28	96	03	65	70	90	12
01	86	77	18	21	91	66	11	84	65	48	75	26	94	51	40	51	53	36	39	77	69	06	25	07
51	40	94	06	80	61	34	28	46	28	11	48	48	94	60	65	06	63	71	06	19	35	05	32	56
58	78	02	85	80	29	67	27	44	07	67	23	20	28	22	62	97	59	62	13	41	72	70	71	07
33	75	88	51	00	33	56	15	84	34	28	50	16	65	12	81	53	43	54	14	63	37	74	97	59
58	60	37	45	62	09	95	93	16	59	35	22	91	78	04	97	98	80	20	04	38	93	13	92	30
72	13	12	95	32	87	99	32	83	65	40	17	92	57	22	68	98	79	16	23	53	56	56	07	47
22	21	13	16	10	52	57	71	40	49	95	25	55	36	95	57	25	25	77	05	38	05	62	57	77
97	94	83	67	90	68	74	88	17	22	38	01	04	33	49	38	47	57	61	87	15	39	43	87	00
09	03	68	53	63	29	27	31	66	53	39	34	88	87	04	35	80	69	52	74	99	16	52	01	65
29	95	61	42	65	05	72	27	28	18	09	85	24	59	46	03	91	55	38	62	51	71	47	37	38
81	96	78	90	47	41	38	36	33	95	05	90	26	72	85	23	23	30	70	51	56	93	23	84	80
44	62	20	81	21	57	57	85	00	47	26	10	87	22	45	72	03	51	75	23	38	38	56	77	97
68	91	12	15	08	02	18	74	56	79	21	53	63	41	77	15	07	39	87	11	19	25	62	19	30

续表

29	33	77	60	29	09	25	09	42	28	07	15	40	67	56	29	58	75	84	06	19	54	31	16	53
54	13	39	19	29	64	97	73	71	61	78	03	24	02	93	86	69	76	74	28	08	98	84	08	23
75	16	85	64	64	93	85	68	08	84	15	41	57	84	45	11	70	13	17	60	47	80	10	13	00
36	47	17	08	79	03	92	85	18	42	95	48	27	37	99	98	81	94	44	72	06	95	42	31	17
29	61	08	21	91	23	76	72	84	9~	26	23	66	54	86	88	95	14	82	57	17	99	16	28	99

附录十 案例库*

不符合项名称	案例题数
通用要求和结构要求	9
人员	8
设施和环境条件	12
外部提供的产品和服务	5
设备和计量溯源性	19
要求、标书和合同评审	2
方法的选择、验证和确认	17
抽样	5
检测或校准物品的处置	7
技术记录	3
测量不确定度的评定	2
确保结果有效性的角度	6
报告结果	3

一、通用要求和结构要求

【案例1】审核发现，某检测公司体系文件中缺少实验室活动范围的描述。

解析：不符合条款 CNAS-CL01：2018 5.3。准则5.3条款明确要求“实验室应规定符合本准则的实验室活动范围，并形成文件。”因此实验室应在其管理体系文件中明确纳入 ISO/IEC 17025 管理体系的实验室活动的范围。可以在《质量手册》（如有）中明确规定，也可以单独形成一个文件规定。

【案例2】审核发现，某检测公司《质量手册》5.3条中对符合本准则的实验室活动范围的规定（附录7检测能力一览表，附录7是被审核检测公司《质量手

注：案例库案例来自“中国认可”公众号；项目二、项目九的案例来自 GB/T 27476.1—2014《检测实验室安全　第1部分：总则》的理解与实施。中国质检出版社、中国标准出版社，2015。

册》中的附录）所列举的项目与未覆盖 CNAS 批准认可的项目。

解析：不符合条款 CNAS-CL01：2018 5.3。实验室在体系文件中明确符合准则要求的实验室活动范围，用具体的检测对象/项目/参数表示时，应大于（指不申请认可）或等于申请/已获认可的检测/校准范围，不能小于申请/已获认可范围。因为实验室提出认可申请时，申请认可的项目，已经按照 CNAS-RL01《实验室认可规则》的规定经过了自我评估，认为已符合认可准则的要求。当符合认可准则要求的实验室活动有扩充时，只要实验室自我评估满足认可准则的要求，就应及时更新体系文件。对于经过 CNAS 确认不予认可的检测/校准范围，应及时从体系文件叙述中去除。

【案例 3】审核发现，某检测公司实验室检测活动范围除固定场所外，还包括现场检测如天然气中硫化氢含量、杀菌剂检测、注入水水质检测采样等，但未能制定相应控制要求。

解析：不符合条款 CNAS-CL01：2018 5.4。CL01 的术语和定义中对实验室给出的定义是“从事下列一种或多种活动的机构：检测、校准、与后续检测或校准相关的抽样。”并且在“注”里明确实验室活动是指这三种活动。因此实验室在制定实验室活动的控制要求时，应注意覆盖面要完整，实验室活动除了检测/校准外，还应当包括与后续检测或校准相关的抽样（或采样、取样）。对于场所，除在固定设施中开展的实验室活动外，如果还在其他设施中开展相关活动，固定设施以外的场所、临时或移动设施、客户的设施等，也应列入体系文件进行控制。

【案例 4】审核发现，某检测公司×××-5.0《质量手册》附录 1 组织机构图与实际情况不相符合。

解析：不符合条款 CNAS-CL01：2018 5.5 a）。实验室的组织机构图应该根据实验室的实际情况绘制，当实验室组织机构发生变化时，应及时对组织机构图进行修订，实验室在对体系文件的定期审查、管理体系内部审核时，也应对此进行审查。

【案例 5】审核发现，某检测公司《质量手册》中缺少与青岛×××公司（注：母体组织）的关系描述。

解析：不符合条款 CNAS-CL01：2018 5.5 a）。实验室管理体系文件中不仅要清楚表述实验室的组织和管理结构，当实验室是独立法人的一部分时，还需要叙述母体组织的组织机构，以及与母体组织的关系，从这些内容可以使实验室对其开展活动的公正性以及与母体组织相关部门的利益关系有个初步识别。详细要求可参见 CNAS-CL01-G001 第 5.5a）的规定。

【案例 6】审核发现，某检测公司实验室仪器设备采购等由母体组织实施，与质量手册中的表述不一致。

解析：不符合条款 CNAS-CL01：2018 5.5 b）。仪器设备等采购等由母体组织实施，这是企业实验室常见的管理模式。在这种情况下，实验室应在体系文件中清晰界定各自的职责，以及保证母体组织的工作能够符合认可准则要求的措施。由于涉及母体组织中其他部门的工作，此时相应文件，如《质量手册》或其他文件，就需要由母体组织的负责人批准以保证有效实施。

在 CNAS-CL01-G001 第 8.1.1 条明确规定“如果实验室是某个机构的一部分，……如果针对实验室建立单独的管理体系，管理体系还应覆盖为支撑体系运作的所有相关部门，管理体系中有关实验室和相关支持部门工作职责的文件应由对实验室和相关部门承担管理职责的该组织的负责人批准。”

【案例 7】审核发现，某检测公司《质量手册》ZJZX/ZS 05 第 5 章 5.5.3 条款规定的人员职责，与管理体系职能分配表规定有不一致。

解析：不符合条款 CNAS-CL01：2018 5.5 b)。实验室的管理体系文件中应明确规定对实验室活动结果有影响的所有管理、操作或验证人员的职责、权力和相互关系。但实验室经常忽略的问题是体系文件之间、同一文件不同章节之间的协调，特别是在岗位职责上经常出现混乱或相互矛盾。“管理体系职能分配表”本来能够有效防止这种混乱，但如果把实验室孤立起来，就发挥不了其应有的作用。人员职责与职能分配表规定不一致是在实验室认可评审中，特别是初次认可的实验室经常出现的问题。

职能分配表的作用：

—— 确定各部门、各岗位职责的依据，防止职责混乱。

—— 理顺各部门、各岗位之间的关系，确定各自职能。

—— 为管理体系文件编制提供指引，防止文件之间矛盾。

【案例 8】审核发现，某检测公司实验室未规定样品管理员、方法验证人员和符合性声明人员的岗位职责。

解析：不符合条款 CNAS-CL01：2018 5.5 b)。CL01 的 5.5b）中明确要求实验室要规定对实验室活动结果有影响的所有管理、操作或验证人员的职责、权力和相互关系，因此实验室应有以下几点。

—— 识别对实验室活动结果有影响的管理、操作或验证岗位。

—— 确定这些岗位的职责、权力及相互关系。

在大部分实验室这些岗位人员是一人多岗，因此最好的方法就是识别出所有需要制定职责的岗位后，因岗定责，避免遗漏。一人多岗时其要履行多个岗位的职责，在内审、人员监控等活动时，也要对其履行多个岗位的职责情况进行监控。

【案例 9】审核发现，某检测公司实验室未规定 3 名技术主管各自的职责、权限和相互关系。

解析：不符合条款 CNAS-CL01：2018 5.5 b)。这种情况在实验室中应该不是少数，特别是部分认可准则在相关领域的应用说明中对该领域的技术负责人（也有称技术主管，余同）都有专业背景的教育和工作经历要求，因此对于从事多领域检测/校准活动的实验室大多按领域设置了技术负责人，但在岗位职责中却只总述性质地列出技术负责人职责，没有清晰界定每个技术负责人的职责和权限以及技术负责人之间的相互关系，其影响是有的事项多人决策，而决策内容又不一致，造成执行者无所适从；有的事项互相推诿，无人决策；或出现问题时互相推责。因此对于设置有多名技术负责人的实验室须清晰、明确地界定技术负责人各自的职责、权限和相互关系，避免因责、权不清而推诿，既影响工作效率，也可能影响检测、校准结果准确性。

二、资源要求——人员

【案例1】审核发现，某检测公司实验室未能提供人员能力监控记录；未见到2019年实验室对新授权人员×××能力监控的记录。

解析：不符合条款CNAS-CL01：2018 6.2.5f)。CNAS-CL01-G001《CNAS-CL01〈检测和校准实验室能力认可准则〉应用要求》第6.2.5 f) 条明确规定“实验室可以通过质量控制结果（见CNAS-CL01中7.7条款），包括盲样测试、实验室内比对、能力验证和实验室间比对结果、现场监督实际操作过程、核查记录等方式对人员能力实施监控，做好监控记录并进行评价。”

实验室实施了人员能力监控，应保留记录作为实施监控的证明。

【案例2】审核发现，某检测公司实验室设计的“检验员技术能力监测记录”的考核评分，每项分值分为五档（1~5分），但未规定评分依据。查：化验员××2019.1.16馏程项目（LC03）的监测记录，监督员对其的操作步骤的掌握等均给予最高分5分的评价，但本次现场评审评审员发现其实际操作时温度计在蒸馏烧瓶中的放置位置不符合标准方法要求，操作方面存在不足。

解析：不符合条款CNAS-CL01：2018 6.2.5 f)，该实验室按照CNAS-CL01-G001的要求对人员能力监控进行了评价，但效果很差，没有达到人员能力监控的目的，该不符合项说明3个问题，如下所示。

(1) 实验室文件的制订应适合实验室的情况，有利于操作，并能保证所有人员能够正确理解实施。对人员能力监控的评价应制订统一标准。

(2) 对人员能力监控评价应实事求是，且实施监控的人员应具备相应的检测能力，并能认真、公正地履职。

(3) 实验室应将对人员能力的监控做到实处，否则不能达到人员能力监控的目的，将影响到实验室活动的结果，给实验室带来风险。

【案例3】审核发现，某检测公司BGB-CX-12《人员管理程序》4.3人员监督条款中未对人员能力监督模式、可独立承担实验室活动人员及需在指导和监督下工作的人员及负责监督人员应有的相应检测能力作出规定；提供不出对从事土壤检测人员×××、××初始能力进行评价的记录。

解析：不符合条款CNAS-CL01：2018 6.2.5 d)。

——实验室应了解准则中d) 人员监督和f) 能力监控的概念，识别人员监督和能力监控所针对的不同人群。

——需在指导和监督下工作的人员，也就是还不能授权独立上岗的人员，对其实施监督。新版准则中人员监督的内涵远远小于旧版准则，因此对这类人员的监督应选用适当方式，覆盖其全部对实验室活动结果有影响的行为。

——可独立承担实验室活动人员，在风险分析的基础上，对其能力进行监控。监控可根据技术复杂性、方法稳定性、人员经验、专业教育、客户现场、工作量、各种变动等情况，选择适宜的方式。

——体系文件应具有可操作性，因此需对人员能力监控模式作出规定。

——实验室应对人员监督和能力监控的结果予以评价。

——实施监督的人员和能力监控结果评价的人员应具备相应的能力。

【案例4】审核发现，某检测公司2019年度质量监督计划中监督实施人均为×××，据实验室负责人说，×××身体不适，需要长期请假。

解析：不符合条款CNAS-CL01：2018 6.2.5 d）。

——实验室对于不能履职的人员没有及时调整，以致管理体系在某一点（人员监督和能力监控）停顿。

——该不符合的严重后果是对需要监督或监控的人员不能实施监督或监控，有可能会直接影响到检测/校准结果的有效性。

——该类不符合实验室在内审时就可以发现并纠正，因为内审员比CNAS评审员更了解实验室的情况。

【案例5】审核发现，某检测公司查：2019年上半年监督记录，存在被授权的监督员×××、×××无监督记录，而未被授权的×××、×××作为监督人实施监督的情况；人员管理程序4.4规定监测站站长授权监测站各类人员，包括：检测人员、监督员、授权签字人等，而实际上授权签字人、监督员等由研发中心任命。

解析：不符合条款CNAS-CL01：2018 6.2.5 d）/ CNAS-CL01：2018 6.2.5 e）。

——这两条不符合都是典型的未按体系文件规定操作。

——文件规定与实际操作不符可能是以下两种情况。

（1）文件规定脱离实际，不具有可操作性。

（2）文件规定合理，但实验室人员我行我素，抛开文件规定操作。实验室的监控系统出现问题，不能及时发现未按文件规定操作的不符合，也就不能及时实施纠正/纠正措施。

【案例6】审核发现，某检测公司未对2019年3月新转岗检测人员×××和×××实施监督。

解析：不符合条款CNAS-CL01：2018 6.2.5 d。

该不符合反映2个问题：评审员的问题和实验室的问题。

——评审员事实描述的准确性存在问题。①该叙述不是叙述事实，而是评审员的判断。②未清楚叙述转岗人员是尚未授权，还是已授权上岗。如已授权上岗是未对其实施能力监控，而不是监督。如未授权上岗，又没有对其进行监督，则问题就比较严重，不能保证检测结果的有效性。

——实验室通过对转岗人员的能力评价如下所示。

（1）认为具备能力，授权其上岗，则应在该人员上岗后对其工作进行能力监控。

（2）认为其不具备能力，则该人员应在监督人员监督下操作。

无论实验室对转岗人员实施的是人员监督还是能力监控，都应保留相应记录，作为实施的证据。记录是阐明所取得的结果或提供所完成活动的证据的文件，不能提供记录，评审员只能认为其未实施相应工作。

【案例7】审核发现，某检测公司2019年7月1日入职的检验人员×××的授权项目有复混肥总氮与有效磷、钾、缩二脲、氯离子、铁锰铜锌，土壤速效钾、有效磷与pH、电导率、有机质、交换性钙镁、有效态铁锰铜锌、总砷、总汞、铬、镉、铅，肥料铅镉铬砷汞；但考核项目仅有复混肥总氮（滴定法），土壤速效钾（火焰光度计）、有效磷（紫外-可见分光光度计）。

解析：不符合条款CNAS-CL01：2018 6.2.5 e）。

——实验室对人员的授权，应在对其能力评价的基础上进行。

——该实验室的问题是考核项目小于授权项目。也就是说，有部分项目未经考核确认其能力，就进行了授权。

——对于这些由没有经过人员能力评价确认的人员进行检测的项目，其检测结果的有效性就不能得到保证。

——实验室应明确如何对人员授权，授权与能力评价之间的关系，并保留这些记录。记录是所完成活动的证据，如果进行了考核评价，但没有记录或记录丢失，实验室就应从管理方面查找原因，制订相应的纠正措施，以防该类问题再次发生。

【案例8】审核发现，某检测公司实验室没有对负责标准方法变更（GB/T 19587—2004变更为GB/T 19587—2017）验证的人员×××进行相关授权；提供不出对从事方法的验证以及报告、审查和批准结果人员的岗位授权记录；实验室未授权人员从事开发、修改、验证和确认方法等实验室活动；实验室未对报告结果的人员进行授权。

解析：不符合条款CNAS-CL01：2018 6.2.6a）/ CNAS-CL01：2018 6.2.6/ CNAS-CL01：2018 6.2.6a）/CNAS-CL01：2018 6.2.6 c）。这些不符合，都是未对准则要求的岗位人员进行授权。实验室在整改时除对相应岗位人员进行授权外，还应明确其职责所在，做到权、责相符。

三、资源要求——设施和环境条件

【案例1】审核发现，某检测公司编号为×××、×××的电子天平放置于无法控制温度、湿度、振动、防尘等环境条件的通风柜中；天平室中编号为×××的万分之一

电子天平安放在无防震设施的实验桌上；现场参观时在人员走动的情况下，实验室在用编号为×××天平示值由0.0012mg变化至0.0019mg；天平室在用的万分之一天平（编号：×××）未采取防震措施，且置于空调出风口。

解析：不符合条款CNAS-CL01：2018 6.3.1 电子天平是一种精密电子仪器，在实验室中使用很普遍，使用时易受到周围环境的影响，不同等级的电子天平对环境的温度、湿度、温度波动、尘土、振动、气流扰动、电磁干扰，甚至光等都有各自的严格要求，因此实验室在安装电子天平时，应充分考虑这些影响因素，其安装位置和工作环境不能对实验室活动产生不利影响，引入不必要的误差，影响结果的有效性。

【案例2】审核发现，某检测公司实验室2019年×月×日按照ISO 11500—2008对编号为×××的涡轮机油样品进行固体颗粒污染度测定期间，试验区域相对湿度为30%，未控制在方法要求的40%~70%。

解析：不符合条款CNAS-CL01：2018 6.3.1。该不符合是实验室未按检测方法标准要求的环境条件进行测试，其后果会导致检测结果失效。严格按照检测方法要求的环境条件开展检测，是对实验室的基本要求。

【案例3】审核发现，某检测公司实验室未对存放标准物质编号为S-039的冰箱进行温度监控。

解析：不符合条款CNAS-CL01：2018 6.3.3。标准物质对储存环境有要求，应严格执行，这样才能保证标准物质的量值，在有效期内使用时，如果检测结果出现问题，也有利于实验室查找原因。如果不对标准物质的储存条件进行监测，那么在需要时就不能确定是由标准物质的原因造成结果失效，还是由于其他原因造成。

【案例4】审核发现，某检测公司实验室未对水中生化需氧量测定使用的BPC-250F型生化培养箱（编号F-022）进行五日培养温度连续监控和记录；查设施和环境监控记录发现，实验室未按检测方法（GB/T 15432—1995）要求对环境空气总悬浮颗粒物测定滤膜平衡用的BSC-150型恒温恒湿箱（编号ZT-AC-FX-049）进行温、湿度监控和记录。

解析：不符合条款CNAS-CL01：2018　6.3.3。3个不符合项都是没有对环境条件进行监测和/或记录。

——水中生化需氧量在生化培养箱中培养对温度要求较为严格，五日培养如果不对其温度进行连续监控和记录，如果温度波动超出标准要求就不能及时发现，将会影响检测结果，也不利于事后查找原因。

——第2个不符合情况类似，对于恒温恒湿箱的使用，同样需要按标准方法要求对其温、湿度进行监控，否则不能及时发现温、湿度超出标准要求的情况，将会影响检测结果。

——第3个不符合是没有对标准菌株的保存环境予以监测记录，无法发现温度控制超出保存要求的情况，不能对菌株的有效性做出及时判断。

【案例 5】审核发现，某检测公司参观实验室时，发现用于生化需氧量检测的 LRH-280 型生化培养箱（编号×××）透明玻璃门未做避光处理，与 HJ505-2009 要求的暗处培养不符。

解析：不符合条款 CNAS-CL01：2018 6.3.3。该不符合都是未按方法标准的规定进行操作。标准要求在暗处培养，但生化培养箱透明玻璃门未做避光处理，可直接透入光线，使生化培养箱内的环境无法达到标准要求的“暗处”。未按标准规定的培养条件操作，会影响到检测结果。

【案例 6】审核发现，某检测公司查实验室用于固废前处理的翻转振荡装置未按照标准方法要求在温度为（23±2）℃的环境条件下进行固废浸出液的制备。

解析：不符合条款 CNAS-CL01：2018 6.3.3。

该不符合存在两个方面的问题：评审员的问题和实验室的问题。

——评审员的问题：描述的是评审员的结论，而不是发现的事实，没有清楚叙述固废浸出液的制备的温度或温度波动。

——实验室的问题是没有在方法标准要求的环境下制备样品，会影响检测结果的有效性。

【案例 7】审核发现，某检测公司实验区域未能设置外部人员限进标识，也未能采取措施控制外部人员进入试验区域；该中心二楼实验室受控区混有一间配方研究室，体系外研发人员可以自由进入整个二楼检测区，但检测中心没有相应的控制措施。

解析：不符合条款 CNAS-CL01：2018 6.3.4 a)。这 2 个不符合，都是实验室未对进入影响实验室活动的区域进行控制。这 2 个不符合在不满足 6.3.4a）的同时，还存在不符合 4.2.1 保密性的风险，4.2.1 规定“实验室应……，对在实验室活动中获得或产生的所有信息承担管理责任……除非客户公开的信息，或实验室与客户有约定（例如：为回应投诉的目的），其他所有信息都被视为专有信息，应予以保密。”对实验室以外人员进入实验室不加控制，就存在泄露在实验室活动中获得或产生的客户样品的相关信息的风险，违反实验室的保密性承诺。

【案例 8】审核发现，某检测公司实验室土壤风干和研磨处理共处一室，存在污染干扰影响；土壤测定用酸度计、电导率仪、分光光度计与土壤消解、蒸馏前处理设备共置一室，存在检测干扰影响；112 房间内放置的氮气瓶和高纯氮气瓶均无固定装置，摆放位置不当。

解析：不符合条款 CNAS-CL01：2018 6.3.4 b)。

——这 2 个不符合都是关于对于相互干扰或对实验室活动有不利影响的，没有采取相应措施。特别是与第 2 个不符合类似的情况，在现场评审时经常发现，需要引起各实验室的重视。

——对于实验室活动互相干扰的情况，实验室应采取措施，该措施可以是物理隔离，也可以是其他措施，必要时应有明确规定，并做好记录。以时间隔离为例，实验室应明确规定不能同时进行的活动，需要时还应明确规定间隔时间，应详细记录开展各项活动的时间，以证明没有产生相互干扰。

【案例 9】审核发现，某检测公司氨氮与总硬度检测同在化学分析一室，未采取防干扰措施；现场检查发现实验室挥发酚、氨氮相互干扰的项目同在×××房间进行分析，没有隔离措施。

解析：不符合条款 CNAS-CL01：20186.3.4 c）。总硬度和挥发酚的检测，都需要用到氨水，会影响氨氮检测，因此总硬度和挥发酚的检测区域与氨氮的检测区域应该分开，应予以有效隔离。

【案例 10】审核发现，某检测公司分析中心油品“硫酸盐灰分”检测的硫酸前处理、马弗炉恒重以及天平称重等过程均在同一检测室进行，未有效隔离；编号为×××的电子天平，与加热用烘箱放置在同一房间，实验室未对其区域进行有效隔离。

解析：不符合条款 CNAS-CL01：2018 6.3.4 c）。天平的存放、使用环境对环境温度有着严格的要求，而马弗炉、烘箱等高温设备使用时会引起环境温度的较大变化，因此它们不宜与天平在同一区域。

【案例 11】审核发现，某检测公司检查清洗室，该室内进行废清洗溶剂的回收，同时有烘箱、快速烘干器等加热烘干设备，存在安全隐患。

解析：不符合条款 CNAS-CL01：2018 6.3.4c）。该不符合的存在，会给实验室带来安全性风险。实验室在对不相容的实验室活动区域进行隔离时，还要考虑安全性因素。

【案例 12】审核发现，某检测公司实验室未对饲料添加剂中维生素 B_2 含量检测场所避光措施的有效性进行评审。

解析：不符合条款 CNAS-CL01：2018 6.3.4。实验室除对控制措施要实施、监控外，还应评审其有效性，以防控制措施有疏漏。该实验室通过对这个不符合项的整改，填补了原措施的疏漏，使检测结果的有效性得到了保证。

四、资源要求——外部提供的产品和服务

【案例 1】审核发现，某检测公司实验室不能提供用于气体油雾和颗粒物项目检测用滤膜的申请 采购的技术参数、生产商信息，没有制订供应商评价的准则。

解析：不符合条款 CNAS-CL01：2018 6.6.2。该不符合涉及了 6.6.2 中的 a）和 b），对于对实验室活动有影响的滤膜，实验室的采购要求不明确，没有技术参数、生产商信息，缺少了采购验收的依据，如果检测结果出现问题时，也将无法判断是否是由于所用滤膜原因，或者是由于哪个生产商、哪种规格型号的滤膜引起。

没有制定对供应商评价的准则，对供应商的评价就没有依据，也不能保证实

施的一致性。

【案例 2】审核发现，某检测公司质量体系文件中没有规定对能力验证提供者、设备维修维护服务商等的评价要求；质量体系文件中没有规定对标准物质供应商、能力验证提供者等的评价要求。

解析：不符合条款 CNAS-CL01：2018 6.6.2a）。在旧版准则中，对于服务供应商没有区分用于实验室自身活动还是用于支持实验室的运作，无论 CNAS 文件，还是相关培训，更多强调的是校准服务。新版准则和 CNAS-CL01-G001 将“用于实验室自身活动”和“用于支持实验室的运作”分开表述，而且明确了除校准服务外更多的服务，实验室也要加以控制。部分实验室在进行管理体系转换时，没有深刻学习领会新准则内容，忽略了这方面的要求。

对于能力验证提供者没有评价就选用，会带来不符合 CNAS-RL02《能力验证》的风险。

【案例 3】审核发现，某检测公司查 2018 年 8 月 2 日的氧气采购申请，未按 GB/T 213—2008 的要求描述其纯度指标；实验室进行润滑油铜片腐蚀试验所用分析纯的 60~90℃石油醚，与 GB/T 5096—2017《石油产品铜片腐蚀试验法》规定使用分析纯的 90~120℃石油醚不一致。

解析：不符合条款 CNAS-CL01：2018 6.6.2a）。这 2 个不符合，特别是第 2 个不符合出在本条款，说明都是在采购环节出了问题。

——第 1 个不符合，明显是实验室在制订采购要求时忽视了检测方法的要求，造成采购文件对关键指标未做要求。

——第 2 个不符合，可能存在二种情况：①是实验室在制订采购要求时忽视了检测方法的要求，导致所提要求与方法要求不一致，或没有提相应要求；②是采购文件没有问题，但在验收时忽视了该指标，导致与采购要求不一致的试剂作为验收合格试剂用于检测。

——以上两种情况都会带来检测结果失效的风险。这 2 种不符合的发生，也说明实验室相关岗位人员存在失职的可能。

【案例 4】审核发现，某检测公司实验室不能提供为其提供校准服务的×××计量测试所的技术能力附件；查实验室 2019 年危险废物处理协议，缺少服务方×××环境服务有限公司的有效资质证书。

解析：不符合条款 CNAS-CL01：2018 6.6.2 b）。从该事实判断，有以下两种可能。

—— 实验室对该供应商没有做评价，也就提供不出相应记录。

—— 实验室对该供应商做了评价，但保存的评价记录不全。

CNAS 在 CNAS-CL01-G002《测量结果的计量溯源性要求》的第 4.5 条明确了 CNAS 承认哪些机构提供的校准/检定服务的计量溯源性，对检定、部分机构提供的校准服务的承认有哪些条件，实验室应该提供什么样的证据。实验室选择的校准服务供应商应满足这个要求，供应商的能力附件作为证据之一应予保留。

【案例5】查服务及供应商评价及名录资料发现，实验室在2018年10月对服务及供应商进行评价时，均无评价意见，但有结论。

解析：不符合条款CNAS-CL01：2018 6.6.2 d）。从该事实描述推断，实验室的服务及供应商评价表中对每一条评价内容后面类似于“评价意见栏”均是空白，没有填写意见，而直接在“评价结论栏”给出结论。如果是这样，那么有两种可能：——结论不是依据评价意见得出。实验室未做评价，随意或想当然地给出结论。——记录填写不完整。实验室对供应商做了评价，但没有填写评价意见，直接依据评价意见，填写了结论。两种情况性质不同，第1种有可能涉及实验室的诚信，后果严重。第2种实验室应从记录格式设计、规范相应岗位人员行为等方面，查找原因，必要时防止类似问题再次发生或在其他方面发生。

五、资源要求——设备和计量溯源性

【案例1】审核发现，某检测公司敌敌畏、乐果、甲基对硫磷、对硫磷、马拉硫磷、毒死蜱六个项目，因其依据的方法标准为气相色谱仪和火焰光度检测器，而实验室目前气相色谱仪均未配置火焰光度检测器；实验室未按GB 9840—2017《饲料添加剂　维生素D_3（微粒）》的要求配置正相液相色谱柱。

解析：不符合条款CNAS-CL01：2018 6.4.1。上述不符合是由于实验室配备的仪器设备不满足检测方法要求，其结果是评审员不予推荐认可其相关项目。

影响实验室活动的主要仪器设备不满足方法要求，属于严重不符合，不能予以认可。

【案例2】审核发现，某检测公司①实验室未按GB/T 260—2016《石油产品水含量的测定蒸馏法》要求配备2mL、5mL、10mL（标准锥形、圆形）、25mL的水分接收器。②现场发现用于H 549—2016采集固定污染源废气中氯化氢的采样枪为不锈钢材质，与方法要求的硬质玻璃或氟树脂材质不一致。③实验室在应用标准GB/T 617—2006测定熔点时，缺少作为辅助测试用800mm长的玻璃管。④实验室现场配置的用于胶质含量测定的温度计量程为0～300℃，不符合方法规定的-5～400℃要求。⑤实验室进行铜片腐蚀试验时样品试管采用橡胶塞，GB/T 5096—2017中要求采用带孔的软木塞。⑥检验室按照GB/T 5096—2017《石油产品铜片腐蚀试验法》标准进行检测，处理铜片时错误使用P240砂纸和P150砂纸，未按照方法要求使用对试验结果有重要影响的P220砂纸和P150砂粒。

解析：不符合条款CNAS-CL01：2018 6.4.1。以上6个案例都是实验室配备的仪器设备不满足检测方法要求，这6个案例中的设备或是辅助设备，或是价格不高且易获得的设备，在规定的期限内（初评/扩项期限为2个月，监督/复评期限为1个月）实验室能够获得该设备并通过验证其符合规定要求，同时完成其他需要整改验证的内容，如对以前检测工作的影响及采取相应措施等，通过评审组的验证，必要时需现场验证后，评审组才能推荐认可。

【案例3】审核发现，某检测公司观测现场试验发现（注：评审时间2019年7月），在用的四氯乙烯试剂（石油类和动、植物油类检测项目）为2018年11月采购，有效期为6个月；实验室在用编号为×××电子天平校准已过期，未送检。

解析：不符合条款CNAS-CL01：2018 6.4.2/ CNAS-CL01：2018 6.4.4。这2个不符合都是由于实验室在开始检测前没有对设备进行核查，造成已超过有效期的设备还在使用，其结果会导致检测结果失效。

【案例4】审核发现，某检测公司实验室不能提供对紫外荧光总硫测定仪符合ASTM D6667—2010标准方法要求进行验证的材料。实验室不能提供对GC-126PDD型气相色谱仪满足GB/T 8984—2008和GB/T 3634.1—2006 4.2标准方法要求进行验证的材料；查实验室在进行油中溶解气体组分含量分析时所用110号100mL玻璃注射器，无进行气密性试验记录。实验室不能提供泡沫试验仪上的浮子流量计的核查记录；实验室不能提供泡沫特性试验仪的流量计核查记录。

解析：不符合条款CNAS-CL01：2018 6.4.4。这3个不符合是涉及设备在投入使用前没有做验证，验证包括了校准和核查，符合6.4.6中所述要求的设备必须做校准，在6.4.6要求以外的设备可以做核查。核查的方法有多种，包括使用标准物质、参加实验室间比对或能力验证等。

【案例5】审核发现，某检测公司实验室不能提供编号为×××的石油产品色度测定仪校准证书与GB/T 6540标准相符合的确认记录；标准GB/T 17144—2021《石油产品　残炭的测定　微量法》规定加热炉温度在（500±2）℃，实验室提供编号为×××校准证书中校准温度为250℃，与标准规定不符合；查微波消解仪（编号×××）校准证书确认记录表，未对其是否满足SN/T 0448—2011《进出口食品中砷、铅、镉的检测方法　电感耦合等离子体质谱（ICP-MS）法》的使用要求进行确认；复混肥料样品制备用0.5mm标准筛2018年5月14日的校准结果未按标准方法的要求予以确认；设备编号为×××的电热恒温鼓风干燥箱“仪器设备校准/检定确认记录”中未将校准/检定结果是否符合检测方法的规定要求进行确认。

解析：不符合条款CNAS-CL01：2018 6.4.4。这5个不符合都是关于校准结果确认的，有的没有做确认，有的确认没有针对使用要求。校准与检定不同，校准参数是由实验室分析需要提出，校准机构将校准结果提供给客户，不会针对测量仪器给出结论。实验室得到校准证书后，应根据预期使用要求，对校准结果是否满足检测/校准方法需要进行确认。

部分实验室存在的问题是没有根据自身实验室活动的需要提出校准需求，而是由校准机构根据经验或检定规程的内容确定，校准完成后也没有根据预期使用要求对校准结果进行确认，因此现场评审时发生的这类不符合较多。

CNAS-CL01-G002第4.9规定“合格评定机构应对作为计量溯源性证据的文件（如校准证书）进行确认。确认应至少包含以下几个方面（以校准证书为例）。

（1）校准证书的完整性和规范性。

（2）根据校准结果作出与预期使用要求的符合性判定。

（3）适用时，根据校准结果对相关设备进行调整、导入校准因子或在使用中修正。”

【案例6】审核发现，某检测公司编号为×××的40目的标准筛的校准证书显示平均网孔尺寸为0.591mm，技术要求为（0.45±0.0160）mm，确认报告中结论为该标准筛符合使用要求；闭口闪点测定仪（设备编号：×××）的校准结果（校准证书编号：×××）为闪点>110℃，实验室未对校准结果不符合GB/T 261—2021检测方法要求进行验证确认；编号×××的二氧化碳红外线分析仪，其校准证书（编号×××）显示响应时间为30s，不符合标准方法GB/T 18204.2—2014的4.1.3条款要求的小于15s。

解析：不符合条款CNAS-CL01：2018 6.4.4。这3个不符合都是校准结果不符合方法标准的要求，但实验室对校准结果确认时没有识别出来。可能的一个原因就是校准结果确认时没有依据预期使用要求进行。这类不符合在整改时应注意追查前期检测结果是否受到影响，对受到影响的检测结果应采取相应措施。

【案例7】审核发现，某检测公司编号为×××《金相显微镜》校准证书，建议再校准日期为2017年09月29日（校准周期为1年），实验室不能提供校准周期3年证实材料。双通路大气采样器（TH30OOBIV型）和智能四路空气采样器（202OS型）的校准证书中（四通路编号×××、二通路编号×××）均未提供各自通路流量的校准结果，实验室未对校准结果进行确认。

解析：不符合条款CNAS-CL01：2018 6.4.4。这个不符合可能存在两个问题，校准机构的问题和检测实验室的问题。

——从事实描述判断，校准机构可能的问题是在未与客户达成协议的情况下，在校准证书中给出了校准周期的建议，不符合CL01第7.8.4.3的要求。

——实验室的问题：①如果与校准机构就校准周期达成了协议，就应执行。如果没有达成协议，实验室应提供确定校准周期的分析评估记录。②实验室在送校时没有明确提出自己的需求，校准完成后也没有对校准结果进行确认，以致不能发现校准的参数不满足实验室预期使用要求，达不到设备验证的目的。

【案例8】审核发现，某检测公司实验室使用编号×××的氮中一氧化碳标准物质，不确定度为2%（$k=2$），不符合GB/T 18204.2—2014中3.1.2.5条款的要求（不确定度不超过1%）。

解析：不符合条款CNAS-CL01：2018 6.4.5。这个不符合是标准物质的不确定度大于要求。

类似的不符合还包括设备的准确度、灵敏度、量程范围、检出限等与方法要求不符等。这种情况也同时不符合6.4.1“实验室应获得正确开展实验室活动所需的并影响结果的设备，……”但判在6.4.5应该更准确一些。

【案例 9】审核发现，某公司对空气过滤器性能试验所用的上、下游尘埃粒子计数器（×××），实验室无法提供校准日期、校准结果等设备记录；实验室用于机动车尾气检测的 NHA-605 汽车排放气体测试仪（编号×××）和 NHT-6P 便携式不透光烟度计（编号×××）无校准记录。

解析：不符合条款 CNAS-CL01：2018 6.4.6。这 2 个不符合是关于测量准确度对检测结果有效性有影响的设备没有送校准。因此，实验室应对哪些设备会影响实验室活动结果的有效性进行评估，从而确定需要送校准的设备及需要校准的内容。

【案例 10】审核发现，某检测公司高温箱式炉（编号×××）校准温度为 775℃，未校准常用的 550℃，且其校准证书确认无依据；编号为 20150006 的低温黏度计只校准了温度示值，未校准控温浴的均匀度和波动度；现场依据 ISO 8130-7：2019《粉末涂料第七部分：烘烤时质量损失的测定》做粉末涂料质量损失时，烘烤温度为（180±2）℃，而所用自然对流烘箱（设备编号：×××）仅校准 105℃一个温度点；编号为×××校准证书的比表面分析仪，量值溯源为 8.96～104.6m²/g，未覆盖实验室常用的 0.6m²/g 的关键量值。

解析：不符合条款 CNAS-CL01：2018 6.4.6。这 4 个不符合都是实验室虽然送校准了，但校准的参数或校准点不满足实验室的使用需求。实验室在送校时，应清楚了解自身对校准的需要，如：需要校准什么参数、要校准该参数的哪些点，在送校时明确提出。因此按 6.4.7 的要求做好校准方案是非常重要的。

不满足 6.4.6 条款要求的不符合，也同时不满足 6.4.4 条款，但对于应该校准而没有校准的不符合，开具在 6.4.6 更准确一些。但对于进行了校准，可校准参数或校准结果不满足实验室需求或标准要求的不符合，开具在 6.4.4 更适宜。

【案例 11】审核发现，某检测公司不能提供电子天平期间核查用标准砝码的校准信息。

解析：不符合条款 CNAS-CL01：2018 6.4.6。该不符合出具存在的问题是事实表述不清，其结果是不能判断是否不符合 6.4.6，同时也说明对校准和期间核查的概念没有分清。

——校准要解决的是设备的示值是不是“准”和溯源问题，而期间核查要解决的是设备性能是不是“稳定”，即能不能保持原状态，不涉及溯源问题，不是再校准，因此用于期间核查的核查标准（或称参考物质/参考标准）应具有良好的稳定性，且一般不能用于日常的实验室活动。这个参考物质（参考标准）不一定要送校准。

——不符合未表述清楚该标准砝码是否只用于期间核查，还是日常称量也要用到。如果还用于日常称量，则会影响到实验室活动的结果，就应该送校准。

【案例 12】审核发现，某检测公司 2018 年校准计量计划表未规定校准设备的参数，使用范围和校准周期等；实验室未制订箱式高温炉（编号：NTA-0054）的

校准方案；实验室未能提供检测压裂用支撑剂灼烧损耗参数所用的箱式电阻炉 SX2-4-10（仪器编号：LT/Y2015-003）校准方案。

解析：不符合条款 CNAS-CL01：2018 6.4.7。以上不符合都是未针对需要校准的设备制订校准方案，或校准方案（校准计划）内容不完整，不能保证校准能够有效实施。

【案例 13】审核发现，某检测公司 2019.3.18 对校准证书（×××、×××）的结果确认为准用（黄色标签），现场发现对应设备（＊＊＊、＊＊＊）贴有绿色合格标签。

解析：不符合条款 CNAS-CL01：2018 6.4.8。虽然认可准则没有要求对设备的状态使用颜色标签，但是如果实验室管理体系文件规定使用不同颜色标签来表明设备状态时，实验室应按体系文件的规定执行。

设备经校准并确认后，认为某些量程或某个参数等存在问题，不能使用，但其他的量程、参数等可以使用时，实验室应在标识上明确标明可以使用的区段，以防止误用。

该不符合的存在，有可能导致误用，实验室在整改时应对校准结果确认后至现场发现之前这段时间内使用该设备的情况进行核查，必要时追回发出的检测报告。

【案例 14】审核发现，某检测公司 GB/T 24131.2—2017 标准中规定对红外水分测定仪（HG-63）采用测定 10 次 L-酒石酸钠二水合物对系统准确度进行期间核查，实验室实际只测了 2 次；未能提供使用中的黏度计按 GB/T 16783.1—2014 规定每月至少校正一次的记录（标准规定：使用中的黏度计应每月至少校正一次，如黏度计读数不稳定，还应增加校正次数）；标准 SH/T 0103—2007《含聚合物油剪切安定性的测定　柴油喷嘴法》要求每 420 次循环（相当于 14 次测定）用标准油核查一次，但现场记录是 19 次测定才做核查，超出方法规定期限；未按 GB/T 261—2021 标准方法 7.4 条款要求，对闭口闪点测定仪进行期间核查。

解析：不符合条款 CNAS-CL01：2018 6.4.10，这 4 个不符合都是关于方法标准对设备的期间核查有要求，但实验室未遵照执行的。

【案例 15】审核发现，某检测公司电子天平（编号：×××）期间核查记录中缺少稳定性核查信息。

解析：不符合条款 CNAS-CL01：2018 6.4.10，这 2 个不符合是关于期间核查实施不完全的。

——期间核查要做的是获得设备性能保持原有状态的信心，但第 1 个不符合对关键的稳定性没有进行核查。

——第 2 个不符合，实验室在有核查方法的情况下，没有按照方法进行全面核查。因此实验室应从核查方法的适用性、人员履职能力等方面查找原因，采取适当的措施，而不仅仅是简单的重新学习、培训文件。

【案例16】审核发现，某检测公司①双釜增压稠化仪（编号：×××）《仪器设备和标准物质期间核查记录表》的记录，缺少核查符合性判定要求。②证书编号为×××便携式气体、粉尘、烟尘采样仪综合校准装置，校准日期为2016年3月01日，仪器检定/校准确认记录为2016年3月8日。实验室未能提供近3年的核查记录，③证书编号为×××GL-102B型电子造模校准日期为2017.11.25，确认日期为2017.11.28，实验室不能提供近2年的核查记录。

解析：不符合条款CNAS-CL01：2018 6.4.10。这2个不符合都是关于期间核查记录。

——期间核查实施后，实验室应对核查结果进行评价，判定设备性能是否保持稳定。不对核查结果做评价，期间核查就失去了实施的意义。

——设备校准周期一般由使用者确定，期间核查是实验室判定设备是否需要校准的依据之一，如果期间核查结果显示设备性能稳定，其校准周期可以适当延长。如果期间核查的结果显示设备性能已不稳定，示值出现了漂移，就应立即进行校准。因此没有期间核查记录，实验室就失去了判定设备是否需要校准的依据。

【案例17】审核发现，某检测公司实验室提供不出旋转黏度计的期间核查作业指导书。

解析：不符合条款CNAS-CL01：2018 6.4.10。实验室确定要对某些设备进行期间核查后，应根据不同设备的具体情况，选择适用的方法实施，此时需要针对具体设备编制期间核查作业指导书。一般情况下，期间核查程序规定是整体的原则性要求，例如具体负责的岗位、职责，从哪些方面确定需要实施期间核查的设备等。但不同的设备其性能不同，工作原理也不同，期间核查的方法就不同，有时同一台设备也有多种核查方法。因此实验室应从自己的需求出发，综合考虑资源配备、经济成本等因素，确定每台需要核查设备的具体核查方法，制订相应操作文件供执行人员使用。

【案例18】审核发现，某检测公司编号为×××的高温炉校准证书显示，设备在620℃存在+8℃的校准因子，实验室未能在明显处标识并应用该校准因子。

解析：不符合条款CNAS-CL01：2018 6.4.11。如果校准结果在某一点的修正值与其他点不同，则实验室应采取有效措施，保证在使用时能够正确应用该修正值。

【案例19】审核发现，某检测公司DGCYH/PD11—2018《计量溯源性程序》文件规定要建立并保持设备测量结果的计量溯源性及溯源图，每次对设备进行校准均要引入测量不确定度。但未提供溯源图。

解析：不符合条款CNAS-CL01：2018 6.5.1。虽然溯源图是一种比较好的叙述测量溯源性的方式，但准则中并没有强制要求实验室画溯源图，但如果实验室的管理体系文件规定要有溯源图，则实验室应该遵照执行。画溯源图时也要考虑《计量溯源性程序》附录A.2.1的内容。

六、过程要求——要求、标书和合同评审

【案例 1】审核发现，某检测公司①实验室与×××对 2019 年×月×日的检测任务签订的《委托检验/测试服务申请书》中未包括取样方法、检测周期、样品处置、结果报告的发送方式、法律责任等内容。②编号为×××的委托协议书中未列明具体的检测项目及其检测方法。③常规检测合同评审用的《加样分析申请单》没有包含样品状态、数量描述，也没有约定检验的依据。

解析：不符合条款 CNAS-CL01：20187.1.1 a）、CNAS-CL01：2018 7.1.1 d。对客户要求和实验室需要了解的详细信息，未在与客户签署的文件中明确，会给实验室带来风险，轻则可能导致合同履行困难，造成经济损失，重则可能带来法律风险。

【案例 2】审核发现，某检测公司 2018 年×月×日客户委托进行氙灯老化试验，样品数量不能满足 GB/T 1865—2009 方法要求，测试委托书中未记录此偏离的情况。

解析：不符合条款 CNAS-CL01：2018 7.1.4。实验室在合同评审时发现接收到的样品数量不能满足检测要求时，应与客户沟通，协调，在检测活动开始前解决，沟通解决的记录应予保留。特别是保留客户同意在样品数量不能满足标准要求时继续实施实验室活动的记录，能够免除实验室的责任，见 7.4.3 条款要求。

七、过程要求——方法的选择、验证和确认

【案例 1】审核发现，某检测公司：①2019 年 2 月 26 日对编号 19022603 的 0 号车用柴油（Ⅵ）进行灰分测定，生成灰分质量分别为 0.5mg 和 0.8mg，不能满足方法 5.1 条款“所取试样足以生成 20mg 的灰分为限”的要求。②现场试验发现编号为 LHHY.QR-7.5-01-002《硫含量测定原始记录》，只检测两次，与 SH/T 0689—2000《轻质烃及发动机燃料和其他油品的总硫含量测定法（紫外荧光法）》规定：“每个样品重复测定三次”不符。③2019 年 3 月 17 日该公司对外部委托的 100#齿轮油样品（样品编号 SQR-201903-0065）进行倾点的测定，查该原始记录其倾点只做单次试验，不符合 GB/T 3535—2006《石油产品倾点测定法》第 7 章“取重复测定的两个结果的平均值作为试验结果”的规定。④查 2019 年 7 月 12 日的水质化学需氧量分析原始记录，未对样品中氯离子的含量进行初判，不符合检测标准的要求。

解析：不符合条款 CNAS-CL01：2018 7.2.1.1。该条款的不符合发生，基本上均是未按方法标准的要求实施检测活动。

【案例 2】审核发现，某检测公司 SY/T 5753 引用标准 SY/T 5336—2006，已于 2015 年 12 月 23 日作废，查 2018 年 12 月 6 日查新报告中查新状态为“现行有效”。

解析：不符合条款 CNAS-CL01：2018 7.2.1.3。

——实验室的问题在于 SY/T 5336—2006 标准已于 2015 年 12 月 23 日作废，但直到 2018 年底实验室的标准查新报告中仍将其标为“现行有效”，说明实验室对“现行有效”的理解有误，或实验室的标准查新系统存在问题，不能发现已作废的标准。

——由于 SY/T 5753—2016《油井酸化水井增注用表面活性剂性能评价方法》引用的是带年号的 SY/T 5336—2006《岩心分析方法》，因此在依据 SY/T 5753 进行检测时，虽然 SY/T 5336—2006 已经作废，但仍可以使用，依据其做岩心准备。在认可能力表中也可以保留此作废标准，但需要标注。

【案例 3】审核发现，某检测公司实验室在 2019 年 3 月进行标准版本查新确认时未能识别《移动通信基站电磁辐射环境监测方法（试行）》环发〔2007〕114 号已经被《移动通信基站电磁辐射环境监测方法》HJ972—2018 替代。

解析：不符合条款 CNAS-CL01：2018 7.2.1.3。实验室标准跟踪存在问题，以致不能及时发现最新的标准。

【案例 4】审核发现，某检测公司没有编制执行 GB/T 9722—2006（9.2）《化学试剂　气相色谱法通则》的作业指导书，用来规定如何根据样品的特性选择分析检测程序以及合适的仪器操作条件，指导评估本标准的适用性。

解析：不符合条款：CNAS-CL01：2018 7.2.1.3。对于方法通则标准，由于其信息不充分，不能被操作人员直接使用，因此需要制定 SOP。

【案例 5】审核发现，某检测公司试验人员对英文版 ASTM D93-18 标准不能充分理解，实验室也未制订该方法的中文版作业指导书，以确保实验人员对方法的正确理解和使用。

解析：不符合条款：CNAS-CL01：2018 7.2.1.3。该问题属于标准不易被理解的情况，因此需要制定 SOP，以帮助使用者正确理解和使用标准。

【案例 6】审核发现，某检测公司 GB/T 33400—2016 柴油总污染物含量测定法中滤膜的恒重对结果非常重要，但标准对恒重环节操作未做出具体规定，实验室未编制相应操作细则。

解析：不符合条款：CNAS-CL01：2018 7.2.1.3。该问题属于标准信息不充分，为保证检测结果的有效性，需要编制 SOP。

【案例 7】审核发现，某检测公司实验室脱硝催化剂作业指导书《化学成分的检测方法》WXSHJC-ZY-A-O2 对条状催化剂取样端头识别和取样部位没有明确规定。

解析：不符合条款：CNAS-CL01：2018 7.2.1.3。该问题属于实验室的 SOP 规定不具体，不能达到保证实施的一致性和结果有效性的目的。

【案例 8】审核发现，某检测公司已获认可方法“气相色谱法《空气和废气监测分析方法》（第四版）6.1.5（2）”已被新标准“环境空气总烃、甲烷和非甲烷总烃的测定直接进样-气相色谱法 HJ 604-2017”替代，实验室标准查新未发现。

解析：不符合条款：CNAS-CL01：2018 7.2.1.3。该问题属于实验室的标准跟踪存在问题，在跟踪标准变化时，不仅要关注同一标准的变化情况，还要关注类似内容其他标准的发布，以利于发现是否存在现用标准被其他标准替代的情况。

【案例9】审核发现，某检测公司本次申请扩项的微囊藻毒素项目，因实验室提供的方法验证报告中，流动相、检测器特征波长等关键试验条件与申请认可所依据的方法标准不一致；检出限也达不到方法标准的要求。

解析：不符合条款：CNAS-CL01：2018 7.2.1.5。方法验证的关键试验条件与依据的方法不一致，不能证明能够正确运用方法，不予推荐认可。

【案例10】审核发现，某检测公司申请认可的检测对象为土壤、沉积物（申请书第6类中序号32-50）的19个项目检测方法为《土壤和沉积物半挥发性有机物的测定气相色谱-质谱法》HJ-2017，实验室无法提供沉积物样品方法验证材料。

解析：不符合条款：CNAS-CL01：2018 7.2.1.5。沉积物未做方法验证，不能证明实验室具备依据标准对沉积物实施检测的能力，因此增加限制，只做土壤。

【案例11】审核发现，某检测公司《空气和废气监测分析方法》（第四版增补版）方法为新扩方法，方法验证报告未完成。

解析：不符合条款：CNAS-CL01：2018 7.2.1.5。方法验证报告未完成就提交扩项申请，说明实验室在提交扩项申请前自我评估存在问题，不予推荐认可。

【案例12】审核发现，某检测公司气相色谱/质谱法测定土壤多环芳烃的方法验证报告中使用的提取溶剂与标准不一致；《水质石油类和动植物油类的测定红外分光光度法》HJ637-2018）的方法验证报告中，石油类的原始记录中的样品量为1000mL，未按照方法要求采集500mL，未记录萃取后的样品体积。

解析：不符合条款CNAS-CL01：2018 7.2.1.5。这2个不符合都是在进行试验验证时，在个别方面偏离了方法标准的要求。严格意义上说这不算是对标准方法的验证，如果实验室打算长期偏离标准方法操作，应按非标申请认可，并做方法确认。准则的7.2.2.1规定，对修改的标准方法要进行确认。对标准方法的验证不应该有偏离标准要求的情况出现。

【案例13】审核发现，某检测公司：①实验室提供的水中甲氧氯的验证报告中缺少净化方法的验证信息。土壤和沉积物中多氯联苯的测定气相色谱-质谱法HJ 743—2015的验证报告中缺少现场采样及样品前处理技术能力的验证信息。②查实验室使用气相色谱 质谱法测定土壤中半挥发性有机物的方法验证报告缺少净化的内容；缺少气相色谱 质谱法测定固废中半挥发性有机物检出限验证内容。③新项目《固定污染源废气一氧化碳的测定电位电解法》的验证报告中缺少系统偏差、零点漂移的验证信息。④实验室不能提供EN 71-3：2019标准《玩具的安全性第3部分：某些特定元素的迁移》中有机锡的精密度和检出限方法验证材料。

解析：不符合条款：CNAS-CL01：2018 7.2.1.5。这几个案例，都是方法验证不全面，没有针对实验室活动的全部过程进行验证，对一些方法中的关键点，如化学检测的精密度和检出限等，没有进行验证，也就不能证明实验室能够实现所需的方法性能，验证存在缺陷。

【案例 14】审核发现，某检测公司查方法验证材料发现，本次新标准 HJ 803—2016 和 HJ57—2017 的方法验证报告缺少实际样品测试。

解析：不符合条款：CNAS-CL01：2018 7.2.1.5。方法验证缺少对实际样品的试验验证，就不能证明实验室能够正确地运用方法，并确保实现所需的方法性能。

【案例 15】审核发现，某检测公司实验室未能提供管子钳最小试验扭矩的试验方法进行验证的记录。

解析：不符合条款：CNAS-CL01：2018 7.2.1.5。方法验证没有在极限点进行试验，不能证明实验室能够实现所需的方法性能。

【案例 16】审核发现，某检测公司实验室对 2019 年 7 月 1 日实施的 GB/T 510—2018《石油产品凝点测定法》变更标准，于 2019 年 4 月 10 日进行验证（见 GB/T 510—2018 检测方法确认评审表），但验证信息缺少标准中新增的“自动微量凝点测定仪的相关内容”；实验室不能提供 SY/T 6576—2016 新变更标准的方法验证记录。

解析：不符合条款：CNAS-CL01：2018 7.2.1.5。这 3 个不符合都是关于标准变更后方法验证的。该类不符合发生的概率相对较高，应引起实验室的重视。修订后的标准，实验室应识别变更的全部内容，当识别出影响现有技术能力的变更后，应针对有影响的部分重新进行验证，验证方法同样包括试验验证。

【案例 17】审核发现，某检测公司：①消费品实验室对 GB/T 9985—2000 方法验证记录中用毛细柱代替填充柱、用标准曲线法代替单点校正法，但不能提供相应的文件化规定。②查报告编号×××等 20 份检测报告发现，本实验室采集空气中苯系物（苯、甲苯和二甲苯）使用的 Tenax 富集管，与实验室申请的《居住区大气中苯、甲苯和二甲苯卫生检验标准方法　气相色谱法》，GB 11737—1989 的标准方法使用的活性炭管不一致；实验室不能提供偏离方法的技术确认材料。③编号×××原始记录中，样品滤膜恒温、恒湿 24h 后仅称量一次，不符合 HJ618—2011 规定称量 2 次的要求。

解析：不符合条款：CNAS-CL01：2018 7.2.1.7。这 3 个不符合（包括在本次统计中未列出的案例），虽然评审员将不符合条款都对应到 7.2.1.7，但严格意义上说，这 3 种情况都不属于本条款所述的偏离，前两个属于修改标准方法，应按非标准进行确认，最后一个是没有按照标准方法的要求操作，与 7.2.1.1 的案例相似。

八、过程要求——抽样

【案例 1】审核发现，某检测公司实验室检测的废水样品由实验室自行抽取，但其提供不出抽样计划和方法。

解析：不符合条款 CNAS-CL01：2018 7.3.1。实验室存在抽样活动，但未按要求制订抽样计划和抽样方法。

【案例 2】审核发现，某检测公司查实验室抽样记录发现，2018 年 6 月 28 日“废水采样原始记录表”中仅采集一个废水样品，未根据标准要求采集现场空白和现场平行样；现场观察发现，仪器室 1 的一瓶水中总有机碳样品，使用透明玻璃瓶材质盛装且上部留有空间，与 HJ501 标准要求“采集在棕色玻璃瓶中并充满采样瓶，不留顶空”不符合。

解析：不符合条款 CNAS-CL01：2018 7.3.1。这 2 个不符合都是采样方法不满足检测方法要求，没有对影响检测结果有效性的因素加以控制。

【案例 3】审核发现，某检测公司查抽样记录发现，××××年×月×日地下水采样原始记录（水质挥发性有机物）缺样品固定剂和低温保存的信息。

解析：不符合条款 CNAS-CL01：2018 7.3.3 f)。相关标准中规定地下水采集后，对于挥发性有机物根据需要检测的各类有机物立即添加不同的保存剂，调节 pH、低温避光保存等要求，例如对于检测挥发酚和检测苯系物，添加的酸是不同的，因此实验室应记录所添加的保存剂、调节后的 pH、保存的环境条件等内容，以便需要对抽样进行追溯时使用。

【案例 4】审核发现，某检测公司实验室报告编号为×××的采样记录缺少 VOC 样品的采样容器信息。

解析：不符合条款 CNAS-CL01：2018。采样容器应按采样设备予以管理，因此采样时应记录采样容器的信息。

【案例 5】审核发现，某检测公司编号为×××的“SAMPLING REPORT”缺少抽样方法、抽样时间、环境条件等信息；废水采样记录中缺少采样方法、采样点位、样品名称、样品数量、所用设备的识别、保存、运输条件等信息。

解析：不符合条款 CNAS-CL01：2018 7.3.3。这 2 个不符合都是采样时没有记录必要的信息，造成抽样记录信息缺失，需要时无法追溯。

九、过程要求——检测或校准物品的处置

【案例 1】审核发现，某检测公司现场观测发现，编号为×××样品分析的项目是邻苯二甲酸酯（塑化剂），采样瓶盖用的是塑料盖，有可能会污染样品。

解析：不符合条款：CNAS—CL01：2018 7.4.1。实验室盛装样品时，如果用了不适合的容器会对测试该项目的样品造成污染。所以，实验室在样品存储时，应考虑容器所带来的影响。

【案例 2】审核发现，某检测公司样品室冷藏柜存放的废水样品（编号：×××）无送样日期、样品状态信息，且未对该样品保存条件予以监控和记录。

解析：不符合条款：CNAS—CL01：2018 7.4.1。缺少送样日期、贮存条件监控和记录，就不能证明在规定时间内进行了检测，也不能保证检测有效性。

【案例 3】审核发现，某检测公司查样品室，保留的编号为×××的留存样为各项目检验完毕后的样品，不能避免留存样品被污染。

解析：不符合条款 CNAS-CL01：2018 7.4.1。留样的目的是在需要时重新进行检测，做过化学检测的样品在检测过程中会添加一些化学试剂，这些添加剂在样品贮存过程中，可能会对样品造成污染，在这种情况下，检测过的样品是不适宜留样保存的。

【案例 4】审核发现，某检测公司在激光粒度实验室桌面上看到在检的白色粉末状样品多袋，其中一袋粘贴样品标识卡，上面有样品编号×××-PBO1，样品名称，检验状态；另外一袋无样品标识卡，塑料袋上有签字笔写的×××-04.14-16，还有一袋也无标签，塑料袋上用签字笔写上 485 06。

解析：不符合条款 CNAS-CL01：2018 7.4.2。该问题有两种可能：一是实验室未建立标识系统或规定不清晰，造成使用中标识混乱。另一种是实验室有清晰的标识规定，但人员因各种原因未按规定操作。无论哪种情况，样品标识出现问题，都容易造成样品混淆，最终影响到检测结果的有效性。实验室应查找原因，制修订文件，或采取措施规范人员操作，避免问题再次发生。

虽然准则没有明确要求实验室要有文件化的标识体系，但从应用实践来看实验室就物品的标识系统建立文件，清晰规定各项操作，如编号规则、检测状态等，是保证标识系统能得到控制的有效方式。

【案例 5】审核发现，某检测公司查编号为×××的检测原始记录中，采集氨、甲醛、二氧化硫和总挥发性有机化合物（TVOC）的样品编号均为 01C-Q12210101。

解析：不符合条款：CNAS—CL01：2018 7.4.2。没有将做不同化学检测项目的样品再进一步细分编号，极易在检测过程中发生混淆，造成检测结果失效。

【案例 6】审核发现，某检测公司挥发性有机物（VoCs）前处理间冰箱内的处理后样品标识在瓶盖上，且瓶盖未与瓶身相连。

解析：不符合条款：CNAS—CL01：2018 7.4.2。标识在使用中未注意细节，瓶盖与瓶身分离后，会造成样品没有标识，或瓶盖盖到其他瓶身上，极易造成样品混淆或污染。

【案例 7】审核发现，某检测公司化学实验室常量元素分析任务单号为 20180666、流水号为 19-2-051 的样品在检测过程中样品的编号没有保留，制备成的样片标签被简化为“1”。

解析：不符合条款：CNAS—CL01：2018 7.4.2。检测过程中样品原编号未保留，只简单标为“1”，易与其他样品发生混淆。

十、过程要求——技术记录

【案例 1】审核发现，某检测公司水处理剂聚氯化铝检测原始记录缺少样品状

态描述，缺少数据计算导出过程；查编号为×××原始记录无方法依据、计算公式、样品浓度、质控信息等内容；查实验室编号为×××的报告，缺少土壤中 Cr 的含水率校准公式信息，缺少校准曲线，缺少前处理信息；实验室编号为×××的测定水中挥发性有机化合物（VOC）的原始记录中未包括溴氟苯调谐、校准因子计算公式等内容。

解析：不符合条款 CNAS-CL01：2018 7.5.1。以上不符合项都是涉及缺少计算或公式信息。该信息属于影响测量结果的因素，应予以记录。但是，如果实验室使用计算机软件来实现公式计算，只要符合数据控制和信息管理（7.11）的要求，则并不一定要求要在纸质记录中体现。

【案例 2】审核发现，某检测公司编号为×××的检测飞灰浸出液的报告未提供浸提剂选择依据的记录；未提供电感耦合质谱法分析的仪器记录；编号×××的检测报告，实验室未能提供与之相应的原始记录；铜片腐蚀方法变更的确认报告中，为验证精密度记录的 9 组检测结果，提供不出其对应的原始记录；2019 年质量控制计划中含水率项目的实施缺少原始记录。

解析：不符合条款 CNAS-CL01：2018 7.5.1。以上不符合项都是涉及原始记录缺失，问题严重的会涉及诚实性，将受到惩罚。

【案例 3】审核发现，某检测公司：①12 月 30 日现场试验中，土壤有效磷、速效钾混合标准储备溶液的称重及制备未在获得时予以记录。②现场试验发现，悬浮物项目的恒重结果未在数据获得时予以及时记录。③按《衣料用液体洗涤剂》（QB/T 1224-2012）进行的去污力现场目击试验，试验时未及时记录污布的预处理过程。④查 ICP-MS 电子记录发现，保留在 ICP-MS 操作系统中的测试记录未按特定任务予以明确标识。

解析：不符合条款 CNAS-CL01：2018 7.5.1。以上不符合项是关于现场试验中的记录，前 3 个都是涉及未在原始观察或获得时予以记录，最后 1 个是记录中任务标识存在问题。

十一、过程要求——测量不确定度的评定

【案例 1】审核发现，某检测公司：①查编号为×××的“石油产品运动黏度不确定度评定”报告中发现：没有将温度的不确定度转换为黏度的不确定度分量而直接合成为运动黏度不确定度。②查编号为×××的“塑料黄色指数测量结果的不确定度评定”报告中发现，没有将合成的相对标准不确定度（%）换算（乘以黄色指数值）为标准不确定度，而直接乘以 2 作为黄色指数值的扩展不确定度。③查编号为×××的“钙离子含量的测量不确定度评定”报告中发现，无钙离子含量计算公式数学模型，漏评了标准溶液配制过程中引入的不确定度分量。④查编号为×××的“实验室气相色谱 质谱法测定苯并（a）芘的不确定度”报告中发现，校准曲线引入的不确定度分量估计方法与建立的测量模型要求不匹配。⑤查编号为×××的

“原子荧光光度法测定土壤中总砷的不确定度分析”报告中发现，缺少原子荧光光度仪带来的不确定度分量。

解析：不符合条款 CNAS-CL01：2018 7.6.1。在 7.6.1 条款出现的不符合，都是对不确定度的影响因素考虑不周所致。

【案例 2】审核发现，某检测公司：①检测部未能提供水处理剂聚合氯化铝不确定度评定报告。②实验室共编制测量不确定度评定报告 11 份，覆盖申请认可的水和废水、空气和废气两个检测领域，未涉及申请认可的污泥领域不确定度评定。③实验室不确定度评定只进行了倾点、运动黏度检测项目的评定，未对其他类型检测项目进行不确定度的评定。④实验室未能提供离子色谱法（HJ 84-201）测定氟化物、硝酸盐氮的测量不确定度报告。⑤实验室对 GB/T 3535—2006《石油产品倾点测定法》的润滑油倾点进行不确定度评定，其倾点的测量结果（-21℃）与评定 A 类不确定度时测定 10 次所获得的测量平均值（-27.3℃）不一致。

解析：不符合条款 CNAS—CL01：2018 7.6.3。在 7.6.3 条款出现的不符合，基本上是关于没有评定不确定度，或不确定度评定未覆盖方法或检测项目、检测对象。

十二、过程要求——确保结果有效性的角度

【案例 1】审核发现，某检测公司 2018 年 5 月 30 日进行了 PP1#材料熔融结晶温度的人员比对试验，比对结果的评价判据是依据 GB/T 19466.3—2004 中给出的 PP 精密度结果，而不是按照 2018 年质量控制计划表中规定的监控判据 $En \leq 1$ 做评价。

解析：不符合条款 CNAS—CL01：2018 7.7.1。质控结果的评价依据，如果质控方法标准中有规定，应依据该规定；如果没有，实验室可选择适当的方法评价。因此实验室在编制质控计划时，对于评价依据应经过充分的考虑后做出规定，不能规定与实施不同，那样规定就失去了其意义。同时如果规定不符合实际情况，也不能保证其得到实施。利用统计方法对质控结果进行评价可参考 CNAS-GL002《能力验证结果的统计处理和能力评价指南》和 GB/T 28043《利用实验室间比对进行能力验证的统计方法》。

【案例 2】审核发现，某检测公司 2018 年质量控制计划中无监控的具体产品与检测参数和外部质控方案内容，两个检验室已实施的 5 个质控参数，仅涉及涂料产品。说明：该实验室评审时间是 2018 年 12 月，获得认可的检测能力，其检测对象包括：各种用途的涂料（如常规涂料、建材用涂料、工程用涂料、船用涂料、军用涂料、车用涂料等）、塑料、橡胶、油墨、胶黏剂、化工产品等。

解析：不符合条款 CNAS—CL01：2018 7.7.1。该不符合项说明实验室存在 2 个问题，一是质控计划有缺失，没有具体产品和参数，造成质控计划流于形式。二是实验室获得认可的技术能力若干，仅常规涂料检测参数就有几十个，截止到 2018 年底仅有 5 个参数实施了质控，其质控覆盖面过低。旧认可准则的相关文件要求“质量监控计划应覆盖到认可范围内的所有检测或校准（包括内部校准）项

目”，2018 年 9 月新版认可准则及相关文件实施，CNAS-CL01-G001 规定“实验室对结果的监控应覆盖到认可范围内的所有检测或校准（包括内部校准）项目”，二者从本质上来说要求是一致的。新版准则中的监控方式比旧版准则中的质控方式可选择性要多，因此实验室应综合考虑，选择适当的方式对结果实施监控，满足 CNAS 的要求。

【案例 3】审核发现，某检测公司 2017 年以来，实验室在生物及生物残毒领域未参加能力验证或测量审核或实验室间比对活动；实验室提供不出近 3 年来卫生防护检测领域参加能力验证或实验室间比对的相关材料。

解析：不符合条款 CNAS-CL01：2018 7.7.2 a)、CNAS-CL01：2018 7.7.2。在 7.7.2 条款出现的不符合，有的与出现在 CNAS-RLO2 的不符合类似，有的是实验室把关注点放在了 RLO2 上，忽视了在 RLO2 规定的子领域以外的领域，也要实施适当的能力验证或实验室间比对。还有的是因为把目光只盯在获认可的实验室，缩小了实验室间比对参与的范围。

【案例 4】审核发现，某检测公司：①实验室于 2018 年 4 月 9 日至 5 月 24 日参加美国环境资源协会（ERA）组织的细菌总数能力验证，结果为不满意，实验室不能提供纠正措施的记录。②实验室 2017 年 4 月参加的色度能力验证，结果为有问题，实验室未采取措施。③实验室参与的 6th InterCinD 2018 能力验证活动，飞灰样品测 17 种多氯二苯并一对一二噁英（PCDDs）/多氯二苯并呋喃（PC-DFs），其中 Lab054-C 样品的国际毒性当量（TEQ）（PCDD/F）等参数的 Z 比分数大于 2，实验室未针对此次能力验证结果实施改进措施。

解析：不符合条款 CNAS-CL01：2018 7.7.3。这 3 个不符合都关于能力验证出现了不满意或有问题结果，实验室未采取相应的措施。根据 CNAS-RL02 的要求，出现不满意有问题结果后，实验室要采取的不一定是纠正措施（见 CNAS-RL02 的 4.4.2）。

【案例 5】审核发现，某检测公司实验室提供的 2019 年×月×日质量控制记录《比对结果分析报告》（比对样品：二甘醇；比对样品编号：×××；比对项目：水分；监控方式：留样再测）比对结果超出规定限值，实验室比对结论为满意。

解析：不符合条款 CNAS-CL01：2018 7.7.3。这个不符合的问题是实验室未对监控活动数据进行认真分析，未达到实施监控的目的。这种“超出规定限值而没有发现”情况的发生，有可能是人员能力或态度问题，并不一定是学学文件就能解决的。学文件不能“包治百病”，因此实验室应认真查找原因，针对问题发生的原因，制订有效的措施，从根本上解决问题，而不是千篇一律地学文件。

【案例 6】审核发现，某检测公司 2015 年至 2019 年度，实验室连续 5 次参加了芬兰国际实际室能力验证机构（IIS）组织开展的国际间天然气能力验证活动（计划编号分别为 iis15S01M 、iis16S01M 、iis17S01M 、iis18SO1M、iis19S01M）。核查实验室未对组织方反馈结果进行分析监控并将分析结果用于控制实验室活动，

并在适用时实施改进。

解析：不符合条款 CNAS—CL01：2018 7.7.3。这个不符合的问题是实验室未对监控活动数据进行分析利用。“分析监控活动的数据用于控制实验室活动，适用时实施改进。”并不是仅仅针对不满意或有问题的监控结果（超出预定准则的结果），对于取得满意结果的监控数据，也要进行分析和评估，以利于发现其发展趋势，必要时采取相应的措施，改进实验室活动，防止问题发生。同时，还可以作为以后监控策划的输入，为监控方式和频次的调整提供依据。

十三、过程要求——报告结果

【案例 1】审核发现，某检测公司：①查编号为×××的检测报告，其 pH 的报告结果为 8，不符合 GB/T 1717 的规定（pH 的结果保留至小数点后 1 位）；查编号为×××的检测报告，其附着力值（拉开法）的报告结果仅表述为 4.3MPa，不符合 GB/T 5210 的规定（结果表述应包括干涂层厚度等补充信息）。②查依照 HG/T 3334—2012《电泳涂料通用试验方法》进行测试的编号为×××的报告中，未明确报告光泽测量的 60°几何条件。③查编号为×××的检验报告及其记录，检测协议书中样品颜色/性状填写为“褐色软膏”，检验结果报告中样品状态填写为“均匀软膏”。

解析：不符合条款 CNAS-CL01：2018 7.8.1.2。“实验室应准确、清晰、明确和客观地出具结果”，还包括报告结果的内容和表述应符合所依据标准的要求。

【案例 2】审核发现，某检测公司：①查报告编号×××的检测报告缺采样日期、检测日期、样品来源等信息。②查编号为×××的检测报告，只在封面标注“页数：1”，报告缺少完整性标识。③查编号×××“大量元素水溶肥料”检验报告，缺少各项检测参数所对应的检验方法信息。④查 2019 年×月×日出具的编号为×××车用柴油检测报告，样品状态描述为“完好”，未能清晰表明被测样品的特性及状态。⑤查看 2019 年×月×日表面活性剂检测报告（×××）的检测结果（界面张力、闪电等）无测量单位。

解析：不符合条款 CNAS—CL01：2018 7.8.2.1、CNAS—CL01：2018 7.8.2.1 d)、CNAS—CL01：2018 7.8.2.1 f)、CNAS—CL01：2018 7.8.2.1 g)、CNAS—CL01：2018 7.8.2.1 m)。以下不符合，都涉及报告内容缺失。

【案例 3】审核发现，某检测公司：①查检测报告×××，其中二氧化硫测定结果单位为 mg/Nm^3，与 HJ57—2017 检测方法规定不符。②查 2019 年×月×日签发的编号为×××检测报告中，报告的磨斑直径试验方法为 NB/SH/T 0189-2017，而委托测试申请书和原始记录上检测方法均为 ASTM D4172。③查编号为×××的检测报告中的检验日期为 2019-03-23 至 2019-03-30，对应的原始记录的日期为 2019-03-23。

解析：不符合条款 CNAS—CL01：2018 7.8.2.1 m)、CNAS—CL01：2018 7.8.2.1 f)、CNAS—CL01：2018 7.8.2.1 i)。以下不符合，都涉及报告自身信息、或报告与原始记录信息不一致。

项目一：检测实验室安全管理

案例题 1

某实验人员由于对废弃物的性质不了解，把双氧水以及一些碱性溶液、有机溶液、无机溶液等混合在一个玻璃废液桶里，并拧紧了盖子，在某个下午玻璃瓶发生了爆炸。请分析原因。

原因分析：废溶剂的处理，不要将酸性液体和碱性液体、氧化性液体和还原性液体、有机溶液和无机溶液混装。过氧化氢（俗称双氧水），具强氧化性、呈弱酸性，遇有机物，受热分解放出氧气和水，容易发生爆炸，宜用塑料或不锈钢容器储存，容器宜有排气口。

案例题 2

某实验室刚竣工，由于室内地砖上存在建筑污垢，用普通方法难以清除干净，于是有人提议用浓硝酸，有员工就用拖布蘸浓硝酸擦污垢，很快将污垢处理干净，但是室内弥漫大量刺激性气味，使在场的人马上离开。大约一小时后，有人发现室内冒出浓烟，蘸有浓硝酸的拖布化为灰烬。幸亏室内没有家具和其他可燃物，否则将出现一次重大的火灾事故，请分析原因。

原因分析：该实验室未按 ISO / IEC 17025 的相关要求对消耗性材料（浓硝酸）的使用进行安全控制。浓硝酸具有强氧化性，与易燃物和有机物（如糖、纤维素、木屑、棉花、稻草或废纱头等）接触会发生剧烈反应，甚至会引起燃烧。

项目二：检测实验室规划设计

案例题 1

图 1 是某检测实验室建筑结构分布图，请根据《检测实验室规划设计与建设技术规范》通用标准，判断该建筑分布图是否合乎规范，并解析原因。

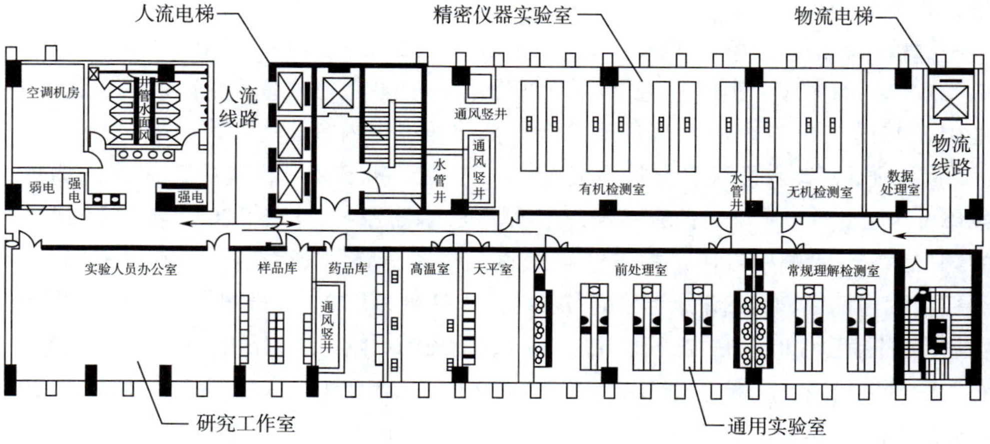

图 1　实验室建筑结构分布图

原因分析：合乎规范。该实验室是一个多层实验室，分流了人流和物流，人流电梯出来后人流分开，去办公区和去实验区，实验样品和试剂耗材由物流电梯运送，避免了人与物的相互污染。实验室尽量布置为南北向，有较多人工操作需要的通用实验室和研究工作室放于南侧以保证良好的气象、采光条件，放置有温度及避光要求的精密仪器或储存特殊试剂的专用实验室放于北侧以避免阳光对实验设备直射，也利于室内温度控制。

案例题 2

图 2 是某检测实验室建筑结构分布图，请分析是否合理。

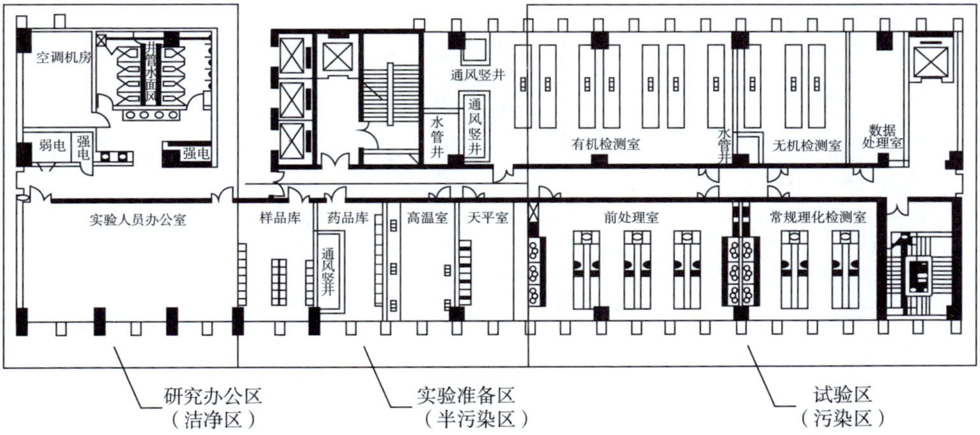

图 2　某检测实验室建筑结构平面分布图

原因分析：合理。实验建筑各类用房宜集中布置，同类实验集中一个区域有利于通风、配电、给排水、供气等专业的布置、有利于人流物流的分离、有利于洁净区域到半污染区域再到污染区域的过渡，图 2 为平面分区布局示意图，要做到功能分区明确、布局合理、联系方便、互不干扰，且留有发展空间。

项目九：检测实验室设备与耗材管理

案例题 1

某实验人员在不清楚重铬酸钾洗液的存储条件的情况下，误用塑料桶配重铬酸钾洗液并放置过夜，结果第二天早晨发现桶底掉了，洗液渗到了楼下。请分析原因。

原因分析：重铬酸钾是强氧化剂，具有较强腐蚀性，不可与有机物、易燃物、还原剂、强酸等共贮混运。

案例题 2

某化验室收到一瓶用矿泉水瓶装的甲醇样品，并且没有做任何标记，只是口头传达，也没有立即送到分析室，而是放在办公室的窗台上。另一名化验员进入办公室，误将样品当作水喝了一口并咽下，发现不对劲紧急送医院进行洗胃处理。

原因分析：这是一起典型的物料信息没有标识导致的事故，很显然装有甲醇液体的瓶子外若有正确的标识就可以避免发生此类事故。

参考文献

[1]杨小林. 分析检验的质量保证与计量认证[M]. 北京:化学工业出版社,2007.

[2]庞俊兰,孔凡晶,郑君杰. 现代生物技术实验室安全与管理[M]. 北京:科学出版社,2006.

[3]周尊英,刘心同. 检测实验室不确定度的评定[M]. 北京:中国质检出版社、中国标准出版社,2014.

[4]倪育才. 实用测量不确定度评定(第 3 版)[M]. 北京:中国计量出版社,2009.

[5]高良才. 实验室实用不确定度评定[M]. 北京:中国计量出版社,2009.

[6]李慎安. 测量不确定度百问[M]. 北京:中国计量出版社,2009.

[7]张明霞,富巍,贺甬. ISO/IEC 17025:2017 与 ISO/IEC 17025:2005 的主要变化[J]. 质量与认证,2018, 2:49-50,54.

[8]刘默琛,王文全 . 检验检测机构资质认定能力评价通用要求浅析[J]. 轻工标准与质量,2018,5:27,36.

[9]李冬梅. 资质认定和实验室认可的关系[J]. 中国质量技术监督,2013,7:56-57.

[10]张旭,张慧萌,陈婷. 浅谈实验室信息管理系统的标准化现状[J]. 标准科学,2016,10:22-25.

[11]李朝静,丁晖,尹建军. 食品检验实验室信息管理系统的实施及应用探讨[J]. 食品安全导刊,2019, 1: 64-68.

[12]孟雳. 浅谈实验室信息管理系统在检验机构实验室质量管理中的作用[J]. 中国纤检,2018,9:87-89.

[13]CNAS-CL01:2018《检测和校准实验室能力认可准则》.

[14]CNAS-GL011:2018《实验室和检验机构内部审核指南》.

[15]CNAS-GL012:2018《实验室和检验机构管理评审指南》.

[16]CNAS-GL001:2018《实验室认可指南》.

[17]CNAS-CL01-G003:2019《测量不确定度的要求》.

[18]CNAS-CL01-A001:2018《检测和校准实验室能力认可准则在微生物检测领域的应用说明》.

[19]CNAS-CL01-G001:2018《CNAS-CL01〈检测和校准实验室能力认可准则〉

应用要求》.
[20]JJF 1059.1-2012《测量不确定度评定与表示》.
[21]ISO/IEC GUIDE 99:2007《国际通用计量学基本术语》.
[22]JJG 196-2006《常用玻璃量器检定规程》.